普通高等院校环境科学与工程类系列规划教材

大气污染控制工程

主　编　刘立忠
主　审　张承中

中国建材工业出版社

图书在版编目(CIP)数据

大气污染控制工程 / 刘立忠主编. —北京 ：中国建材工业出版社，2015.1（2022.1重印）

普通高等院校环境科学与工程类系列规划教材

ISBN 978-7-5160-0969-7

Ⅰ.①大… Ⅱ.①刘… Ⅲ.①空气污染控制-高等学校-教材 Ⅳ.①X510.6

中国版本图书馆 CIP 数据核字（2014）第 214794 号

内 容 简 介

本书内容分为9章，第1～5章阐述了大气污染控制的基础理论，包括概论、大气污染的发生与扩散、颗粒污染物控制技术基础、净化装置的分类和性能、气态污染物控制技术基础；第6～8章分别为颗粒态污染物净化设备、气态污染物控制工艺、净化系统的设计，选取目前工程上成熟的主流技术，阐明工作原理，强调工程设计方法和设备选型，突出工程应用的特点，力求引导学生理论指导和应用于工程实践，逐步培养学生的创新意识和创新思维；第9章为城市空气污染，对当前国内关注的城市大气污染发展趋势和控制对策进行了阐述。

本书可作为普通高等院校环境科学与工程类专业的基础课程教材，也可作为相关专业科研、管理人员的参考书。

大气污染控制工程

主　编　刘立忠

主　审　张承中

出版发行：中国建材工业出版社

地　　址：北京市海淀区三里河路1号

邮　　编：100044

经　　销：全国各地新华书店

印　　刷：北京鑫正大印刷有限公司

开　　本：787mm×1092mm　1/16

印　　张：20

字　　数：496千字

版　　次：2015年1月第1版

印　　次：2022年1月第4次

定　　价：53.00元

本社网址：www.jccbs.com　　微信公众号：zgjcgycbs

本书如出现印装质量问题，由我社市场营销部负责调换。联系电话：（010）88386906

前　言

《大气污染控制工程》是高等院校环境类专业的8门核心课程之一。本教材内容落实近年的教学改革成果，经历了多年的应用和教学实践。编者按照我国高等学校本科环境类专业课程的基本要求，编写了普通高等院校环境科学与工程类规划教材《大气污染控制工程》，适合56～64学时左右的教学安排。

本教材内容分为9章，第1～5章阐述了大气污染控制的基础理论；第6～8章选取目前工程上成熟的主流技术，阐明工作原理，强调工程设计方法和设备选型，突出工程应用的特点，力求引导学生理论指导和应用于工程实践，逐步培养学生的创新意识和创新思维；第9章对当前国内关注的城市大气污染发展趋势和控制对策进行了阐述。全书内容紧凑、环环相扣，具有新颖、系统、全面、科学和实用的特点，利于学生系统掌握大气污染控制工程的原理和方法。

本书由刘立忠副教授主编，张承中教授主审。参加编写的有：西安建筑科技大学刘立忠（第1、2、3、4、6、8章）、曹利（第5、7章）、叶磊（第9章）。编写本书时参阅并引用了国内外的有关文献资料，并得到许多老师和同事的帮助和支持；西安建筑科技大学的多届本科生和研究生为本教材的修订提出过许多积极建议，在资料收集、图表加工等方面给予了诸多帮助。在此，一并向他们表示衷心的感谢。

由于编者学识水平所限，书中错误与不足之处在所难免，热诚欢迎读者批评指正。

编　者

2014年7月

目录

第1章 概　　论

学 习 提 示

掌握大气污染和室内大气污染的含义、类型；掌握大气污染物的含义、类型和来源；掌握环境空气质量控制标准的种类和主要内容，理解空气质量指数AQI的应用。

学习重点：大气污染物的类型和来源。

学习难点：环境空气质量控制标准的种类及其应用。

1.1 大气环境与大气污染

1.1.1 大气圈的构成及大气组成

1. 大气圈的垂直结构

地球表面环绕着一层很厚的气体，称为环境大气或地球大气，简称大气。大气是自然环境的重要组成部分，是人类及生物赖以生存的必不可少的物质。

将受地心引力而随地球旋转的大气层称为大气圈。大气圈与宇宙空间之间的界限很难确切划分，常认为“距离地表1200～1400km”的范围是大气圈的“上边界”。大气圈的垂直结构是指气象要素（如气温、气压、大气密度和大气成分等）的垂直分布情况。根据气温在垂直于下垫面方向上的分布，可将大气圈分为对流层、平流层、中间层、暖层和散逸层五层。

（1）对流层

对流层是大气圈最低的一层。其厚度随纬度的增加而降低，赤道处约为16～17km，中纬度地区约为10～12km，两极附近只有8～9km。对流层的下层（厚度约为1～2km）气流受下垫面阻滞和摩擦的影响很大，称为大气边界层（或摩擦层），其中从地面到50～100m左右的一层又称近地层。在近地层中，垂直方向上热量和动量的交换甚微，上下气温之差可达1～2℃。在近地层以上，气流受地面摩擦的影响越来越小，几乎不受地面摩擦的影响，称为自由大气。

对流层虽然较薄，但集中了整个大气质量的3/4和几乎全部水蒸气，主要的天气现象都发生在这一层中，它是天气变化最复杂、对人类活动影响最大的一层。大气具有强烈的对流运动，主要是由于下垫面受热不均及其本身特性不同造成的，大气温度随高度增加而降低，每升高100m平均降温约0.65℃；温度和湿度的水平分布不均匀，在热带海洋上空，大气比较温暖潮湿，在高纬度内陆上空，大气比较寒冷干燥，经常发生大规模大气的水平运动。

（2）平流层

从对流层顶到50～55km高度的一层称为平流层。从对流层顶到35～40km左右的一层，气温几乎不随高度变化，为－55℃左右，称为同温层。平流层集中了大气中大部分臭氧（O_3），并在20～25km高度上达到最大值，形成臭氧层。臭氧层能强烈吸收波长为200～300nm的太阳紫外线，保护了地球上的生命免受紫外线的伤害。

在平流层中，几乎没有大气对流运动，大气垂直混合微弱，极少出现雨雪天气，所以进入平流层中的大气污染物的停留时间很长，特别是进入平流层的氟氯烃（CFC）等大气污染物，能与臭氧发生光化学反应，致使臭氧层的臭氧逐渐减少。

（3）中间层

从平流层顶到85km高度的一层称为中间层。气温随高度升高而迅速降低，其顶部气温可达－83℃以下，大气的对流运动强烈，垂直混合明显。

（4）暖层

从中间层顶到800km高度的一层称为暖层。在强烈的太阳紫外线和宇宙射线作用下，再度出现气温随高度升高而增高的现象。暖层气体分子被高度电离，存在着大量的离子和电子，又称为电离层。

（5）散逸层

暖层以上的大气层统称为散逸层。它是大气的外层，气温很高，空气极为稀薄，空气粒子的运动速度很高，可以摆脱地球引力而散逸到太空中。

整个大气圈是地球系统中最活跃的部分，其不断地流动变化，把太阳的光和热及其辐射能量输送给地球，在地球各处形成各种各样的天气和气候，影响着人类的生存环境和生产活动。其中，对人类生存环境影响最大的是对流层，其大气边界层是大气污染的活跃层，大气自由层是天气活跃层，而平流层内的臭氧层变化直接影响人类生存，因此也是大气污染研究的主要内容。从大气污染控制角度出发，我们最关心的是大气温度、压力、密度成分的分布（垂直分布），这些规律将对大气扩散、臭氧层保护和温室气体控制起到重要作用。

2. 大气组成

大气是由多种气体混合而成的，可以分为干洁空气、水蒸气和各种杂质三部分。

干洁空气的主要成分是氮、氧、氩和二氧化碳气体，其体积含量占全部干洁空气的99.996%，氖、氦、氪、甲烷等次要成分只占0.004%。表1-1列出了乡村或远离大陆的海洋上空典型的干洁空气的组成。干洁空气的平均分子量28.966，在标准状态下（273.15K，101325Pa）密度为1.293kg/m^3。由于大气的垂直运动、水平运动、湍流运动及分子扩散等原因，使不同高度、不同地区的大气得以交换和混合，从地面到90km左右的高度，干洁空气的组成基本保持不变。

表1-1　干洁空气的组成

成分	分子量	体积比（%）
氮（N_2）	28.01	78.084±0.004
氧（O_2）	32.00	20.946±0.002
氩（Ar）	39.94	0.934±0.001
二氧化碳（CO_2）	44.01	0.033±0.001

大气中的水蒸气平均含量不到0.5%，而且随着时间、地点和形象条件等不同而有较大变化，其变化范围可达0.01%～4%。大气中的水蒸气含量虽然很少，但却导致了各种复杂的天气现象（云、雾、雨、雪、霜、露等），这些现象不仅引起空气湿度的变化，而且还导致大气中热能的输送和交换。此外，水蒸气吸收太阳辐射的能力较弱，但吸收地面长波辐射的能力却较强，对地面的保温起着重要的作用。

大气中的各种杂质是由于自然过程和人类活动排到空气中的各种悬浮微粒和气态物质形

成的。大气中的悬浮微粒，除了由水蒸气凝结成的水滴和冰晶外，主要是各种有机的或无机的固体微粒。有机微粒数量较少，主要是植物花粉、微生物、细菌、病毒等。无机微粒数量较多，主要有岩石或土壤风化后的尘粒、流星在大气层中燃烧后产生的灰烬、火山喷发后留在大气中的火山灰、海洋中浪花溅起在空中蒸发留下的盐粒，以及地面上燃料燃烧和人类活动产生的烟尘等。大气中的各种气态物质，也是由于自然过程和人类活动产生的，主要有硫氧化物、氮氧化物、一氧化碳、二氧化碳、硫化氧、氨、甲烷、甲醛、烃蒸气、恶臭气体等。

1.1.2 大气污染

1. 大气污染的含义

大气污染系指由于人类活动或自然过程使得某些物质进入大气中，呈现出足够的浓度，达到了足够的时间，并因此危害了人体的舒适、健康和人们的福利，甚至危害了生态环境。

人类活动主要包括生产活动和生活活动（如做饭、取暖、交通等）。自然过程主要包括山林火灾、海啸、土壤和岩石的风化及大气圈的空气运动等。一般说来，由于自然环境所具有的物理、化学和生物机能，会使自然过程造成的大气污染，经过一定时间后自动消除（即生态平衡自动恢复）。所以从某种程度上可以说，大气污染主要是人类活动造成的。

2. 大气污染的影响

大气污染对人体的舒适、健康的危害，包括对人体的正常环境和生理机能的影响，引起急性病、慢性病以致死亡等。

大气污染物侵入人体主要有表面接触、食入含污染物的食物和水、吸入被污染的空气三条途径。大气污染对人体健康的危害主要表现为引起呼吸道疾病。在突然的高浓度污染物作用下，可造成急性中毒，甚至在短时间内死亡。长期接触低浓度污染物，会引起支气管炎、支气管哮喘、肺气肿和肺癌等病症。大气污染对植物的伤害，通常发生在叶子结构中，因为叶子含有整棵植物的构造机理，最常遇到的毒害植物的气体有二氧化硫、臭氧、过氧乙酰硝酸脂（PAN）、氟化氢、乙烯、氯化氢、氯、硫化氢和氨等。大气污染对金属制品、油漆涂料、皮革制品、纸制品、纺织品、橡胶制品和建筑物等的损害也是严重的，这种损害包括玷污性损害和化学性损害两个方面。玷污性损害主要是粉尘、烟等颗粒物落在器物上面造成的，有的可以清扫冲洗除去，有的很难除去。化学性损害是由于污染物的化学作用，使器物和材料腐蚀或损坏。

大气污染最常见的后果之一是大气能见度降低。一般说来，对大气能见度或清晰度有影响的污染物，包括气溶胶粒子、能通过大气反应生成气溶胶粒子的气体或有色气体。因此，对能见度有潜在影响的污染物有总悬浮颗粒物（TSP）、可吸入颗粒物（PM_{10}）、细颗粒物（$PM_{2.5}$）、SO_2、NO_x和光化学烟雾等。大气能见度的降低，不仅会使人感到不愉快，而且会造成极大的心理影响，还会产生交通安全方面的危害。

大气污染引起的全球性影响，有CO_2等温室气体引起的温室效应以及SO_2、NO_x排放产生的酸雨等。一些研究者认为，由于太阳辐射的散射损失和吸收损失，气溶胶粒子霾层会导致太阳辐射强度的降低，在受影响的气团区域，辐射散射损失可能会致使气温降低1℃。

3. 大气污染的类型

大气污染类型主要取决于所用能源性质和污染物的化学反应特性。同时气象条件（如阳光、风、湿度及逆温等）也起着重要的作用，从大气污染的发展历史来看，可根据不同的出发点进行不同分类。

(1) 按大气污染物的化学性质分类

① 还原型(煤烟型)

这种类型常发生在以使用煤炭为主，同时也使用石油的地区，它的主要污染物是SO_2、CO和微粒物质。若遇上低温、高湿度的阴天，且风速很小并伴有逆温存在的情况时，一次污染物扩散受阻，易在低空聚积，以致生成了还原型烟雾。英国伦敦烟雾事件属于这种污染类型。

② 氧化型(石油型)

这种类型常发生在采用石油为燃料的地区。污染物的主要来源是汽车尾气和燃油锅炉以及石油化工企业，主要的一次污染物是CO、NO_x和HC，在太阳辐射作用下易引起光化学反应，生成二次污染物O_3、醛类和PAN等物质。它们是强氧化性物质，可以造成橡胶开裂、眼睛等黏膜引起强烈刺激和呼吸系统疾病。美国洛杉矶烟雾事件属于这种污染类型。

③ 酸雨型(酸性降水型)

由煤炭和石油在燃烧或加工过程中产生的混合污染物造成的大气污染，或者是由工业企业排放的各种混合污染物造成的大气污染。如酸性降水就属于这种类型。

④ 特殊型

它是指生产和使用过程中向空气排放有毒有害物质而造成的局部地区乃至全球性大气污染，因大部分是由于特殊原因和某种特殊的污染物所致，所以称为特殊型大气污染。如温室效应属于这种类型。

(2) 按大气污染的范围分类

从大气污染范围大小出发，可将空气污染分为局部地区污染、地区性污染、区域性污染和全球性污染四大类。所谓局部地区污染，是指污染源附近极小范围的污染；地区性污染，是指某工厂区域的污染；区域性污染，是指大工业城市及其附近的污染；全球性污染，是指污染超越国界，影响全球，如酸雨、温室效应和臭氧层破坏等。

当然，也可以把大气污染划分为室内污染和室外污染(大气污染)两大类。室内(居室内、车间内)空气质量越来越受到重视。随着人类社会使用的现代化、电气化器件增加，随着新型建筑材料和合成材料的大量使用，室内空气污染问题日趋严重，引起广泛关注。

1.1.3 室内空气污染

1. 室内空气污染的含义

“室内”主要指居室内或车间内等，室内空气污染是指由于各种原因导致的室内空气中有害物质超标，进而影响人体健康的室内环境污染行为，是有害的化学性因子、物理性因子或生物性因子进入室内空气中并已达到对人体身心健康产生直接或间接、近期或远期，或者潜在有害影响的程度的状况。

室内空气污染类型可分为生物污染、化学污染、放射性污染和物理污染。生物污染主要来自于霉菌、花粉、携带的细菌和病毒以及尘螨等；化学污染主要来自建筑材料、装饰材料、日用化学品、人体排泄物、香烟和燃烧产物等；放射性污染主要来自于铀、钍和氡等；物理污染主要包括噪声、电磁辐射和光线等。

有关专家认为，18世纪工业革命以来的煤烟型污染为第一空气污染时期，19世纪石油和汽车工业带来光化学烟雾污染为第二空气污染时期，20世纪以来大量使用能源和特殊建筑材料带来室内空气污染为第三空气污染时期。

人们每天平均大约有80%以上的时间在室内度过，室内空气质量对人体健康的关系就显得更加密切、更加重要。室内污染物的浓度虽然较低，但由于接触时间很长，故其累积接触量很高，室内空气质量问题随之成为重要环境问题之一。

2. 室内空气污染物

(1) 甲醛

甲醛（CH_2O）是最普遍存在且毒性较强的室内空气污染物。

甲醛并不是由住户的活动所产生的，而是由一些消费产品和建筑材料释放出来的，包括压木制品、绝缘材料（尿素—甲醛发泡绝缘体）和纺织品等，也可从燃料燃烧产生。甲醛只有在新的材料被带进室内时才会产生。让房子通风一段时间，甲醛的浓度便会降下来。

(2) 苯及苯系物

苯及苯系物主要来源于有机溶剂（如油漆的添加剂和稀释剂）、防水材料添加剂、装饰材料、人造板家具等使用的粘合剂的溶液。

(3) 氨

氨主要来源于建筑材料中的混凝土外加剂（冬季施工常常在混凝土墙体中加入以尿素和氨水为主要原料的外加剂对混凝土进行防冻保护，这些添加剂在墙体中会随环境因素的变化而被还原成氨气并从墙体中缓慢释放出来，造成室内空气中氨浓度的增加）和室内装饰材料中的添加剂、增白剂（采用含有尿素组分胶粘剂的木制板、以氨水作为添加剂与增白剂的涂料）等。

(4) 挥发有机化合物（VOC）

在室内空气中有300多种挥发性有机化合物，如醛类、烷类、烯类、醚类、酮类及多环芳烃（PAHs）等，虽然它们并不同时全部存在，但却经常有好几种同时存在。VOC主要源于：①建筑材料、室内装饰材料及生活和办公用品；②家用燃气、燃煤、烟草烟雾；③室外工业废气、汽车尾气、光化学污染等。

(5) 氡

虽然氡气不被视为空气污染物，但在住宅中有较高的浓度，尤其是地下室等地方。氡气是一种从天然地质过程或建筑材料中释放出的一种放射性气体。

(6) 新风量

新风量是指室内新鲜空气的总量。使用新风的目的是提供呼吸所需要的空气，稀释气味，除去过量的湿气，稀释室内污染物。我国国家标准《室内空气质量标准》（GB/T 18883—2002）中确定新风量不应小于$30m^3$/（h·人），这是根据人体的生理需要量而定的，以保证CO_2的浓度不超过国家标准的0.1%。

新风量不足的主要原因有：①房屋自然通风能力普遍不足；②对于空调房屋，为了节省运行费用按最小新风量运行导致新风量不足；③新风输送和扩散过程的污染，恶化了新风品质，削弱了新风的稀释作用；④空调系统运行管理不当也可造成新风量的不足。

1.2 大气污染物及其危害

大气污染物系指由于人类活动或自然过程排入大气的并对人和环境产生有害影响的物质。

大气污染物的种类很多，按其存在状态分为气溶胶状态污染物和气体状态污染物。根据污染物发生机理可分为一次污染物和二次污染物。一次污染物是指直接从污染源排到大气中的原始污染物质，二次污染物是指由一次污染物与大气中已有组分或几种一次污染物之间经过一系列化学或光化学反应而生成的与一次污染物性质不同的新污染物质。在大气污染控制中，受到普遍重视的一次污染物主要有硫氧化物(SO_x)、氮氧化物(NO_x)、碳氧化物(CO、CO_2)及有机化合物(C_1～C_{10}化合物)等；二次污染物主要有硫酸烟雾、光化学烟雾以及化学反应生成的颗粒物，包括 H_2S、SO_2、NO_x、NH_3及碳氢化合物的转化产物等，H_2S 及 SO_2 转化成硫酸盐，NO_x及 NH_3转化成硝酸盐，碳氢化合物反应形成的产物在大气温度下会凝结形成颗粒。

1.2.1 气溶胶状态污染物

在大气污染中，气溶胶系指沉降速度可以忽略的小固体粒子、液体粒子或它们在气体介质中的悬浮体系。从大气污染控制的角度，按照气溶胶的来源和物理性质，可分为以下几种：

(1) 粉尘

粉尘系指悬浮于气体介质中的小固体颗粒，受重力作用能发生沉降，但在一段时间内能保持悬浮状态。它通常是由于固体物质的破碎、研磨、分级和输送等机械过程，或土壤、岩石的风化等自然过程形成的。颗粒的形状往往是不规则的。颗粒的尺寸范围一般为 1～200μm 左右。属于粉尘类的大气污染物的种类很多，如黏土粉尘、石英粉尘、煤粉、水泥粉尘、各种金属粉尘等。

(2) 烟

烟系指由冶金过程形成的固体颗粒的气溶胶，它是由熔融物质挥发后生成的气态物质的冷凝物，在生成过程中总是伴有诸如氧化之类的化学反应。烟颗粒的尺寸一般为 0.01～1μm 左右。产生烟是一种较为普遍的现象，如有色金属冶炼过程中产生的氧化铅烟、氧化锌烟。

(3) 飞灰

飞灰又称粉煤灰，由燃料（主要是煤）燃烧过程中排出的微小灰粒，其粒径一般在 1～100μm 之间。飞灰的排放量与燃煤中的灰分含量有关。飞灰主要物相是玻璃体，占 50%～80%，所含晶体矿物有莫来石、α-石英、方解石、钙长石、硅酸钙、赤铁矿和磁铁矿等，还有少量未燃的碳。

(4) 黑烟

黑烟系指由燃料燃烧产生的能见气溶胶。在某些情况下，粉尘、烟、飞灰、黑烟等小固体颗粒气溶胶的界限，很难明显区分开，根据我国的习惯，一般可将冶金过程和化学过程形成的固体颗粒气溶胶称为烟尘；将燃料燃烧过程产生的飞灰和黑烟，在不需仔细区分时，也称为烟尘。在其他情况下，或泛指小固体颗粒的气溶胶时，则通称粉尘。

(5) 雾

雾是气体中液滴悬浮体的总称。在气象中是指造成能见度小于 1km 的小水滴悬浮体系。在工程中，雾一般泛指小液体粒子悬浮体系，它是由于液体蒸气的凝结、液体的雾化及化学反应等过程形成的，如水雾、酸雾、碱雾、油雾等。

(6) 铅

大气中的铅以颗粒物形式存在，颗粒大小介于 0.16～0.43μm 之间。与其他主要的大气污染物相反，铅是一种累积性的有毒物质。铅可通过食物和水被人体摄入，摄入的铅大约有 5%～10%被人体吸收，从大气吸入的铅大约有 20%～50%被人体吸收，其余未被人体吸收的部分，则经尿液及粪便排泄出来。因此铅中毒可通过检测尿液和血液中的铅含量来判断。

在我国的环境空气质量标准中，还根据粉尘颗粒的大小，将其分为总悬浮颗粒物、可吸入颗粒物和细颗粒物。

总悬浮颗粒物（TSP）：指能悬浮在空气中，空气动力学当量直径≤100μm 的颗粒物。

可吸入颗粒物（PM_{10}）：指悬浮在空气中，空气动力学当量直径≤10μm 的颗粒物。

细颗粒物（$PM_{2.5}$）：指悬浮在空气中，空气动力学当量直径≤2.5μm 的颗粒物。

直径为 0.5～50μm 大小的粉尘，可被风完全扬起且吹到较远距离。海盐颗粒的大小为 0.05～0.5μm，光化学反应形成的粒子直径小于 0.4μm，黑烟及飞灰粒子的直径范围为 0.05～200μm 或更大。城市大气中颗粒物的质量分布呈双峰分布，一组介于 0.1～1μm，另一组介于 1～30μm，粒径较小的颗粒是通过凝聚形成的，粒径较大的颗粒则包含由机械磨损产生的飞灰和粉尘。

1.2.2 气体状态污染物

气体状态污染物是以分子状态存在的污染物，简称气态污染物。气态污染物的种类很多，总体上可以分为五大类：以二氧化硫为主的含硫化合物、以氧化氮和二氧化氮为主的含氮化合物、碳氧化物、有机化合物及卤素化合物等，见表 1-2。

表 1-2 气体状态大气污染物的分类

污染物	一次污染物	二次污染物
含硫化合物	SO_2、H_2S	SO_2、SO_3、H_2SO_4、硫酸盐
含氮化合物	NO、NH_3	NO_2、HNO_3、硝酸盐
碳的氧化物	CO、CO_2	无
有机化合物	C_1～C_{10}化合物	醛、酮、过氧乙酰硝酸酯、O_3
卤素化合物	HF、HCl	无

（1）硫氧化物

硫氧化物中主要有 SO_2，它是目前大气污染物中数量较大、影响范围广的一种气态污染物。大气中 SO_2的来源很广，几乎所有工业企业都可能产生 SO_2。它主要来自化石燃料的燃烧过程，以及硫化物矿石的焙烧、冶炼等热过程。

硫氧化物可能是一次污染物，也可能是二次污染物。电厂、工业生产、火山及海洋直接排放出的 SO_2、SO_3及SO_4^{2-} 为一次污染物。此外，生物腐败过程及一些工业生产中排放出来的 H_2S，经氧化形成 SO_2（$H_2S+O_3 \longrightarrow H_2O+SO_2$）等，为二次污染物。含硫化石燃料燃烧后，所产生的二氧化硫量与燃料中的硫含量成正比（$S+O_2 \longrightarrow SO_2$），如果燃料中有 1g 硫燃烧，就会产生 2g 的 SO_2释放到大气中。因为燃烧效率并非 100%，我们通常假设燃料中有 5%的硫最终残留在灰分中，即燃料中有 1g 硫燃烧后会释放出 1.90g 的 SO_2。

（2）氮氧化物

氮氧化合物有 N_2O、NO、NO_2、N_2O_3、N_2O_4和 N_2O_5，其中污染大气的主要是 NO、NO_2。NO 毒性不太大，进入大气后被缓慢地氧化成 NO_2，当大气中有 O_3等强氧化剂存在时，或在催化剂作用下，其氧化速度会加快；NO_2的毒性约为 NO 的 5 倍，当 NO_2参与空气中的光化学反应，形成光化学烟雾后，其毒性更强。人类活动产生的 NO_x，主要来自各种炉窑、机动车和柴油机的排气，其次是硝酸生产、硝化过程、炸药生产及金属表面处理等过程。

在细菌的作用下，土壤向空气中释放出氧化亚氮（N_2O）。在较高的对流层及平流层中，氧原子（氧原子来自臭氧的分解）和氧化亚氮反应生成一氧化氮：

$$N_2O+O \longrightarrow 2NO$$

一氧化氮进一步和臭氧反应生成二氧化氮（NO_2）：

$$NO+O_3 \longrightarrow NO_2+O_2$$

人为活动产生的氮氧化物中，大约有96%来自燃烧过程。

（3）碳氧化物

CO和CO_2是各种空气污染物中发生量最大的一类污染物，主要来自燃料燃烧和机动车排气。CO是一种窒息性气体，进入空气后，由于空气的扩散稀释作用和氧化作用，一般不会造成危害。但在城市冬季采暖季节或在交通繁忙的十字路口，当气象条件不利于排气扩散稀释时，CO的浓度有可能达到危害人体健康的水平。

CO_2是无毒气体，但当其在空气中的浓度过高时，使氧气含量相对减小，对人便会产生不良影响。地球上CO_2浓度的增加，能产生“温室效应”，迫使各国政府开始实施减排计划。

（4）有机化合物

有机化合物种类很多，包括从甲烷到长链聚合物的烃类。大气中的挥发性有机化合物（VOC），一般是C_1～C_{10}化合物，它不完全相同于严格意义上的碳氢化合物，因为它除含有碳和氢原子外，还常含有氧、氮和硫的原子。甲烷被认为是一种非活性烃，所以人们总以非甲烷烃类（NMHC）的形式来报道环境中烃的浓度。特别是多环芳烃类（PAH）中的苯并[a]芘（B[a]P）是强致癌物质，因而作为大气受PAH污染的依据。VOC是光化学氧化剂臭氧和PAN的主要贡献者，也是温室效应的贡献者之一，所以必须加以控制。VOC主要来自机动车和燃料燃烧排气，以及石油炼制和有机化工生产等。

（5）硫酸烟雾

硫酸烟雾系大气中的SO_2等硫氧化物，在有水雾、含有重金属的悬浮颗粒物或氮氧化合物存在时，发生一系列化学和光化学反应而生成的硫酸雾或硫酸盐气溶胶。硫酸烟雾引起的刺激作用和生理反应等危害，要比SO_2气体大得多。

（6）光化学烟雾

光化学烟雾是在阳光照射下，空气中的氮氧化物、碳氢化合物和氧化剂之间发生一系列光化学反应而生成的蓝色烟雾（有时带紫色或黄褐色）。其主要成分有臭氧、过氧乙酰硝酸酯、酮类和醛类等。光化学烟雾的刺激性和危害要比一次污染物强烈得多。

（7）有害大气污染物（HAPs）

有害大气污染物（又称大气毒物）对人类健康的直接影响的资料，大部分来自对特定行业的从业人员健康影响的研究。在工作场所中接触的有毒气体的剂量，往往比室外大气中的高。对通常在室外大气中发现的低浓度有毒空气污染物对健康的影响，目前了解的还不够深入。

美国环保局确定了189种来自主要污染源及8种来自面源的有害大气污染物，部分列于表1-3中。工业污染源种类相当广泛，包括燃料燃烧、金属制造、石油及天然气的生产和精炼、表面加工、废弃物处理及处置过程、农用化学品生产、聚合物及树脂生产。此外，还有干洗、电镀等其他各类污染源。

表1-3 部分有害大气污染物（HAPs）

英文污染物名称	中文污染物名称	英文污染物名称	中文污染物名称
Acetaldehyde	乙醛	Acrylic acid	丙烯酸
Acetamide	乙酰胺	Acrylonitrile	丙烯腈
Acetonitrile	乙腈	Allyl chloride	3-氯-1-丙烯
Acetophenone	苯乙酮	4-Aminobiphenyl	4-氨基联苯
2-Acetylaminofluorene	2-乙酰氨基芴	Aniline	苯胺
Acrolein	丙烯醛	o-Anisidine	邻-甲氧基苯胺

除了从上述污染源直接排放外，有害大气污染物也可通过大气中的化学反应形成。这些反应形成的化合物，包括那些未被列入HAPs名单或本身没有毒害、但经空气化学反应后会生成HAPs的化合物。气态有机化合物参与的最重要的转化过程是光解以及与臭氧、羟基自由基（OH·）、硝酸盐自由基发生的化学反应。光解是指化合物在吸收适当波长的辐射后发生化学键断裂或化学键重组。光解反应仅发生在白天，只有当化合物强烈吸收了太阳辐射时才会占优势，否则与臭氧及羟基自由基的反应占优势。最常形成的HAPs是甲醛和乙醛。

1.3 空气质量控制标准

1.3.1 环境空气质量控制标准的种类和作用

环境空气质量控制标准按其用途可分为环境空气质量标准、大气污染物排放标准、大气污染控制技术标准及大气污染警报标准等。按其使用范围可分为国家标准、地方标准和行业标准。此外，我国还实行了大中城市空气质量染指数报告制度。

（1）环境空气质量标准

环境空气质量标准是以保护生态环境和人群健康的基本要求为目标而对各种污染物在环境空气中的允许浓度所作的限制规定。它是进行环境空气质量管理、大气环境质量评价，以及制定大气污染防治规划和大气污染物排放标准的依据。

（2）大气污染物排放标准

大气污染物排放标准是以实现环境空气质量标准为目标，对从污染源排放大气的污染物浓度（或数量）所作的限制规定。它是控制大气污染物的排放量和进行净化装置设计的依据。

（3）大气污染控制技术标准

大气污染控制技术标准是根据污染物排放标准引申出来的辅助标准，如燃料、原料使用标准，净化装置选用标准，排气筒高度标准及卫生防护距离标准等。他们都是为保证达到污染物排放标准而从某一方面做出的具体技术规定，目的是使生产、设计和管理人员容易掌握和执行。

（4）警报标准

大气污染警报标准是为保护环境空气质量不致恶化或根据大气污染发展趋势，预防发生污染事故而规定的污染物含量的极限值。达到这一极限值时就发出警报，以便采取必要的措施。警报标准的制定，主要建立在对人体健康的影响和生物承受限度的综合研究基础之上。

1.3.2 环境空气质量标准

随着我国经济社会的快速发展，以煤炭为主的能源消耗大幅攀升，机动车保有量急剧增加，经济发达地区氮氧化物（NO_x）和挥发性有机物（VOC）排放量显著增长，臭氧（O_3）和细颗粒物（$PM_{2.5}$）污染加剧，在可吸入颗粒物（PM_{10}）和总悬浮颗粒物（TSP）污染还未全面解决的情况下，京津冀、长江三角洲、珠江三角洲等区域 $PM_{2.5}$ 和 O_3 污染加重，灰霾现象频繁发生，能见度降低，迫切需要实施新的《环境空气质量标准》（GB 3095—2012），增加污染物监测项目，严格部分污染物限值，以客观反映我国环境空气质量状况，推动大气污染防治。实施新修订的《环境空气质量标准》是新时期加强大气环境治理的客观需求，是落实《国务院关于加强环境保护重点工作的意见》、《关于推进大气污染联防联控工作改善区域空气质量的指导意见》以及《重金属污染综合防治“十二五”规划》中关于完善空气质量标准及其评价体系，加强大气污染治理，改善环境空气质量的工作要求。

《环境空气质量标准》首次发布于 1982 年，1996 年第一次修订，2000 年第二次修订，2012 年为第三次修订。为了确保按期实施新修订的《环境空气质量标准》，提出了分期实施新标准的时间要求：①2012 年，京津冀、长三角、珠三角等重点区域以及直辖市和省会城市；②2013 年，113 个环境保护重点城市和国家环保模范城市；③2015 年，所有地级以上城市；④2016 年 1 月 1 日，全国实施新标准。并鼓励适时提前实施新标准，经济技术基础较好且复合型大气污染比较突出的地区率先实施新标准。

2012 年《环境空气质量标准》修订的主要内容包括：①调整了污染物项目及限值，增设了 $PM_{2.5}$ 平均浓度限值和臭氧 8 小时平均浓度限值；②收紧了 PM_{10} 等污染物的浓度限值，收严了监测数据统计的有效性规定，将有效数据要求由原来的 50%～75%提高至 75%～90%；③更新了二氧化硫、二氧化氮、臭氧、颗粒物等污染物项目的分析方法，增加了自动监测分析方法；④明确了标准分期实施的规定，依据《中华人民共和国大气污染防治法》，规定不达标的大气污染防治重点城市应当依法制定并实施达标规划。

《环境空气质量标准》（GB 3095—2012）中，将环境空气功能区分为二类：一类区为自然保护区、风景名胜区和其他需要特殊保护的区域；二类区为居住区、商业交通居民混合区、文化区、工业区和农村地区。一类区适用一级浓度限值，二类区适用二级浓度限值。

一、二类环境空气功能区质量要求见表 1-4 和表 1-5。

表 1-4 环境空气污染物基本项目浓度限值

序号	污染物项目	平均时间	浓度限值		单位
			一级	二级	
1	二氧化硫（SO_2）	年平均	20	60	$\mu g/m^3$
		24 小时平均	50	150	
		1 小时平均	150	500	
2	二氧化氮（NO_2）	年平均	40	40	
		24 小时平均	80	80	
		1 小时平均	200	200	
3	一氧化碳（CO）	24 小时平均	4	4	mg/m^3
		1 小时平均	10	10	

续表

序号	污染物项目	平均时间	浓度限值		单位
			一级	二级	
4	臭氧（O_3）	日最大8小时平均	100	160	μg/m³
		1小时平均	160	200	
5	颗粒物（粒径小于等于10μm）	年平均	40	70	
		24小时平均	50	150	
6	颗粒物（粒径小于等于2.5μm）	年平均	15	35	
		24小时平均	35	75	

表1-5 环境空气污染物其他项目浓度限值

序号	污染物项目	平均时间	浓度限值		单位
			一级	二级	
1	总悬浮颗粒物（TSP）	年平均	80	200	μg/m³
		24小时平均	120	300	
2	氮氧化物（NO_x）	年平均	50	50	
		24小时平均	100	100	
		1小时平均	250	250	
3	铅（Pb）	年平均	0.5	0.5	
		季平均	1	1	
4	苯并[a]芘（B[a]P）	年平均	0.001	0.001	
		24小时平均	0.0025	0.0025	

1.3.3 工业企业设计卫生标准

我国于1962年颁发，2002年和2010年两次修订的《工业企业设计卫生标准》(GBZ 1—2010)，调整了4项内容，其中特别细化了工作场所防尘、防毒的具体卫生设计要求（包括除尘、排毒和空气调节设计的卫生学要求，事故通风的卫生学设计）。增加了11项内容，例如增加了工作场所职业危害预防控制的卫生设计原则和职业危害预防控制优先原则，增加了系统式局部送风时工作地点的温度和平均风速的规定，增加了应急救援设计的具体要求，包括应急救援机构急救人员的人数配备，急救箱配置参考清单、气体防护站装备参考配置。对特殊行业如制药、生物、食品加工等行业的工业企业设计提出要求：在遵守本标准基础上，还应根据行业特点，制定符合本标准的配套标准。

居住区大气中有害物质的最高容许浓度标准，考虑到居民中有老、幼、病、弱昼夜接触有害物质的特点，采用了较敏感的指标。这一标准是以保障居民不发生急性或慢性中毒，不引起黏膜的刺激，闻不到异常气味和不影响生活卫生条件为依据而制定的。环境空气质量标准中未规定的污染物，仍参考此标准执行。

车间空气中有害物质最高容许浓度，是指工作在该浓度下长期进行生产劳动，不致引起急性和慢性职业性危害的数量，在具有代表性的采样测定中均不应超过。

1.3.4 大气污染物综合排放标准

我国于1973年颁布了《工业三废排放试行标准》（GBJ 4—1973），暂定了13类有害物质的排放标准。经过 20 多年试行，1996 年修改制定了《大气污染物综合排放标准》(GB 16297—1996)，规定了 33 种大气污染物的排放限值，其指标体系为最高允许排放浓度、最高允许排放速率和无组织排放监控浓度限值。

该标准规定，任何一个排气筒必须同时遵守最高允许排放浓度（任何 1 小时浓度平均值）和最高允许排放速率（任何 1 小时排放污染物的质量）两项指标，超过其中任何一项均为超标排放。

按照综合性排放标准与行业性排放标准不交叉执行的原则，仍继续执行的行业性标准有：《锅炉大气污染物排放标准》(GB 13271—2001)、《工业炉窑大气污染物排放标准》(GB 9078—1996)、《火电厂大气污染物排放标准》(GB 13223—2011)、《炼焦化学工业污染物排放标准》(GB 16171—2012)、《水泥工业大气污染物排放标准》(GB 4915—2013)、《恶臭污染物排放标准》(GB 14554—1993)。

1.3.5 空气质量指数及报告

虽然 $PM_{2.5}$ 只是地球大气成分中含量很少的组分，但它对空气质量和能见度等有重要的影响。《环境空气质量标准》(GB 3095—2012) 规定特定工业区的空气质量标准须和居住区、商业交通居民混合区等一致，并要求监测数据更为准确。空气质量评价体系，从原先的“空气污染指数”(API) 改为更全面的“空气质量指数”(AQI)。2015 年，所有地级以上城市施行，2016 年在全国普遍硬性施行 $PM_{2.5}$ 监测。2012 年，在北京、天津、河北和长三角、珠三角等重点区域以及直辖市和省会城市率先开展 $PM_{2.5}$ 和臭氧监测。

空气质量指数，是定量描述空气质量状况的无量纲指数。空气质量分指数 (IAQI)，是单项污染物的空气质量指数。首要污染物为 AQI 大于 50 时 IAQI 最大的空气污染物。超标污染物为浓度超过国家环境空气质量二级标准的污染物，即 IAQI 大于 100 的污染物。

(1) 空气质量指数分级及其浓度限值

AQI 共分六级，从一级优、二级良、三级轻度污染、四级中度污染、直至五级重度污染、六级严重污染。当 $PM_{2.5}$ 日均值浓度达到 $150\mu g/m^3$ 时，AQI 即达到 200；当 $PM_{2.5}$ 日均浓度达到 $250\mu g/m^3$ 时，AQI 即达 300；$PM_{2.5}$ 日均浓度达到 $500\mu g/m^3$ 时，对应的 AQI 指数达到 500。

空气质量按照空气质量指数大小分为六级，相对应空气质量的六个类别，指数越大、级别越高说明污染的情况越严重，对人体的健康危害也就越大。

根据《环境空气质量指数 (AQI) 技术规定（试行）》(HJ 633—2012) 规定：空气质量指数划分为 0～50、51～100、101～150、151～200、201～300 和大于 300 六档，对应于空气质量的六个级别，指数越大，级别越高，说明污染越严重，对人体健康的影响也越明显。

空气质量分指数及对应的污染物项目浓度限值见表 1-6，相应的空气质量指数及相关信息见表 1-7。

(2) 空气质量指数的计算方法

污染物项目 P 的空气质量分指数按式 (1-1) 计算。

$$IAQI_P=\frac{IAQI_{Hi}-IAQI_{Lo}}{BP_{Hi}-BP_{Lo}}(C_p-BP_{Lo})+IAQI_{Lo} \tag{1-1}$$

式中 $IAQI_P$——污染物项目 P 的空气质量分指数；

C_P——污染物项目 P 的质量浓度值；

BP_{Hi}——表 1-6 中与 C_P 相近的污染物浓度限值的高位值；

BP_{Lo}——表1-6中与C_P相近的污染物浓度限值的低位值；
$IAQI_{Hi}$——表1-6中与BP_{Hi}对应的空气质量分指数；
$IAQI_{Lo}$——表1-6中与BP_{Lo}对应的空气质量分指数。

表1-6 空气质量分指数及对应的污染物项目浓度限值

空气质量分指数(IAQI)	污染物项目浓度限值									
	二氧化硫(SO_2)24小时平均/($\mu g/m^3$)	二氧化硫(SO_2)1小时平均/($\mu g/m^3$)(1)	二氧化氮(NO_2)24小时平均/($\mu g/m^3$)	二氧化氮(NO_2)1小时平均/($\mu g/m^3$)	颗粒物(粒径小于等于10μm)24小时平均/($\mu g/m^3$)	一氧化碳(CO)24小时平均/($\mu g/m^3$)	一氧化碳(CO)1小时平均/($\mu g/m^3$)	臭氧(O_3)1小时平均/($\mu g/m^3$)	臭氧(O_3)8小时平均/($\mu g/m^3$)	颗粒物(粒径小于等于2.5μm)24小时平均/($\mu g/m^3$)
0	0	0	0	0	0	0	0	0	0	0
50	50	150	40	100	50	2	5	160	100	35
100	150	500	80	200	150	4	10	200	160	75
150	475	650	180	700	250	14	35	300	215	115
200	500	800	280	1200	350	24	60	400	265	150
300	1600	(2)	565	2340	420	36	90	800	800	250
400	2100	(2)	750	3090	500	48	120	1000	(3)	350
500	2620	(2)	940	3840	600	60	150	1200	(3)	500
说明	(1)二氧化硫(SO_2)、二氧化氮(NO_2)和一氧化碳(CO)的1小时平均浓度限值仅用于实时报，在日报中需使用相应污染物的24小时平均浓度限值。 (2)二氧化硫(SO_2)1小时平均浓度值高于800$\mu g/m^3$的，不再进行其空气质量分指数计算，二氧化硫(SO_2)空气质量分指数按24小时平均浓度计算的分指数报告。 (3)臭氧(O_3)8小时平均浓度值高于800$\mu g/m^3$的，不再进行其空气质量分指数计算，臭氧(O_3)空气质量分指数按1小时平均浓度计算的分指数报告。									

(3)空气质量指数级别

空气质量指数级别根据表1-7规定进行划分。

表1-7 空气质量指数及相关信息

空气质量指数	空气质量指数级别	空气质量指数类别及表示颜色		对健康影响情况	建议采取的措施
0～50	一级	优	绿色	空气质量令人满意，基本无空气污染	各类人群可正常活动
51～100	二级	良	黄色	空气质量可接受，但某些污染物可能对极少数异常敏感人群健康有较弱影响	极少数异常敏感人群应减少户外活动
101～150	三级	轻度污染	橙色	易感人群症状有轻度加剧，健康人群出现刺激症状	儿童、老年人及心脏病、呼吸系统疾病患者应减少长时间、高强度的户外锻炼

续表

空气质量指数	空气质量指数级别	空气质量指数类别及表示颜色		对健康影响情况	建议采取的措施
151～200	四级	中度污染	红色	进一步加剧易感人群症状，可能对健康人群心脏、呼吸系统有影响	病患者避免长时间、高强度的户外锻练，一般人群适量减少户外运动
201～300	五级	重度污染	紫色	心脏病和肺病患者症状显著加剧，运动耐受力降低，健康人群普遍出现症状	儿童、老年人和心脏病、肺病患者应停留在室内，停止户外运动，一般人群减少户外运动
＞300	六级	严重污染	褐红色	健康人群运动耐受力降低，有明显强烈症状，提前出现某些疾病	儿童、老年人和病人应当留在室内，避免体力消耗，一般人群应避免户外活动

(4) 空气质量指数及首要污染物的确定方法

① 空气质量指数计算方法

空气质量指数按式 (1-2) 计算。

$$AQI = \max\{IAQI_1, IAQI_2, IAQI_3, \cdots, IAQI_n\} \tag{1-2}$$

式中 IAQI——空气污染分指数；

n——污染物项目。

② 首要污染物及超标污染物的确定方法

AQI 大于 50 时，IAQI 最大的污染物为首要污染物。若 IAQI 最大的污染物为两项或两项以上时，并列为首要污染物。

IAQI 大于 100 的污染物为超标污染物。

(5) 空气质量报告的形式

表 1-8 和图 1-1 列出了空气质量报告的形式（数据来源：http：//www.beijing-air.com）。

表 1-8 空气质量报告的形式

北京环保中心空气质量报告		美国大使馆北京空气质量	
	北京空气质量指数（AQI）：144 $PM_{2.5}$浓度：110μg/m³ PM_{10}浓度：215μg/m³ 空气质量等级：三级 轻度污染 更新时间：2014-05-06 19：00 数据采集点位于北京市东城区东四地区。 可查询每小时更新 $PM_{2.5}$浓度数值、PM_{10}浓度数值和空气污染指数（AQI）		北京空气质量指数（AQI）：184 $PM_{2.5}$浓度：120μg/m³ 空气质量等级：不健康的 更新时间：2014-05-06 20：00 数据采集点位于北京市朝阳区安家楼美国大使馆内。 可查询每小时更新 $PM_{2.5}$浓度数值和空气质量指数（AQI）

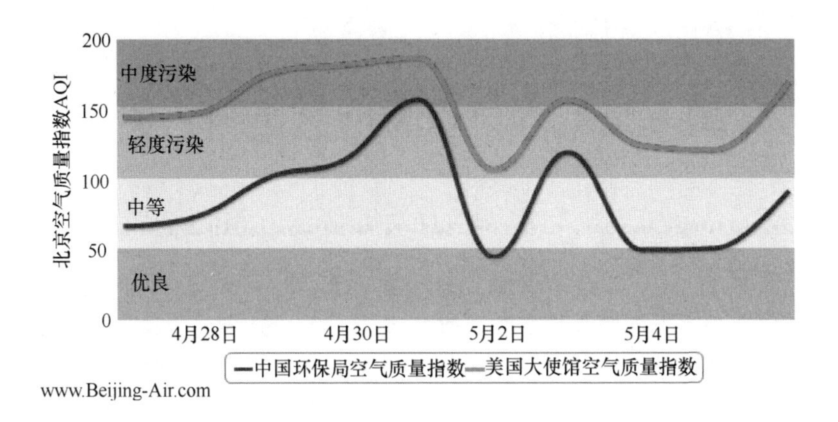

图 1-1　北京空气质量历史数据（过去 10 天趋势图）（更新时间：2014-05-06 20：00）

习题与思考

1. 简述大气污染与大气圈组成的关系，大气污染是如何分类的？
2. 试分析室内空气污染的来源，并提出改善室内空气质量的有效对策。
3. 大气污染物的分类，各包括哪些污染因子？
4. 什么是氧化型大气污染？什么是还原型大气污染？试列表分析两类大气污染的特征。
5. 环境空气质量控制标准的内容是什么？
6. 实施 AQI 的意义是什么？
7. 干洁空气中 N_2、O_2、Ar 和 CO_2 气体所占的质量百分数是多少？
8. 根据我国的《环境空气质量标准》（GB 3095—2012）的二级标准，求出 SO_2、NO_2、CO 三种污染物日平均浓度限值的体积分数。
9. 成人每次吸入的空气量平均为 $500cm^3$，假若每分钟呼吸 15 次，空气中颗粒物的浓度为 $200\mu g/m^3$，试计算每小时沉积于肺泡内的颗粒物质量。已知该颗粒物在肺泡中的沉降系数为 0.12。

第2章　大气污染的发生与扩散

学　习　提　示

了解能源结构与大气污染的关系，煤的成分和表示方法，掌握煤燃烧基本过程主要污染物及其生成机理和减少污染物排放量的主要途径。掌握燃烧烟气量及污染物排放量计算方法。理解气象要素与大气污染的关系，掌握大气污染扩散浓度估算模式的应用，了解空气质量模型的应用。

学习重点：煤燃烧基本过程和主要影响因素，煤燃烧主要污染物及其生成机理，大气污染扩散浓度估算模式的应用。

学习难点：燃烧烟气量及污染物排放量计算。

对于大气污染问题，首要就是污染物的始发浓度和排放浓度的计量，其次是污染物在空气中扩散、转化和迁移。而当前主要采取了两种措施进行控制：第一是按照环境空气质量标准的要求，将污染物浓度指标严格达标，展开浓度控制；第二是依靠先进的科学技术和清洁生产技术实施循环经济和能源削减，减少污染物排放量，展开总量控制和源头控制。这两项措施的首要基础是要弄清大气污染物的排放浓度和排放量，即空气污染的发生，其次是研究污染物在大气中的扩散规律。本章将首先介绍化石燃料燃烧过程污染物浓度和排放量的计算方法，再介绍作为污染物扩散基础的大气运动和热力过程，在此基础上介绍环境大气扩散计算模式。

2.1　燃料燃烧过程大气污染的发生

2.1.1　燃料及燃料的组成

燃料系指在燃烧过程中能放出热量，且经济上可行的物质。常规燃料包括如煤、石油和天然气等；非常规燃料包括乙醇、甲烷等。其他具体分类方法见表2-1。

表2-1　燃料分类

分类依据	类　别	主要代表物质
形态	固体燃料	煤、炭、木材、油页岩等
	液体燃料	汽油、煤油、石油、重油等
	气体燃料	天然气、煤气、沼气、液化气等
类型	化石燃料	石油、煤、油页岩、甲烷、油砂、天然气等
	生物燃料	乙醇、生物柴油等
	核燃料	铀235、铀233、铀238、钚239、钍232等
形成机理	天然矿物质燃料	煤、油页岩、石油、天然气等
	人造燃料	由天然燃料加工而成，主要包括由木柴、煤制成的木炭、焦炭、石油焦、粉煤、型煤等固体人造燃料；由石油、煤、油页岩提炼制成的汽油、煤油、柴油、重油、渣油、煤焦油等液体人造燃料；由煤和石油制成的各种煤气、石油裂化气等气体人造燃料

2013 年大气污染治理“国十条”的发布，明确提出“加快调整能源结构，增加清洁能源供应”的要求，到 2017 年，煤炭占能源消费总量比重降到 65%以下。各地“煤改气”进程加快，尤其是京津冀地区的需求迫切，但由于气源紧张、配套资金问题、基础设施不完善等因素，各地进程不一。在我国天然气严重供不应求的情形下，既要加快天然气资源的开发利用以及价格机制的进一步理顺，也应加快煤炭资源清洁化利用技术的研发应用，适时、适度、适量地推进燃气产业发展。根据我国现行能源结构特征，锅炉所用的燃料主要是煤，为合理有效利用我国的煤炭资源，应尽量使用当地煤。在一些地区的锅炉也可燃用重油、渣油和天然气等燃料。此外其他行业的副产品，如冶金行业的焦炉煤气和高炉煤气、造纸行业的黑液和生物质等，也可作为锅炉燃料。

1. 煤的成分组成及其性质

煤的元素分析测出煤的有机物由碳（C）、氢（H）、氧（O）、氮（N）、硫（S）五种元素组成。煤的工业分析测出煤的组成成分为水分（M）、挥发分（V）、固定碳（FC）和灰分（A）。其组成及性质见表 2-2。

2. 煤的成分分析基准及其换算

为便于燃料计算和燃烧机理分析，对固体燃料的各成分用相应的质量占燃料总质量的百分数表示，各成分质量百分数的总和为 100%，可用 $C+H+O+N+S+A+M=100$ 表示，其中 C、H、O、N、S、A、M 分别表示燃料中的碳、氢、氧、氮、硫（可燃硫）、灰分、水分的质量分数的百倍。由于煤中水分和灰分含量常常受到开采、运输、贮存及气候条件的影响，煤中其他成分的质量分数亦将随之变更。为了实际应用的需要和理论研究的方便，通常采用四种基数作为燃料成分分析的基准。

（1）煤的成分分析基准

常用的分析基准有收到基（ar）、空气干燥基（ad）、干燥基（d）和干燥无灰基（daf）四种，相应的表示方法是在各成分符号右下角加角标 ar、ad、d、daf（图 2-1）。

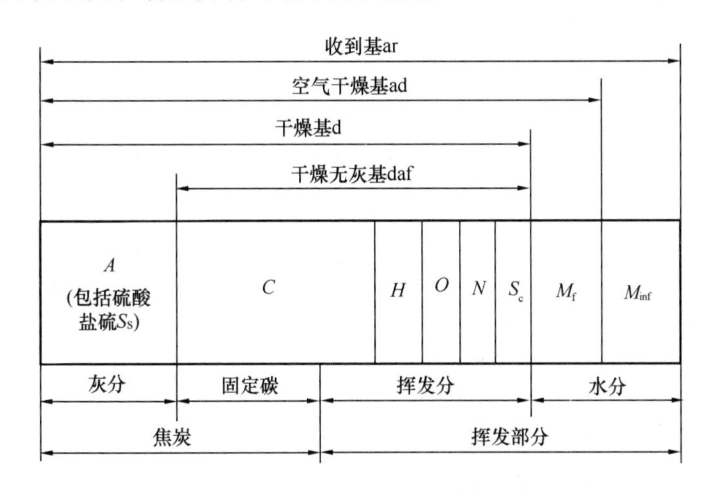

图 2-1　燃料成分及各种“基”的关系

① 收到基（ar）

以收到状态的煤为基准计算煤中全部成分的组合称为收到基。对进厂原煤或炉前煤都应以收到基计算各项成分，其表达式见式（2-1）和式（2-2）。

$$C_{ar}+H_{ar}+O_{ar}+N_{ar}+S_{ar}+A_{ar}+M_{ar}=100 \tag{2-1}$$

$$FC_{ar}+V_{ar}+A_{ar}+M_{ar}=100 \tag{2-2}$$

② 空气干燥基（ad）

以与空气温度达到平衡状态的煤为基准，即供分析化验的煤样在实验室一定温度条件下，自然干燥失去外在水分，其余的成分组合便是空气干燥基，其表达式见式（2-3）和式（2-4）。

$$C_{ad}+H_{ad}+O_{ad}+N_{ad}+S_{ad}+A_{ad}+M_{ad}=100 \tag{2-3}$$

$$FC_{ad}+V_{ad}+A_{ad}+M_{ad}=100 \tag{2-4}$$

③ 干燥基（d）

以假想无水状态的煤为基准，其余的成分组合便是干燥基。干燥基中因无水分，故灰分不受水分变动的影响，灰分含量百分数相对比较稳定，其表达式见式（2-5）和式（2-6）。

$$C_{d}+H_{d}+O_{d}+N_{d}+S_{d}+A_{d}=100 \tag{2-5}$$

$$FC_{d}+V_{d}+A_{d}=100 \tag{2-6}$$

④ 干燥无灰基（daf）

以假想无水、无灰状态的煤为基准，其表达式见式（2-7）和式（2-8）。

表 2-2　煤的成分组成及其性质

元素分析	性　质	工业分析	性　质
碳（C）	碳是煤中主要可燃元素，其含量约占20%～70%，是煤发热量的主要来源。煤中碳的一部分与氢、氧、硫等结合成有机物，在受热时会从煤中析出成为挥发分；另一部分则呈单质称为固定碳。煤的地质年代越长，碳化程度越深，含碳量就越高，固定碳的含量相应也越多	水分（M）	实际应用状态下的煤（工作煤或收到煤）中所含水分，称为全水分（M），由外在水分（M_f）和内在水分（M_{inf}）两部分组成。外在水分又称表面水分，是在开采、运输、洗选和贮存期间，附着于煤粒表面的外来水分，如因雨雪、地下水或人工润湿等而进入煤中。内在水分又称固有水分，是指原煤试样失去了外在水分后所剩余的水分，内在水分需在较高温度下才能从煤中除掉
氢（H）	煤中氢元素含量不多，约为2%～6%，且多以碳氢化合物状态存在，但氢却是煤中发热量最高的可燃元素		
氧（O）和氮（N）	氧和氮都是煤中的不可燃元素。氧与碳、氢化合将使煤中的可燃碳和可燃氢含量减少，降低了煤的发热量；氮则是有害元素，煤在高温下燃烧时，其所含氮的一部分将与氧化合而生成NO_x，造成大气污染	挥发分（V）	挥发分是煤的重要成分组成，是对煤进行分类的主要依据。挥发分主要由各种碳氢化合物、氢、一氧化碳、硫化氢等可燃气体及少量的氧、二氧化碳、氮等不可燃气体组成

续表

<table>
<tr><th>元素分析</th><th>性　质</th><th>工业分析</th><th>性　质</th></tr>
<tr><td>硫（S）</td><td>煤中硫的含量一般不超过2%，但个别煤种高达8%～10%。硫在煤中以有机硫、黄铁矿（FeS_2）、硫酸盐硫（$CaSO_4$等）和单质硫等形式存在。硫的燃烧产物是SO_2，其一部分将进一步氧化成为SO_3</td><td rowspan="3">固定碳（FC）和灰分（A）</td><td rowspan="3">原煤试样除掉水分、析出挥发分之后，剩余的部分成为焦炭。它由固定碳（FC）和灰分（A）组成。焦炭的粘结性与强度称为煤的焦结性，它是煤的重要特性指标之一
根据煤的焦结性可以把煤分为粉状、粘着、弱粘结、不熔融粘结、不膨胀熔融粘结、微膨胀熔融粘结、膨胀熔融粘结、强膨胀熔融粘结八类</td></tr>
<tr><td>灰分（A）</td><td>灰分是煤燃烧后剩余的不可燃矿物杂质，它与燃烧前煤中的矿物质在成分和数量上有较大区别。灰分的含量在各种煤中变化很大，少的只有4%～5%，多的可高达60%～70%</td></tr>
<tr><td>水分（M）</td><td>水分也是煤中的不可燃杂质，其含量差别甚大，少的仅为2%左右，多的可达50%～60%。煤中水分含量增加，煤中可燃成分相对减少，发热量降低，降低炉内温度，使着火困难，燃烧也不完全，机械和化学不完全燃烧热损失会增加</td></tr>
</table>

$$C_{daf}+H_{daf}+O_{daf}+N_{daf}+S_{daf}=100 \tag{2-7}$$

$$FC_{daf}+V_{daf}=100 \tag{2-8}$$

由于干燥无灰基无水、无灰，故剩下的成分便不受水分、灰分变动的影响，是表示碳、氢、氧、氮、硫成分百分数最稳定的基准，常用来表示煤的挥发分含量。

（2）煤的各种分析基准的换算

实验室采用分析试样测定各种成分的含量，空气干燥基是换算为其他各基准的基础。设计锅炉设备和计算煤耗，要求采用收到基来表示煤中各组成成分的百分比，使之符合锅炉实际运行情况；在研究煤的组成结构时则要采用干燥无灰基来表示，以避免水分和灰分的干扰。

分析结果要从一种基准换算到另一种基准时，可按式（2-9）进行。

$$Y=KX_0 \tag{2-9}$$

式中　X_0——按原基准计算的某一组成含量百分比；

Y——按新基准计算的同一组成含量百分比；

K——基准换算的比例系数（表2-3）。

表2-3　基准换算的比例系数

K \ *Y* *X*	收到基 ar	空气干燥基 ad	干燥基 d	干燥无灰基 daf
收到基ar	1	$(100-M_{ad})/(100-M_{ar})$	$100/(100-M_{ar})$	$100/(100-M_{ar}-A_{ar})$
空气干燥基ad	$(100-M_{ar})/(100-M_{ad})$	1	$100/(100-M_{ad})$	$100/(100-M_{ad}-A_{ad})$
干燥基d	$(100-M_{ar})/100$	$(100-M_{ad})/100$	1	$100/(100-A_d)$
干燥无灰基daf	$(100-M_{ar}-A_{ar})/100$	$(100-M_{ad}-A_{ad})/100$	$(100-A_d)/100$	1

例 2-1 某种煤的工业分析为：$M_{ar}=3.84$，$A_{d}=10.35$，$V_{daf}=41.02$，试计算它的收到基、干燥基、干燥无灰基的工业分析组成。

解：

① 干燥无灰基的计算：$V_{daf}=41.02$

由式(2-8)知：$FC_{daf}=100-V_{daf}=58.98$

② 收到基的计算：

查表 2-3 知：$A_{d}/A_{ar}=100/(100-M_{ar})$

即 $A_{ar}=[(100-M_{ar})A_{d}]/100=[(100-3.84)\times 10.35]/100=9.95$

$$V_{ar}=V_{daf}\times\frac{100-M_{ar}-A_{ar}}{100}=35.36$$

$FC_{ar}=100-A_{ar}-M_{ar}-V_{ar}=100-9.95-3.84-35.36=50.85$

③ 干燥基的计算：$A_{d}=10.35$

查表 2-3 知：$V_{d}/V_{ar}=100/(100-M_{ar})$

即：$V_{d}=100V_{ar}/(100-M_{ar})=100\times 35.36/(100-3.84)=36.77$

$FC_{d}=100-V_{d}-A_{d}=100-36.77-10.35=52.88$

3. 发电用煤的分类

(1) 发电厂用煤的质量标准

我国的电厂用煤，根据煤的干燥无灰基挥发分含量（V_{daf}）的大小，把煤分为四类：$V_{daf}\leqslant 10\%$的为无烟煤、$10\%<V_{daf}<20\%$的为贫煤、$20\%\leqslant V_{daf}\leqslant 40\%$的为烟煤、$V_{daf}>40\%$的为褐煤。

(2) 各类煤质的燃烧特性

① 无烟煤

对于无烟煤，因其着火困难和燃烧的经济性差，一般不用作电厂煤粉锅炉的燃料。

② 贫煤

贫煤是介于无烟煤和烟煤之间的一种煤，干燥无灰基挥发分含量低，碳的含量低（$C_{ar}=50\%\sim 70\%$），不太容易着火，燃烧时不易结焦。

③ 烟煤

烟煤的含碳量较无烟煤低（$C_{ar}=40\%\sim 70\%$），挥发分含量较多，故大部分烟煤都易点燃，燃烧快，燃烧时火焰长。

④ 褐煤

褐煤的煤龄短，挥发分含量较高，且挥发分析出的温度较低，故着火及燃烧都比较容易。但由于它的碳化程度不如烟煤，发热量低。褐煤表面呈棕褐色，质脆易风化，也很容易自燃，不宜远途运输和长时间贮存。

2.1.2 燃料燃烧过程

1. 影响燃烧过程的主要因素

(1) 燃烧过程及燃烧产物

燃烧是指可燃混合物的快速氧化过程，并伴随着能量（光和热）的释放，同时使燃料的组成元素转化为相应的氧化物。多数化石燃料完全燃烧的产物是二氧化碳和水蒸气。然而，不完全燃烧过程将产生黑烟、一氧化碳和其他部分氧化产物等大气污染物。若燃料中含有硫和氮，则会生成SO_2和NO，以污染物形成存在于烟气中。此外，当燃烧室温度较高时，空气中的部分氮也会被氧化成 NO_x，常称为热力型氮氧化物。

（2）燃料完全燃烧的条件

要使燃料完全燃烧，必须具备如下4个条件：

① 空气与燃料之比

燃料燃烧时必须保证供应与燃料燃烧相适应的空气量。如果空气供应不足，燃烧不完全。相反空气量过大，也会降低炉温，增加锅炉的排烟损失。因此按燃烧不同阶段供给相适应的空气量是十分必要的。

② 温度

燃料只有达到着火温度，才能与氧结合而燃烧。着火温度是在有氧存在的条件下，可燃物质开始燃烧所必须达到的最低温度。各种燃料都具有各自的着火温度。

③ 时间

燃料在燃烧室中的停留时间是影响燃料是否完全燃烧的另一基本因素。燃料在高温区的停留时间应超过燃料燃烧所需要的时间。因此，在所要求的燃烧反应速度下，停留时间将决定于燃烧室的大小和形状。反应速度随温度的升高而加快，所以在较高温度下燃烧所需要的时间较短。

④ 湍流度（燃料与空气的混合程度）

燃料和空气中氧的充分混合也是完全燃烧的基本条件之一。混合程度取决于空气的湍流度。若混合不充分，将导致不完全燃烧产物的产生。对于蒸气相的燃烧，湍流可以加速液体燃料的蒸发。对于固体燃料的燃烧，湍流有助于破坏燃烧产物在燃料颗粒表面形成的边界层，从而提高表面反应的氧利用率，并使燃烧过程加速。

适当的控制空气与燃料之比、温度、时间和湍流度4个因素，是在大气污染物排放量最少条件下实现有效燃烧所必须的，评价燃烧过程和燃烧设备时，必须认真地考虑这些因素。通常把温度、时间和湍流度称为燃烧过程的“三T”条件。

2. 燃料燃烧的理论空气量

燃料燃烧所需要的氧，一般是从空气中获得的。单位量（1kg或 $1m_N^3$ 或1kmol）收到基燃料按燃烧反应方程式完全燃烧所需要的空气量称为理论空气量，它由燃料的组成决定，可根据燃烧方程式计算求得，用 V^0 表示，单位为 m_N^3/kg 或 m_N^3/m_N^3 或 $m_N^3/kmol$。通常假定：

① 空气仅是由氮气和氧气组成的，其体积分数分别为70.9%和20.1%；

② 燃料中的固定态氧可用于燃烧；

③ 燃料中的硫主要被氧化为 SO_2；

④ 热力型 NO_x 的生成量较小，燃料中含氮量也较低，在计算理论空气量时可以忽略；

⑤ 燃料中的氮在燃烧时转化为 N_2 和NO，一般以 N_2 为主。

（1）按收到基计算理论空气量

1kg煤中所含可燃成分完成燃烧所需的理论需氧量见表2-4。

为了使燃料在炉内能够燃烧完全，减少不完全燃烧热损失，实际送入炉内的空气量要比理论空气量大些，这一空气量称为实际供给空气量，用符号 V_k 表示。实际供给空气量与理论空气量之比，称为过量空气系数，即

$$\frac{V_k}{V^0}=\alpha \tag{2-10}$$

其中，α 用于烟气量计算。

炉内过量空气系数α，一般是指炉膛出口处的过量空气系数。过量空气系数是锅炉运行的重要指标，α太大会增大烟气体积使排烟热损失增加，α太小则不能保证燃料完全燃烧。它的最佳值与燃料种类、燃烧方式以及燃烧设备的完善程度有关，应通过试验确定。

表 2-4　1kg煤中所含可燃成分完成燃烧所需的理论需氧量

燃料总可燃成分的质量分数（%）	燃烧反应式	理论需氧量
C_{ar}	$C+O_2 = CO_2$	$1.867\frac{C_{ar}}{100}$
H_{ar}	$2H_2+O_2 = 2H_2O$	$5.556\frac{H_{ar}}{100}$
O_{ar}	—	$-0.7\frac{O_{ar}}{100}$
N_{ar}	在烟气中转化为N_2	0
S_{ar}	$S+O_2 = SO_2$	$0.7\frac{S_{ar}}{100}$
理论需氧量		$V_{O_2}^0=1.867\frac{C_{ar}}{100}+5.556\frac{H_{ar}}{100}+0.7\frac{S_{ar}}{100}-0.7\frac{O_{ar}}{100}$
理论空气量（氧气的体积分数为20.9%，氮气的体积分数为79.1%）		$V^0=\frac{1}{0.209}\left(1.867\frac{C_{ar}}{100}+5.556\frac{H_{ar}}{100}+0.7\frac{S_{ar}}{100}-0.7\frac{O_{ar}}{100}\right)$ $=0.0893C_{ar}+0.266H_{ar}+0.0335S_{ar}-0.0335O_{ar}$ $m^0=1.293V^0$ kg/kg

（2）按化学反应方程式计算理论空气量

燃料的化学式为$C_xH_yS_zO_\omega$，其中下标x、y、z、ω分别代表碳、氢、硫和氧的原子数。由此可得燃料与空气中氧完全燃烧的化学反应方程式：

$$C_xH_yS_zO_\omega+\left(x+\frac{y}{4}+z-\frac{\omega}{2}\right)O_2+3.78\left(x+\frac{y}{4}+z-\frac{\omega}{2}\right)N_2 \longrightarrow xCO_2+\frac{y}{2}H_2O+zSO_2+3.78\left(x+\frac{y}{4}+z-\frac{\omega}{2}\right)N_2+Q \tag{2-11}$$

其中，Q代表燃烧热。那么，理论空气量为：

$$\begin{aligned}V_a^0&=22.4\times4.78\left(x+\frac{y}{4}+z-\frac{\omega}{2}\right)/(12x+1.008y+32z+16\omega)\\&=107.1\left(x+\frac{y}{4}+z-\frac{\omega}{2}\right)/(12x+1.008y+32z+16\omega)\quad m_N^3/kg\end{aligned} \tag{2-12}$$

有时也采用空燃比(AF)这一术语。空燃比定义为单位质量燃料燃烧所需要的空气质量，它可以由燃烧方程式直接求得。例如，甲烷在理论空气量下的完全燃烧：

$$CH_4+2O_2+7.56N_2 \longrightarrow CO_2+2H_2O+7.56N_2$$

空燃比：

$$AF=\frac{2\times32+7.56\times28}{1\times16}=17.2$$

随着燃料中氢相对含量的减少，碳相对含量的增加，理论空燃比随之减小。例如汽油(C_8H_{18})的理论空燃比为15，纯碳的理论空燃比约11.5。同时也可以根据燃烧方程式计算燃烧产物的量，即燃料燃烧产生的烟气量。

2.1.3　燃料燃烧产生烟气体积

燃烧产物中不含可燃物时称为完全燃烧。当$\alpha=1$且完全燃烧时，生成的烟气体积称为理论烟气体积，用符号 V_y^0 表示，单位为 m_N^3/kg。

1. 按收到基计算烟气组成成分

按收到基计算烟气组成成分见表2-5。实际烟气体积中扣除水蒸气体积，就得到了实际干烟气体积。

表2-5　按收到基计算烟气组成成分

烟气组成成分	公式或算法
理论二氧化碳体积 $V_{CO_2}^0$	$V_{CO_2}^0=1.867\frac{C_{ar}}{100}$
理论二氧化硫体积 $V_{SO_2}^0$	$V_{SO_2}^0=0.7\frac{S_{ar}}{100}$
理论氮气体积 $V_{N_2}^0$	$V_{N_2}^0=0.791V^0+\frac{22.4}{28}\times\frac{N_{ar}}{100}=0.791V^0+0.8\frac{N_{ar}}{100}$
理论水蒸气体积 $V_{H_2O}^0$	燃料中氢气完全燃烧生成的水蒸气，其体积为 $11.1\times\frac{H_{ar}}{100}=0.111H_{ar}$ 燃料中水分蒸发形成的水蒸气，其体积为 $\frac{22.4}{18}\times\frac{M_{ar}}{100}=0.0124M_{ar}$ 随同理论空气量 V^0 带入的水蒸气，其体积为 $\frac{10\times1.293}{1000\times0.804}V^0=0.0161V^0$ 燃用液体燃料时，如果采用蒸气雾化燃油，其体积为 $\frac{22.4}{18}G_{wh}=1.24G_{wh}$，$G_{wh}$ 为雾化燃油时消耗的蒸气量，kg/kg。 $V_{H_2O}^0=0.111H_{ar}+0.0124M_{ar}+0.161V^0+1.24G_{wh}$　m_N^3/kg
理论烟气量	$V_y^0=1.867\frac{C_{ar}}{100}+0.7\frac{S_{ar}}{100}+0.791V^0+0.8\frac{N_{ar}}{100}+0.111H_{ar}+0.0124M_{ar}+0.0161V^0+1.24G_{wh}$
实际烟气量	锅炉中实际的燃烧过程是在过量空气系数 $\alpha>1$ 的条件下进行的。此时烟气体积中除理论烟气体积外，还增加了过量空气 $(\alpha-1)V^0$ 和随同这部分过量空气带进来的水蒸气， $V_y=V_y^0+(\alpha-1)V^0+0.0161(\alpha-1)V^0$　m_N^3/kg

例2-2　已知某烟煤成分为：$C_{daf}=83.21\%$，$H_{daf}=5.87\%$，$O_{daf}=5.22\%$，$N_{daf}=1.90\%$，$S_{daf}=3.8\%$，$A_d=8.68\%$，$M_{ar}=4.0\%$。试求：①理论空气量 $V^0(m_N^3/kg)$；②理论燃烧产物生成量 $V_y^0(m_N^3/kg)$；③如某加热炉用该煤加热，过剩消耗系数 $\alpha=1.35$，求烟气生成量。

解：① 将该煤的各成分换算成应用成分：

$$A_{ar}=A_d\times\frac{100-M_{ar}}{100}=8.68\%\times\frac{100-4}{100}=8.33\%$$

$$C_{ar}=C_{daf}\times\frac{100-A_{ar}-M_{ar}}{100}=83.21\%\times\frac{100-8.33-4}{100}=72.95\%$$

$$H_{ar}=H_{daf}\times\frac{100-A_{ar}-M_{ar}}{100}=5.87\%\times0.8767=5.15\%$$

$$O_{ar}=O_{daf}\times0.8767=5.22\%\times0.8767=4.58\%$$

$$N_{ar}=N_{daf}\times0.8767=1.9\%\times0.8767=1.66\%$$

$$S_{ar}=S_{daf}\times0.8767=3.80\%\times0.8767=3.33\%$$

$$M_{ar}=4\%$$

计算理论空气量 V^0：

$$V^0=\frac{1}{0.209}\left(1.867\frac{C_{ar}}{100}+0.7\frac{S_{ar}}{100}+5.556\frac{H_{ar}}{100}-0.7\frac{O_{ar}}{100}\right)$$

$$=\frac{1}{0.209}\left(1.867\times\frac{72.95}{100}+0.7\times\frac{3.33}{100}+5.556\times\frac{5.15}{100}-0.7\times\frac{4.58}{100}\right)$$

$$=7.84\ m_N^3/kg$$

② 计算理论燃烧产物生成量 V_y^0

$$V_y^0=1.867\frac{C_{ar}}{100}+0.7\frac{S_{ar}}{100}+0.791V^0+0.8\frac{N_{ar}}{100}+0.111H_{ar}+0.0124M_{ar}+0.0161V^0+1.24G_{wh}$$

$$=1.867\times\frac{72.95}{100}+0.7\times\frac{3.33}{100}+0.791\times7.80+0.8\times\frac{1.66}{100}+0.111\times5.15+0.0124\times0+0.0161\times7.80+0$$

$$=8.27\ m_N^3/kg$$

③ 烟气生成量

$$V_y=V_y^0+(\alpha-1)V^0+0.0161(\alpha-1)V^0=8.27+(1.35-1)\times7.84+0=11.01\ m_N^3/kg$$

2. 按化学反应方程式计算烟气组成

通过测定烟气中污染物的浓度，根据实际排烟量，很容易计算污染物的排放量。但在很多情况下，需要根据同类燃烧设备的排污系数、燃料组成和燃烧状况，预测烟气量和污染物浓度。各种污染物的排污系数由其形成机理和燃烧条件决定，可根据调查监测数据（往往是手册提供）计算，如《大气污染控制技术手册》对煤炭、采矿、电力、冶金、炼油、化工、造纸、食品等十几个行业大气污染物的发生量和控制技术进行了详细论述。

另外也可根据质量守恒化学反应方程式进行计算，下面以例题来说明有关的计算。

例 2-3 某燃烧装置采用重油作燃料，重油成分分析结果如下（质量分数）：$C=88.3\%$；$H=9.5\%$；$S=1.6\%$；$H_2O=0.05\%$；灰分$=0.10\%$。试确定燃烧 1kg 重油所需要的理论空气量，燃料中硫全部转化为 SO_2。试计算空气过剩系数 $\alpha=1.20$ 时烟气中的 SO_2 的浓度，以 10^{-6} 表示；并计算此时干烟气中 CO_2 的含量，以体积分数表示。

解： 以 1kg 重油燃烧为基础，建立重油中各元素氧化反应关系表（表 2-6）：

表 2-6 重油中各元素氧化反应关系表

元素	质量（g）	摩尔数（mol）	需氧数（mol）
C	883	73.58	73.58
H	95	47.5	23.75
S	16	0.5	0.5
H_2O	0.5	0.0278	0

所以理论需氧量为 73.58+23.75+0.5=97.83mol/kg 重油。

假定干空气中氮和氧的摩尔比（体积比）为 79.1/20.9=3.78，则 1kg 重油完全燃烧所需要的理论空气量为：

$$97.83\times(3.78+1)=467.63\text{mol/kg 重油}$$

即 $467.63\times\frac{22.4}{1000}=10.47\ m_N^3/kg$ 重油

理论空气量条件下烟气组成(mol)为：

CO_2：73.58　　H_2O：47.5+0.0278

SO_x：0.5　　N_2：97.83×3.78

理论烟气量为：73.58+(47.5+0.0278)+0.5+97.83×3.78=491.4 mol/kg 重油

即：$491.4\times\frac{22.4}{1000}=11.01\ m_N^3/kg$ 重油

空气过剩系数 $\alpha=1.20$ 时，实际烟气量为：11.01+10.47×0.2=13.10 m_N^3/kg 重油

烟气中 SO_2 的体积为：0.5×(22.4/1000)=0.0112 m_N^3/kg

所以烟气中 SO_2 的浓度为：$\rho_{SO_2}=\frac{0.0112}{13.10}=855\times10^{-6}$

当 $\alpha=1.20$ 时，干烟气量为：$[491.4-(47.5+0.0278)]\times\frac{22.4}{1000}+10.47\times0.2=12.04\ m_N^3$

CO_2 的体积为：$73.58\times\frac{22.4}{1000}=1.648\ m_N^3/kg$ 重油

所以干烟气中 CO_2 的含量以体积计为：

$$\frac{1.648}{12.04}\times100=13.69\%$$

3. 空气过剩系数

因为实际燃烧过程是有过剩空气的，所以燃烧过程中的实际烟气体积应为理论烟气体积与过剩空气量之和。用奥萨特烟气分析仪测定干烟气中 CO_2、O_2 和 CO 的含量，可以确定燃烧设备运行时的烟气成分和空气过剩系数。

以碳在空气中的完全燃烧为例：

$$C+O_2+3.78N_2\longrightarrow CO_2+3.78N_2$$

烟气中仅含有 CO_2 和 N_2，若空气过量，则燃烧方程式变为：

$$C+(1+a)O_2+(1+a)3.78N_2\longrightarrow CO_2+aO_2+(1+a)3.78N_2$$

其中，a 是过剩空气中 O_2 的过剩摩尔数。根据定义，空气过剩系数：

$$\alpha=\frac{\text{实际空气量}}{\text{理论空气}}=\frac{(1+a)(O_2+3.78N_2)}{O_2+3.78N_2}=1+a$$

要计算 α，必须知道过剩氧的摩尔数。

若燃烧是完全的，过剩空气中的氧仅能够以 O_2 的形式存在，假如燃烧产物以下标 p 表示：

$$C+(1+a)O_2+(1+a)3.78N_2\longrightarrow CO_{2p}+O_{2p}+N_{2p}$$

其中，$O_{2p}=aO_2$，表示过剩氧量；N_{2p} 为实际空气量中所含的总的氮气量，则实际空气量中所含的总氧量为：$\frac{20.9}{79.1}N_{2p}=0.264N_{2p}$

理论需氧量为 $0.264N_{2p}-O_{2p}$，因此空气过剩系数：

$$\alpha=1+\frac{O_{2p}}{0.264N_{2p}-O_{2p}} \tag{2-13}$$

假如燃烧过程产生CO，过剩氧量必须加以校正，即从测得的过剩氧中减去氧化CO为CO_2所需要的氧。因此

$$\alpha=1+\frac{O_{2p}-0.5CO_p}{0.264N_{2p}-(O_{2p}-0.5CO_p)} \tag{2-14}$$

式中各组分的量均为奥萨特仪所测得的各组分的百分数。

例如，奥萨特仪分析结果为：$CO_2=10\%$，$O_2=4\%$，$CO=1\%$，那么$N_2=85\%$，则

$$\alpha=1+\frac{4-0.5\times1}{0.264\times85-(4-0.5\times1)}=1.18$$

例 2-4　已知某电厂烟气温度为473K，压力等于96.93kPa，湿烟气量$Q=10400m^3/min$，含水汽6.25%(体积分数)，奥萨特仪分析结果是：$CO_2=10.7\%$，$O_2=8.2\%$，不含CO。污染物排放的质量流量是22.7kg/min。试求：① 污染物排放的质量速率(以t/d表示)；② 污染物在烟气中的浓度；③ 燃烧时的空气过剩系数；④ 校正至空气过剩系数$\alpha=1.4$时污染物在烟气中的浓度。

解：① 污染物排放的质量流速：

$$22.7\frac{kg}{min}\times\frac{60min}{h}\times24\frac{h}{d}\times\frac{t}{1000kg}=32.7\ t/d$$

② 测定条件下的干烟气量：

$$Q_d=10400\times(1-0.0625)=9750\ m^3/min$$

测定条件下在干烟气中污染物的浓度：

$$\rho=\frac{22.7\times10^6}{9750}=2328.2\ mg/m^3$$

修正为标准状态下的浓度：

$$\rho_N=\rho\left(\frac{P_N}{P}\right)\left(\frac{T}{T_N}\right)=2328.2\times\frac{101.33}{96.93}\times\frac{473}{273}=4217.0\ mg/m_N^3$$

③ 空气过剩系数：

$$\alpha=1+\frac{O_{2p}}{0.264N_{2p}-O_{2p}}=1+\frac{8.2}{0.264\times81.1-8.2}=1.621$$

④ 校正至空气过剩系数$\alpha=1.4$条件下的污染物浓度：

根据近似推算校正

$$\rho_{折}=\rho_{实}\frac{\alpha_{实}}{1.4} \tag{2-15}$$

式中　$\rho_{折}$——空气过剩系数1.4时污染物浓度；

$\rho_{实}$——实测的污染物浓度；

$\alpha_{实}$——实测的空气过剩系数。

所以

$$\rho_{折}=\rho_{实}\frac{\alpha_{实}}{1.4}=4217.0\times\frac{1.621}{1.4}=4882.7\ mg/m_N^3$$

2.1.4　燃烧产生的污染物

燃料燃烧过程并不像化学反应方程式那样简单，还有分解和其他的氧化、聚合等过程。燃烧烟气主要由悬浮的少量颗粒物、燃烧产物、未燃烧和部分燃烧的燃料、氧化剂以及惰性气体（主要为 N_2）等组成。燃烧可能释放出的污染物有：二氧化碳、一氧化碳、硫的氧化物、氮的氧化物、烟、飞灰、金属及其氧化物、金属盐类、醛、酮和稠环碳氢化合物等。这些都是有害物质，它们的形成与燃烧条件有关。从图 2-2 可以看出，温度对各种燃烧产物的绝对量和相对量都有影响。

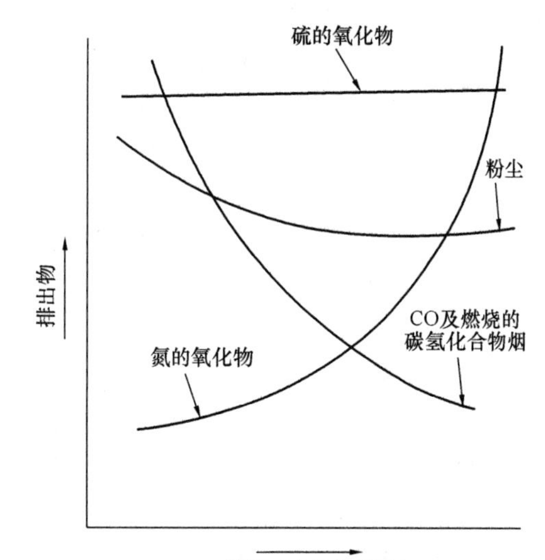

图 2-2　燃烧产物与温度的关系

由于各种燃料组成不同，燃烧方式不一样，燃烧产物也有一定差异。表 2-7 给出了一座 1000MW 电站产生的主要污染物的数量。

表 2-7　由 1000MW 电站排出的主要污染物

污染物	年排放量（10^6kg）		
	气①	油②	煤③
颗粒物	0.46	0.73	4.49
SO_x	0.012	52.66	139.00
NO_x	12.08	21.70	20.88
CO	可忽略	0.008	0.21
CH	可忽略	0.67	0.52

① 假定每年燃气 $1.9\times10^9 m^3$；

② 假定每年燃油 1.57×10^9kg，油的硫含量为 1.6%，灰分为 0.05%；

③ 假定每年耗煤 2.3×10^9kg，煤的硫含量为 3.5%，硫转化为 SO_x 的比例为 85%，煤的灰分为 9%。

在我国的能源消耗结构中，煤炭是第一能源，占 70%以上。燃煤比燃油造成的环境负荷要大得多。因为煤的发热量低，灰分含量高；含硫量虽然可能比重油低，但为获得同样的热量所耗煤量要大得多，所以产生的 SO_x 反而可能更多。煤的含氮量约比重油高 5 倍，因而 NO_x 的生成量也高于重油。此外，煤炭燃烧还会带来汞、砷等微量重金属污染，氟、氯等卤素污染和低水平的放射性污染。

2.2　气象要素和大气的热力过程

2.2.1　主要气象要素

用来表示大气状态的物理量和物理现象的因子，称为气象要素，主要包括气温、气压、气湿、风向和风速、云况和能见度等。

（1）气温

气温是表示大气温度高低的物理量，一般是指距地面 1.5m 高处的百叶箱中观测到的空气温度，气温的单位一般用摄氏温度℃、热力学温度 K 和华氏温度℉表征。气温可分为干球温度和湿球温度。

干球温度 t 是温度计自由地被暴露在空气中所测量的温度，同时避免辐射和湿气的干扰。它通常被视作气温，它是真实的热力学温度。湿球温度 t_s 指实际反映感温包上缠裹的湿纱布中水的温度，即达到温差传热和蒸发耗热相等时的水温。在一定空气状态下，干球温度和湿球温度反映了空气相对湿度的大小。当相对湿度 φ 较小时，湿球表面水分蒸发快，蒸发带走的热量多，湿球水温下降多，干湿球温度温差大；当相对湿度 φ 较大时，湿球表面水分蒸发慢，蒸发带走的热量少，湿球水温下降少，干湿球温度温差小；当相对湿度 $\varphi=100\%$ 时，干球温度 t 和湿球温度 t_s 相等。

（2）气压

任一点的气压值等于该地单位面积上的大气柱质量。气压单位用帕（Pa）表征，1Pa＝1N/m²。气象上采用百帕（hPa）作单位，1hPa＝100Pa。在标准大气条件下海平面的气压，称为标准大气压，其值为 101.325kPa，是压强的单位，记作 1atm。

（3）气湿

空气的湿度简称气湿，反映空气中水汽含量和空气潮湿程度的一个物理量。气湿常用的表示方法有绝对湿度、相对湿度、含湿量、水汽体积分数及露点等。

① 绝对湿度

在 1m³ 湿空气中含有的水汽质量（kg），称为湿空气的绝对湿度。由理想气体状态方程可得到：

$$\rho_w = \frac{P_w}{R_w T} \tag{2-16}$$

式中 ρ_w——空气的绝对湿度，kg/m³（湿空气）；

P_w——水汽分压，Pa；

R_w——水汽的气体常数，$R_w=461.4$J/(kg·K)；

T——空气温度，K。

② 相对湿度

空气的绝对湿度 ρ_w 与同温度下饱和空气的绝对湿度 ρ_v 的百分比，称为空气的相对湿度。由式（2-17）可知，它等于空气的水汽分压与同温度下饱和空气的水汽分压的百分比，即：

$$\varphi = \frac{\rho_w}{\rho_v} \times 100 = \frac{P_w}{P_v} \times 100 \tag{2-17}$$

式中 φ——空气的相对湿度，%；

ρ_v——饱和绝对湿度，kg/m³（饱和空气）；

P_v——饱和空气的水汽分压，Pa。

③ 含湿量

湿空气中 1kg 干空气所包含的水汽质量（kg）称为空气的含湿量，气象中也称为比湿，其定义式为：

$$d = \frac{\rho_w}{\rho_d} \tag{2-18}$$

式中 d——空气的含湿量，kg（水汽）/kg（干空气）；

ρ_d——干空气的密度，kg/m^3。

由理想气体状态方程及式（2-16）、式（2-17）和式（2-18），可将含湿量表示成：

$$d=\frac{R_d P_w}{R_w P_d}=\frac{R_d}{R_w}\cdot\frac{P_w}{P-P_w}=\frac{R_d}{R_w}\cdot\frac{\varphi P_v}{P-\varphi P_v} \tag{2-19}$$

式中 P——湿空气的总压力；

P_d——干空气分压，因而有 $P=P_d+P_w$。

干空气的气体常数 $R_d=287.0J/(kg\cdot K)$，则 $R_d/R_w=287.0/461.4=0.622$，代入式(2-19)得：

$$d=0.622\frac{P_w}{P_d}=0.622\frac{P_w}{P-P_w}=0.622\frac{\varphi P_v}{P-\varphi P_v} \tag{2-20}$$

在工程中常将湿空气的含湿量定义为1标准立方米($1m_N^3$)干空气所包含的水汽质量(kg)，其单位是 $kg_{水汽}/m^3_{N干空气}$，并用 d_0 表示，则得：

$$d_0=d\rho_{Nd} \tag{2-21}$$

式中 ρ_{Nd}——标准状态(273.15K，101325Pa)下干空气的密度(kg/m_N^3)。

考虑到 $R_d/R_w=0.804/\rho_{Nd}$，则得：

$$d_0=0.804\frac{P_w}{P_d}=0.804\frac{P_w}{P-P_w}=0.804\frac{\varphi P_v}{P-\varphi P_v} \tag{2-22}$$

④ 水汽体积分数

对于理想气体来说，混合气体中某一气体的体积分数等于其摩尔分数，所以水汽的体积分数可表示成：

$$y_w=\frac{P_w}{P}=\frac{\varphi P_v}{P}=\frac{d_0}{0.804+d_0}=\frac{d\rho_{Nd}}{0.804+d\rho_{Nd}} \tag{2-23}$$

⑤ 露点

在一定气压下空气达到饱和状态时的温度，称为空气的露点。

例 2-5 已知大气压力 $P=101325Pa$，气温 $t=28℃$，空气相对湿度为70%，试确定：①空气的含湿量；②水汽体积分数。

解：①空气的含湿量的计算：

查 $t=28℃$时，空气的饱和水汽压力 $P_v=3746.5Pa$，

由公式(2-20)

$$d=0.622\frac{\varphi P_v}{P-\varphi P_v}=0.622\times0.7\times3746.5/(101325-0.7\times3746.5)$$

$$=0.0165kg/kg(干空气)$$

由公式(2-22)

$$d_0=0.804\frac{\varphi P_v}{P-\varphi P_v}=0.804\times0.7\times3746.5/(101325-0.7\times3746.5)$$

$$=0.0214kg/m_N^3(干空气)$$

② 水汽体积分数的计算：

由公式(2-23)

$y_w = 0.7 \times 3746.5 / 101325 = 2.59\%$

$y_w = 0.0214/(0.804 + 0.0214) = 2.59\%$

(4) 风向和风速

气象上把水平方向的空气运动称为风，垂直方向的空气运动则称为升降气流。风是一个矢量，具有大小和方向。风向是指风的来向。例如，风从东方来称东风；风往北吹称南风。风向可用 8 个方位或 16 个方位表示，也可用角度表示，如图 2-3 所示。

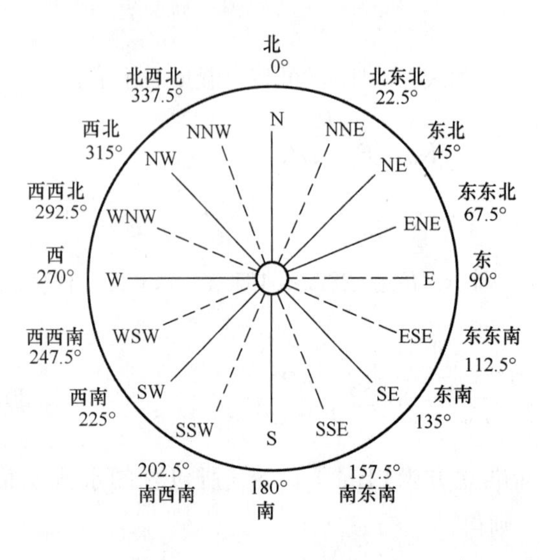

图 2-3 风向的 16 个方位

风速是指单位时间内空气在水平方向运动的距离，单位用 m/s 或 km/h 表示。通常气象台站所测定的风向、风速，都是指一定时间（如 2min 或 10min）的平均值。有时也需要测定瞬时风向、风速。根据自然现象将风力分为 13 个等级（0～12 级），若用 F 表示风力等级，则风速 u（km/h）为：

$$u \approx 3.02\sqrt{F^3} \tag{2-24}$$

(5) 云

云是飘浮在空中的水汽凝结物。这些水汽凝结物是由大量小水滴或小冰晶或两者的混合物构成的。云的生成与否、形成特征、量的多少、分布及演变，不仅反映了当时大气的运动状态，而且预示着天气演变的趋势。云对太阳辐射和地面辐射起反射作用，反射的强弱视云的厚度而定。白天，云的存在阻挡太阳向地面的辐射，所以阴天地面得到的太阳辐射减少。夜间云层的存在，特别是有浓厚的低云时，使地面向上的长波辐射反射回地面，因此地面不容易冷却。云层存在的效果是使气温随高度的变化减小。

从污染物扩散的观点看，主要关心的是云高及云量。

① 云高

云高是指云底距地面的高度，根据云底高度可将云分为高云、中云和低云。高云云底高度一般在 5000m 以上，它是由冰晶组成的，云体呈白色，有蚕丝般光泽，薄而透明；中云云底高度一般在 2500～5000m 之间，由过冷的微小水滴及冰晶构成，颜色为白色或灰白色，没有光泽，云体稠密；低云云底高度一般在 2500m 以下，不稳定气层中的低云常分散为孤立大云块，稳定层中的低云云层低而黑，结构稀松。

② 云量

云量是指云遮蔽天空的成数。我国将天空分为十份，云遮蔽了几份，云量就是几。例如碧空无云，云量为零，阴天云量为十。国外常将天空分为八等份，云遮蔽几份，云量就是几。两者间的换算关系为：

$$\text{国外云量} \times 1.25 = \text{我国云量} \tag{2-25}$$

总云量指所有的云遮蔽天空的成数，不论云的层次和高度。低云量指低云遮蔽天空的成数。一般总云量和低云量以分数的形式记入观测记录，总云量作为分子，低云量作分母，如 10/7、5/5、7/2 等。在任何情况下，低云量不得大于总云量。

(6) 能见度

能见度是指视力正常的人在当时的天气条件下，能够从天空背景中看到或辨认出的目标物（黑色、大小适度）的最大水平距离，单位用 m 或 km。能见度表示了大气清洁、透明的程度。能见度的观测值通常分为 10 级，见表 2-8。

表 2-8　能见度级数与白日视程

能见度级数	0	1	2	3	4	5	6	7	8	9
白日视程（m）	<50	50～200	200～500	500～1000	1000～2000	2000～4000	4000～10000	10000～20000	20000～50000	>50000

2.2.2　大气的热力过程

1. 大气的运动和风

（1）引起大气运动的作用力

大气的运动是在各种力的作用下产生的。作用于大气的力，有水平气压梯度力、地转偏向力、惯性离心力和摩擦力（即黏滞力）。这些力之间的不同结合，构成了不同形式的大气运动和风。

① 水平气压梯度力

单位质量的空气在气压场中受到的作用力，称为气压梯度力。这一力可分解为垂直和水平方向两个分量。垂直气压梯度力虽大，但由于有空气重力与之平衡，所以空气在垂直方向所受作用力并不大。水平气压梯度力虽小，在它的作用下，大气由高气压区向低气压区做水平运动，这就形成了风，是大气运动的主要原因。

水平气压梯度力 G 的大小，与空气密度 ρ 成反比，与水平气压梯度 $\partial P/\partial n$ 成正比，即：

$$G = -\frac{1}{\rho}\frac{\partial P}{\partial n} \tag{2-26}$$

式（2-26）表明，只要水平方向存在着气压梯度，就有水平气压梯度力作用于大气，使大气由高压侧向低压侧运动，直到有其他力与之平衡为止。水平气压梯度力的方向垂直于等压线，由高压指向低压。

② 地转偏向力

由于地球自转而产生的使运动着的空气偏离气压梯度方向的力，称为地转偏向力。如果以 v、ω、φ 分别表示风速、地球自转角速度、当地纬度，以 D_n 表示水平地转偏向力，则有

$$D_n = 2v\omega\sin\varphi \tag{2-27}$$

地转偏向力具有如下性质：伴随风速的产生而产生；水平地转偏向力的方向垂直于大气运动方向，在北半球指向运动方向的右方，在南半球则指向左方；由于与运动方向垂直，所以只改变风向，不改变风速；该力正比于 $\sin\varphi$，随纬度增高而增大，在两极最大（$2v\omega$），在赤道为零。

③ 惯性离心力

当大气作曲线运动时，将受到惯性离心力的作用。其方向与大气运动方向垂直，由曲线路径的曲率中心指向外；其大小与大气运动的线速度的平方成正比，与曲率半径成反比。实际上，由于大气运动的曲率半径一般很大，所以惯性离心力通常很小。

④ 摩擦力

运动速度不同的相邻两层大气之间以及贴近地面运动的大气和地表之间，皆会产生阻碍大气运动的阻力，即摩擦力。前者称为内摩擦力，后者称为外摩擦力。外摩擦力的方向与大

气运动方向相反，其大小与其运动速度和下垫面的粗糙度成正比。内摩擦力与外摩擦力的向量和称为总摩擦力。摩擦力的大小随大气高度不同而异，在近地层中最为显著，高度越高，作用越弱，在 1～2km 高度，摩擦力始终存在。所以一般把 1～2km 以下的大气层称为摩擦层，把这以上的大气层称为自由大气层。

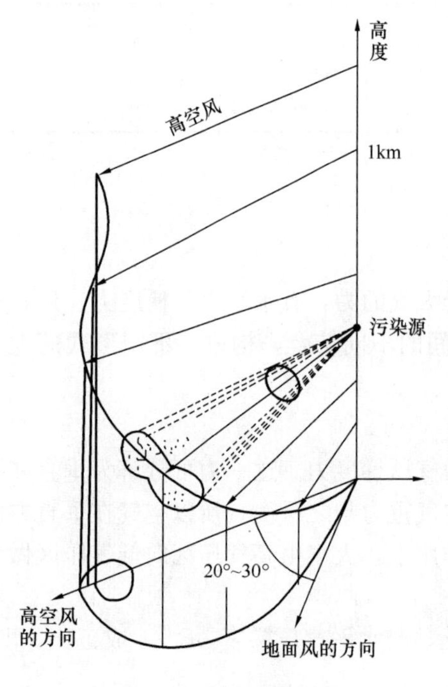

图 2-4　爱克曼螺旋线

上述作用于在大气的四种力中，水平气压梯度力是引起大气运动的直接动力。其他三力的作用，则视具体情况而定。例如，在讨论低纬度大气或近地层大气的运动时，地转偏向力可不考虑；在大气运动近于直线时，离心力可不考虑；在讨论自由大气的运动时，摩擦力可忽略不计。

(2) 大气边界层中风随高度的变化

在大气边界层中，由于摩擦力随高度增加而减小，当气压梯度力不随高度变化时，风速将随高度增加而增大，风向与等压线的交角随高度增加而减小。在北半球，如果把边界层中不同高度的风矢量用矢量图表示，并把它们投影到同一水平面上，把矢量顶点连接起来，就得到一风矢量迹线，称为爱克曼（Ekman）螺旋线，如图 2-4 所示。从地面向高空望去，风向是顺时针变化的。当到了大气边界层顶时，风速和风向完全接近了地转风。

(3) 近地层中的风速廓线模式

平均风速随高度的变化曲线称为风速廓线，其数学表达式称为风速廓线模式。

① 对数律风速廓线模式

中性层结时近地层的风速廓线，可用对数律模式描述：

$$\bar{u}=\frac{u^*}{k}\ln\frac{Z}{Z_0} \tag{2-28}$$

式中　$\bar{u}$——高度 Z 处的平均风速，m/s；

u^*——摩擦速度，m/s；

k——卡门（Karman）常数，常取 0.4；

Z_0——地面粗糙度，m。

表 2-9 给出了一些有代表性的地面粗糙度。实际的 Z_0 和 u^* 值，可利用不同高度上测得的风速值按模式（2-28）求得。在近地层中性层结条件下应用对数律模式的精度较高，但在非中性层结条件下应用，将会产生较大误差。

表 2-9　有代表性的地面粗糙度

地面类型	Z_0（cm）	有代表性的 Z_0（cm）
密集的大楼（大城市）	400	>300
分散的大楼（城市）	100～400	100
村落、分散的树林	20～100	30
农作物地区	10～30	10
草原	1～10	3

② 指数律风速廓线模式

由实测资料分析表明，非中性层结时的风速廓线，可以用指数律模式描述：

$$\bar{u}=\bar{u}_1\left(\frac{Z}{Z_1}\right)^m \tag{2-29}$$

式中 $\bar{u}_1$——邻近气象台（站）Z_1高度 5 年平均风速，m/s；

Z_1——相应气象台（站）测风仪所在的高度，m；

Z_2——烟囱出口处高度，m；$Z_2 \leqslant 200$m 按实际高度计，$Z_2 > 200$m 按 $Z_2 = 200$m 计；

m——幂指数值，$0 < m < 1$。

幂指数 m 的变化取决于温度层结和地面粗糙度，层结越不稳定时 m 值越小。m 值最好取实测值，当无实测值时，在高度 500m 以下，可按《制定地方大气污染物排放标准的技术方法》（GB/T 3840—1991）选取（表 2-10）。

表 2-10　幂指数值

类别	稳定度				
	A	B	C	D	E，F
城市	0.15	0.15	0.20	0.25	0.30
乡村	0.07	0.07	0.10	0.15	0.25

一般认为，在中性层结条件下，指数律模式不如对数律模式准确，特别是在近地层时。但指数律在中性条件下，能较满意地应用于 300～500m 的气层，而且在非中性条件下应用也较为准确和方便，所以在大气污染浓度估算中应用指数律较多。

（4）地方性风场

① 海陆风

海陆风发生在海陆交界地带，是以 24h 为周期的一种大气局地环流，是海风和陆风的总称。

海陆风由陆地和海洋的热力性质的差异而引起的，如图 2-5 所示。由于白天的太阳辐射，陆地升温比海洋快，在海陆大气之间产生了温度差和气压差，促使低空大气由海洋流向陆地，形成海风，高空大气从陆地流向海洋，形成反海风，它们同陆地表面的上升气流和海洋高空的下降气流一起形成了海陆风局地环流；在夜晚，陆地比海洋降温快，在海陆之间产生的温度差和气压差与白天相反，使低空大气从陆地流向海洋，形成陆风，高空大气从海洋流向陆地，形成反陆风，它们同陆地高空的下降气流和海面的上升气流一起构成了海陆风局地环流。在大的湖泊、江河的水陆交界地带也会产生水陆风局地环流，称为水陆风，其活动范围和强度比海陆风要小。建在海边排出污染物的工厂，必须考虑海陆风的影响，因为有可能出现在夜间随陆风吹到海面上的污染物，在白天又随海风吹回来，或者进入海陆风局地环流中，使污染物不能充分的扩散稀释而造成严重的污染。

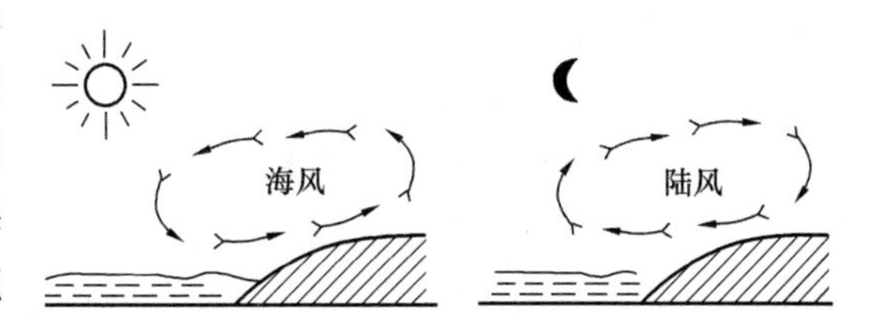

图 2-5　海陆风局地环流示意图

② 山谷风

山谷风发生在山区，是以 24h 为周期的局地环流，是山风和谷风的总称。山谷风在山区

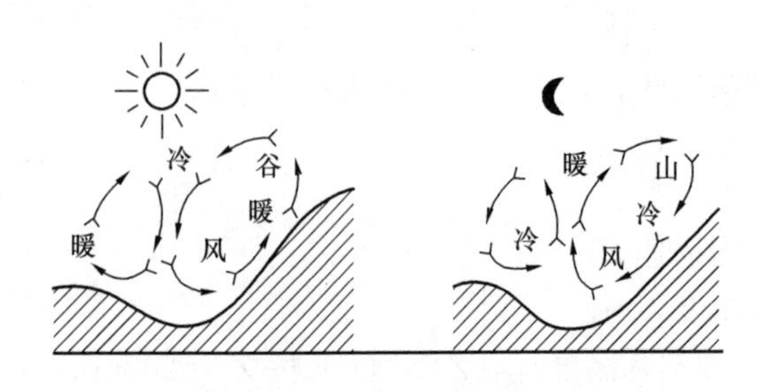

图 2-6 山谷风局地环流示意图

最为常见，它主要是由于山坡和谷地受热不均而产生的，如图 2-6 所示。在白天，太阳先照射到山坡上，使山坡上大气比谷地上同高度的大气温度高，形成了由谷地吹向山坡的风，称为谷风；在高空形成了由山坡吹向山谷的反谷风；它们同山坡上升气流和谷地下降气流一起形成了山谷风局地环流。在夜间，山坡和山顶比谷地冷却得快，使山坡和山顶的冷空气顺山坡下滑到谷底，形成了山风；在高空则形成了自山谷向山顶吹的反山风；它们同山坡下降气流和谷地上升气流一起构成了山谷风局地环流。山风和谷风的方向是相反的，但比较稳定。在山风和谷风的转换期，风向是不稳定的，山风和谷风均有机会出现，时而山风，时而谷风。这时若有大量污染物排入山谷中，由于风向的摆动，污染物不易扩散，在山谷中停留时间较长，有可能造成严重的大气污染。

③ 城市热岛环流

城市热岛环流是由城乡温度差引起的局地风。产生城乡温度差异的主要原因是：城市人口密集、工业集中，使得能耗水平高；城市的覆盖物（如建筑、水泥路面等）热容量大，白天吸收太阳辐射热，夜间放热缓慢，使低层空气冷却变缓；城市上空笼罩着一层烟雾和二氧化碳，使地面有效辐射减弱。因此，使城市热量收入比周围乡村多，平均气温比周围乡村高（特别是夜间），于是形成了所谓城市热岛。据统计，城乡年平均温差一般为 0.4～1.5℃，有时可达 3～4℃。其差值与城市大小、性质、当地气候条件及纬度有关。

由于城市温度经常比乡村高（特别是夜间），气压比乡村低，所以可以形成一种从周围农村吹向城市的特殊的局地风，称为城市热岛环流或城市风。这种风在市区汇合就会产生上升气流。因此，若城市周围有较多排放污染物的工厂，就会使污染物在夜间向市中心输送，造成严重污染，特别是夜间城市上空有逆温存在时。

2. 大气的热力过程

（1）太阳、大气和地面的热交换

太阳是地球和大气的主要热源，低层大气的增热与冷却，是太阳、大气和地面之间进行热量交换的结果。太阳不断地以电磁波方式向外辐射能量。太阳以紫外线（$<0.4\mu m$）、可见光（$0.4\sim0.76\mu m$）和红外线（$>0.76\mu m$）波长向外辐射能量，波长在 $0.15\sim4\mu m$ 之间的辐射能占太阳总辐射能的 99%左右，辐射最强波长在 $0.475\mu m$ 附近。

大气本身直接吸收太阳短波辐射的能力很弱，而地球表面上分布的陆地、海洋、植被等直接吸收太阳辐射的能力很强，因此太阳辐射到地球上的能量的大部分穿过大气而被地面直接吸收。地面和大气吸收了太阳辐射，同时按其自身温度向外辐射能量。由于地面和大气温度低，因而其辐射是低温长波辐射，波长主要集中在 $3\sim120\mu m$ 之间。大气中的水汽、二氧化碳吸收长波辐射的能力很强，大气中的水滴、臭氧和颗粒物也能选择吸收一定波长的长波辐射。据统计，约有 75%～95%的地面长波辐射被大气所吸收，而且几乎在近地面 40～50m 厚的气层中就被全部吸收了。低层大气吸收了地面辐射后，又以辐射的方式传给上部气层，地面的热量就这样以长波辐射方式一层一层在向上传递，致使大气自下而上的增热。

太阳、大气、地面之间的热量交换过程，首先是太阳短波辐射加热了地球表面，然后是地面长波辐射加热大气。因此，近地层大气温度随地表温度的升高而增高（自下而上地被加热)；随地表温度的降低而降低（自下而上地被冷却)；地表温度的周期性变化引起低层大气温度随之周期性的变化。

(2) 气温的垂直变化

① 大气的绝热过程与泊松方程

大气的升降运动总是伴有不同形式的能量交换。如果大气中某一空气块作垂直运动时与周围空气不发生热量交换，则将这样的状态变化过程称为大气的绝热过程。在实际大气中，当一干空气块作绝热上升时，将因周围气压的减小而膨胀，消耗一部分内能而对外作膨胀功，导致气块内能减少和温度降低；反之，当干空气块作绝热下降时，则因周围气压的增大而被压缩，外压力对气块作压缩功，转换为它的内能，气块温度升高。空气块在升降过程中因膨胀或被压缩引起的温度变化，要比它与外界进行热交换引起的温度变化大得多，所以一般可以将没有水相变化的空气块的垂直运动近似地看作为绝热过程。

根据热力学第一定律和理想气体状态方程，可以推导出描述大气热力过程的微分方程：

$$\mathrm{d}Q = c_p \mathrm{d}T - RT\frac{\mathrm{d}P}{P} \tag{2-30}$$

式中　Q——加入体系的热量，J；

c_p——干空气的比定压热容，$c_p=1005$J/（kg·K)；

R——干空气的气体常数，$R=287.0$J/（kg·K)；

T——气块温度，K；

P——气块压力，hPa。

对于大气的绝热过程，$\mathrm{d}Q=0$，式（2-30）变为：

$$\frac{\mathrm{d}T}{T} = \frac{R}{c_p}\cdot\frac{\mathrm{d}P}{P} \tag{2-31}$$

将式（2-31）从气块升降前状态（T_0，P_0）积分到气块升降后的状态（T，P)，则得到：

$$\frac{T}{T_0} = \left(\frac{P}{P_0}\right)^{R/c_p} = \left(\frac{P}{P_0}\right)^{0.288} \tag{2-32}$$

式（2-32）称为泊松（Poisson）方程，它描述了气块在绝热升降过程中，气块的初态（T_0，P_0）与终态（T，P）之间的关系，说明绝热过程中气温的变化完全是由气压变化引起的。

② 干绝热直减率

干空气块（包括未饱和的湿空气块）绝热上升或下降单位高度（通常取100m）时，温度降低或升高的数值，称为干空气温度绝热垂直递减率，简称干绝热直减率，以γ_d表示，其定义式为：

$$\gamma_\mathrm{d} = -\left(\frac{\mathrm{d}T_i}{\mathrm{d}Z}\right)_\mathrm{d} \tag{2-33}$$

式中　下标i——表示空气块；

下标d——表示干空气。

利用式（2-31）和式（2-33）及气压随高度变化的气体静力学方程等关系式，可以得出：

$$\gamma_\mathrm{d} = -\left(\frac{\mathrm{d}T_i}{\mathrm{d}Z}\right)_\mathrm{d} \approx \frac{g}{c_p} \tag{2-34}$$

式中　g——重力加速度，9.81m/s^2；

c_p——干空气比定压热容，1005J/（kg·K）。

则 $\gamma_d \approx 0.98$K/100m。通常取 $\gamma_d = 1$K/100m，它表示干空气块（或未饱和的湿空气块）每升高（或下降）100m 时，温度降低（或升高）约 1K。

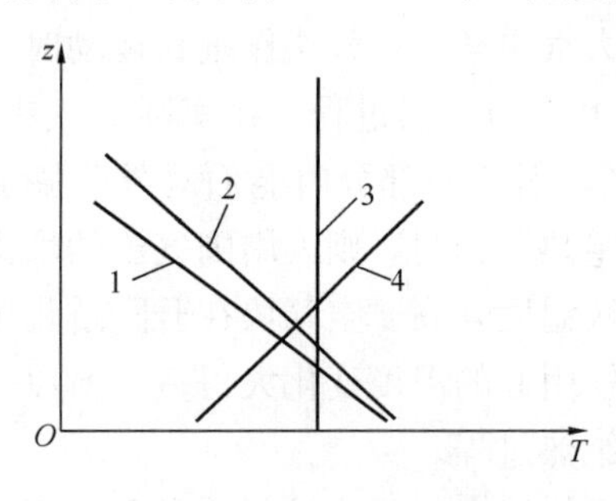

图 2-7　温度层结曲线

③ 气温的垂直分布

气温随高度的变化可以用气温垂直递减率 $\gamma = -\partial T/\partial Z$ 来表示，简称气温直减率。它是指单位高度（通常取 100m）气温的变化值。若气温随高度增加是递减的，γ 为正值；反之，γ 为负值。

气温沿垂直高度的分布，可用坐标图上的曲线表示，如图 2-7 所示。这种曲线称为气温沿高度分布曲线或温度层结曲线，简称温度层结。

大气中的温度层结有四种类型：a. 气温随高度增加而递减，且 $\gamma > \gamma_d$，称为正常分布层结或递减层结（图中 1）；b. 气温直减率接近等于 1K/100m，即 $\gamma = \gamma_d$，称为中性层结（图中 2）；c. 气温不随高度变化，即 $\gamma = 0$，称为等温层结（图中 3）；d. 气温随高度增加而增加，即 $\gamma < 0$，称为气温逆转，简称逆温（图中 4）。

（3）大气稳定度

① 大气稳定度的概念

污染物在大气中的扩散与大气稳定度有密切关系。大气稳定度是指在垂直方向上大气稳定的程度，即是否易于发生对流。对于大气稳定度可以作这样的理解，如果一空气块受到外力作用，产生了上升或下降运动，当外力去除后，可能发生三种情况：a. 气块减速并有返回原来高度的趋势，则称这种大气是稳定的；b. 气块被外力推到某一高度后，既不加速也不减速，保持不动，称这种大气是中性的；c. 气块加速上升或下降，称这种大气是不稳定的。

② 大气稳定度的判别

判别大气是否稳定，可用气块法来说明。假设一气块的状态参数为 T_i、P_i 和 ρ_i，周围大气状态参数为 T、p 和 ρ，则单位体积气块所受四周大气的浮力为 ρg，本身重力为 $\rho_i g$，在此二力作用下产生的向上加速度为：

$$a = \frac{g(\rho - \rho_i)}{\rho_i} \tag{2-35}$$

利用准静力条件 $P_i = P$ 和理想气体状态方程，则有：

$$a = \frac{g(T_i - T)}{T} \tag{2-36}$$

若在气块运动过程中满足绝热条件，则气块运动 ΔZ 高度时，其温度 $T_i = T_{i0} - \gamma_d \cdot \Delta Z$；而同样高度的周围空气温度 $T = T_0 - \gamma \cdot \Delta Z$。假设起始温度相同，即 $T_0 = T_{i0}$，则有：

$$a = g\frac{\gamma - \gamma_d}{T}\Delta Z \tag{2-37}$$

由式（2-37）可见，（$\gamma - \gamma_d$）的符号决定了气块加速度 a 与其位移 ΔZ 的方向是否一致，也就决定了大气是否稳定。若 $\Delta Z > 0$，则有三种情况：

$\gamma > \gamma_d$ 时，$a > 0$，气块加速度与其位移方向相反，气块减速运动，大气不稳定；

$\gamma < \gamma_d$ 时，$a < 0$，气块加速度与其位移方向相反，气块减速运动，大气稳定；

$\gamma=\gamma_d$ 时，$a=0$，大气是中性的。

在图 2-8（a）中，$\gamma>\gamma_d$，气块上升（或下降）后，气块温度 T_i 将高于（或低于）周围大气温度 T，气块密度 ρ_i 小于（或大于）大气密度 ρ，因而气块继续上升（或下降），所以是不稳定的。反之，在图 2-8（b）中，$\gamma<\gamma_d$，气块上升（或下降）后，它的温度低于（或高于）周围大气，则气块的升降运动受到阻碍，所以大气是稳定的。

（4）逆温

具有逆温层的大气层是强稳定的大气层，像一个盖子一样在某一高度阻碍着气流的垂直运动。由于污染的空气不能穿过逆温层，而只能在其下面积聚或扩散，易造成严重污染。空气污染事件多数都发生在有逆温层和静风条件下，因此对逆温应予以足够重视。

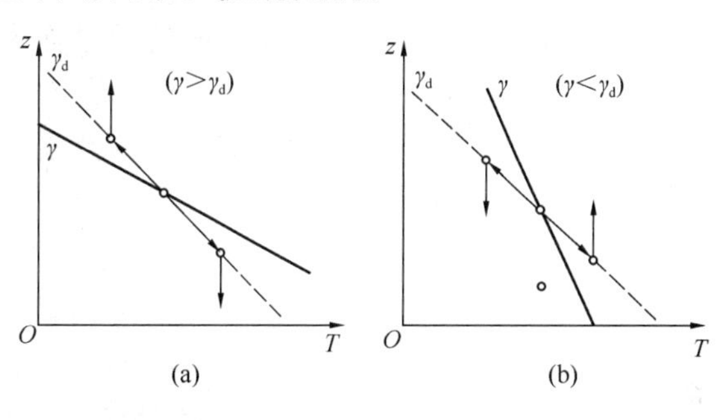

图 2-8　气块在不同层结中的稳定性

逆温可发生在近地层中，也可能发生在较高气层（自由大气）中。根据逆温生成的过程，可将逆温分为辐射逆温、下沉逆温、平流逆温、锋面逆温及湍流逆温等五种。

① 辐射逆温

由于地面强烈辐射冷却而形成的逆温，称为辐射逆温。在晴朗无云（或少云）、风速不大的夜间，地面辐射冷却很快，贴近地面气层冷却最快，较高的气层冷却较慢，因而形成自地面开始逐渐向上发展的逆温层，即辐射逆温。表 2-11 列出了辐射逆温在一昼夜间从生成到消失的过程。

表 2-11　辐射逆温的生消过程

图形变化	z, O, T	z, O, T, 接地逆温层, 厚度	z, O, T, 逆温层高度, 逆温强度	z, O, T, 上部逆温层厚度	z, O, T
说明	下午时递减温度层结	日落前 1h 逆温开始生成	地面辐射冷却加剧，逆温逐渐向上扩展，黎明时逆温强度最强	日出后逐渐增温，空气自下而上增温，逆温自下而上逐渐消失	上午 10 点钟左右逆温完全消失

辐射逆温在陆地上常年可见，但以冬季最强。在中纬度地区的冬季，辐射逆温层厚度可达 200～300m，有时可达 400m 左右。冬季晴朗无云和微风的白天，由于地面辐射超过太阳辐射，也会形成逆温层。辐射逆温与大气污染关系最为密切。

② 下沉逆温

由于空气下沉受到压缩增温而形成的逆温称为下沉逆温。下沉逆温的形成原因可用图 2-9 说明。假定某高度有一气层 $ABCD$，其厚度为 h，当它下沉时，由于低空气压增大及气层向水平方向辐散，该气层被压缩成 $A'B'C'D'$，厚度减小为 $h'(<h)$。这样，气层顶部 CD 比底部 AB 下降的距离大 $H>H'$，因而气层顶部绝热增温比底部增温多，从而形成逆温。

下沉逆温多出现在高压控制区内，范围很广，厚度也很大，一般可达数百米。下沉气流一般达到某一高度就停止了，所以下沉逆温多发生在高空大气中。

③ 平流逆温

由暖空气平流到冷地面上而形成的逆温称为平流逆温。这是由于低层空气受地面影响大，降温多，上层空气降温少所形成的。暖空气与地面之间温差越大，逆温越强。当冬季中纬度沿海地区海上暖空气流到大陆上，以及暖空气平流到低地、盆地内积聚的冷空气上面时，皆可形成平流逆温。

④ 湍流逆温

由低层空气的湍流混合形成的逆温称为湍流逆温。湍流逆温的形成过程如图 2-10 所示，AB 线是气层在湍流混合前的气温分布，$\gamma<\gamma_d$；低层空气经湍流混合后，混合层的温度分布将逐渐接近于干绝直减率 γ_d，如图中的 CD 线。但在混合层以上，混合层与不受湍流混合影响的上层空气之间出现了一个过渡层 DE，即是逆温层。湍流逆温层厚度不大，约几十米。

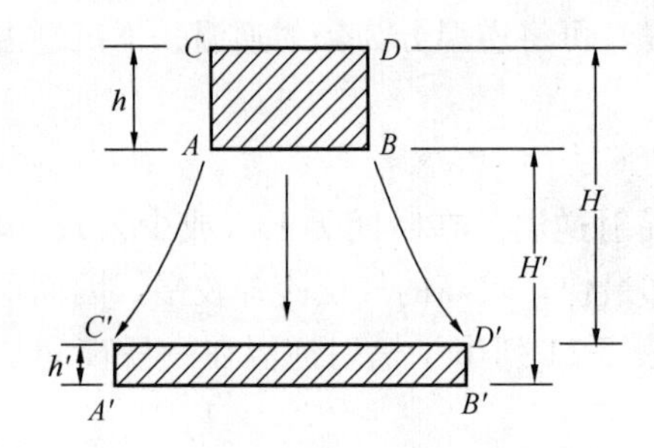

图 2-9　下沉逆温形成示意图

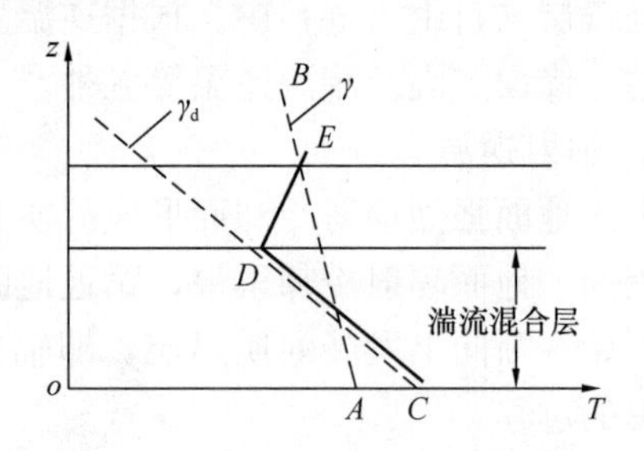

图 2-10　湍流逆温的形成过程

⑤ 锋面逆温

在对流层中的冷空气团与暖空气团相遇时，暖空气因其密度小就会爬到冷空气上面去，形成一个倾斜的过渡区，称为锋面（图 2-11）。在锋面上，如果冷暖空气的温差很大时，即可出现锋面逆温。

在实际大气中出现的逆温，有时是由几种原因共同形成的，比较复杂，所以必须作具体的分析。

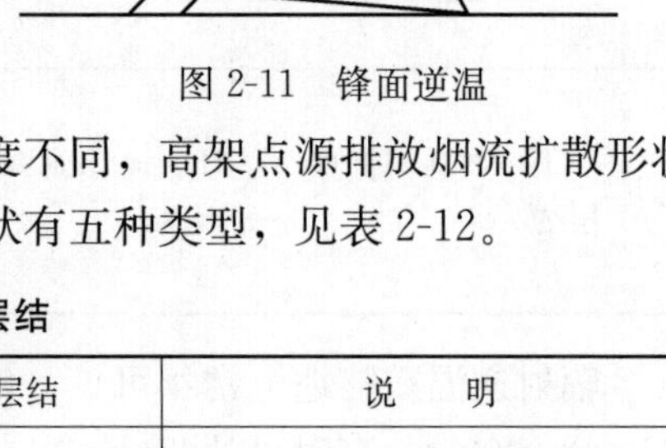

图 2-11　锋面逆温

(5) 烟流形状与大气稳定度的关系

大气污染状况与大气稳定度有密切关系。大气稳定度不同，高架点源排放烟流扩散形状和特点不同，造成的污染状况差别很大。典型的烟流形状有五种类型，见表 2-12。

表 2-12　烟流形状与温度层结

烟流名称	烟流形状	烟流层结	说　明
波浪型（翻卷型）	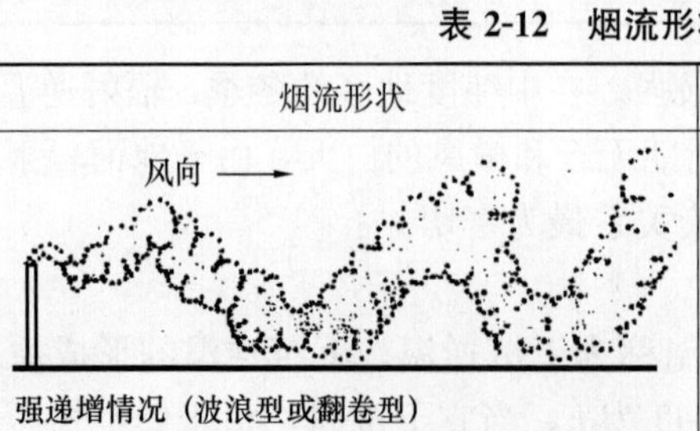 风向 → 强递增情况（波浪型或翻卷型）	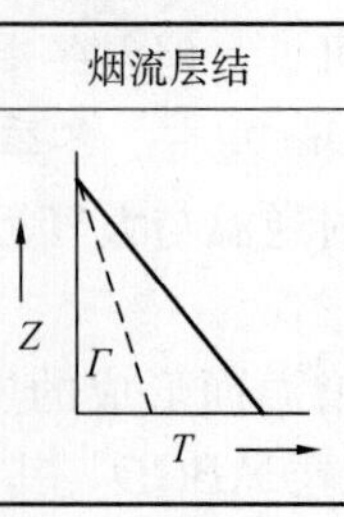 Z　Γ　T	烟流呈波浪状，污染物扩散良好，发生在全层不稳定大气中，即 $\gamma>\gamma_d$。多发生在晴朗的白天，地面最大浓度落地点距烟囱较近，浓度较高

续表

烟流名称	烟流形状	烟流层结	说　明
锥型	弱递减情况（锥型）	Z Γ T	烟流呈圆锥形，发生在中性条件下，即 $\gamma=\gamma_d$。垂直扩散比扇型好，比波浪型差
扇型（平展型）	逆温情况（平展型）	Z Γ T	烟流垂直方向扩散很小，像一条带子飘向远方。从上面看，烟流呈扇形展开。它发生在烟囱出口处于逆温层中，即该层大气 $\gamma-\gamma_d<-1$。污染情况随烟囱高度不同而异
爬升型（屋脊型）	下方逆温，上方递减（屋脊型）	Z Γ T	烟流的下部是稳定的大气，上部是不稳定的大气。一般在日落后出现，由于地面辐射冷却，低层形成逆温，而高空仍保持递减层结。它持续时间较短，对近处地面污染较小
漫烟型（熏烟型）	下方递减，上方逆温（熏烟型）	Z Γ T	日出后辐射逆温从地面向上逐渐消失，即不稳定大气从地面向上逐渐扩展，当扩展到烟流的下边缘或更高一点时，烟流便发生了向下的强烈扩散，而上边缘仍处于逆温层中，漫烟型便发生了。这时烟流下部 $\gamma-\gamma_d>0$，上部 $\gamma-\gamma_d<-1$

2.3　大气扩散浓度估算模式

2.3.1　湍流扩散统计理论

按照湍流形成原因可分为热力湍流和机械湍流两种。热力湍流主要是由于垂直方向温度分布不均匀引起的，其强度主要取决于大气稳定度；机械湍流主要是由于垂直方向风速分布不均匀及地面粗糙度引起的，其强度主要决定于风速梯度和地面粗糙度。

湍流有极强的扩散能力，比分子扩散快 10^5～10^6 倍。但在风场运动的主风方向上，由于平均风速比脉动风速大得多，所以在主风方向上风的平流输送作用是主要的。风速越大，湍流越强，污染物的扩散速度越快，污染物的浓度就越低。风和湍流是决定污染物在大气中扩散稀释的最直接最本质的因素，其他一切气象因素都是通过风和湍流的作用来影响扩散和稀释的。

大气扩散的基本问题，是研究湍流与烟流传播和物质浓度衰减的关系问题。目前处理这类问题的理论有梯度输送理论、湍流统计理论和相似理论。本书仅对湍流统计理论作一介绍。

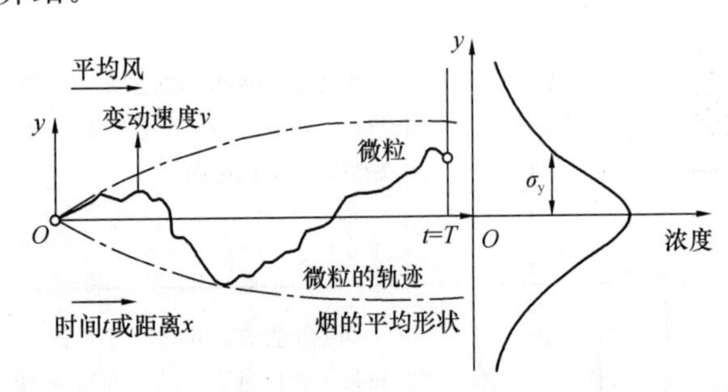

图 2-12　湍流扩散示意图

泰勒（G. I. Tayler）首先应用统计学方法研究湍流扩散问题，并于 1921 年提出了著名的泰勒公式。图 2-12 是从污染物源排放出的粒子，大气中风沿着 x 方向吹的湍流扩散情况。假定大气湍流场是均匀、定常的，从原点放出的一个粒子的位置用 y 表示，则 y 随时间变化，但其平均值为零。如果从原点放出很多粒子，则在 x 轴上粒子的浓度最高，浓度分布以 x 轴为对称轴，并符合正态分布。

萨顿（O. G. Sutton）首先应用泰勒公式，提出了解决污染物在大气中扩散的实用模式。高斯（Gaussian）在大量实测资料分析的基础上，应用湍流统计理论得到了正态分布假设下的扩散模式——高斯模式。

2.3.2　高斯扩散模式

（1）高斯模式的有关假定

大量的实验和理论研究证明，特别是对于连续点源的平均烟流，其浓度分布是符合正态分布的。因此我们可以作如下假定：

① 污染物浓度在 y、z 轴上的分布符合高斯分布（正态分布）；

② 在全部空间中风速是均匀的、稳定的；

③ 源强是连续均匀的；

④ 在扩散过程中污染物质的质量是守恒的。

（2）无界空间连续点源扩散模式

由假定①可以写出某一空间下风向任一点（x，y，z）的污染物平均浓度的分布函数：

$$\rho(x,y,z) = A(x)\mathrm{e}^{-ay^2}\mathrm{e}^{-bz^2} \tag{2-38}$$

由概率统计理论可以写出方差的表达式：

$$\sigma_y^2 = \frac{\int_0^\infty y^2\rho\mathrm{d}y}{\int_0^\infty \rho\mathrm{d}y},\quad \sigma_z^2 = \frac{\int_0^\infty z^2\rho\mathrm{d}z}{\int_0^\infty \rho\mathrm{d}z} \tag{2-39}$$

由假定④可以写出源强的积分式：

$$Q = \int_{-\infty}^{\infty}\int_{-\infty}^{\infty}\bar{u}\rho\mathrm{d}y\mathrm{d}z \tag{2-40}$$

式中　σ_y、σ_z——污染物在 y、z 方向分布的标准差，m；

ρ——任一点处污染物的浓度，g/m³；

$\bar{u}$——平均风速，m/s；

Q——源强，g/s。

由上面四个方程组成的方程组，其中可以测量或计算的已知量有源强 Q、平均风速 $\bar{u}$、标准差 σ_y 和 σ_z，未知量有浓度 ρ、待定函数 $A(x)$、待定系数 a 和 b，求解方程组的解。

将式（2-38）代入式（2-39）中，积分后得：

$$\left.\begin{aligned} a &= \frac{1}{2\sigma_y^2} \\ b &= \frac{1}{2\sigma_z^2} \end{aligned}\right\} \tag{2-41}$$

将式（2-38）和式（2-41）代入式（2-40），积分后得：

$$A(x) = \frac{Q}{2\pi\bar{u}\sigma_y\sigma_z} \tag{2-42}$$

将式（2-41）和式（2-42）代入式（2-38）中，便得到无界空间连续点源扩散的高斯模式：

$$\rho(x,y,z) = \frac{Q}{2\pi\bar{u}\sigma_y\sigma_z}\exp\left[-\left(\frac{y^2}{2\sigma_y^2}+\frac{z^2}{2\sigma_z^2}\right)\right] \tag{2-43}$$

（3）高架连续点源扩散模式

高架连续点源的扩散问题，必须考虑地面对扩散的影响。根据前述假定④可以认为地面像镜面一样，对污染物起全反射作用，用“像源法”解决这一问题。

如图 2-13 所示，我们可以把 P 点的污染物浓度看成是两部分贡献之和：一部分是不存在地面时 P 点所具有的污染物浓度；另一部分是由于地面反射作用所增加的污染物浓度。这相当于不存在地面时由位置在（0，0，H）的实源和在（0，0，$-H$）的像源在 P 点所造成的污染物浓度之和（H 为有效源高）。

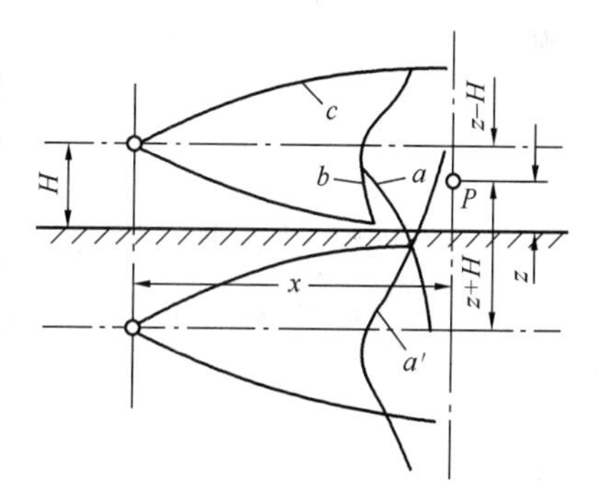

图 2-13　高架连续点源高斯模式示意图

实源的贡献：P 点在以实源为源点的坐标系中的垂直坐标（距烟流中心线的垂直距离）为（$z-H$），当不考虑地面影响时，它在 P 点所造成的污染物浓度按式（2-43）计算，即为：

$$\rho_1 = \frac{Q}{2\pi\bar{u}\sigma_y\sigma_z}\exp\left[-\left(\frac{y^2}{2\sigma_y^2}+\frac{(z-H)^2}{2\sigma_z^2}\right)\right] \tag{2-44}$$

像源的贡献：P 点在以像源为原点的坐标系中的垂直坐标（距像源的烟流中心线的垂直距离）为（$z+H$）。它在 P 点产生的污染物浓度也按式（2-43）计算，则为：

$$\rho_2 = \frac{Q}{2\pi\bar{u}\sigma_y\sigma_z}\exp\left[-\left(\frac{y^2}{2\sigma_y^2}+\frac{(z+H)^2}{2\sigma_z^2}\right)\right] \tag{2-45}$$

P 点的实际污染物浓度应为实源和像源贡献之和，即：

$$\rho = \rho_1 + \rho_2 \tag{2-46}$$

$$\rho(x,y,z,H) = \frac{Q}{2\pi\bar{u}\sigma_y\sigma_z}\exp\left(-\frac{y^2}{2\sigma_y^2}\right)\left\{\exp\left[-\frac{(z-H)^2}{2\sigma_z^2}\right]+\exp\left[-\frac{(z+H)^2}{2\sigma_z^2}\right]\right\} \tag{2-47}$$

式（2-47）即为高架连续点源在正态分析假设下的高斯扩散模式。由此模式可以求出下风向任一点的污染物浓度。

① 地面浓度模式：我们时常关心的是地面污染物浓度，而不是任一点的浓度。由式（2-47）在 $z=0$ 时得到地面浓度：

$$\rho(x,y,0,H) = \frac{Q}{\pi\bar{u}\sigma_y\sigma_z}\exp\left(-\frac{y^2}{2\sigma_y^2}\right)\exp\left(-\frac{H^2}{2\sigma_z^2}\right) \tag{2-48}$$

② 地面轴线浓度模式：地面浓度是以 x 轴为对称的，轴线 x 上具有最大值，向两侧（y 方向）逐渐减小。由式（2-48）在 $y=0$ 时得到地面轴线浓度：

$$\rho(x,0,0,H)=\frac{Q}{\pi\bar{u}\sigma_y\sigma_z}\exp\left(-\frac{H^2}{2\sigma_z^2}\right) \tag{2-49}$$

③ 地面最大浓度（即地面轴线最大浓度）模式：我们知道，$\sigma_y\sigma_z$ 是距离 x 的函数，而且随 x 的增大而增大。在式（2-49）中 $\frac{Q}{\pi\bar{u}\sigma_y\sigma_z}$ 项随 x 的增大而减小，而 $\exp\left(-\frac{H^2}{2\sigma_z^2}\right)$ 项则随 x 增大而增大，两项共同作用的结果，必然在某一距离 x 处出现浓度的最大值。

在最简单的情况下，假设比值 $\frac{\sigma_y}{\sigma_z}$ 不随距离 x 变化而为一常数时，把式（2-49）对 σ_z 求导，并令其等于零，再经过一些简单运算，即可求得地面最大浓度及其出现距离的计算式：

$$\rho_{\max}=\frac{2Q}{\pi\bar{u}H^2\mathrm{e}}\cdot\frac{\sigma_z}{\sigma_y} \tag{2-50}$$

$$\sigma_z\big|_{x=x_{\rho_{\max}}}=\frac{H}{\sqrt{2}} \tag{2-51}$$

（4）地面连续点源扩散模式

地面连续点源模式可由高架连续点源模式［式（2-47）］令其有效源高 $H=0$ 而得到，即

$$\rho(x,y,z,0)=\frac{Q}{\pi\bar{u}\sigma_y\sigma_z}\exp\left[-\left(\frac{y^2}{2\sigma_y^2}+\frac{z^2}{2\sigma_z^2}\right)\right] \tag{2-52}$$

比较式（2-43）和式（2-52）可发现，地面连续点源造成的污染物浓度恰是无界空间连续点源所造成的浓度的两倍。

（5）对于排气筒排放的粒径小于 15μm 的颗粒物，其地面浓度可按前述的气体扩散模式计算。对于粒径大于 15μm 的颗粒物，由于具有明显的重力沉降作用，将使浓度分布有所改变，可以按倾斜烟流模式计算地面浓度：

$$\rho(x,y,0,H)=\frac{(1+a)Q}{2\pi\bar{u}\sigma_y\sigma_z}\exp\left(-\frac{y^2}{2\sigma_y^2}\right)\exp\left[-\frac{(H-v_t x/\bar{u})^2}{2\sigma_z^2}\right] \tag{2-53}$$

$$v_t=\frac{d_p^2\rho_p g}{18\mu} \tag{2-54}$$

式中 a——颗粒的地面反射系数，按表 2-13 查取；

v_t——颗粒的重力沉降速度，m/s；

d_p——颗粒直径，m；

ρ_p——颗粒密度，kg/m^3；

μ——空气黏度，Pa·s；

g——重力加速度，m/s^2。

表 2-13　地面反射系数 a

粒径范围（μm）	15～30	31～47	48～75	76～100
平均粒径（μm）	22	38	60	85
反射系数 a	0.8	0.5	0.3	0

2.3.3　污染物浓度的估算

（1）烟气抬升高度的计算

连续点源的排放大部分是采用烟囱排出来。具有一定速度的热烟气从烟囱出口排出后，可以上升至很高的高度。这相当于增加了烟囱的几何高度。因此，烟囱的有效高度 H 应为烟囱的几何高度 H_s 与烟气抬升高度 ΔH 之和，即

$$H = H_s + \Delta H \tag{2-55}$$

对某一烟囱来说，几何高度 H_s 已定，只要能计算出烟气抬升高度 ΔH，有效源高 H 即随之确定了。

产生烟气抬升有两方面的原因：一是烟囱出口烟气具有一定的初始动量；二是由于烟温高于周围气温而产生一定的浮力。初始动量的大小决定于烟气出口流速和烟囱出口内径，而浮力大小则主要决定于烟气与周围大气之间的温差。此外，平均风速、风速垂直切变及大气稳定度等，对烟气抬升都有影响。

我国的《制定地方大气污染物排放标准的技术方法》（GB/T 3840—1991）中对烟气抬升计算公式作了如下规定：

① 当 $Q_H \geqslant 2100\text{kW}$ 和（$T_s - T_a$）$\geqslant 35\text{K}$ 时：

$$\Delta H = n_0 Q_H^{n_1} H_S^{n_2} \bar{u}^{-1} \tag{2-56}$$

$$Q_H = 0.35 P_a Q_v \frac{\Delta T}{T_s} \tag{2-57}$$

$$\Delta T = T_s - T_a \tag{2-58}$$

② 当 $1700\text{kW} < Q_H < 2100\text{kW}$ 时：

$$\Delta H = \Delta H_1 + (\Delta H_2 - \Delta H_1)\frac{Q_H - 1700}{400} \tag{2-59}$$

$$\Delta H_1 = \frac{2(1.5 v_s D + 0.01 Q_H)}{\bar{u}} - \frac{0.048(Q_H - 1700)}{\bar{u}} \tag{2-60}$$

③ 当 $Q_H \leqslant 1700\text{kW}$ 或 $\Delta T < 35\text{K}$ 时：

$$\Delta H = 2(1.5 v_s D + 0.01 Q_H)/\bar{u} \tag{2-61}$$

④ 当 10m 高处的年平均风速小于或等于 1.5m/s 时：

$$\Delta H = 5.5 Q_H^{1/4}\left(\frac{\mathrm{d}T_a}{\mathrm{d}Z} + 0.0098\right)^{-3/8} \tag{2-62}$$

式中　n_0、n_1、n_2——系数，按表 2-14 选取；

P_a——大气压力，hPa，取邻近气象站年平均值；

Q_v——实际排烟量，m^3/s；

v_s——烟气出口流速，m/s；

D——烟囱出口内径，m；

$\bar{u}$——烟囱出口处的平均风速，m/s；

T_s——烟囱出口处的烟气温度，K；

T_a——环境大气温度，K；

Q_H——烟气的热释放率，kW；

ΔH_2——计算的抬升高度，m；

$\mathrm{d}T_a/\mathrm{d}Z$——排放源高度以上气温直减率，K/m，取值不得小于 0.01K/m。

表 2-14 系数 n_0、n_1、n_2 的值

Q_H (kW)	地表状况（平原）	n_0	n_1	n_2
$Q_H \geqslant 2100$	农村或城市远郊区	1.427	1/3	2/3
	城区及近郊区	1.303	1/3	2/3
$2100 \leqslant Q_H < 21000$ 且 $\Delta T \geqslant 35K$	农村或城市远郊区	0.332	3/5	2/5
	城区及近郊区	0.292	3/5	2/5

例 2-6 某城市锅炉厂的烟囱高度为 90m，出口内径 5m。出口烟气流速 12.7m/s，温度 120℃，流量 $250m^3/s$。烟囱出口处的平均风速 4m/s，大气温度 20℃，当地气压 98.7kPa，尝试确定烟气的抬升高度及有效源高。

解： 由 $T_s - T_a = 120 - 20 = 100K > 35K$

试用式（2-57）求出烟气热释放率：

$$Q_H = 0.35 P_a Q_v \frac{\Delta T}{T_s} = 0.35 \times 987 \times 250 \times \frac{120-20}{120+273} = 21975kW > 2100kW$$，符合该公式条件。

选用式（2-56）计算，由表 2-14 查得系数（$Q_H \geqslant 2100kW$，城区）：$n_0 = 1.303$，$n_1 = 1/3$，$n_2 = 2/3$，求得烟气抬升高度：$\Delta H = n_0 Q_H^{n_1} H_S^{n_2} \bar{u}^{-1} = 1.303 \times 21975^{1/3} \times 90^{2/3} \times 4^{-1} = 183.2m$

有效源高：$H = 90 + 183.2 = 273.2m$

（2）扩散参数的确定

应用大气扩散模式估算污染物浓度，在有效源高确定后，还必须解决扩散参数 σ_y 和 σ_z 的确定问题。扩散参数可以现场测定，也可用风洞模拟实验确定，还可以根据实测和实验数据归纳整理出来的经验公式或图表来估算。

《制定地方大气污染物排放标准的技术方法》规定的方法如下：

① 稳定度的分类方法

P-G 法的一个重要优点是，用简单的常规气象资料即可确定大气稳定度级别。但对太阳辐射强弱的划分不够确切，云量的观测不太准确，带有主观性。特纳尔（D. B. Turner）提出了按太阳高度角、云高和云量确定稳定度级别的方法，简称 P-T 法。但该法中确定太阳辐射等级的云量和云高较为复杂，不便应用。在 P-T 法的基础上修订成的中国国家标准方法，先按太阳高度角和云量确定太阳辐射等级（表 2-15），再由辐射等级和地面风速确定稳定度级别（表 2-16）。

表 2-15 太阳辐射等级

总云量/低云量	夜间	太阳高度角 h_0			
		$h_0 \leqslant 15°$	$15° < h_0 \leqslant 35°$	$35° < h_0 \leqslant 65°$	$h_0 > 65°$
<4/≤4	−2	−1	+1	+2	+3
5~7/≤4	−1	0	+1	+2	+3
≥8/≤4	−1	0	0	+1	+1
≥7/5~7	0	0	0	0	+1
≥8/≥8	0	0	0	0	0

表 2-16　大气稳定度的等级

地面风速(m/s)	太阳辐射等级					
	+3	+2	+1	0	−1	−2
≤1.9	A	A~B	B	D	E	F
2~2.9	A~B	B	C	D	E	F
3~4.9	B	B~C	C	D	D	E
5~5.9	C	C~D	D	D	D	D
≥6	C	D	D	D	D	D

注：地面风速系指距地面 10m 高度处 10min 平均风速。

太阳高度角按下式计算：

$$h_0 = \arcsin[\sin\varphi\sin\delta + \cos\varphi\cos\delta\cos(15t + \lambda - 300)] \tag{2-63}$$

式中　h_0——太阳高度角，°；

φ——当地地理纬度，°；

λ——当地地理经度，°；

t——进行观测时的北京时间，h；

δ——太阳倾角，°。

太阳倾角 δ 可按当时月份和时间于表 2-17 查取，或按下式计算：

$$\delta = [0.006918 - 0.39912\cos\theta_0 + 0.070257\sin\theta_0 - 0.006758\cos2\theta_0 + 0.000907\sin2\theta_0 - 0.002697\cos3\theta_0 + 0.001480\sin3\theta_0]180/\pi \tag{2-64}$$

式中　θ_0——$360d_n/365$；

d_n——一年中日期序数，0，1，2，…，365。

② 扩散参数的选取：P-G 曲线是帕斯奎尔根据地面源的实验结果等总结出来的，曲线图中 1km 以外的曲线是外推的结果。此外，也未考虑地面粗糙度对扩散的影响，因而不适用于城市和山区。

表 2-17　太阳倾角（δ）的概略值

月	旬	太阳倾角（°）	月	旬	太阳倾角（°）	月	旬	太阳倾角（°）
1	上	−22	5	上	+17	9	上	+7
	中	−21		中	+19		中	+3
	下	−19		下	+21		下	−1
2	上	−15	6	上	+22	10	上	−5
	中	−12		中	+23		中	−8
	下	−9		下	+23		下	−12
3	上	−5	7	上	+22	11	上	−15
	中	−2		中	+21		中	−18
	下	+2		下	+19		下	−21
4	上	+6	8	上	+17	12	上	−22
	中	+10		中	+14		中	−23
	下	+13		下	+11		下	−23

我国在标准 GB/T 3840—1991 中规定，取样时间为 0.5h，扩散参数按幂函数表达式 $\sigma_y=\gamma_1 x^{a_1}$、$\sigma_z=\gamma_2 x^{a_2}$ 查算（表 2-18），扩散参数选取方法如下：

① 平原地区农村和城市远郊区，A、B、C 级稳定度按表 2-16 直接查算，D、E、F 级稳定度则需向不稳定方向提半级后按表 2-18 查算。

② 工业区或城区中的点源，A、B 级不提级，C 级提到 B 级，D、E、F 级向不稳定方向提一级，再按表 2-18 查算。

③ 丘陵山区的农村或城市，扩散参数选取方法同工业区。

④ 当取样时间大于 0.5h 时，垂直方向扩散参数 σ_z 不变，横向扩散参数按下式计算：

$$\sigma_{y_2}=\sigma_{y_1}\left(\frac{\tau_2}{\tau_1}\right)^q \tag{2-65}$$

式中 σ_{y_2}、σ_{y_1}——对应取样时间为 τ_2、τ_1 时的横向扩散参数，m；

q——时间稀释指数，$1\text{h}\leqslant\tau<100\text{h}$ 时，$q=0.3$，$0.5\text{h}\leqslant\tau<1\text{h}$ 时，$q=0.2$。

表 2-18 P-G 扩散曲线幂函数数据（取样时间 0.5h）

$\sigma_y=\gamma_1 x^{a_1}$				$\sigma_z=\gamma_2 x^{a_2}$			
稳定度	a_1	γ_1	下风距离 x（m）	稳定度	a_2	γ_2	下风距离 x（m）
A	0.901074 0.850934	0.425809 0.602052	0～1000 ＞1000	A	1.12154 1.51360 2.10881	0.0799904 0.00854771 0.000211545	0～300 300～500 ＞500
B	0.914370 0.865014	0.281846 0.396353	0～1000 ＞1000	B	0.964435 1.09356	0.127190 0.057025	0～500 ＞500
B～C	0.919325 0.875086	0.229500 0.314238	0～1000 ＞1000	B～C	0.941015 1.00770	0.114682 0.0757182	0～500 ＞500
C	0.924279 0.885157	0.177154 0.232123	0～1000 ＞1000	C	0.917595	0.106803	＞0
C～D	0.926849 0.886940	0.143940 0.189396	0～1000 ＞1000	C～D	0.838628 0.756410 0.815575	0.126152 0.235667 0.136659	0～2000 2000～10000 ＞10000
D	0.929418 0.888723	0.110726 0.146669	0～1000 ＞1000	D	0.826212 0.632023 0.555360	0.104634 0.400167 0.810763	1～1000 1000～10000 ＞10000
D～E	0.925118 0.892794	0.0985631 0.124308	0～1000 ＞1000	D～E	0.776864 0.572347 0.499149	0.111771 0.528992 1.03810	0～2000 2000～10000 ＞10000
E	0.920818 0.896864	0.0864001 0.1019747	0～1000 ＞1000	E	0.788370 0.565188 0.414743	0.0927529 0.433384 1.73241	1～1000 1000～10000 ＞10000
F	0.929418 0.888723	0.0553634 0.733348	0～1000 ＞1000	F	0.784400 0.525969 0.322659	0.0620765 0.370015 2.40691	1～1000 1000～10000 ＞10000

例 2-7　在例 2-6 的条件下，当烟气排出的 SO_2 速率为 130g/s 时，试计算阴天的白天 SO_2 的最大着地浓度及其出现的距离。

解：①确定大气稳定度：根据题设，阴天的白天为 D 级。根据扩散参数的选取方法，城区中的点源，D 级向不稳定方向提一级，为 C 级。

②计算最大着地浓度：由例 2-6 计算结果，有效源高 $H=273.2\text{m}$，由式（2-51）求得出现最大着地浓度时的垂直扩散参数：

$$\sigma_z\big|_{x=x_{\rho_{\max}}}=\frac{H}{\sqrt{2}}=\frac{273.2}{1.414}=193.2\text{m}$$

按表 2-18 中的幂函数计算，在 C 级稳定度

$\sigma_z=193.2\text{m}$ 时，$a_2=0.917595$，$\gamma_2=0.106803$，即 $193.2=0.106803x^{0.917595}$

求解 $x=3545\text{m}$，此时，$a_1=0.885157$，$\gamma_1=0.232123$

$$\sigma_y=\gamma_1 x^{a_1}=0.232123\times 3545^{0.885157}=321.9\text{m}$$

由式（2-50）求得最大着地浓度：

$$\rho_{\max}=\frac{2Q}{\pi\bar{u}H^2\text{e}}\cdot\frac{\sigma_z}{\sigma_y}=\frac{2\times 130}{3.1416\times 4\times 273.2^2\times 2.7183}\times\frac{193.2}{321.9}$$

$$=6.12\times 10^{-5}\text{g/m}^3=0.0612\text{mg/m}^3$$

2.3.4　特殊条件下的扩散模式

高斯扩散模式，适用于整层大气都具有同一稳定度的扩散，即污染物扩散所波及的垂直范围都处于同一温度层结之中。对于特殊气象条件和特殊地形条件的空气污染扩散，则必须对此作出修正，见表 2-19。

表 2-19　特殊条件下的扩散模式

名　称	模式表达式
封闭型扩散模式	地面轴线上浓度：$\rho(x,0,0)=\dfrac{Q}{2\pi\bar{u}\sigma_y\sigma_z}\sum\limits_{-\infty}^{\infty}\exp\left[-\dfrac{(H-2nD)^2}{2\sigma_z^2}\right]$
	简化后公式：$\rho(x,y)=\dfrac{Q}{\sqrt{2\pi}\,\bar{u}D\sigma_y}\exp\left[-\dfrac{y^2}{2\sigma_y^2}\right]$
熏烟型扩散模式	当 $h_f=H$ 时，地面轴线上浓度：$\rho_F(x,0,0)=\dfrac{Q}{2\sqrt{2\pi}\,\bar{u}H\sigma_{yf}}$ 当 $h_f=H+2\sigma_z$ 时，地面轴线上浓度：$\rho_F(x,0,0)=\dfrac{Q}{\sqrt{2\pi}\,\bar{u}h_f\sigma_{yf}}$
无线长线源扩散模式	下风向地面浓度：$\rho(x,y,0)=\dfrac{Q_L}{\pi\bar{u}\sigma_y\sigma_z}\exp\left[-\dfrac{H^2}{2\sigma_z^2}\right]\int_{-\infty}^{\infty}\exp(-\dfrac{y^2}{2\sigma_y^2})\text{d}y$
面源扩散模式	距离城市上风向边缘 x 处的浓度：$\rho=\dfrac{Q_x}{uD}$ 城市中任一点的浓度：$\rho=\Delta x\sum\limits_{i=1}^{n}\dfrac{Q_i}{uD}$（此处 n 为上风向面源数）
简化为点源的面源模式	$\rho(x,y,0,H)=\dfrac{q}{\pi\bar{u}(\sigma_y+\sigma_{y0})(\sigma_z+\sigma_{z0})}\exp\left\{-\dfrac{1}{2}\left[\dfrac{y^2}{(\sigma_y+\sigma_{y0})^2}+\dfrac{H^2}{(\sigma_z+\sigma_{z0})^2}\right]\right\}$ $\sigma_{y0}=\dfrac{W}{4.3}$，$\sigma_{z0}=\dfrac{\overline{H}}{2.15}$，$x_{y0}=\left(\dfrac{\sigma_{y0}}{\gamma_1}\right)^{\frac{1}{a_1}}$，$x_{z0}=\left(\dfrac{\sigma_{z0}}{\gamma_2}\right)^{\frac{1}{a_2}}$

续表

名　称	模式表达式
窄烟流模式	$\rho=A\frac{Q_0}{u},\ A=\left(\frac{2}{\pi}\right)^{0.5}\frac{1}{1-a_2}\frac{x}{\gamma_2 x^{a_2}}=\frac{0.8}{1-a_2}\frac{x}{\sigma_z}$
封闭山谷中扩散模式	$z=0$ 时，地面浓度：$\rho(x,0)=\frac{2Q}{\sqrt{2\pi}\bar{u}W\sigma_z}$ $z=H$ 时，$\rho(x,z)=\frac{Q}{\sqrt{2\pi}\bar{u}W\sigma_z}\left\{\exp\left[-\frac{(z-H)^2}{2\sigma_z^2}\right]+\exp\left[-\frac{(z+H)^2}{2\sigma_z^2}\right]\right\}$

注：D—逆温层高度，m；n—烟流在两界面之间的反射次数；h_f—逆温层消失的高度，m；σ_{yf}—熏烟条件下 y 向扩散参数，m；Δx—条形面源的宽度，m；Q_i—第 i 面源的源强，g/（s·m^2）；Q_L—单位线源的源强，g/（s·m）；Q_0—计算点所在面源单元的源强，g/（s·m^2）；x—计算点到上风向城市边缘的距离，m。

2.4 空气质量模型

大气污染是一个非常复杂的大气现象，空气质量模型是建立在对大气物理和化学过程科学认识的基础上，运用数学方法和气象学理论，在一定的空间尺度范围内（大气边界层内），对大气污染物的排放、传输、扩散、转化和清除过程进行仿真模拟，并得到该空间尺度的空间质量数据的一种数学工具。空气质量模型已被广泛运用在重大科学研究、环境影响评价、环境管理以及环境决策领域，成为了研究区域性复合大气污染控制理论的核心手段之一。

（1）第一代空气质量模型

第一代空气质量模型主要考虑个别污染物，在估算下风向的环境浓度时，采用简单的、高度参数化的线性机制描述大气物理化学过程，属于物理输送算法，具有结构简单、运算速度快和长期模拟的浓度准确度高等特点。由于没有化学反应模块，应用其受到很大的限制。但在大气惰性污染物模拟上仍然在使用。代表模式有 ISC3 与 EKMA（高斯）模式等。

ISC3（Industrial Source Complex 3）模式是美国环保局开发的一个为环境管理提供支持的复合工业源空气质量扩散模式。它基于统计理论的正态分布烟流模式（稳态封闭型高斯扩散方程），模拟一次污染物（SO_2、TSP、PM_{10}、NO_x 和 CO 等），范围小于 50km，采用逐时（逐小时、数小时、日、月及年）的气象观测数据来确定气象条件对烟流抬升、传输和扩散的影响。可同时或分别对点源、面源、线源、体源、开放源等多种污染源进行模拟，并可根据需要对排放源进行分组，对各源的贡献进行定量分析；可选择受点网格或离散受点进行计算，网格距和模拟范围可变；可输出多种污染物的浓度以及颗粒物的沉积和干、湿沉降量等计算结果。ISC3 模式在国内外的城市尺度上的空气质量管理工作中得到了广泛的应用。

（2）第二代空气质量模型

第二代空气质量模型加入了较为复杂的气象模块和非线性反应模块，从而形成了以欧拉网络模型为主的第二代空气质量模型。由于网格镶嵌技术和气溶胶模块的引入，使空气质量模型开始具有了大尺度和综合模拟的初步功能，但仍以单一的大气污染问题为研究重点。模型考虑了光化学反应机理，能够模拟臭氧、SO_x、NO_x 的化学过程和酸雨的形成，广泛地应用于二次污染物的影响分析和控制措施的改善。代表模式有 ADMS、AERMOD、CAMx、UAM 等。

ADMS 模型由英国剑桥环境研究中心（CERC）开发，它耦合了大气边界层研究的最新进展，利用常规气象要素来定义边界层结构，在模式计算中只需要输入常规气象参数，使得污染物浓度计算结果更准确、更可信，因而能更好地描述大气扩散过程。ADMS模型使用了Moniu-Obukhov长度和边界结构的最新理论，精确地定义边界层特征参数，将大气边界层分为稳定、近中性和不稳定三大类，采用连续性普适函数或无量纲表达式的形式，在不稳定条件下采用PDF模式及小风对流模式，模拟计算点源、线源、面源、体源所产生的浓度，ADMS模型特别适用于对高架点源的大气扩散模拟。

（3）第三代空气质量模型

第三代空气质量模型是由美国环保局野外研究实验室大气模式研制组研制，通称为Models-3，具有通用性、灵活性和开放性等优点。它不再区分单一环境污染问题，基于“一个大气”的理念，将各种模拟分析复杂的大气物理、化学程序的模式系统化，在各个空间尺度上模拟不同污染物之间的相互影响和相互转化，可用于空气质量预报、环境评估和为制定环境控制决策提供支持，有效地进行较为全面的空气质量环境影响评估及决策分析，开创了空气质量模型的新理念。Models-3系统由中尺度气象模式、排放模式以及通用多尺度空气质量模式三大模式组成。三大模式的核心是通用多尺度空气质量模式（CMAQ）。中尺度气象模式为CMAQ提供气象场的数据，排放模式为CMAQ提供排放物数据，CMAQ则利用气象场的数据和排放物数据对污染物在空气中的物理和化学过程进行空气质量的数值预报。

我国从20世纪80年代着手开始城市空气污染潜势预报研究，2000年6月5日国内42个重点城市开展了空气质量日报，2001年6月5日47个重点城市向社会公众发布了预报结果。污染预报由潜势预报、统计预报逐渐发展到气象模式、污染模式相结合的数值预报系统。如中科院大气物理研究所研究的“城市空气污染数值预报系统”、中国气象科学研究院研究的“CAPPS”系统和南京大学的“城市空气质量数值预报系统”等，其中应用最广泛的是CAPPS系统。

CAPPS系统是用有限体积法对大气平流扩散方程积分得到的多尺度箱格预报模型与MM5或MM4中尺度数值预报模式嵌套形成的城市空气污染数值预报系统。由于它暂时不考虑污染物的源强资料和化学转化过程，便于我国在现有条件下开展业务应用。

习题与思考

1. 简述我国能源结构特点与大气污染的关系。

2. 简述煤的成分分析基准构成及它们之间的换算方法。

3. 简述燃料完全燃烧的条件。

4. 某种烟煤成分为：$C_{daf}=83.21$，$H_{daf}=5.87$，$O_{daf}=5.22$，$N_{daf}=1.90$，$A_d=8.68$，$M_{ar}=4.0$；试计算各基准下的化学组成。

5. 假定煤的化学组成以质量计为：C：77.2%；H：5.2%；N：1.2%；S：2.6%；O：5.9%；灰分：7.9%。试计算这种煤燃烧时的理论空气量。

6. 已知重油元素分析结果如下：C：85.5%，H：11.3%，O：2.0%，N：0.2%，S：1.0%。试计算：

① 燃油1kg所需的理论空气量和产生的理论烟气量；

② 干烟气中SO_2的浓度和CO_2的最大浓度；

③ 当空气的过剩量为10%时，所需的空气量及产生的烟气量。

7. 普通的元素分析如下：

C：65.7%；灰分：18.1%；S：1.7%；H：3.2%；水分：9.0%；O：2.3%（含N量不计）

① 计算燃煤1kg所需要的理论空气量和SO_2在烟气中浓度（以体积分数计）；

② 假定烟尘中的排放因子为80%，计算烟气中灰分的浓度（以mg/m_N^3表示）；

③ 假定用流化床燃烧技术加石灰石脱硫，石灰石中含Ca35%，当Ca/S为1.7（摩尔比）时，计算燃煤1t需加石灰石的量。

8. 煤的元素分析结果如下：S：0.6%；H：3.7%；C：79.5%；N：0.9%；O：4.7%；灰分：10.6%。

在空气过剩20%条件下完全燃烧，计算烟气中SO_2浓度。

9. 某锅炉燃用煤气的成分如下：

H_2S：0.2%；CO_2：5%；O_2：0.2%；CO：28.5%；H_2：13.0%；CH_4：0.7%；N_2：52.4%；空气含湿量为$12g/m_N^3$，$\alpha=1.2$，试求实际需要空气量和燃烧时产生的实际烟气量。

10. 简述气象要素的组成和物理意义。

11. 简述引起大气运动的作用力。

12. 简述风速廓线模式的定义，中性条件和非中性条件下的模式各是什么？

13. 大气稳定度的判别依据是什么？

14. 在城郊铁塔上观测到的气温资料见表2-20，试计算各层大气的气温直减率：$\gamma_{1.5\sim10}$，$\gamma_{1.5\sim30}$，$\gamma_{1.5\sim50}$，$\gamma_{10\sim30}$，$\gamma_{10\sim50}$，$\gamma_{30\sim50}$，并判断各层大气的稳定度。

表2-20 气温资料表

高度Z（m）	1.5	10	30	50
气温T（K）	298	297.9	297.6	297.4

15. 简述逆温的种类。

16. 简述烟流形状与大气稳定度的关系。

17. 简述高斯模型的假定条件。

18. 某发电厂烟囱高度120m，内径5m，排烟速度13.5m/s，烟气温度418K。大气温度288K，大气为中性层结，源高处的平均风速为4m/s。试用国家标准GB/T 3840—1991中的公式计算烟气抬升高度。

19. 某电厂烟囱有效源高为150m，SO_2的排放量为151g/s，在夏季晴朗的下午，地面风速为4m/s。由于上部锋面逆温将使垂直混合限制在1.5km以内，1.2km高度的平均风速为5m/s。试估算正下风3km和11km处的SO_2浓度。

第3章　颗粒污染物控制技术基础

学　习　提　示

掌握粉尘物理性质的基本概念，了解粉尘物理性质对污染控制过程的影响。掌握颗粒平均粒径的定义、粒径分布函数的基本形式和应用。掌握净化装置分级除尘效率、总效率、通过率的定义和换算，掌握不同力场中颗粒沉降的基本规律。

学习重点：颗粒平均粒径的定义，粒径分布函数的应用，净化装置的主要性能参数。

学习难点：不同力场中颗粒沉降的基本规律。

3.1　颗粒物的粒径和颗粒群的特性

颗粒物尺寸是颗粒最重要的几何特征参数之一，表征颗粒物尺寸的主要参数包括粒径及粒径分布。粒径是以单个颗粒为对象，表征单颗粒几何尺寸的大小。粒径分布是以颗粒群为对象，表征所有颗粒在总体上几何尺寸的大小。

3.1.1　颗粒物的粒径

1. 单个颗粒的粒径

对于球形颗粒，可以用其直径来表示颗粒的粒径。对于形状不规则的非球形颗粒，则根据不同的目的和测定方法而规定出不同的粒径定义，如投影直径、几何当量直径和物理当量直径。

投影直径是指颗粒在显微镜下所观测到的某一直线尺寸，如费雷特（Feret）直径、马丁（Martin）直径、最大直径和最小直径等。

几何当量直径是指与颗粒的某一几何量（面积、体积等）相同的球形颗粒的直径，例如投影面积直径（d_A）、表面积直径（d_S）、体积直径（d_V）、表面积体积直径（d_{SV}）和周长直径（d_C）等。颗粒的投影面积（A_p）可用显微镜测得，一般测得的是颗粒处于稳定位置的投影面积直径，但某些情况下颗粒可能处于不稳定位置而使测定值偏低。颗粒表面积（S）的大小与所选用的测定方法有关。筛分直径亦可归为几何当量直径，它系指颗粒能通过的最小方筛孔的宽度。

物理当量直径是指与颗粒的某一物理特性相同时的球形颗粒的直径。利用颗粒在流体中运动的特性，定义出阻力直径（d_d）、自由沉降直径（d_f）、斯托克斯直径（d_{st}）和空气动力学直径（d_a）等。同一空气动力学直径的尘粒在大气中具有相同的沉降速度和悬浮时间，在通过旋风器和其他除尘装置时具有相同的机率，在进入粉尘采样系统中具有相同的机率。

根据粉尘颗粒的其他物理特性（如质量、透气率、光散射率、扩散率等）来测定和定义粉尘的粒径。对同一粉尘，按不同的测定和定义方法所得的粒径，在数值上是不同的，在使用时，应弄清所采用粒径的含义。表3-1列出了上述粉尘粒径的名称、定义和部分计算公式。

2. 颗粒群的平均粒径

粉尘一般是由不同粒径的颗粒所组成的颗粒群。为了能表示颗粒群的某一物理特征，往往需要一个代表颗粒群特征的平均粒径。对于由不同粒径的颗粒所组成的实际颗粒群，以及由尺寸相同的圆球颗粒所组成的假想颗粒群，如果它们具有某一相同的物理特征，则称此圆球颗粒的直径为实际颗粒群的平均粒径。

颗粒群的特征包括个数、长度、表面积、体积和质量等，据此可以定义出代表颗粒群不同特征的平均粒径，见表 3-2。表中 i 表示将颗粒群按粒径大小顺序分成 i 个间隔，d_i 为第 i 间隔的代表粒径，n_i、L_i、S_i、V_i 和 m_i 分别为粒径为 d_i 的颗粒的个数、长度、表面积、体积和质量。除上述平均粒径外，在研究颗粒群粒径分布特性中，还将用到几何平均粒径、众径和中位径等。

表 3-1　颗粒粒径的定义及部分公式

名　称	符号	定　义	公　式
费雷特直径	d_F	在同一方向上与颗粒投影外形相切的一对平行直线之间的距离	
马丁直径	d_M	在同一方向上将颗粒投影面积二等分的直线长度	
最大直径	d_{max}	不考虑方向的颗粒投影外形的最大直线长度	
最小直径	d_{min}	不考虑方向的颗粒投影外形的最小直线长度	
投影面积直径	d_A	与置于稳定位置的颗粒投影面积相等的圆的直径	$d_A=(4A_P/\pi)^{1/2}$
投影面积直径	d_p	与任意放置的颗粒投影面积相等的圆的直径	
表面积直径	d_S	与颗粒的外表面积相等的圆球的直径	$d_S=(S/\pi)^{1/2}$
体积直径	d_V	与颗粒的体积相等的圆球的直径	$d_V=(6V_P/\pi)^{1/3}$
表面积体积直径	d_{SV}	同颗粒的外表面积与体积之比相等的圆球的直径	$d_{SV}=d_V^3/d_S^2$
周长直径	d_C	与颗粒投影外形周长相等的圆的直径	$d_C=L/\pi$
展开直径	d_R	通过颗粒重心的平均弦长	$E(d_R)=\frac{1}{\pi}\int_0^{2\pi}d_R\mathrm{d}\theta_R$
筛分直径	d_{ap}	颗粒能通过的最小方筛孔的宽度	
阻力直径	d_d	在黏度相同的流体中，在相同的运动速度下与颗粒具有相同运动阻力的圆球的直径	
自由沉降直径	d_f	在密度和黏度相同的流体中，与颗粒具有相同密度和相同自由沉降速度的圆球的直径	
斯托克斯直径	d_{st}	在同一流体中与颗粒的密度相同和沉降速度相等的球的直径	$d_{st}=\sqrt{\frac{18\mu u_s}{\rho_p gC}}$
空气动力学直径	d_a	空气中与颗粒沉降速度相同的单位密度的球的直径	$d_a=\sqrt{\frac{18\mu u_s}{1000gC_a}}$

表 3-2　颗粒群的平均粒径

名　称	计算公式	名　称	计算公式
个数—长度平均粒径	$\bar{d}_{NL}=\frac{\Sigma L_i}{\Sigma n_i}=\frac{\Sigma d_i n_i}{\Sigma n_i}$	长度—体积平均粒径	$\bar{d}_{LV}=\left(\frac{\Sigma V_i}{\Sigma L_i}\right)^{1/2}=\left(\frac{\Sigma d_i{}^3 n_i}{\Sigma d_i n_i}\right)^{1/2}$
个数—表面积平均粒径	$\bar{d}_{NS}=\left(\frac{\Sigma S_i}{\Sigma n_i}\right)^{1/2}=\left(\frac{\Sigma d_i{}^2 n_i}{\Sigma n_i}\right)^{1/2}$	表面积—体积平均粒径	$\bar{d}_{SV}=\frac{\Sigma V_i}{\Sigma S_i}=\frac{\Sigma d_i{}^3 n_i}{\Sigma d_i{}^2 n_i}$
个数—体积平均粒径	$\bar{d}_{NV}=\left(\frac{\Sigma V_i}{\Sigma n_i}\right)^{1/3}=\left(\frac{\Sigma d_i{}^3 n_i}{\Sigma n_i}\right)^{1/3}$	体积—矩平均粒径	$\bar{d}_{VM}=\frac{\Sigma M_i}{\Sigma V_i}=\frac{\Sigma d_i{}^4 n_i}{\Sigma d_i{}^3 n_i}$
长度—表面积平均粒径	$\bar{d}_{LS}=\frac{\Sigma S_i}{\Sigma L_i}=\frac{\Sigma d_i{}^2 n_i}{\Sigma d_i n_i}$	质量—矩平均粒径	$\bar{d}_{mM}=\frac{\Sigma M_i}{\Sigma m_i}=\frac{\Sigma d_i m_i}{\Sigma m_i}=\frac{\Sigma d_i{}^4 n_i}{\Sigma d_i{}^3 n_i}$

3.1.2　颗粒群的特性

粒径分布是指不同粒径范围内的颗粒个数（或质量或表面积）所占的比例。颗粒分级的原始数据，可能用各种分析方法给出，其形式可能是在每一粒径间隔或粒径范围内颗粒的个数（或质量或表面积），也可能是小于（或大于）某一指定粒径的颗粒的总个数（或总质量或总表面积）。我们首先给出按颗粒个数表示的粒径分布的定义，然后再给出按颗粒质量表示的粒径分布的相应定义以及它们之间的换算关系。

1. 个数分布

按粒径间隔给出的个数分布数据列于表 3-3 中，图 3-1 为其个数分布直方图，其中 n_i 为每一间隔测得的颗粒个数，$N=\sum n_i$ 为颗粒的总个数（本例中 N=1000 个）。据此可以给出个数分布的其他定义。

表 3-3　粒径个数分布数据的测定和计算结果

分级号 i	粒径范围 d_p（μm）	颗粒个数 n_i（个）	频率 f_i	间隔上限粒径 （μm）	筛下累积频率 F_i	粒径间隔 Δd_{p_i}（μm）	频率密度 p（μm^{-1}）
1	0～4	104	0.104	4	0.104	4	0.026
2	4～6	160	0.160	6	0.264	2	0.080
3	6～8	161	0.161	8	0.425	2	0.0805
4	8～9	75	0.075	9	0.500	1	0.075
5	9～10	67	0.067	10	0.567	1	0.067
6	10～14	186	0.186	14	0.753	4	0.0465
7	14～16	61	0.061	16	0.814	2	0.0305
8	16～20	79	0.079	20	0.893	4	0.0197
9	20～35	103	0.103	35	0.996	15	0.0068
10	35～50	4	0.004	50	1.000	15	0.0003
11	＞50	0	0.000	∞	1.000		0.000
总计		1000	1.00				
算术平均粒径 d_L=11.8μm　中位粒径 d_{50}=9.0μm　众径 d_d=6.0μm　几何平均粒径 d_g=8.96μm							

（1）个数频率

个数频率为第 i 间隔中的颗粒个数 n_i 与颗粒总个数 $\sum n_i$ 之比，即：

$$f_i=\frac{n_i}{\sum n_i} \tag{3-1}$$

并有

$$\sum f_i=1$$

（2）个数筛下累积频率

小于第 i 间隔上限粒径的所有颗粒个数与颗粒总个数之比，即：

$$F_i=\frac{\sum^{i} n_i}{\sum^{N} n_i} \text{ 或 } F_i=\sum^{i} f_i \tag{3-2}$$

并有

$$F_N=\sum^{N} f_i=1$$

将大于第 i 间隔上限粒径的所有颗粒个数与颗粒总个数之比称为筛上累积频率。根据计算出的各级筛下累积频率分布 F_i 值对应各级上限粒径 d_p，可以画出筛下累积频率分布曲线（图 3-2）。

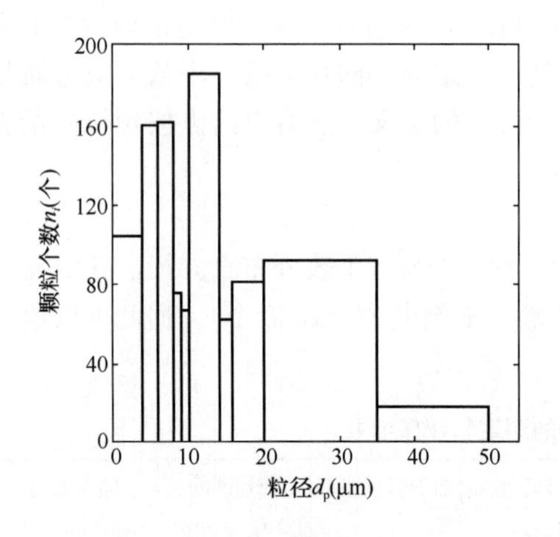

图 3-1　颗粒个数分布直方图

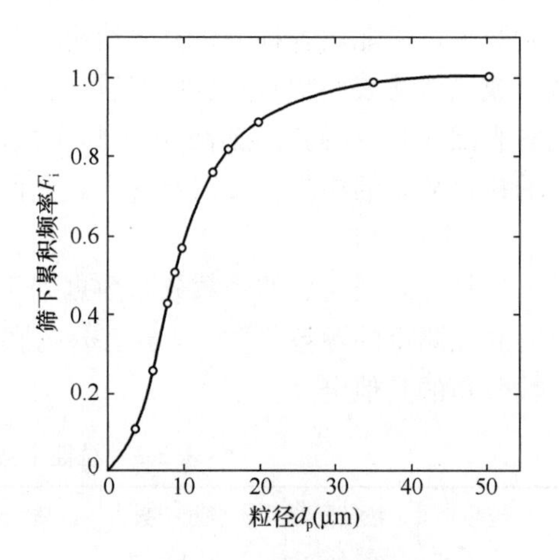

图 3-2　个数累积频率分布曲线

由累积频率曲线可以求出任一粒径间隔的频率 f 值。F 曲线上任取两点 a 和 b，对应的粒径 d_{p_a} 和 d_{p_b} 之间的 F 值之差（F_a-F_b），即为该间隔的 f 值。按 F 曲线的斜率还可列出计算式：

$$f_{a-b}=F_a-F_b=\int_{F_b}^{F_a}\mathrm{d}F=\int_{d_{p_b}}^{d_{p_a}}\frac{\mathrm{d}F}{\mathrm{d}d_p}\cdot\mathrm{d}d_p=\int_{d_{p_b}}^{d_{p_a}}p\cdot\mathrm{d}d_p \tag{3-3}$$

（3）个数频率密度

函数 $p(d_p)=\mathrm{d}F/\mathrm{d}d_p$ 称为个数频率密度，简称个数频度，采用单位为 μm^{-1}。显然，频率密度为单位粒径间隔（即 $1\mu m$）时的频率。

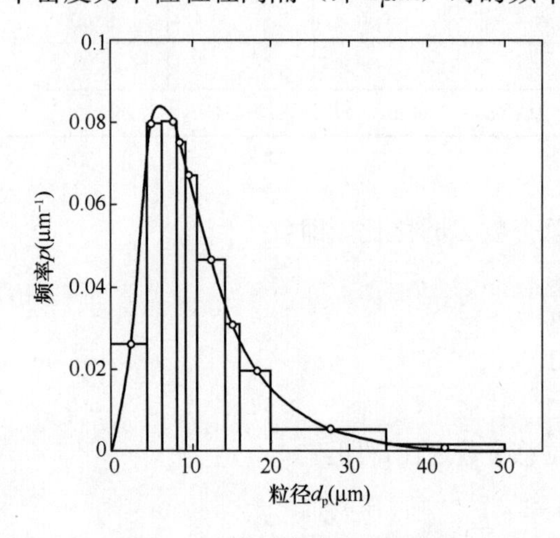

图 3-3　个数频率密度分布曲线

根据表 3-3 中的数据可以计算出每一间隔的平均频度 $\overline{p}_i=\Delta F_i/\Delta d_{p_i}$，按 $\overline{p}_i$ 值对间隔中值 d_{p_i} 作出频率密度分布曲线（图 3-3），用几个点能画出一条光滑的频率密度分布曲线。

频率密度 p 是粒径 d_p 的连续函数，由其定义可得到：

$$F=\int_0^{d_p}p\cdot\mathrm{d}d_p \text{ 和} \int_0^{\infty}p\cdot\mathrm{d}d_p=1 \tag{3-4}$$

$$\frac{\mathrm{d}p}{\mathrm{d}d_p}=\frac{\mathrm{d}^2F}{\mathrm{d}d_p^2} \tag{3-5}$$

当 $d_p\to0$ 时，$p\to0$，$F\to0$，$\mathrm{d}p/\mathrm{d}d_p\to0$；当 $d_p\to\infty$ 时，$p\to0$，$F\to1$，$\mathrm{d}p/\mathrm{d}d_p\to0$。$F$ 曲线应是有一拐点的"S"形曲线，拐点发生在频率密度 p 为最大值时对应的粒径处，这一粒径称为众径 d_d，即此处

$$\frac{\mathrm{d}p}{\mathrm{d}d_p}=\frac{\mathrm{d}^2F}{\mathrm{d}d_p^2}=0 \tag{3-6}$$

累积频率 $F=0.5$ 时对应的粒径 d_{50} 称为个数中位粒径（NMD）。

2. 质量分布

以颗粒个数给出的粒径分布数据，可以转换为以颗粒质量表示的粒径分布数据，或者进行相反的换算。它是根据所有颗粒都具有相同的密度，以及颗粒的质量与其粒径的立方成正比的假定进行的。这样，类似于按个数分级数据所作的定义，可以按质量分级给出频率、筛下累积频率和频率密度的定义式：

第 i 级颗粒发生的质量频率

$$g_i = \frac{m_i}{\sum m_i} = \frac{n_i d_{pi}^3}{\sum^{N} n_i d_{pi}^3} \tag{3-7}$$

小于第 i 间隔上限粒径的所有颗粒发生的质量频率，即质量筛下累积频率：

$$G_i = \sum^{i} g_i = \frac{\sum^{i} n_i d_{pi}^3}{\sum^{N} n_i d_{pi}^3} \tag{3-8}$$

并有

$$G_N = \sum^{N} g_i = 1$$

质量频率密度

$$q = \frac{dG}{dd_p} \tag{3-9}$$

因此得到

$$G = \int_0^{d_p} q \cdot dp \text{ 和} \int_0^{\infty} q \cdot dp = 1 \tag{3-10}$$

例 3-1　对某一粉尘进行实验测定，得表 3-4 数据。试绘出该粉尘质量频率分布、筛下累计分布和频率密度分布曲线。

表 3-4　粉尘实验测定数据

粒径范围（μm）	0～5	5～10	10～15	15～20	20～25	25～30	30～35	35～40	40～45	45～50	50～55
质量（g）	9	28	66	121	174	198	174	174	121	28	9

解：① 频率分布：

以粒径 0～5μm 和 5～10μm 为例求：

$$m_0 = 9+28+66+121+174+198+174+174+121+28+9=1102\text{g}$$

$$g_{0\sim5} = \Delta m/m_0 \times 100\% = 9/1102 \times 100\% = 0.8\%$$

$$g_{5\sim10} = \Delta m/m_0 \times 100\% = 28/1102 \times 100\% = 2.5\%$$

以此类推可求出其他粒径间隔下的频率分布，见表 3-5 和图 3-4。

② 筛下累积分布：

由 $G=\sum g$

$$G_{0\sim5} = g_{0\sim5} = 0.8\%$$

$$G_{0\sim10} = g_{0\sim5} + g_{5\sim10} = 3.3\%$$

以此类推可求出其他粒径间隔下的筛下累积分布，见表 3-5。

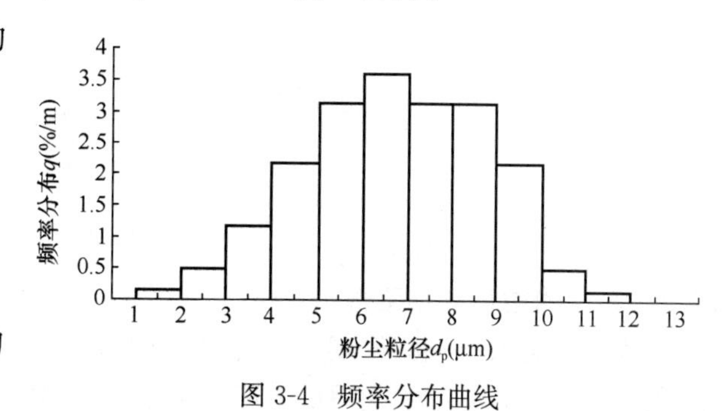

图 3-4　频率分布曲线

③ 筛上累积分布和频度分布：

而 $R=1-G$

所以 $R_{0\sim5}=99.2\%$　　$R_{0\sim10}=96.7\%$

以此类推可求出其他粒径间隔下的筛上累积分布和频度分布，见表 3-5 和图 3-5、图 3-6。

表 3-5　频率分布、频度分布、筛上累积分布和筛下累积分布

粒径间隔 (μm)	组中点 (μm)	组间隔 (μm)	g (%)	q (%/μm)	R (%)	G (%)
0～5	2.5	5	0.8	0.16	99.2	0.8
5～10	7.5	5	2.5	0.5	96.7	3.3
10～15	12.5	5	6.0	1.2	90.7	9.3
15～20	17.5	5	11.0	2.2	79.7	20.3
20～25	22.5	5	15.8	3.16	63.9	36.1
25～30	27.5	5	18.0	3.6	45.9	54.1
30～35	32.5	5	15.8	3.16	30.1	69.9
35～40	37.5	5	15.8	3.16	14.3	85.7
40～45	42.5	5	11.0	2.2	3.3	96.7
45～50	47.5	5	2.5	0.5	0.8	99.2
50～55	52.5	5	0.8	0.16	0	100

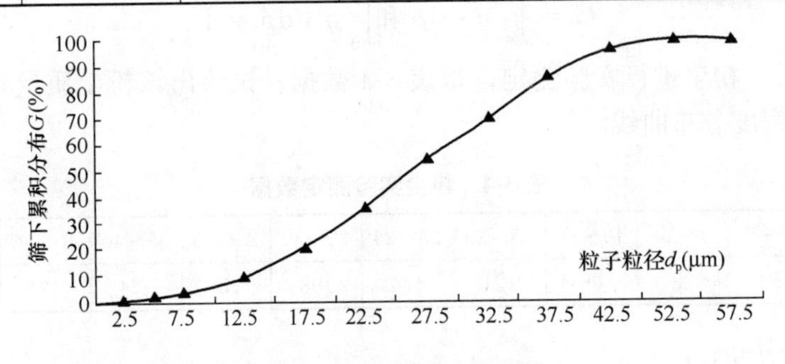

图 3-5　筛下累积分布曲线

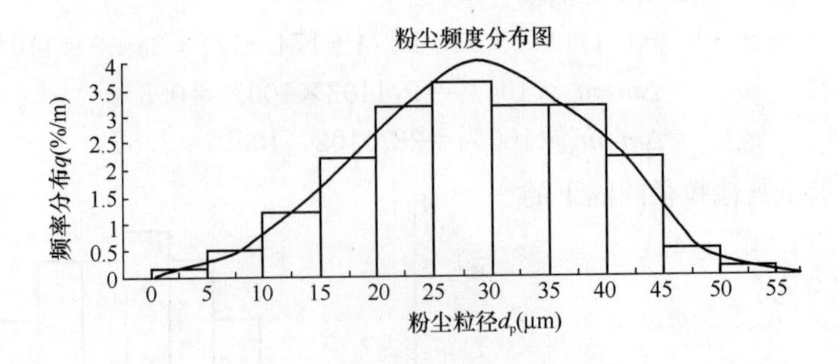

图 3-6　频度密度曲线

3.1.3　粉尘的粒径分布函数

粉尘粒径分布的频率密度（p 或 q）曲线大致呈钟形，累积频率（F 或 G）曲线呈“S”形。因此，可以找到一些简单的方程式来描述给出的分布曲线。这一方程既可以用 p（或 q）

对 d_p，也可以用 F（或 G）对 d_p 的函数形式给出，其中包含二个常数。最理想的函数形式应是只包含两个常数，其中一个常数表示该粉尘颗粒总体尺寸的大小，即所定义的平均粒径；另一常数应表示粒径范围关于该平均值的分散情况。

对于描述一定种类的粉尘的粒径分布来说，已经找到一些半经验函数形式，常用的有正态分布函数、对数正态分布函数、罗辛-拉姆勒（Rosin-Rammler）分布函数等。

1. 正态分布

正态分布也称高斯（Gauss）分布，频率密度 p（或 q）的函数形式为：

$$p(d_p)=\frac{1}{\sigma\sqrt{2\pi}}\exp\left[\frac{(d_p-\overline{d}_p)^2}{2\sigma^2}\right] \tag{3-11}$$

筛下累积频率 F（或 G）由积分得到：

$$F(d_p)=\frac{1}{\sigma\sqrt{2\pi}}\int_0^{d_p}\exp\left[-\frac{(d_p-\overline{d}_p)^2}{2\sigma^2}\right]\mathrm{d}d_p \tag{3-12}$$

式中 $\overline{d}_p$ 为算术平均粒径，σ 为标准差，它们的定义分别为：

$$\overline{d}_p=\frac{\sum n_i d_{pi}}{N} \tag{3-13}$$

$$\sigma=\left[\frac{\sum n_i(d_{pi}-\overline{d}_p)^2}{N-1}\right]^{1/2} \tag{3-14}$$

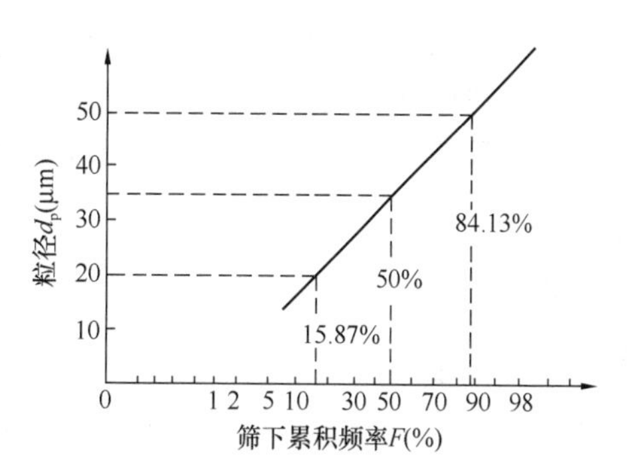

图 3-7　正态分布的累积频率分布曲线

正态分布是最简单的函数形式，它的频率密度 p 分布曲线是关于算术平均粒径 $\overline{d}_p$ 的对称性钟形曲线，因而 $\overline{d}_p$ 值与中位粒径 d_{50} 和众径 d_d 均相等。它的累积频率 F 曲线在正态概率坐标纸上为一条直线（图 3-7），其斜率决定于标准差 σ 值。从 F 曲线图中可以查出，对应于 $F=15.87\%$ 的粒径 $d_{15.87}$，$F=84.13\%$ 的粒径 $d_{84.13}$，以及 $F=50\%$ 的中位粒径 d_{50}，则可以按下式计算出标准差：

$$\sigma=d_{84.13}-d_{50}=d_{50}-d_{15.87}=\frac{1}{2}(d_{84.13}-d_{15.87}) \tag{3-15}$$

正态分布函数很少用于描述粉尘的粒径分布，因为大多数粉尘的频度 p 曲线不是关于平均粒径的对称性曲线，而是向大颗粒方向偏移。正态分布函数可以用于描述单分散的实验粉尘、某些花粉和孢子以及专门制备的聚苯乙烯乳胶球等。

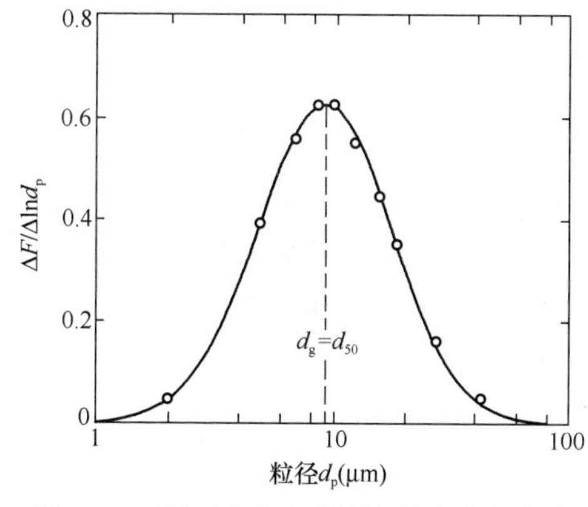

图 3-8　对数正态分布的频率密度分布曲线

2. 对数正态分布

对数正态分布是最常用的粒径分布函数。如果以粒径的对数 $\ln d_p$ 代替粒径 d_p 作出频度 p（或 q）曲线，得到一条像正态分布一样的对称性钟形曲线，则认为该粉尘粒径分布符合对数正态分布。例如，按表 3-3 中的个数分布数据可以作出图 3-8 中的对称性频度曲线。因此，仿照正态分布函数形式，可以给出对数正态分布的筛下累积频率 F（或 G）的表达式：

$$F(d_p)=\frac{1}{\sqrt{2\pi}\ln\sigma_g}\int_{-\infty}^{\ln d_p}\exp\left[-\left(\frac{\ln d_p/d_g}{\sqrt{2}\ln\sigma_g}\right)^2\right]\mathrm{d}(\ln d_p) \tag{3-16}$$

因而频率密度 p（或 q）为：

$$p(d_p)=\frac{\mathrm{d}F(d_p)}{\mathrm{d}d_p}=\frac{1}{\sqrt{2\pi}d_p\ln\sigma_g}\exp\left[-\left(\frac{\ln d_p/d_g}{\sqrt{2}\ln\sigma_g}\right)^2\right] \tag{3-17}$$

式中 d_g为几何中位粒径，σ_g为几何标准差，它们的定义分别为

$$\ln d_g=\frac{\sum n_i\ln d_{pi}}{N} \tag{3-18}$$

$$\ln\sigma_g=\left[\frac{\sum n_i(\ln d_{pi}/d_g)^2}{N-1}\right]^{1/2} \tag{3-19}$$

几何平均粒径 d_g实质是 $\ln d_p$的算术平均值，由于用 $\ln d_p$作的频度曲线是对称性的正态分布曲线（图 3-5），所以几何平均粒径 d_g等于中位粒径 d_{50}，其值不随坐标由 d_p改为 $\ln d_p$而改变。几何标准差 $\sigma_g\geqslant 1$，反映了粒径分布离散的程度。当 $\sigma_g=1$ 时，说明粉尘是单分散的，即所有颗粒的粒径相同。频度 p 的最大值相应于 F 曲线的拐点，它发生在

$$d_{p_{\max}}=\frac{d_g}{\sigma_g^{\ln\sigma_g}} \tag{3-20}$$

对应的

$$p_{\max}=\frac{\sigma_g^{\ln\sigma_g}}{\sqrt{2\pi}d_g\ln\sigma_g}\exp\left(-\frac{\ln^2\sigma_g}{2}\right) \tag{3-21}$$

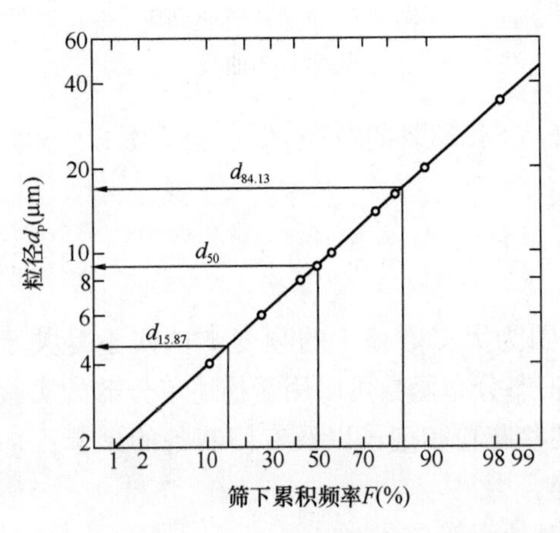

图 3-9 对数正态分布的累积频率分布曲线

检验粒径分布分析数据是否符合对数正态分布，并同时求出两个特征数 d_g和 σ_g，最简便的方法是将分析数据标绘在对数概率坐标纸上，如图 3-9 所示。如果能得到一条直线，则说明该粉尘的粒径分布符合对数正态分布。直线的斜率决定于几何标准差 σ_g，它根据从图中查得的 d_{50}（相应 $F=50\%$）、$d_{15.87}$（相应 $F=15.87\%$）和 $d_{84.13}$（相应 $F=84.13\%$）按下式确定：

$$\sigma_g=\frac{d_{84.13}}{d_{50}}=\frac{d_{50}}{d_{15.87}}=\left(\frac{d_{84.13}}{d_{15.87}}\right)^{1/2} \tag{3-22}$$

对数正态分布函数的一个重要特性是，如果某种粉尘的粒径分布符合对数正态分布，则以颗粒的个数或质量或表面积或直径表示的粒径分布，都符合对数正态分布，并且具有相同的几何标准差 σ_g。因此，它们的累积频率曲线绘在对数概率坐标纸上为相互平行的直线，如图 3-10 所示，只是沿着粒径坐标方向平移了一段常量距离。这一常量值用各种中位粒径确定最为方便。各种中位粒径与个数中位粒径（NMD）的换算关系为：

质量中位粒径（MMD）：

$$\ln\mathrm{MMD}=\ln\mathrm{NMD}+3\ln^2\sigma_g \tag{3-23}$$

表面积中位粒径（SMD）：

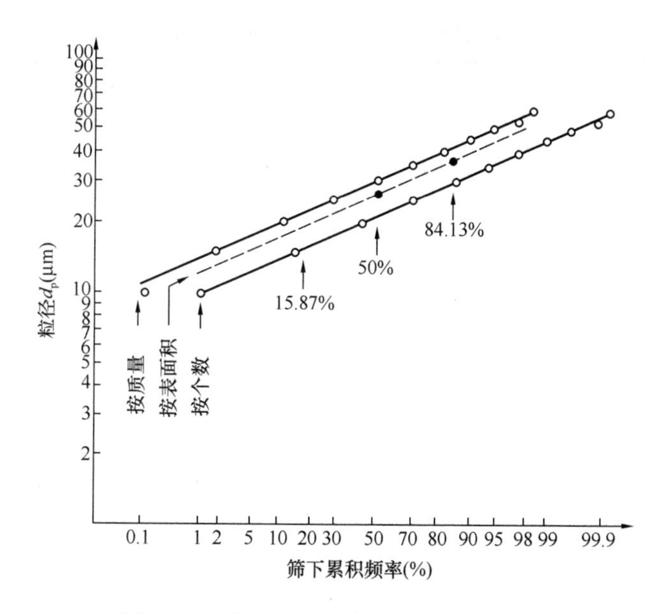

图 3-10　玻璃珠样品的对数正态分布曲线

$$\ln SMD = \ln NMD + 2\ln^2\sigma_g \tag{3-24}$$

直径中位粒径（DMD）：

$$\ln DMD = \ln NMD + \ln^2\sigma_g \tag{3-25}$$

各种中位粒径大小的顺序是：MMD>SMD>DMD>NMD

3.2　粉尘的物理性质

与粉尘污染控制有关的粉尘物理性质主要有粉尘的密度、安息角与滑动角、含水率、润湿性、荷电性和导电性、粘附性及自燃性和爆炸性等。

3.2.1　粉尘的密度

单位体积粉尘的质量称为粉尘的密度，单位为 kg/m^3 或 g/cm^3。若所指的粉尘体积不包括粉尘颗粒之间和颗粒内部的空隙体积，而是粉尘自身所占的真实体积，用真实体积求得的密度称为粉尘的真密度，并以 ρ_P 表示。固体磨碎所形成的粉尘，在表面未氧化时，其真密度与母料密度相同。呈堆积状态存在的粉尘（即粉体），它的堆积体积包括颗粒之间和颗粒内部的空隙体积，用堆积体积求得的密度称为粉尘的堆积密度，并以 ρ_b 表示。可见，对同一种粉尘来说，其堆积密度要小于真密度，如燃煤产生的飞灰颗粒中存在熔凝的空心球（煤泡），其堆积密度要远小于其真密度。

若将粉尘颗粒间和内部空隙的体积与堆积粉体的总体积之比称为空隙率，用 ε 表示，则空隙率 ε 与 ρ_P 和 ρ_b 之间关系为

$$\rho_b = (1-\varepsilon)\rho_p \tag{3-26}$$

对于一定种类的粉尘，其真密度为一定值，堆积密度则随空隙率 ε 而变化。空隙率 ε 与粉尘的种类、粒径大小及充填方式等因素有关。粉尘愈细、吸附的空气愈多，ε 值越大；充填过程加压或进行振动，ε 值减小。

粉尘的真密度用在研究尘粒在气体中的运动、分离和去除等方面，堆积密度用在贮仓或灰斗的容积确定等方面。几种工业粉尘的真密度和堆积密度列于表 3-6 中。

表 3-6　几种工业粉尘的真密度与堆积密度

粉尘名称或来源	真密度（g/cm³）	堆积密度（g/cm³）	粉尘名称或来源	真密度（g/cm³）	堆积密度（g/cm³）
精制滑石粉（1.5～45μm）	2.70	0.70	水泥干燥窑	3.0	0.6
滑石粉（1.6μm）	2.75	0.53～0.62	水泥生料粉	2.76	0.29
滑石粉（2.7μm）	2.75	0.56～0.66	硅酸盐水泥（0.7～91μm）	3.12	1.50
滑石粉（3.2μm）	2.75	0.59～0.71	铸造砂	2.7	1.0
硅砂粉（105μm）	2.63	1.55	造型用黏土	2.47	0.72～0.80
硅砂粉（30μm）	2.63	1.45	烧结矿粉	3.8～4.2	1.5～2.6
硅砂粉（8μm）	2.63	1.15	烧结机头（冷矿）	3.47	1.47
硅砂粉（0.5～72μm）	2.63	1.26	炼钢平炉	5.0	1.36
烟灰（0.7～56μm）	2.20	1.07	炼钢转炉（顶吹）	5.0	1.36
煤粉锅炉	2.15	1.20	炼铁高炉	3.31	1.4～1.5
电炉	4.50	0.6～1.5	炼焦备煤	1.4～1.5	0.4～0.7
化铁炉	2.0	0.8	焦炭（焦楼）	2.08	0.4～0.6
黄铜熔化炉	4～8	0.25～1.2	石墨	2	0.3
锌精炼	5	0.5	重油锅炉	1.98	0.2
铝二次精练	3.0	0.3	炭黑	1.85	0.04
硫化矿熔炉	4.17	0.53	烟灰	2.15	1.2
锡青铜炉	5.21	0.16	骨料干燥炉	2.9	1.06
黄铜电炉	5.4	0.36	铜精炼	4～5	0.2

测定粉尘真密度一般采用比重瓶法。粉体试样的质量，可用天平称量，而尘样自身的体积（不包括尘粒内部及其之间的空隙体积），则可用煮沸法或抽真空法测定。

据测定结果可计算出粉尘真密度

$$\rho_p = \frac{\rho_L M}{M + W - R} \tag{3-27}$$

式中 M——尘样质量，g；

W——比重瓶加液体的质量，g；

R——比重瓶加尘样加剩余液体的质量，是在抽真空后称量的，g；

ρ_p——粉尘真密度，g/cm³；

ρ_L——液体介质在测定温度下的密度，g/cm³。

3.2.2　粉尘的比表面积

粉尘的许多物理、化学性质实质上与其表面积有很大关系，细粒子往往表现出显著的物理、化学活泼性。如通过粉尘层的流体阻力会因细粒子表面积加大而增大，氧化、溶解、蒸发、吸附、催化以及生理效应等都能因细粒子表面积加大而被加速。有些粉尘的爆炸性和毒性随其粒径的减小而增加，原因即在于此。

粉尘的比表面积系单位量粉尘所具有的表面积大小。粉尘的量既可以用净体积（不包括粉尘内部和粉尘之间的气体体积）作基准，也可用堆积体积作基准，或用质量作基准。以粉

尘的净体积为基准的粉尘比表面积 S_V（cm^2/cm^3），根据定义可以得到

$$S_V = \frac{S}{V} = \frac{6}{d_{SV}} \tag{3-28}$$

式中　S——粉尘的表面积，cm^2；

V——粉尘的净体积，cm^3；

d_{SV}——粉尘的表面积－体积平均直径，cm。

以质量为基准的粉尘比表面积 S_m（cm^2/g）则为

$$S_m = \frac{S}{\rho_p V} = \frac{6}{\rho_p d_{SV}} \tag{3-29}$$

式中　ρ_p——粉尘的真密度，g/cm^3。

以堆积体积为基准的粉尘比表面积 S'_V（cm^2/cm^3），则可表示为

$$S'_V = \frac{S(1-\varepsilon)}{V} = (1-\varepsilon)S_V = \frac{6(1-\varepsilon)}{d_{SV}} \tag{3-30}$$

式中　ε——粉尘的空隙率。

从表 3-7 所给几种粉尘的比表面积值可以看出，粉尘比表面积的范围还是很宽的。但大部分工业烟尘的比表面积是在 $1000cm^2/g$（粗粉尘）到 $10000cm^2/g$（细烟）的范围。

表 3-7　几种粉尘的比表面积

粉　尘	中位粒径（μm）	比表面积 S_m（cm^2/g）	粉　尘	中位粒径（μm）	比表面积 S_m（cm^2/g）
刚生成的烟草烟	0.6	100000	水泥窑粉尘	13	2400
细飞灰	5	6000	细炭黑	0.03	1100000
粗飞灰	25	1700	细砂	500	50

3.2.3　粉尘的安息角与滑动角

粉尘从漏斗连续落到水平面上，自然堆积成一个圆锥体，圆锥体母线与水平面的夹角称为粉尘的安息角，也称动安息角或堆积角等。一般为 35°～55°。

粉尘的滑动角系指自然堆放在光滑平板上的粉尘，随平板做倾斜运动时，粉尘开始发生滑动时的倾斜角，也称静安息角。一般为 40°～55°。

粉尘的安息角与滑动角是评价粉尘流动特性的一个重要指标。安息角小的粉尘，其流动性好。粉尘的安息角与滑动角是设计除尘器灰斗（或粉料仓）的锥度及除尘管路和输灰管路倾斜度的主要依据。影响粉尘安息角和滑动角的因素主要有：粉尘的种类、粒径、含水率、颗粒形状、颗粒表面光滑程度及粉尘黏性等。对同一种粉尘，粒径越小，安息角越大；粉尘含水率增加，安息角增大；表面越光滑和越接近球形的颗粒，安息角越小。

3.2.4　粉尘的含水率

粉尘中一般均含有一定的水分，它包括附着在颗粒表面的和包含在凹坑处与细孔中的自由水分，以及紧密结合在颗粒内部的水分。

粉尘中的水分含量，一般用含水率 W 表示，是指粉尘中所含水分质量与粉尘总质量（包括干粉尘与水分）之比。

粉尘含水率的大小，会影响到粉尘的其他物理性质，如导电性、粘附性、流动性等，所有这些在设计除尘装置时都必须加以考虑。

粉尘的含水率与粉尘的吸湿性，即粉尘从周围空气中吸收水分的能力有关。若尘粒能溶

于水，则在潮湿气体中尘粒表面上会形成溶有该物质的饱和水溶液。如果溶液上方的水蒸气分压小于周围气体中的水蒸气分压，该物质将由气体中吸收水蒸气，这就形成了吸湿现象。对于不溶于水的尘粒，吸湿过程开始是尘粒表面对水分子的吸附，然后是在毛细力和扩散作用下逐渐增加对水分的吸收，一直继续到尘粒上方的水气分压与周围气体中的水气分压相平衡为止。气体的每一相对湿度，都相应于粉尘的一定的含水率，后者称为粉尘的平衡含水率。气体的相对湿度与粉尘的含水率之间的平衡，可用每种粉尘所特有的吸收等温线来描述。

已知工业粉尘的水分吸收等温线，就可以预测在不同的运载气体相对湿度条件下，要捕集的粉尘在工艺设备、灰斗、卸灰装置中的状态。

3.2.5 粉尘的润湿性

粉尘颗粒与液体接触后能否相互附着和附着难易程度的性质称为粉尘的润湿性。粉尘的润湿性可以用液体对试管中粉尘的润湿速度来表征。通常取润湿时间为 20min，测出此时的润湿高度 L_{20} (mm)，于是润湿速度为：

$$v_{20} = L_{20}/20(\text{mm/min}) \tag{3-31}$$

按润湿速度 v_{20} 作为评定粉尘润湿性的指标，可将粉尘分为四类：绝对憎水、憎水、中等亲水、强亲水，见表 3-8。

表 3-8 按润湿性对粉尘分类

粉尘类型	Ⅰ	Ⅱ	Ⅲ	Ⅳ
润湿性	绝对憎水	憎水	中等亲水	强亲水
v_{20}	<0.5	0.5～2.5	2.5～8.0	>8.0
举例	石蜡、聚四氟乙烯	石墨、煤、硫	玻璃微珠、石英	锅炉飞灰、钙

当粉尘与液体接触时，如果接触面能扩大而相互附着，则称为润湿性粉尘，如果接触面趋于缩小而不能附着，则称为非润湿性粉尘。粉尘的润湿性与粉尘的种类、粒径和形状、生成条件、组分、温度、含水率、表面粗糙度及荷电性等性质有关。例如，水对飞灰的润湿性要比对滑石粉好得多；球形颗粒的润湿性要比形状不规则表面粗糙的颗粒差，粉尘越细，润湿性越差，如石英的润湿性虽好，但粉碎成粉末后润湿性将大为降低。粉尘的润湿性随压力的增大而增大，随温度的升高而下降。粉尘的润湿性还与液体的表面张力及尘粒与液体之间的粘附力和接触方式有关。例如，酒精、煤油的表面张力小，对粉尘的润湿性就比水好；某些细粉尘，特别是粒径在 1μm 以下的粉尘，很难被水润湿，是由于尘粒与水滴表面均存在一层气膜，只有在尘粒与水滴之间具有较高相对运动速度的条件下，水滴冲破这层气膜，才能使之相互附着凝并。

粉尘的润湿性是选用湿式除尘器的主要依据。对于润湿性好的亲水性粉尘（中等亲水、强亲水），可以选用湿式除尘器净化，对于润湿性差的憎水性粉尘，则不宜采用湿法除尘。

3.2.6 粉尘的荷电性和导电性

(1) 粉尘的荷电性

天然粉尘和工业粉尘几乎都带有一定的电荷（正电荷或负电荷），也有中性的。使粉尘荷电的因素很多，诸如电离辐射、高压放电或高温产生的离子或电子被颗粒所捕获，固体颗粒的相互碰撞或与壁面摩擦时产生的静电。此外，粉尘在它们产生过程中就可能已经荷电，如粉体的分散和液体的喷雾都可能产生荷电的气溶胶。

粉尘荷电后，将改变其某些物理特性，如凝聚性、附着性及其在气体中的稳定性等，同时对人体的危害也将增强。粉尘的荷电量随温度增高、表面积增大及含水率减小而增加，还与其化学组成等有关。粉尘的荷电在除尘中有重要作用，如电除尘器就是利用粉尘荷电而除尘的，在袋式除尘器和湿式除尘器中也开始利用粉尘或液滴荷电来进一步提高对细尘粒的捕集性能。实际中，由于粉尘天然荷电量很小，并具有两种极性，所以一般多采用高压电晕放电等方法来实现粉尘荷电。

（2）粉尘的导电性

粉尘的导电性通常用比电阻 ρ_d 来表示：

$$\rho_d = \frac{V}{j\delta} \quad (\Omega \cdot \text{cm}) \tag{3-32}$$

式中　V——加在粉尘层两端的电压，V；

j——通过粉尘层的电流密度，A/cm²；

δ——粉尘层的厚度，cm。

粉尘的导电机制有两种，取决于粉尘、气体的温度和组成成分。在高温（一般在 200℃以上）范围内，粉尘层的导电主要靠粉尘本体内部的电子或离子进行。这种本体导电占优势的粉尘比电阻称为体积比电阻。在低温（一般在 100℃以下）范围内，粉尘的导电主要靠尘粒表面吸附的水分或其他化学物质中的离子进行。这种表面导电占优势的粉尘比电阻称为表面比电阻。在中间温度范围内，两种导电机制皆起作用，粉尘比电阻是表面和体积比电阻的合成。图 3-11 是粉尘比电阻与温度关系的典型曲线。

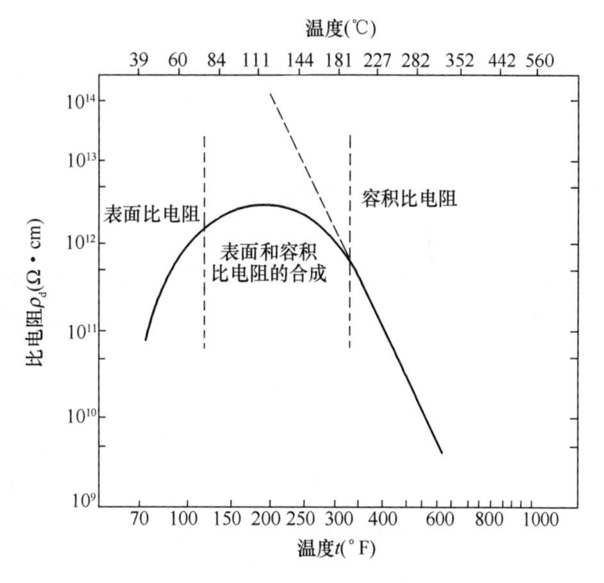

图 3-11　粉尘比电阻与温度的关系

在高温范围内，粉尘比电阻随温度升高而降低，其大小取决于粉尘的化学组成。在低温范围内，粉尘比电阻随温度的升高而增大，还随气体中水分或其他化学物质（如 SO_3）含量的增加而降低。在中间温度范围内，两种导电机制皆最弱，因而粉尘比电阻达到最大值。

粉尘比电阻对电除尘器的运行有很大影响，最适宜于电除尘器运行的粉尘比电阻范围为 $10^4 \sim 10^{10}\,\Omega \cdot \text{cm}$。当比电阻值超出这一范围时，则需采取措施进行调节。

3.2.7　粉尘的粘附性

粉尘颗粒附着在固体表面上，或者颗粒彼此相互附着的现象称为粘附。后者也称为自粘。附着的强度，即克服附着现象所需要的力（垂直作用于颗粒重心上）称为粘附力。表征粉尘自粘性的指标，等于粉尘断裂所需的力除以其断裂的接触面积，其值称为断裂强度。

粉尘的粘附是一种常见的实际现象。例如，如果没有粘附，降落到地面上的粉尘就会连续地被气流带回大气中，而达到很高的浓度。就气体除尘而言，一些除尘器的捕集机制是依靠施加捕集力以后尘粒在捕集表面上的粘附。如电除尘器和袋式除尘器的除尘过程，首先是尘粒在捕集力作用下沉降并附着到收尘极板或滤料表面上，然后靠振打力作用清除掉。因而它们的除尘效率（包括袋式除尘器的运行阻力）在很大程度上取决于粉尘的沉降和附着能力以及随后的清除（即清灰）能力。这些皆决定于粉尘的粘附性。在含尘气流管道和净化设备中，又要防止尘粒在壁面上的粘附，以免造成管道和设备的堵塞。

粘附力可分为三种（不包括化学粘合力）：分子力（范德华力）、毛细力和静电力（库仑力）。由以上三种力的作用形成粉尘的粘附力。断裂强度，表征粉尘自粘性的指标，等于粉尘断裂所需的力除以其断裂的接触面积，按粘附性对粉尘分类见表 3-9。

表 3-9　按粘附性对粉尘分类

分类	粉尘性质	断裂强度	举　例
Ⅰ	不粘性	<60	干矿渣、石英粉、干黏土
Ⅱ	微粘性	60～300	未燃尽飞灰、焦粉、干镁粉、页岩灰、干滑石粉、高炉灰
Ⅲ	中等粘性	300～600	燃尽飞灰、泥煤粉、金属或金属氧化物粉末、干水泥
Ⅳ	强粘性	>600	潮湿空气水泥、石膏粉、纤维、钠盐

粉尘的受潮或干燥，都将影响粉尘颗粒间各种力的变化，从而使其粘性发生很大变化。此外，粉尘的粒径、形状、表面粗糙程度、润湿性及荷电量等，对粉尘的粘附性有较大影响。

3.2.8　粉尘的自燃性和爆炸性

1. 粉尘的自燃性

粉尘的自燃是指粉尘在常温下存放过程中自然发热，此热量经长时间的积累并达到该粉尘的燃点而引起燃烧的现象。粉尘自燃的原因在于自然发热，并且产热速率超过物系的排热速率，使物系热量不断积累所致。

引起粉尘自然发热的原因有：①氧化热，即与氧反应而发热的粉尘，包括金属粉类、炭素粉末类、其他粉末。②分解热，因自然分解而发热的粉尘，包括漂白粉、硝化棉、赛璐珞等。③聚合热，因发生聚合而发热的粉料，如丙烯腈、异戊间二烯、苯乙烯、异丁烯酸盐等。④发酵热，因微生物和酶的作用而发热的物质，如甘草、饲料等。

各种粉尘的自燃温度相差很大。某些粉尘的自燃温度较低，如黄磷、还原铁粉、还原镍粉、烷基铝等，由于它们同空气的反应系的活化能极小，所以在常温下暴露于空气中就可能直接起火。

影响粉尘自燃的因素，除了决定于粉尘本身的结构和物理化学性质外，还取决于粉尘的存在状态和环境。处于悬浮状态的粉尘的自燃温度要比堆积状态粉体的自燃温度高很多。悬浮粉尘的粒径越小，比表面积越大，浓度越高，越易自燃。

2. 粉尘的爆炸性

由可燃粉尘与空气（或氧气）组成的可燃混合物，在某一浓度范围内，当存在火源时将引起化学爆炸。这一浓度范围称为爆炸浓度极限，其中可燃混合物的最低爆炸浓度称为爆炸浓度下限，最高爆炸浓度称为爆炸浓度上限。可燃粉尘浓度处于上下限浓度之间时，都属于有爆炸危险的粉尘。在可燃粉尘浓度低于爆炸下限或高于爆炸上限时，均无爆炸危险。粉尘的爆炸浓度上限，由于浓度值过大，在多数场合下都达不到，故无实际意义。粉尘的爆炸浓度极限值，对一定的可燃混合物系统来说是固定的特性值。

在有些情况下粉尘的爆炸浓度下限非常高，以致仅在生产设备、管道及除尘器内才能达到。在气力输送中可能达到粉尘的爆炸浓度上限。

对于有爆炸危险和火灾危险的粉尘，在进行除尘系统设计时必须予以充分注意，采取必要的防爆措施。

3.3 颗粒物捕集的理论基础

颗粒物捕集的机理就是在一种或几种力的作用下使尘粒相对于载气产生一定的位移，并从气体中分离沉降下来。颗粒的粒径大小和种类不同，所受作用力不同，颗粒的动力学行为亦不同。颗粒捕集过程所要考虑的力有外力、流体阻力和相互作用力。外力一般包括重力、离心力、惯性力、静电力、磁力、热力、泳力等。作用在颗粒上的流体阻力，对所有捕集过程来说都是最基本的作用力。颗粒间的相互作用力，在颗粒浓度不很高时可忽略。下面即对流体阻力和在重力、离心力、静电力、热力和惯性力等作用下颗粒的沉降规律作一介绍。

3.3.1 流体阻力

在不可压缩的（Ma≪1）的连续流体介质中，作稳定运动的颗粒必然受到流体阻力的作用。这种阻力是由两种现象引起的，一是由于颗粒具有一定的形状，运动时必须排开周围的流体，导致其前面的流体压力比其后面大，产生了所谓形状阻力；二是由于流体具有一定的黏性，与运动颗粒之间存在着摩擦力，导致了所谓摩擦阻力。把两种阻力同时考虑在一起，称为流体阻力。阻力的大小决定于颗粒的形状、粒径、表面特性、运动速度及流体的种类和性质。阻力的方向总是与速度向量的方向相反，其大小可按如下标量方程计算：

$$F_D = C_D A_p \frac{\rho u^2}{2} \tag{3-33}$$

式中　A_p——颗粒在其运动方向上的投影面积，m^2；

C_D——由实验确定的阻力系数，如图 3-12 所示。

由相似理论知道，C_D是颗粒雷诺数 Re_p的函数，即 $C_D = f(Re_p)$。图 3-12 中给出了圆球形颗粒的阻力系数 C_D与颗粒雷诺数 Re_p之间关系的实验研究结果。

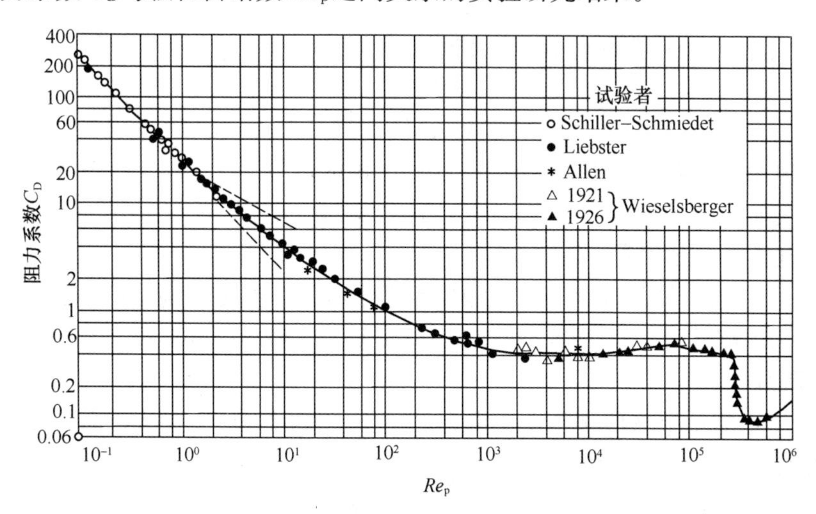

图 3-12　圆球形颗粒的阻力系数与颗粒雷诺数的关系

在 $Re_p<1$ 的范围内，颗粒运动处于层流状况，$\lg C_D$与 $\lg Re_p$呈直线关系，由实验得到：

$$C_D = \frac{24}{Re_p} \tag{3-34}$$

对于球形颗粒，$Re_p=d_p u\rho/\mu$，$A_p=\pi d_p^2/4$，将上式代入式（3-33）中，得到：

$$F_D = 3\pi\mu d_p u \tag{3-35}$$

上式称为斯托克斯（Stokes）阻力定律。通常把 $Re_p<1$ 的区域称为斯托克斯区域。

当 $1<Re_p<500$ 时，颗粒运动处于紊流过渡区，$\lg C_D$ 与 $\lg Re_p$ 近似呈直线关系，C_D 的计算式有多种，即在 Re_p 不同的取值范围，分别有更好的近似公式。常用的有伯德（Bird）公式：

$$C_D = \frac{18.5}{Re_p^{0.6}} \tag{3-36}$$

将式（3-36）代入式（3-33）则可以得到这一中间区域的流体阻力公式。

在 $500<Re_p<2\times10^5$ 的区域，颗粒运动完全处于紊流状况，C_D 几乎不随 Re_p 而变化，一般近似取 $C_D\approx0.44$，则可得到牛顿区域的流体阻力公式：

$$F_D = 0.055\pi d_p^2 u^2 \tag{3-37}$$

当颗粒尺寸小到与气体分子平均自由程大小差不多时，颗粒开始脱离与气体分子接触，颗粒运动发生所谓“滑动”。这时，相对颗粒来说，气体不再具有连续流体介质的特性，流体阻力将减小。为了对这种滑动条件进行修正，可以将坎宁汉（Cunningham）修正系数 C 引入斯托克斯定律，则流体阻力计算公式为：

$$F_D = \frac{3\pi\mu d_p u}{C} \tag{3-38}$$

坎宁汉系数的值取决于努森（Knudsen）数 $Kn=2\lambda/d_p$，可用戴维斯（Davis）建议的公式计算：

$$C = 1 + Kn\left[1.257 + 0.4\exp\left(-\frac{1.1}{Kn}\right)\right] \tag{3-39}$$

气体分子平均自由程 λ 可按下式计算：

$$\lambda = \frac{\mu}{0.499\rho\bar{v}} \quad (\mathrm{m}) \tag{3-40}$$

其中气体分子的算术平均速度按下式计算：

$$\bar{v} = \sqrt{\frac{8RT}{\pi M}} \quad (\mathrm{m/s}) \tag{3-41}$$

式中 R——通用气体常数，$R=8.314$J/（mol·K）；

T——气体温度，K；

M——气体的摩尔质量，kg/mol。

坎宁汉系数 C 与气体的温度、压力和颗粒大小有关，温度越高、压力越低、粒径越小，C 值越大。作为粗略估计，在 293K 和 101325Pa 下，$C=1+0.165/d_p$，其中 d_p 单位用μm。

3.3.2 重力沉降

在静止流体中的单个球形颗粒，在重力作用下沉降时，所受的力有重力 F_G、流体阻力 F_D 和流体的浮力 F_B，三力平衡关系式为：

$$F_D = F_G - F_B = \frac{\pi d_p^3}{6}(\rho_p - \rho)g \tag{3-42}$$

将流体阻力公式（3-33）代入上式，可以得到计算颗粒重力沉降速度的总公式：

$$u_s = \sqrt{\frac{4d_p(\rho_p - \rho)g}{3C_D\rho}} \tag{3-43}$$

若将流体阻力系数公式分别代入式（3-43）中，便得到三种流动状况下颗粒的重力沉降速度公式：

斯托克斯区域

$$u_s = \frac{d_p^2(\rho_p - \rho)g}{18\mu} \tag{3-44}$$

中间区域

$$u_s = \frac{0.153 d_p^{1.14}(\rho_p - \rho)^{0.714} g^{0.714}}{\mu^{0.428}\rho^{0.286}} \tag{3-45}$$

牛顿区域

$$u_s = \sqrt{\frac{3d_p(\rho_p - \rho)g}{\rho}} \tag{3-46}$$

颗粒的重力沉降速度 u_s，是在静止流体中重力作用下的颗粒所受合力等于零时，颗粒开始作匀速沉降的速度，也称终末沉降速度。此外，若下降的颗粒遇到垂直向上的速度为 v_g 的均匀气流，当气流速度 v_g 等于该颗粒的沉降速度 u_s 时，即颗粒所受合力为零时，颗粒将悬浮于气流中。一般将这时的气流速度 v_g 称为颗粒的悬浮速度。可见对某一颗粒来说，其重力沉降速度与悬浮速度在数值上相等，但意义不同。前者是颗粒匀速下降的终末最大速度，后者是上升气流能使颗粒悬浮所需的最小气流速度。如果上升气流速度大于颗粒的悬浮速度（或沉降速度），颗粒必随气流上升，反之则沉降。

若流体介质为气体，气体密度 ρ 与颗粒密度 ρ_p 相比可忽略时，则式（3-44）简化为：

$$u_s = \frac{d_p^2 \rho_p g}{18\mu} \tag{3-47}$$

3.3.3 离心沉降

离心力是用以获得颗粒同气体分离的一种简单机制，它比单独靠重力获得的分离力大得多，因而也有效得多。旋风除尘器是应用离心分离作用的一种除尘装置，也是造成旋转运动或涡旋的一种体系。此外，离心力也是惯性碰撞和拦截作用的主要分离机制之一，但这些都属于非稳态运动的情况。

随气流一起旋转的球形颗粒，所受离心力可用下式确定：

$$F_c = \frac{\pi}{6} d_p^3 \rho_p \frac{v_t^2}{R_L} \tag{3-48}$$

式中　R_L——粒子所在处气流流线的旋转半径，m；

　　　v_t——粒子所在处气流的切向速度，m/s。

在此离心力作用下，颗粒将产生离心的径向运动（垂直于切向）。若颗粒的运动处于斯托克斯区域，则颗粒所受的向心的径向阻力可用斯托克斯公式（3-35）确定，当颗粒所受离心力和向心阻力平衡时，便得到颗粒的终末离心沉降速度：

$$u_n = \frac{d_p^2 \rho_p v_t^2}{18\mu R_L} \tag{3-49}$$

处于滑流体系的颗粒要应用上式时，还应在分子中乘以肯宁汉修正因子 C。

根据涡旋流定律，旋风除尘器中外涡旋流的切向速度 v_t 与其旋转半径 R 的 n 次方成反比，即

$$v_t R^n = 常数 \tag{3-50}$$

式中　n——涡旋指数，$n \leqslant 1$，可用阿列克山德（Alexander）提出的经验公式估算：

$$n = 1 - (1 - 0.67D^{0.14})\left(\frac{T}{283}\right)^{0.3} \tag{3-51}$$

式中　D——旋风除尘器的直径，m；

T——气体的温度，K。

3.3.4　静电沉降

在强电场中，如在电除尘器中，荷电的颗粒将以某一电力驱进速度 ω 沿电场方向运动。在稳定状况下，如果忽略重力和惯性力的作用，荷电颗粒所受的力主要是静电力（即库仑力）和气流阻力。静电力为：

$$F_e = qE \tag{3-52}$$

式中　q——颗粒的荷电量，C；

E——颗粒所处位置的电场强度，V/m。

对连续体系的颗粒，气流阻力可按斯托克斯公式（3-35）确定。当二力达到平衡时，颗粒便达到一个终末电力沉降速度，即通常所说的驱进速度：

$$\omega = \frac{qE}{3\pi\mu d_p} = K_p E \quad (\text{m/s}) \tag{3-53}$$

其中，$K_p = q/(3\pi\mu d_p)$，称为颗粒的电迁移率，单位为 m^2/（V·s），表示电场强度为 1V/m 时颗粒的迁移速度。对滑流区域的颗粒，应加入肯宁汉修正因子 C，则式（3-53）变为

$$\omega = \frac{qEC}{3\pi\mu d_p} = K_p EC \tag{3-54}$$

3.3.5　扩散沉降

（1）颗粒的扩散

小颗粒也像气体分子那样，由于热能的作用，处于不断地无规则运动之中。根据气体分子运动理论，在同一温度下颗粒和气体分子的平均平动动能是相等的。这意味着质量较大的颗粒运动较慢，质量较小的颗粒运动较快。

如果颗粒的浓度分布不均匀，将发生颗粒从浓度较高的区域向浓度较低的方向扩散。颗粒的扩散过程类似于气体分子的扩散过程，并可用相同的微分方程式来描述：

$$\frac{\partial n}{\partial t} = D_p\left(\frac{\partial^2 n}{\partial x^2} + \frac{\partial^2 n}{\partial y^2} + \frac{\partial^2 n}{\partial z^2}\right) \tag{3-55}$$

式中　n——颗粒个数（或质量）浓度，m^{-3}（或 g/m^3）；

D_p——颗粒的扩散系数，m^2/s；

t——时间，s。

颗粒的扩散系数 D_p 决定于气体的种类和温度以及颗粒的大小，其数值要比气体分子扩散系数小几个数量级，可由两种理论方式求得。

对于粒径约等于或大于气体分子平均自由程（$Kn \leqslant 0.5$）的颗粒，可用爱因斯坦（Einstein）公式计算：

$$D_p = \frac{CkT}{3\pi\mu d_p} \quad (m^2/s) \tag{3-56}$$

式中　k——波尔兹曼常数，$k = 1.38 \times 10^{-23}$ J/K；

C——肯宁汉修正因子。

对于粒径大于气体分子但小于气体分子平均自由程（$Kn > 0.5$）的颗粒，可用朗格缪尔

(Langmuir) 公式计算：

$$D_p = \frac{4kT}{3\pi\mu d_p^2 P}\sqrt{\frac{9RT}{\pi M}} \quad (m^2/s) \tag{3-57}$$

式中　P——气体的压力，Pa；

R——气体常数，R=8.314J/ (mol·K)；

M——气体的摩尔质量，kg/mol。

(2) 扩散沉降

随着颗粒尺寸的减小，作为从气流中分离颗粒的机制，扩散沉降比重力沉降、离心沉降及惯性沉降等更为重要。扩散沉降效率取决于捕集体的质量传递皮克莱 (Peclet) 数 Pe 和捕集体雷诺数 Re_D。质量传递皮克莱数定义为：

$$Pe = \frac{v_0 D_c}{D_p} \tag{3-58}$$

式中　v_0——未被扰动的上游气流相对捕集体的流速，m/s；

D_c——捕集体（如液滴或纤维）的直径，m。

质量传递皮克莱数 Pe 是由惯性力产生的迁移和分子扩散产生的迁移之比，是代表捕集过程中扩散沉降重要性的特征参数。Pe 值越小，颗粒的扩散沉降越重要。捕集体雷诺数 Re_D是表示捕集体周围气流流动状况的参数，其定义式为：

$$Re_D = \frac{v_0 D_c \rho}{\mu} \tag{3-59}$$

采用这些准数来计算靠布朗扩散的单靶捕集效率 η_D，已由一些作者发展出一些计算方法。所作的基本假定是，在气流流过捕集体（靶）的时间内，颗粒能从某一层扩散到捕集体表面。这一层的厚度正比于 $(D_p t)^{1/2}$，时间长短决定于气流速度分布。因此，在 Re_D较小的粘性流支配下，$\eta_D = f(Re, Re_D)$；在 Re_D较大的势流支配下，$\eta_D = f(Re)$。

对于圆柱形捕集体，在粘性流条件下，朗格缪尔 (Langmuir) 给出的孤立单靶扩散沉降分级捕集效率为：

$$\eta_D = \frac{1.71 Pe^{-2/3}}{(2 - \ln Re_D)^{1/3}} \tag{3-60}$$

上式中的 Re_D应小于 1。在空气过滤器中，当过滤速度为 0.5～5cm/s 时，Re_D的典型值为 10^{-4}～10^{-1}。

对于高 Re_D的势流条件下，速度场与 Re_D无关，斯台尔曼 (Stairmand) 和纳坦森 (Natanson) 给出了相似的结果：

$$\eta_D = \frac{K}{Pe^{1/2}} \tag{3-61}$$

式中斯台尔曼给出 $K = \sqrt{8} = 2.38$，纳坦森给出 $K=\sqrt{32/\pi}=3.19$。

3.3.6 惯性沉降

一般认为气流中的颗粒随着气流运动，很少或不产生滑流。当气流改变方向时，较重的颗粒因其惯性较大而不随气流运动，若有一静止的或缓慢运动的障碍物置于气流中时，则成为一个靶子，颗粒由于惯性作用可能沉降到上面。

图 3-13 中画出运动气流中的一个静止物体。在停滞流线的上方和下方的气流流线偏向靶的上方和下方，较重的颗粒因具有较大的质量和惯性更易脱离流线。颗粒能否沉降到靶

上，取决于它的质量以及相对靶的速度和位置。如小颗粒 1 和距停滞流线远的颗粒 2 能够避开靶；一些颗粒如 3 能碰撞到靶上；一些颗粒如 4 和 5 刚好避开与靶碰撞，但被靶拦截住并保持沉降。

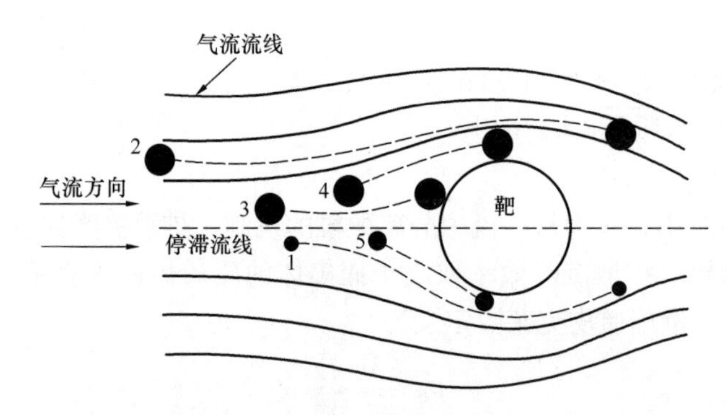

图 3-13　运动气流中接近靶时颗粒运动的几种可能情况

由于惯性碰撞和拦截作用都是靠靶来捕集颗粒的重要除尘机制，所以有必要作为一个单独的问题进行讨论。

(1) 惯性碰撞

颗粒绕靶运动时，发生的惯性碰撞，是从气流中分离颗粒的一种最常用的机制。本节所涉及的是靠小的湿靶（如洗涤器中的液滴）或干靶（如过滤器中的纤维）的惯性碰撞作用来捕集颗粒的系统，被称为碰撞器（Impactor）。

惯性碰撞的捕集效率取决于三个因素。第一个因素是气流速度在捕集体（靶）周围的分布，它随捕集体雷诺数 Re_D大小而变化。第二个因素是颗粒的运动轨迹，它取决于颗粒的质量、颗粒所受气流阻力、捕集体的尺寸和形状及气流速度，可由惯性碰撞参数 K_p（或斯托克斯准数 St）表征。第三个因素是颗粒对捕集体的附着，通常假定与捕集体碰撞的颗粒能100％附着。

捕集体雷诺数 Re_D的定义式如式（3-59）所示。在高 Re_D下（势流），气流流线的分离点接近于捕集体，除了邻近捕集体表面附近外，气流流型与理想流体一致。当 Re_D较低时，气流受粘性支配（粘性流），因而由捕集体引起的气流扰动的影响，在上游较远距离处是显著的。在高 Re_D下，流线的突然扩展增大了颗粒的惯性，因而会产生较高的惯性碰撞效率。

表示颗粒运动特征的无因次惯性碰撞参数 K_p（或斯托专斯准数 St），是颗粒运动的停止距离 X_s与捕集体直径 D_c（或半径 $D_c/2$）之比，若假定是准静止运动的球形颗粒，则有：

$$St = 2K_p = \frac{d_p^2 \rho_p v_0 C}{9\mu D_c} = \frac{X_s}{D_c/2} \tag{3-62}$$

对于指定的捕集体形状和特定的流场，孤立单靶的碰撞效率 η_p 一般是惯性参数 K_p和捕集体雷诺数 Re_D的函数，即 $\eta_p = f(K_p, Re_D)$。在势流状况下只是 K_p的函数，即 $\eta_p = f(K_p)$。对于势流和 $K_p>0.1$（或 $St>0.2$）的状况，球形捕集体的惯性碰撞效率的实验值，可用下式近似推算：

$$\eta_p = \left(\frac{K_p}{K_p + 0.35}\right)^2 = \left(\frac{St}{St + 0.7}\right) \tag{3-63}$$

一个惯性碰撞装置设计得如何，最重要的因素是惯性碰撞参数 St 的大小。随着 St 值的增大，从气流中去除颗粒会变得更有效。而且只有当 St 大于某一临界值 St_{cr}时，靠惯性碰撞的捕集才能发生。一些研究者也给出了发生惯性碰撞的理论临界值 St_{cr}，对于圆柱体 $St_{cr}=0.125$，对于球体 $St_{cr}=0.083$。实际上，在紊流状况下颗粒有可能被捕集体的背面所捕集，因而在 $St\leqslant St_{cr}$ 时，碰撞效率不一定等于零。

（2）冲击

惯性碰撞和惯性冲击（Impingement）容易混为一谈，前面所说的碰撞是关于颗粒在小靶上的捕集，相对地说，携带颗粒的气流比靶的尺寸宽，这种靶可能是喷雾的液滴或过滤纤维的毛等。而这里所说的冲击是关于颗粒在大表面上的捕集，携带颗粒的气流比靶的尺寸窄，它包括进入液体中的颗粒的冲击。按此原理工作的系统称为冲击器。商业上称为"碰撞器"的颗粒分级装置，乃是按此定义的冲击器。但是，无论对碰撞器还是对冲击器来说，惯性碰撞皆是主要捕集机制。

（3）拦截

颗粒在捕集体上的拦截，在图3-13中用颗粒4和5表示出，一般发生在刚好达到捕集体顶部或底部之前的边上，即达到离开捕集体表面 $d_p/2$ 的距离之内。直接拦截也包括因颗粒运动进入到布朗扩散区而沉降到靶上的颗粒。但由于碰撞器中的气流速度较高，所以扩散沉降一般是微不足道的。

直接拦截用一无因次特性参数——直接拦截比 K_I 来表示其特性：

$$K_I=\frac{d_p}{D_c} \tag{3-64}$$

当颗粒较大，惯性较大，即 K_p 很大时，颗粒沿着气流方向直线运动，在直径为 D_c 的流管内的颗粒皆能与捕集体碰撞。除此之外，距捕集体表面的距离在 $d_p/2$ 以内的颗粒也将与捕集体接触，而被拦截。因此，由于拦截机制而使捕集效率的增加值为 $\eta_I=K_I$（圆柱体），或 $\eta_I=2K_I$（圆球体）。

当颗粒质量很小，即 K_p 很小时，则颗粒随气流沿流线运动。若颗粒的中心距捕集体表面的距离在 $d_p/2$ 以内，则颗粒能与捕集体接触而被拦截。由于拦截机制所引起的捕集效率增量，可按如下方程估算：

对于绕过球体的势流

$$\eta_I=(1+K_I)^2-\frac{1}{1+K_I}\approx 3K_I(当\ K_I<0.1) \tag{3-65}$$

对于绕过圆柱体的势流

$$\eta_I=1+K_I-\frac{1}{1+K_I}\approx 2K_I(当\ K_I<0.1) \tag{3-66}$$

对于绕过球体的粘性流（$Re_D<1$）

$$\begin{aligned}\eta_I&=(1+K_I)^2-\frac{3}{2}(1+K_I)+\frac{1}{2(1+K_I)}\\&\approx\frac{3}{2}K_I^2\qquad(当\ K_I<0.1)\end{aligned} \tag{3-67}$$

对于绕过圆柱体的粘性流（$Re_D<1$）

$$\begin{aligned}\eta_I&=\frac{1}{2.002-\ln Re_D}\left[(1+K_I)\ln(1+K_I)-\frac{K_I(2+K_I)}{2(1+K_I)}\right]\\&\approx\frac{K_I^2}{2.002-\ln Re_D}\quad(当\ K_I<0.07)\end{aligned} \tag{3-68}$$

(4) 多种捕集机制的综合

前面介绍了各种捕集机制单独起作用时的孤立单靶分级捕集效率。实际上，在一个除尘器中会有许多捕集机制在同时起作用，但通常顶多只有二、三种机制是主要的，其他机制可忽略。例如，在一个碰撞器系统中，由于气流速度高和停留时间短，所以主要捕集机制是惯性碰撞和拦截，布朗扩散和重力沉降一般可以忽略。则对某一给定粒径的颗粒的孤立单靶总分级捕集效率 η_T 等于惯性碰撞效率 η_p 与直接拦截效率 η_I 之和，即

$$\eta_T = \eta_p + \eta_I \tag{3-69}$$

干的圆柱形纤维是最常用的一种过滤材料，颗粒的最初捕集所靠的机制有碰撞、拦截、扩散、静电及重力沉降等，所以最初的孤立单靶总分级捕集效率应为

$$\eta_T = 1 - (1 - \eta_p - \eta_I)(1 - \eta_D)(1 - \eta_E)(1 - \eta_G) \tag{3-70}$$

式中的扩散沉降效率 η_D、静电沉降效率 η_E 可按有关公式计算，重力沉降效率 η_G 可用重力沉降速度与水平流速度之比值 u_s/v_0 作近似估算。

习题与思考

1. 什么是粒子的空气动力学直径？同一空气动力直径的粒子具有哪些特征？

2. 假设有三个直径分别为 1、2、3 单位的球体，试求这三个球体的算术平均直径、表面积平均直径和体积平均直径。

3. 已知某粉尘粒径分布数据见表 3-10：

表 3-10　某粉尘粒径分布数据

粒径间隔（μm）	0～2	2～4	4～6	6～10	10～20	20～40	>40
质量 Δm（g）	0.8	12.2	25	56	76	27	3

① 判断该粉尘的粒径分布是否符合对数正态分布；②如果符合对数正态分布，求其几何标准差、质量中位径、粒数中位径、算术平均直径及体积表面积平均直径。

4. 简述粉尘的物理性质主要包括哪些因素。

5. 什么是粉尘的真密度和堆积密度？它们之间的关系用什么公式表示？

6. 简述粉尘安息角和滑动角的影响因素包括哪些？

7. 粉尘的含水率增加对粉尘的黏性、导电性、腐蚀性和流动性各有什么影响？

8. 简述粉尘的比电阻与温度之间的关系。

9. 试计算下列条件下，球形粉尘粒子在静止空气中的沉降阻力：

① $d_p=50\mu m$，$\rho_p=1000kg/m^3$，$t=20℃$，$P=1.0\times10^5 Pa$；

② $d_p=10\mu m$，$\rho_p=1000kg/m^3$，$t=20℃$，$P=1.0\times10^5 Pa$；

③ $d_p=1\mu m$，$\rho_p=1000kg/m^3$，$t=100℃$，$P=1.0\times10^5 Pa$。

第 4 章　净化装置的分类和性能

学　习　提　示

学习重点：净化方法和净化方法分类，净化装置的性能。

学习难点：分级除尘效率计算。

大气污染物的净化，实际上是一个混合物的分离问题。大气污染物的性质和存在状态不同，其净化机理、方法和装置也各不相同，并都有一定的特点和适用范围。而净化方法和装置的选择，则只能依具体条件通过技术、经济比较确定。

4.1　大气污染物的一般净化方法

4.1.1　气溶胶污染物净化方法

气溶胶污染物，属于非均相混合物，一般采用物理方法进行分离，其依据是气体分子与固态（或液态）粒子在物理性质上的差异。将固态或液态粒子从气体介质中分离出来的净化方法称为气体除尘。主要有机械力除尘、电除尘、过滤式除尘和湿式除尘。

由于较大粒子的密度比气体分子大得多，可利用重力、惯性力、离心力（统称为质量力）进行分离；由于某些粒子带电在电场中发生位移进行分离；由于粒子的尺寸和质量较气体分子大得多，可采用过滤层进行过滤的方法进行分离；由于某些粒子易被水润湿、凝并增大而被捕集，可采用湿式洗涤方法进行分离。

4.1.2　气态污染物净化方法

气态污染物在气体中以分子或蒸气状态存在，属于均相混合物，大多根据物理的、化学的及物理化学的原理予以分离，其依据是不同组分具有不同蒸气压、溶解度和选择性吸附作用等。主要有冷凝法、吸收法、吸附法、催化转化法及燃烧法五种。

冷凝法是利用物质在不同温度下具有不同饱和蒸气压的性质，通过冷却使处于蒸气状态的污染物质冷凝成液体，从而实现分离净化。一般多用于回收浓度在1%以上的有机蒸气，或用于预先回收某些可利用的纯物质，有时也用作吸附法、燃烧法等净化流程的预处理，以减轻操作负荷或除去影响操作、腐蚀设备的有害组分。冷凝法的优点是所需设备和操作条件比较简单，且回收的物质比较纯净，但净化效率较低。

吸收法是利用废气中各组分在特定液体中具有不同溶解度的性质来分离分子状态污染物的净化方法。常用于净化浓度为0.01%～0.1%范围的无机污染物，具有净化效率较高、应用范围广的特点。

吸附法是利用多孔性固体吸附剂对废气中各组分的吸附能力不同，选择性地吸附一种或几种组分，从而实现分离净化。适用范围广，可以分离回收绝大多数有机气体和大多数无机气体，尤其用以净化有机溶剂蒸气时，具有较高的效率。

催化转化法是利用催化作用将废气中的气态污物转化为无害的或比原状态更易处理和回

收利用的物质，从而实现净化气体。无需将污染物与气体分离，而是直接将有害物质转化为无害物质，避免二次污染，简化了操作过程。根据在催化转化过程中所发生的反应可分为催化氧化法和催化还原法两类。催化氧化法是在催化剂的作用下，使废气中的气态污染物被氧化为无害的或更易去除的其他物质；催化还原法则是在催化剂的作用下，将废气中的气态污染物还原为无害物质。

燃烧法是利用废气中某些气态污染物可以氧化燃烧的特性，将其燃烧变成无害物的方法。仅能处理那些可燃的或在高温下能分解的气态污染物（如有机气体和恶臭物质），其化学作用主要是燃烧氧化，有的是热分解。燃烧法一般不能回收原来物质，但有时可回收热量。燃烧法可分为直接燃烧和催化燃烧两种。直接燃烧就是利用可燃的气态污染物作为燃料通过燃烧变成无害物质的方式；催化燃烧是利用催化剂的作用，使可燃的气态污染物在一定温度下氧化分解的净化方法。

4.2 净化装置的分类

从废气中将污染物分离出来并加以回收，使气体得到净化的设备称为废气净化装置。净化装置是废气净化系统的主要组成部分，其性能的好坏直接影响到整个系统的运行效果。

4.2.1 气溶胶污染物净化装置

从气体介质中将固体粒子分离捕集的设备称为除尘装置或除尘器。按照除尘器利用的除尘机制，如重力、惯性力、离心力、库仑力、扩散力等，可将其分成如下四类：

（1）机械式除尘器　如重力沉降室、惯性除尘器、旋风除尘器等；

（2）电除尘器　如干式电除尘器、湿式电除尘器等；

（3）过滤式除尘器　如袋式除尘器、颗粒层除尘器等；

（4）湿式洗涤器　如旋风水膜洗涤器、自激喷雾洗涤器、文丘里洗涤器等。

实际上，在除尘中往往同时利用了几种除尘机制，一般是按其中的主要作用机制而分类命名的。

按除尘过程中是否用水或其他液体，还可将除尘器分为干式和湿式两大类：用水或其他液体使含尘气体中的粉尘（固体粒子）或捕集到的粉尘湿润的装置，称为湿式除尘器；把不润湿气体中的粉尘或捕集到的粉尘的装置，称为干式除尘器。为提高对微粒的捕集效率，陆续出现了综合几种除尘机制的各种新型除尘器，如声凝聚器、热凝聚器、通量力/冷凝（FFC）洗涤器、高梯度磁分离器、荷电袋式除尘器、荷电液滴洗涤器等。

4.2.2 气态污染物净化装置

1. 吸收装置

根据吸收原理，将污染物从气相转移至液相的净化设备称为吸收装置。吸收过程是气体溶于液体的传质过程。一般以溶解过程是否发生化学反应而分为物理吸收和化学吸收。传质则是一个扩散过程，污染气体从高浓度处移向低浓度处。也可根据吸收组分多少分为单组分吸收和多组分吸收。吸收装置的主要作用是使气液两相充分接触，以利于吸收过程的进行。吸收装置根据其总体结构可分为以下几类：

（1）喷淋塔

喷淋塔结构简单，塔内设若干喷嘴，一般采用逆流吸收，废气由下部进入，吸收剂液体由上部喷入。喷嘴将液体雾化成液滴状与气体接触，在液滴表面进行气液接触并传质。塔顶设有除雾器，用以除去气体中的雾滴。喷淋塔可用于同时除尘、吸收和降温的场合。

（2）填料塔

填料塔在塔内装有一定高度的填料，液体靠重力作用从塔顶沿填料表面呈薄膜状向下流动，气体则呈连续相由下向上同液膜逆流接触，在压强差推动下穿过填料间隙，气液两相在填料表面进行传质，污染物即被吸收，气液两相组成沿塔高连续变化。

（3）板式塔

在板式塔内，沿塔高设置若干层塔板，相邻塔板间有一定距离，液体靠重力作用自塔顶逐板流向塔底，并在各层塔板上形成流动的液层。气体则靠压强差自塔底穿过各层塔板上的液层而流向塔顶。气体呈分散相以鼓泡或喷射形式穿过塔板上液层时，产生大量气泡，大大增加了气液两相接触面积，强化了气液相之间的传质过程，使气态污染物被吸收，气液两相的组成沿塔高呈阶梯式变化。

（4）湍球塔

湍球塔又称流化填料塔，其填料采用空心或实心小球，在高的操作气速推动下，小球高速湍动而成流化状态。吸收剂液体自塔顶喷下润湿小球表面，气液两相充分接触，相接触面不断更新，传质系数较大。球体湍动，不断碰撞，不易结垢与堵塞。

（5）鼓泡塔

鼓泡塔又称为鼓泡反应器，装置结构简单，吸收容量大。塔内充满吸收剂液体，废气以各种方式鼓入塔内，气体呈分散相，液体呈连续相，气液两相接触时间长，有利于反应较慢的化学吸收。

在工程中还常用喷洒式、表面式吸收器等装置来净化气态污染物。喷洒式吸收装置是将吸收液体喷成细雾或液滴状与气体接触，以增大两相接触面积并提高传质速率的一类设备。表面式吸收装置是以吸收液沿垂直圆管内壁呈液膜状自上而下流动，气体在管中自下而上流动的过程中实现气液相传质的装置。

2. 吸附装置

吸附是利用固体吸附剂对气体中各组分的吸附能力不同而进行分离的技术，用以完成吸附操作的分离设备称为吸附装置或吸附器。根据吸附床层的特点，可将吸附装置分为固定床、移动床和流化床三大类。

（1）固定床吸附器

固定床是将吸收剂固定在床内搁板或孔板上，气体通过静止状态的吸附剂，有害组分被吸附分离。根据气流运动方向，可将固定床吸附器分为立式、卧式和环式三种类型。吸附系统一般由多个固定床组成，并以一定顺序进行吸附操作和再生操作。对于间歇操作或分批操作的场合，可采用单床吸附系统交替进行吸附和再生。由于大多数工业应用要求连续操作，经常采用双吸附床或三吸附床系统，其中一个吸附床进行再生，其余的进行吸附。

（2）移动床吸附器

移动床是使气体和吸附剂固体连续稳定地输入和输出，促进气固两相接触，提高吸附分离效率的装置。由于气固两相均处于移动状态，较好地克服了固定床易发生的局部不均匀和沟流现象，提高了处理能力。在移动床吸附器内，吸附和再生按顺序循环进行，实现过程连续化操作。

（3）流化床吸附器

流化床是由气体和固体吸附剂组成的两相流装置。流化床中的气体流速在临界流化速度之上，使固体吸附剂粒子处于流化状态，强化了气固相界面的传质速率，提高了设备的处理能力。由于气体和固体同处于流化状态，可使床层温度分布均匀，适合于大规模连续生产。

3. 催化转化装置

利用催化剂的催化作用，实现气态污染物转化为易净化物质或无害物质的设备称为催化转化装置。气固相催化反应器是催化反应的主体装置，可分为固定床反应器和流化床反应器两大类。在气态污染物控制工程中，目前常用的是固定床催化反应器。固定床反应器可分为绝热式和换热式两大类，也可根据其结构特点分为管式、搁片式、径向式等。

(1) 绝热式固定床反应器

在催化转化过程中，催化剂静止不动且与外界无热交换的反应器称为绝热式固定床反应器。它又可分为单层式和多段式。单层式绝热反应器内只装一层催化剂，反应气体通过单层催化剂即可达到指定的转化率，常用于汽车尾气和喷涂等行业治理有机溶剂污染。对于反应热较大的催化反应，为避免热量积累，控制单层绝热床的反应温度，把多个单层绝热床串联起来，则称为多段绝热反应器。多段绝热反应器段间的热交换有直接换热和间接换热两种形式。

(2) 换热式固定床反应器

这类反应器在催化转化过程中，与外界有热交换，也称为管式固定床反应器。按催化剂装填部位不同可分为多管式和列管式两种。催化剂装在管内的称为多管式，装在管间的称为列管式，而在没有装填催化剂的地方流动的是载热体或冷却剂，用以调节催化剂床层的温度。

4.3 净化装置的性能

全面地评价净化装置的性能应该包括技术指标和经济指标两方面内容，而二者之间又是互相联系的。技术指标一般以处理气体流量、净化效率、压力损失及负荷适应性等特性参数来表示；经济指标主要包括设备费、运行费和占地面积等。此外还应考虑装置安装、操作、检修的难易等因素。

4.3.1 净化装置技术性能的一般表示方法

表示净化装置的技术性能，主要包括以下几项指标：

(1) 处理气体量

处理气体量是代表装置处理能力大小的指标，一般以体积流量（m^3/h）表示。

(2) 净化效率

净化效率是表示装置净化效果的重要技术指标，有时也称为分离效率。对于除尘装置称除尘效率，对于吸收装置称吸收效率，对于吸附装置称吸附效率。在工程中，通常以净化效率为主来选择和评价装置。

(3) 压力损失

压力损失是表示装置消耗能量大小的技术经济指标。压力损失是指净化装置进出口处气流的全压差，而压力降一般是指装置进出口处气流的静压差。通常，当装置进出口处的动压差波动不大或大体相当时，可认为气流全压差等于静压差。

净化装置的压力损失实质上表示流体通过装置所消耗的机械能，与通风机所耗功率成正比，故总希望在保证净化效果的前提下尽量小些。多数除尘装置的压力损失为 1～2kPa，其原因是一般通风机具有 2kPa 左右的压力。压力再高，不但费用高，风机难选，而且风机的噪声变大，增加了消音问题。

（4）负荷适应性

负荷适应性是表示装置性能可靠性的技术指标，即指净化装置的工作稳定性和操作弹性。考虑装置的负荷适应性，重要的是应了解当处理气体量或污染物浓度超过或低于设计值时对净化效果的影响。对于吸收装置，为了提供一个共同的比较标准，将装置的负荷适应性定义为能保持 85％泛点负荷时效率的±15％作为允许负荷弹性范围。性能良好的净化装置必须具备良好的负荷适应性，亦即当处理气体量或污染物浓度在较大范围内波动时，仍能保持稳定的净化效率。

4.3.2　净化效率的表示方法

1. 总效率

总效率系指在同一时间内，净化装置捕集的污染物数量与进入装置的污染物数量之比。总效率实际上是反映装置净化程度的平均值，亦称为平均效率。

如图 4-1 所示，净化装置入口的气体流量为 Q_{1N}（m^3/s）、进入装置的污染物数量为 S_1（g/s），污染物浓度为 C_1（g/m^3），净化装置出口的相应数量为 Q_{2N}（m^3/s）、S_2（g/s）和 C_2（g/m^3）。若净化装置捕集的污染物数量为 S_3（g/S），则有：

$$S_1 = S_2 + S_3 \tag{4-1}$$

故总效率可表示成：

$$\eta = \frac{S_3}{S_1} = 1 - \frac{S_2}{S_1} = 1 - \frac{C_2 Q_2}{C_1 Q_1} \tag{4-2}$$

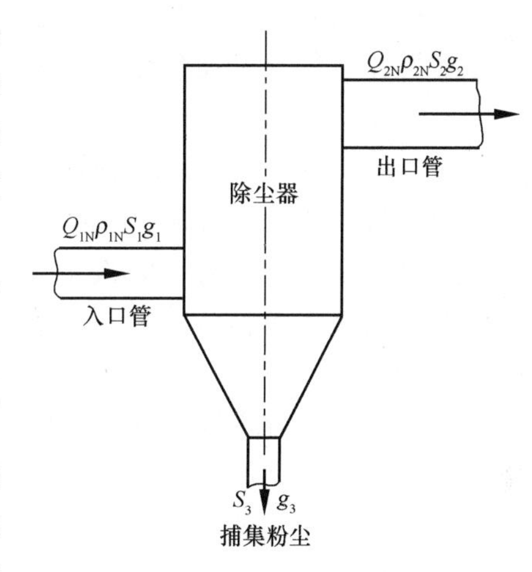

图 4-1　净化效率表达式中的有关符号

由于 Q_1 和 Q_2 与净化装置入口和出口的气体状态（温度、湿度和压力）有关，所以常换算为标准状态（0℃、101325Pa）下的干气体流量表示，并加角标“N”，单位为 m_N^3/s，含尘浓度为 C_N（g/m_N^3）表示，由式（4-2）变为：

$$\eta = 1 - \frac{C_{2N} Q_{2N}}{C_{1N} Q_{1N}} \tag{4-3}$$

若净化装置本体不漏风，即 $Q_{1N} = Q_{2N}$，则式（4-3）可简化为：

$$\eta = 1 - \frac{C_{2N}}{C_{1N}} \tag{4-4}$$

必须注意，上述 Q_1、S_1、C_1 和 Q_2、S_2、C_2 及 S_3 均为同一时间的量值，并应以相同单位表示。

若考虑净化装置漏风，则平均处理流量为：

$$Q_N = \frac{1}{2}(Q_{1N} + Q_{2N}) \tag{4-5}$$

净化装置漏风率为：

$$\delta = \frac{Q_{1N} - Q_{2N}}{Q_{1N}} \tag{4-6}$$

2. 通过率

通过率系指从净化装置出口逸散的污染物数量与入口污染物数量之比，P 值越大，说明出口逸散量越大。当净化效率达 99％以上时，如表示成 99.9％或 99.99％，在表达装置性能的差别上不明显，所以一般采用通过率 P 来表示：

$$P=\frac{S_2}{S_1}=\frac{C_{2N}Q_{2N}}{C_{1N}Q_{1N}}=1-\eta \tag{4-7}$$

3. 分级除尘效率

除尘装置的总除尘效率一般都随粉尘粒径而变化，为确切地表示除尘效率与粒径分布的关系提出了分级除尘效率的概念。分级除尘效率（简称分级效率）是指除尘装置对某一粒径 d_{pi} 或粒径间隔 Δd_p 内粉尘的除尘效率。

若设除尘器入口、出口和捕集的 d_{pi} 颗粒质量流量分别为 S_{1i}、S_{2i} 和 S_{3i}，则该除尘器对粒径 d_{pi} 颗粒的分级效率 η_i 为：

$$\eta_i=\frac{S_{3i}}{S_{1i}}=1-\frac{S_{2i}}{S_{1i}} \tag{4-8}$$

分级效率与除尘器种类、粉尘特性和运行条件等因素有关，当粉尘特性和运行条件一定时，各种除尘器的分级效率有时也以指数函数形式表示：

$$\eta_i=1-\exp(-\alpha d_{pi}^m) \tag{4-9}$$

式中 $\exp(-\alpha d_{pi}^m)$ 项为分级通过率，即粒径 d_{pi} 范围内的粉尘逸散的比例；α 是表示各种除尘器性能物性参数，对某一台除尘器，α 为常数，且 α 具有 m^{-1} 的因次；m 是表示粒径对分级效率影响的参数，为无因次量。从式（4-9）可以看出，α 值愈大，粉尘逸散量愈少，表示装置的分级效率愈高。而 m 值愈大，说明粉尘粒径对分级效率的影响愈大，m 值的范围，对旋风除尘器约为 0.65～2.30，对湿式洗涤器约为 1.5～4.0。一般来说，式（4-9）较适用于粒径分布对分级效率有明显影响的旋风除尘器和湿式洗涤器等。

在工程中，还常用分级效率 $\eta_i=50\%$ 时所对应的粒径来表示除尘器性能，称为除尘器的分割粒径，一般用 d_c 表示。

总效率容易通过实测求得［按式（4-2）］，而除尘器入口、出口及捕集粉尘的质量频率 g_{1i}、g_{2i}、g_{3i} 也可以通过测定分析求得。则根据质量频率的定义和分级效率的定义式可得：

$$S_{1i}=S_1g_{1i}\qquad S_{2i}=S_2g_{2i}\qquad S_{3i}=S_3g_{3i} \tag{4-10}$$

$$\eta_i=\frac{S_3g_{3i}}{S_1g_{1i}}=\eta\frac{g_{3i}}{g_{1i}} \tag{4-11}$$

$$\eta_i=1-\frac{S_2g_{2i}}{S_1g_{1i}}=1-P\frac{g_{2i}}{g_{1i}} \tag{4-12}$$

$$\eta_i=\frac{\eta}{\eta+Pg_{2i}/g_{3i}} \tag{4-13}$$

在已知 η 和 g_{1i}、g_{2i}、g_{3i} 中的任意两项时，则可按式（4-11）、式（4-12）或式（4-13）由总效率计算出分级效率 η_i。

若分级效率以 $\eta_i=\eta_i(d_p)$ 函数形式给出，进口粉尘粒径分布以累积频率分布函数 $G=G(d_p)$ 形式或频度函数 $q=q(d_p)$ 形式给出，则总除尘效率可按积分式计算：

$$\eta=\int_0^1\eta_i\cdot \mathrm{d}G=\int_0^\infty\eta_iq\cdot \mathrm{d}d_p \tag{4-14}$$

可见，当已知某除尘器的分级效率 η_i 和所要净化粉尘的累积频率分布或频度分布时，即可按上式求得总效率 η。若 η_i 和 G（或 q）皆以显函数形式给出，可求得精确积分值，否则只能用图解法或数值近似计算法求值，这是设计新除尘器时常采用的计算方法。如果当已知进口粉尘质量频率 g_{1i} 时，也可将积分式（4-14）改写成求和形式，则可得

$$\eta = \sum_i \eta_i g_{1i} \tag{4-15}$$

例 4-1　某种粉尘的粒径分布和分级除尘效率见表 4-1，试确定总除尘效率。

表 4-1　某种粒尘的粒径分布和分级除尘效率

平均粒径（μm）	0.25	1.0	2.0	3.0	4.0	5.0	6.0	7.0	8.0	10.0	14.0	20.0	>23.5
质量频率 g_{1i}（%）	0.1	0.4	9.5	20.0	20.0	15.0	11.0	8.5	5.5	5.5	4.0	0.8	0.2
分级效率 η_i（%）	8	30	47.5	60	68.5	75	81	86	89.5	95	98	99	100

解：以粒径 0.25μm 为例计算：（$g_{1i}\eta_1$）＝0.1%×8＝0.008

其他计算结果见表 4-2：

表 4-2　计　算　结　果

粒径	0.25	1.0	2.0	3.0	4.0	5.0	6.0	7.0	8.0	10.0	14.0	20.0	23.5
$g_{1i}\eta_i$（%）	0.008	0.12	4.513	12	13.7	11.25	8.91	7.31	4.923	5.225	3.92	0.792	0.20

所以总效率 $\eta = \sum g_{1i}\eta_1 = 72.87\%$。

4. 板效率

板效率系指实际塔板能达到的分离程度与理论塔板所达到的平衡情况的比较，是表示板式塔吸收装置性能的重要技术指标，常用总板效率、单板效率及点效率表示。总板效率即平均板效率，又称为全塔效率。总板效率便于工程上估算实际塔板数，但它将各板效率等同起来，只是一个平均概念；为了确切表示各塔板不同的分离程度，又提出了单板效率，亦称为莫夫利（Murphree）效率；而点效率则是更具体地表示塔板上任一点的局部分离效率。

5. 多级串联运行时的总净化效率

在实际工程中，有时需要把两种或多种不同型式的净化装置串联起来使用，构成两级或多级净化系统。如当污染物浓度较高时，采用一级净化，达不到排放标准，或者虽然达到排放标准，而因负荷过大引起装置性能不稳定等原因，则应考虑两级或多级净化装置串联使用。

若已知多级净化系统中各级净化装置的净化效率分别为 η_1，η_2，…，η_n，则 n 级净化装置串联后的总净化效率为：

$$\eta = 1-(1-\eta_1)(1-\eta_2)\cdots(1-\eta_n) \tag{4-16}$$

4.3.3　排放浓度及排放速率

从环境保护的角度来看，评价净化装置效果的最终指标应是装置出口排出的污染物浓度或排放速率，并使其低于现行的排放标准。

排放浓度的计算，可由式（4-2）得出：

$$C_{2N} = C_{1N}(1-\eta)\frac{Q_{1N}}{Q_{2N}} = C_{1N}P\frac{Q_{1N}}{Q_{2N}}(\mathrm{g/m_N^3}) \tag{4-17}$$

当系统不漏气时，$Q_{1N}=Q_{2N}$，上式可简化为

$$C_{2N} = C_{1N}(1-\eta)(\mathrm{g/m_N^3}) \tag{4-18}$$

计算排放浓度时，以干气体体积或以湿气体体积为基准，所得结果差别很大。在工程中

一般以干气体体积为基准进行计算。

排放速率系指净化系统每小时排出污染物的绝对量，当已知净化装置排放浓度 C_{2N}（g/m_N^3），体积流量 Q_{2N}（m_N^3/s）时，可按下式计算：

$$S_2 = 3.6C_{2N}Q_{2N}(\text{kg/h}) \tag{4-19}$$

实际上，净化装置的性能和很多因素有关，不但与基本型式和规格有关，而且与处理气体的性质、操作条件、测试方法、分析方法等有关。评价某种净化装置的性能，应该按照一定的规格和方法，针对某种物系，在指定的操作工况下进行评价。因而，统一净化装置性能的评价方法，对研制工作和选择应用都是十分重要的。

习题与思考

1. 简述气溶胶污染物的净化方法。
2. 简述气态污染物的净化方法。
3. 根据对旋风除尘器的现场测试得到：除尘器进口的气体流量 10000m_N^3/h，含尘浓度为 4.2g/m_N^3。除尘器出口的气体流量为 12000m_N^3/h，含尘浓度为 340mg/m_N^3。试计算该除尘器的处理气体流量、漏风率和除尘效率（分别按考虑漏风和不考虑漏风两种情况计算）。
4. 有一两级除尘系统，已知系统的流量为 2.22m^3/s，工艺设备产生粉尘量为 22.2g/s，各级除尘效率分别为 80%和 95%。试计算该除尘系统的总除尘效率、粉尘排放浓度和排放量。
5. 某燃煤电厂电除尘器的进口和出口的烟尘粒径分布见表 4-3，若除尘器总除尘效率为 98%，试绘出分级效率曲线。

表 4-3　烟尘粒径分布

粒径间隔（μm）		<0.6	0.6～0.7	0.7～0.8	0.8～1.0	1～2	2～3	3～4	4～5	5～6	6～8	8～10	10～20	20～30
质量频率（%）	进口 g_1	2	0.4	0.4	0.7	3.5	6	24	13	2	2	3	11	8
	出口 g_2	7	1	2	3	14	16	29	6	2	2	2.5	8.5	7

第5章　气态污染物控制技术基础

学　习　提　示

掌握气体扩散、吸收、吸附和催化的基本原理和工艺设备的设计原理。

学习难点：伴有化学反应的气液平衡及吸收动力学、固定床吸附器的设计计算及相关概念、气固相催化反应动力学。

吸收、吸附和催化是气态污染物控制中常用的单元操作。气态污染物的控制就是污染物从气相混合物中分离的过程，常涉及废气中污染物分子的质量传递过程，而这一传递过程往往是依靠气体分子的扩散过程来实现的。因此，本章将重点介绍气体扩散、吸收、吸附和催化的基本原理和工艺设备，需16课时。

5.1　气体扩散

通常所讨论的气态污染物都是包含多个组分的，当其中某一组分存在浓度梯度时，该组分将由高浓度向低浓度转移，这种在气相中发生的质量传递过程就是气体的扩散。

气体扩散的推动力是浓度差，扩散的结果会使气体从浓度较高的区域转移到浓度较低的区域。扩散过程包括分子扩散和涡流扩散两种方式。物质在静止的或垂直于浓度梯度方向作层流流动的流体中传递，是由分子运动引起的，称为分子扩散；物质在湍流流体中的传递，主要是由于流体中质点的运动而引起的，称为涡流扩散。物质从壁面向湍流主体中的传递，由于壁面处存在着层流边界层，因此这种传递过程除涡流扩散外，还存在着分子扩散，这种同时包含了分子扩散和涡流扩散的传质方式称为对流扩散。对流扩散是相际间质量传递的基础。但对流扩散可折合为通过一定当量膜厚度的静止气体的分子扩散。因此，这里仅对分子扩散进行讨论。

5.1.1　分子扩散速率方程

分子扩散过程进行的快慢可用扩散通量来度量。分子扩散通量是指单位传质面积上单位时间内扩散传质的物质的量，其单位为 $kmol/(m^2 \cdot s)$。

实验表明，在二元混合物（A+B）中，组分的扩散通量与其浓度梯度成正比，这个关系称为费克（Fick）定律。即：

$$J_A = -D_{AB}\frac{dc_A}{dz} \tag{5-1}$$

式中　J_A——组分A在z方向上的扩散通量，$kmol/(m^2 \cdot s)$；

$\frac{dc_A}{dz}$——组分A在扩散方向的浓度梯度；

D_{AB}——组分A在组分B中的扩散系数，$m^2 \cdot s^{-1}$；

“–”——表明扩散方向与浓度梯度相反，即扩散是沿浓度下降的方向进行的。

在吸收操作中，气体浓度常以组分分压表示。若组分A在混合气体中的分压为p_A，根据理想气体定律，则有$p_A = C_A RT$，代入式（5-1）得：

$$J_A = -\frac{D_{AB}}{RT} \cdot \frac{\mathrm{d}p_A}{\mathrm{d}z} \tag{5-2}$$

5.1.2 气体在气相中的扩散系数

气体中的扩散系数与系统、温度和压力有关，其数量级为 $10^{-5}\ \mathrm{m^2 \cdot s^{-1}}$。通常对于二元气体 A、B 的相互扩散，A 在 B 中的扩散系数和 B 在 A 中的扩散系数相等，因此可略去下标而用同一符号 D 表示，即 $D_{AB}=D_{BA}=D$。

对于二元气体扩散系数的估算，通常用较简单的由富勒（Fuller）等提出的公式：

$$D = \frac{1.00 \times 10^{-3} T^{1.75}}{P\left[\sum V_A^{1/3} + \sum V_B^{1/3}\right]^2} \left(\frac{1}{M_A} + \frac{1}{M_B}\right)^{1/2} \quad \mathrm{cm^2/s} \tag{5-3}$$

式中 P——混合气体的总压，atm；

T——混合气体的温度，K；

M_A、M_B——组分 A、B 的摩尔质量，g/mol；

$\sum V_A$、$\sum V_B$——组分 A、B 的分子扩散体积，$\mathrm{cm^3/mol}$。一些简单气体可由表 5-1 直接查取；一些有机气体可按表 5-2 查取原子扩散体积加和得到。

表 5-1 气体的扩散系数值

气体	扩散系数（$\mathrm{cm^2/s}$）
	在空气中（latm、0℃）
H_2	0.611
N_2	0.132
O_2	0.178
CO_2	0.138
SO_2	0.103
HCl	0.130
SO_3	0.095
NH_3	0.170
H_2O	0.220

从式(5-3)也可看出，扩散系数 D 与气体的浓度无关，但随温度的上升和压力的下降而增大。因此可以从某一已知温度 T_0 和压力 P_0 下的扩散系数 D_0 推算出任一温度 T 和压力 P 下的扩散系数 D(压力改变不能太大)：

$$D = D_0\left(\frac{P_0}{P}\right)\left(\frac{T}{T_0}\right)^{1.75} \tag{5-4}$$

表 5-2 原子扩散体积和分子扩散体积

原子在结构中的扩散体积									
C	16.5	O	5.48	(Cl)	19.5	芳环	−20.2		
H	1.93	(N)	5.69	(S)	17.0	杂环	−20.2		
简单分子的扩散体积 $\sum V$									
H_2	7.07	N_2O	35.9	Kr	22.8	(Cl_2)	37.7		
O_2	16.6	N_2	17.9	NH_3	14.9	(Br_2)	67.7		
He	2.88	H_2O	12.7	(SO_2)	41.1				
CO	18.9	空气	20.1	(CCl_2F_2)	114.8				
CO_2	26.9	Ar	16.1	(SF_6)	69.7				

注：括号中的数值仅基于少量数据。

5.1.3　气体在液体中的扩散系数

由于液体中的分子要比气体中的分子密集得多，因此液体的扩散系数要比气体的小得多，其数量级为 $10^{-9}\ m^2 \cdot s^{-1}$。表 5-3 给出了某些溶质在液体溶剂中的扩散系数。

对于很稀的非电解质溶液（溶质 A＋溶剂 B），其扩散系数常用威尔基（Wilke）-张（Chang）公式估算：

$$D_{AB} = 7.4 \times 10^{-8} \frac{(\Phi M_B)^{\frac{1}{2}} T}{\mu V_A^{0.6}} \tag{5-5}$$

式中　D_{AB}——溶质 A 在溶剂 B 中的扩散系数（也称无限稀释扩散系数），cm^2/s；

T——溶液的温度，K；

μ——溶剂 B 的黏度，cp；

M_B——溶剂 B 的摩尔质量，g/mol；

Φ——溶剂的缔合参数，具体值为：水 2.6；甲醇 1.9；乙醇 1.5；苯、乙醚等不缔合的溶剂为 1.0；

V_A——溶质 A 在正常沸点下的分子体积，cm^3/mol，由正常沸点下的液体密度来计算。

使用该公式求得的扩散系数值与实验值的偏差小于 13%。同时，从式（5-5）可见，溶质 A 在溶剂 B 中的扩散系数 D_{AB} 与溶质 B 在溶质 A 中的扩散系数 D_{BA} 不相等，这一点与气体扩散系数的特性明显不同，需引起注意。

对给定的系统，可由温度 T_1 下的扩散系数 D_1 推算 T_2 下的 D_2（要求 T_1 和 T_2 相差不大），如下：

$$D_2 = D_1 \left(\frac{T_2 \mu_1}{T_1 \mu_2}\right) \tag{5-6}$$

表 5-3　溶质在液体溶剂中的扩散系数（溶质浓度很低）

溶质	溶剂	温度（K）	扩散系数（$10^{-9} m^2/s$）	溶质	溶剂	温度（K）	扩散系数（$10^{-9} m^2/s$）
NH_3	水	285	1.64	乙酸	水	298	1.26
		288	1.77	丙酸	水	298	1.01
O_2	水	291	1.98	HCl（$9kmol/m^3$）	水	283	3.30
		298	2.41	（$2.5kmol/m^3$）		283	2.50
CO_2	水	298	2.00	苯甲酸	水	298	1.21
H_2	水	298	4.80	丙酮	水	298	1.28
甲醇	水	288	1.26	乙酸	苯	298	2.09
乙醇	水	283	0.84	尿素	乙醇	285	0.54
		298	1.24	水	乙醇	298	1.13
正丙醇	水	288	0.87	KCl	水	298	1.87
甲酸	水	298	1.52	KCl	1，2—乙二醇	298	0.119
乙酸	水	283	0.769				

5.2　气体吸收

5.2.1　气液相平衡关系

在一定的温度和压力下，当吸收剂与混合气体接触时，会发生气相中可溶组分向液体中转移的溶解过程和溶液中已溶解的溶质从液相向气相逃逸的解吸过程。过程开始时以溶解为主，随后，溶解速率逐渐下降，解吸速率逐渐上升。接触时间足够长以后，当吸收速度和解吸速度相等时，气相和液相中吸收质的组成不再变化，这时气、液两相达到了相际动态平衡，简称相平衡或平衡。平衡时溶液上方的吸收质分压称为平衡分压；一定量的吸收剂中溶解的吸收质的量称为平衡溶解度（简称溶解度）。平衡溶解度是吸收过程的极限。

1. 气体在液体中的溶解度

气体的溶解度是每100kg水中溶解气体的kg数。它与气体和溶剂的性质有关，并受温度和压力的影响。由于组分的溶解度与该组分在气相中的分压成正比，故溶解度也可用组分在气相中的分压表示。图5-1分别给出SO_2、NH_3和HCl在不同温度下，溶解于水中的平衡溶解度。

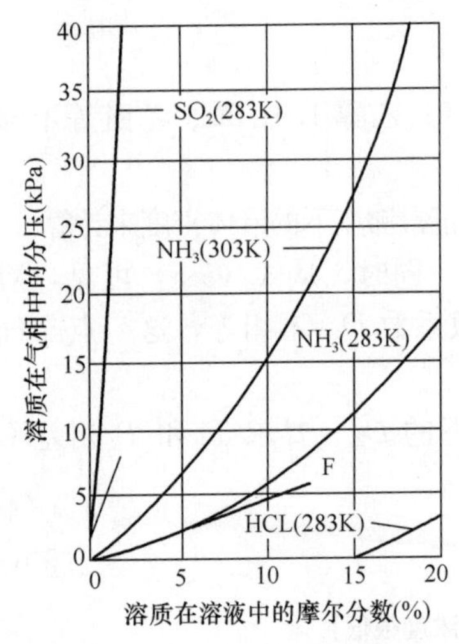

图5-1　气体在水中的溶解度

由图可知，采用溶解力强、选择性好的溶液，提高总压和降低温度，都有利于增大被溶解气体组分的溶解度。

2. 亨利（Henry）定律

当气相总压不太高时，在一定温度下，当气、液两相达到平衡时，两相间的平衡关系，即溶质在液相中的浓度和它在气相中的平衡分压间的关系为一曲线，此曲线称为溶解曲线或平衡曲线（图5-1）。各种气体的平衡曲线可由实验作出。

由图5-1可以看出，在较低浓度时，平衡曲线可看作是通过坐标原点的直线OF。直线OF的方程为：

$$p^* = Ex \tag{5-7}$$

这一直线方程即为亨利定律的数学表达式。式中E为直线的斜率，并称为亨利系数，atm；p^*为溶质在气相中的平衡分压，atm；x为液相中溶质的摩尔分率。

亨利定律可作如下描述：在一定温度下，总压不太高时，对于稀溶液，溶质在气相中的平衡分压与它在液相中的浓度成正比。

亨利定律表示当气、液相达到平衡时，溶质在气相和液相中浓度的分配情况。当溶质在液相中摩尔分率$x=1$时，亨利系数E即为溶质在气相中的平衡分压。故易溶气体的E值很小，难溶气体的E值很大。一般E值由实验得出，它随温度升高而增大。常见气体在水中的亨利系数E值见表5-4。

若溶质在液相中的浓度不用摩尔分率x而改用摩尔浓度C（kmol溶质/m^3溶液）表示，则亨利定律又可表示成如下型式：

$$p^* = H'C \text{ 或 } C^* = Hp \tag{5-8}$$

式中，H'也称为亨利系数，其单位为（atm·m^3）/kmol；H则称为溶解度系数，单位为kmol/(atm·m^3)。H的大小直接反映气体溶解的难易程度，易溶气体H值大，而难溶气体H值小。亨利系数H'与溶解度系数H的关系为：

$$H' = \frac{1}{H} \tag{5-9}$$

如果溶质在溶液中浓度用x表示，而溶质在气相中的平衡分压变换为摩尔分率y表示，则气、液相平衡关系又可写成：

$$y^* = mx \tag{5-10}$$

式（5-10）也是亨利定律的一种表达型式，m 也视为亨利系数，但习惯上称为相平衡常数，它是一无因次常数。m 值大表示气体溶解度小。

E、H'、H 和 m 之间可以进行换算。根据式（5-7）和式（5-10），由道尔顿分压定律，气体总压 $P=p^*/y^*$，可得到 E 与 m 的关系：

$$m=\frac{E}{P} \tag{5-11}$$

为了导出 E 与 H' 和 H 的关系，由式（5-7）和式（5-8）得：

$$E=H'\left(\frac{C}{x}\right) \quad 或 \quad E=\frac{1}{H}\left(\frac{C}{x}\right) \tag{5-12}$$

设液相的总摩尔浓度（单位体积溶液中溶质与溶剂的摩尔数之和）为 C_T，则其与液相中溶质的摩尔浓度 C 之间的关系为：

$$C=C_T x=\frac{\rho_L \cdot x}{Mx+M_s(1-x)} \tag{5-13}$$

式中　ρ_L——溶液的浓度，kg/m^3；

M——溶质的摩尔质量，kg/mol；

M_s——溶剂的摩尔质量，kg/kmol。

由于气体吸收所形成的溶液浓度一般都比较低，则 x 值很小，故可取 $Mx+M_s(1-x)\approx M_s(1-x)\approx M_s$；将溶液密度 ρ_L 用溶剂密度 ρ_s 来代替，即令 $\rho_L\approx\rho_s$，于是式（5-13）可以简化为：

$$C=\frac{x\rho_s}{M_s} \tag{5-14}$$

把式（5-12）代入式（5-14）中，可得 E 与 H' 和 H 的近似关系为：

$$E=\frac{H'\rho_s}{M_s} \quad 或 \quad E=\frac{\rho_s}{HM_s} \tag{5-15}$$

表 5-4　常见气体在水中的亨利系数值

气体	温　度（℃）															
	0	5	10	15	20	25	30	35	40	45	50	60	70	80	90	100
	$E\times10^{-4}$(atm)															
空气	4.32	4.88	5.49	6.07	6.64	7.20	7.71	8.23	8.70	9.11	9.46	10.1	10.5	10.7	10.8	10.7
CO	3.52	3.96	4.42	4.89	5.36	5.80	6.20	6.59	6.96	7.29	7.61	8.21	8.45	8.45	8.46	8.46
O_2	2.55	2.91	3.27	3.64	4.01	4.38	4.75	5.07	5.35	5.63	5.88	6.29	6.63	6.87	6.99	7.01
CH_4	2.24	2.59	2.97	3.37	3.76	4.13	4.49	4.86	5.20	5.51	5.77	6.26	6.66	6.82	6.92	7.01
NO	1.69	1.93	2.18	2.42	2.64	2.87	3.10	3.31	3.52	3.72	3.90	4.18	4.38	4.48	4.52	4.54
	$E\times10^{-3}$(atm)															
CO	0.728	0.876	1.04	1.22	1.42	1.64	1.86	2.09	2.33	2.57	2.83	3.41	—	—	—	—
C_2H_2	0.72	0.84	0.96	1.08	1.21	1.33	1.46	—	—	—	—	—	—	—	—	—
Cl_2	0.268	0.33	0.394	0.455	0.53	0.596	0.66	0.73	0.79	0.85	0.89	0.96	0.98	0.96	0.95	—
H_2S	0.268	0.315	0.376	0.413	0.483	0.545	0.609	0.676	0.745	0.814	0.884	1.03	1.19	1.35	1.44	1.48
	$E\times10^{-2}$(atm)															
SO_2	0.165	0.2	0.242	0.29	0.35	0.408	0.479	0.56	0.652	0.753	0.86	1.10	1.37	1.68	1.98	—

5.2.2 吸收机理与速率方程

1. 吸收机理

气体吸收是溶质从气相传递到液相的相际间传质过程。对于吸收机理的解释已有好几种理论，如双膜理论、溶质渗透理论、表面更新理论等。其中，双膜理论模型简明易懂，应用较广。

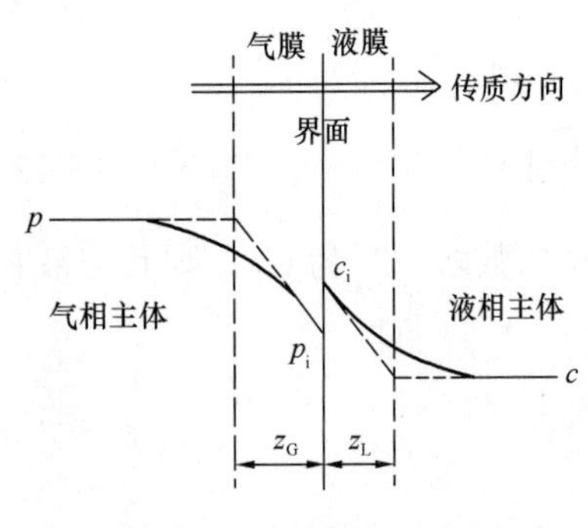

图 5-2 双膜理论示意图

双膜理论模型的基本要点如下（如图 5-2 所示，图中 p 表示组分在气相主体中的分压；p_i 表示在界面上的分压；C 及 C_i 则分别表示组分在液相主体及界面上的浓度）；

（1）相互接触的气、液流体间存在着稳定的相界面，界面两侧各有一个很薄的有效滞留膜层，吸收质以分子扩散方式通过此双膜层。

（2）在相界面上，气液两相互相平衡，即界面上不存在吸收阻力。

（3）在膜层以外的气相和液相主体内，由于流体的充分湍动，溶质浓度是均匀的，即两相主体内无浓度梯度存在，也就是说，浓度梯度全部集中在两个有效滞留膜内。

双膜模型根据上述假定，把复杂的吸收过程简化为通过气液两层层流膜的分子扩散，通过此两层膜的分子扩散阻力就是吸收过程的总阻力。这个简化了的膜模型为求取吸收速率提供了基础。

2. 吸收速率方程式

在吸收过程中，单位时间通过单位相际传质面积所能传递的物质量，即为吸收速率，亦称传质速率。它可以反映吸收的快慢程度。表述吸收速率及其影响因素的数学表达式，即为吸收速率方程式。它具有“速率＝推动力/阻力”的型式。推动力是指浓度差，吸收阻力为吸收系数的倒数。

稳态下，任一传质相界面两侧的气、液膜层中的传质速率应是相同的。因此，其中任一侧有效膜中的传质速率都能代表该处的吸收速率。由于吸收系数及其相应推动力的表达型式及范围不同，可以有多种型式的吸收速率方程。

（1）气膜吸收速率方程

$$N_A = k_{AG}(p_A - p_{Ai}) \tag{5-16}$$

$$N_A = k_y(y_A - y_{Ai}) \tag{5-17}$$

式中 N_A ——吸收速率，$kmol/(m^2 \cdot s)$；

k_{AG} ——以分压差为推动力的气膜传质分系数，$kmol/(m^2 \cdot s \cdot atm)$；

k_y ——以（$y_A - y_{Ai}$）为推动力的气膜传质分系数，$kmol/(m^2 \cdot s)$；

p_A、p_{Ai} ——组分 A 在气相主体及相界面上的分压，atm；

y_A、y_{Ai} ——组分 A 在气相主体及相界面上的摩尔分率。

（2）液膜吸收速率方程

$$N_A = k_{AL}(C_{Ai} - C_A) \tag{5-18}$$

$$N_A = k_x(x_{Ai} - x_A) \tag{5-19}$$

式中 C_{Ai}、C_A——组分 A 在相界面上及液相主体的浓度，$kmol/m^3$；

x_{Ai}、x_A——组分A在相界面上及液相主体的摩尔分率；

k_{AL}——以摩尔浓度差为推动力的液相传质分系数，kmol/[(m^2·s)·(kmol/m^3)]，简化为m/s；

k_x——以摩尔分率差为推动力的液相传质分系数，kmol/(m^2·s)。

(3) 总吸收速率方程

由于相界面上的组成C_{Ai}及p_i不易直接测定，k_{AG}和k_{AL}也不易由实验确定，因而用传质分系数计算吸收速率十分不便。对于平衡线所涉及的浓度范围为一直线，平衡关系符合亨利定律的情况，往往避开相界面上的参数，而采用跨过双膜的推动力和阻力所表达的吸收速率方程式。

用气相组成表示吸收推动力时，总吸收速率方程

$$N_A = K_{AG}(p_A - p_A^*) \tag{5-20}$$

$$N_A = K_y(y_A - y_A^*) \tag{5-21}$$

式中 K_{AG}——以气相分压差为推动力的总传质总系数，kmol/(m^2·s·atm)；

K_y——以液相摩尔浓度差为推动力的总传质系数，kmol/[(m^2·s)·(kmol/m^3)]，简化为m/s；

p_A^*——与液相主体中溶质A摩尔浓度相平衡的气相分压；

y_A^*——与液相主体中溶质A摩尔分率相平衡的气相摩尔分率。

用液相组成来表示吸收推动力时，总吸收速率方程

$$N_A = K_{AL}(C_A^* - C_A) \tag{5-22}$$

$$N_A = K_x(x_A^* - x_A) \tag{5-23}$$

式中 C_A^*——与气相主体中溶质A气相分压相平衡的液相摩尔浓度，kmol/m^3；

x_A^*——与气相主体中溶质A摩尔分率相平衡的液相摩尔分率；

K_{AL}——以液相摩尔浓度差为推动力的总传质系数，kmol/[(m^2·s)·(kmol/m^3)]，简化为m/s；

K_x——以液相摩尔分率差为推动力的总传质系数，kmol/ (m^2·s)。

3. 传质系数

(1) 传质总系数和分系数的关系

当气相浓度以分压表示和液相浓度以摩尔浓度表示，且气液平衡关系服从亨利定律时，以分压差和浓度差为推动力的传质分系数和总系数之间的关系为：

$$\frac{1}{K_{AG}} = \frac{1}{k_{AG}} + \frac{H'}{k_{AL}} \quad 或 \quad \frac{1}{K_{AG}} = \frac{1}{k_{AG}} + \frac{1}{Hk_{AL}} \tag{5-24}$$

$$\frac{1}{K_{AL}} = \frac{1}{H'k_{AG}} + \frac{1}{k_{AL}} \quad 或 \quad \frac{1}{K_{AL}} = \frac{H}{k_{AG}} + \frac{1}{k_{AL}} \tag{5-25}$$

$$H'K_{AG} = K_{AL} \quad 或 \quad K_{AG} = HK_{AL} \tag{5-26}$$

若气液相组成均以摩尔分率表示，平衡关系亦符合亨利定律时，则以摩尔分率之差为推动力的各吸收系数之间的关系为：

$$\frac{1}{K_y} = \frac{1}{k_y} + \frac{m}{k_x} \tag{5-27}$$

$$\frac{1}{K_x} = \frac{1}{mk_y} + \frac{1}{k_x} \tag{5-28}$$

$$mK_y = K_x \tag{5-29}$$

传质系数 k_{AG}、k_{AL}、K_{AG}、K_{AL} 和 k_y、k_x、K_y、K_x 之间的换算关系为：

$$k_y = Pk_{AG},\ k_x = C_T k_{AL} \tag{5-30}$$

$$K_y = PK_{AG},\ K_x = C_T K_{AL} \tag{5-31}$$

综上所述，由于传质推动力所涉及范围及浓度表示方法不同，传质速率方程呈现了多种不同型式，但是只要注意传质系数和传质推动力相对应，便不至于混淆。

（2）气膜控制和液膜控制

亨利系数的大小可反映气体溶解的难易程度，由式（5-24）和式（5-25）看出，气体溶解度对传质系数也有影响，因而气体在液体中溶解度的大小直接影响着气液相间的质量传递过程。

① 当气体的溶解度很大时，即对易溶气体来说，H' 值很小，式（5-24）中 $H'/k_{AL} \to 0$，则得：

$$K_{AG} \approx k_{AG}$$

这表明吸收过程的总阻力 $1/K_{AG}$ 主要为气相膜一侧的阻力所构成，也就是被吸收气体的吸收速率主要受气膜一侧的阻力所控制，一般称为气膜控制。

② 当气体的溶解度很小时，即对难溶气体来说，H' 值很大，式（5-25）中，$1/(H'k_{AG}) \to 0$，则有

$$K_{AL} \approx k_{AL}$$

这说明吸收过程的总阻力 $1/K_{AL}$ 主要为液相一侧的阻力所控制，故称为液膜控制。

③ 在气体溶解度适中，即 H' 适中的情况下，式（5-24）和式（5-25）不能简化，也就是说气膜和液膜阻力都很显著，皆不能忽略。这时吸收过程的总阻力应为气、液两膜阻力之和，并应由气液两相分系数来求取总系数。

5.2.3 伴有化学反应的吸收过程动力学

1. 化学吸收中的气液平衡

气体溶于液相后，若与液相中某些组分发生化学反应，则被吸收组分的气液平衡关系既应服从相平衡关系，又应服从化学平衡关系。但是，此时亨利定律关系式中，液相被吸收组分的浓度，仅为化学反应达平衡时，该相中未反应完的浓度（即以溶解态存在的浓度）。

以被吸收组分 A 与液相中所含组分 B 发生的两分子反应为例来进行讨论。

液相中化学反应为：　　$a\mathrm{A} + b\mathrm{B} \rightleftharpoons m\mathrm{M} + n\mathrm{N}$

化学平衡关系式可表示为：

$$\text{平衡常数}\quad K = \frac{[\mathrm{M}]^m[\mathrm{N}]^n}{[\mathrm{A}]^a[\mathrm{B}]^b} \tag{5-32}$$

式中　[A]、[B]、[M]、[N] ——反应组分及生成组分在化学反应达平衡时的浓度。

相平衡关系可用亨利定律表示，即：

$$[\mathrm{A}] = H_A p_A^* \tag{5-33}$$

式中　[A] ——吸收体系中以溶解态存在的 A 组分浓度。

将式（5-32）和式（5-33）联立，可得化学吸收平衡关系式：

$$p_A^* = \frac{[\mathrm{A}]}{H_A} = \frac{1}{H_A}\left[\frac{[\mathrm{M}]^m[\mathrm{N}]^n}{K[\mathrm{B}]^b}\right]^{\frac{1}{a}} \tag{5-34}$$

下面对化学吸收中常见的几种平衡类型作一简要介绍。为简化起见，假定化学吸收反应式中各组分的反应计量系数为 1。

（1）被吸收组分与溶剂相互作用

假定化学反应式为　A+B（溶剂）$\rightleftharpoons$M（溶剂化产物）

设 C_A 为被吸收组分 A 在液相中的总浓度（等于溶剂化产物 M 与未溶剂化的 A 浓度之和），即：

$$C_A = [A] + [M]$$

化学平衡关系：

$$K = \frac{[M]}{[A]\cdot[B]} = \frac{C_A - [A]}{[A]\cdot[B]}$$

整理后得：

$$[A] = \frac{C_A}{1+K[B]}$$

对于相平衡关系，可用亨利定律来表示，$[A]=H_A p_A^*$，将上述两式综合，则有

$$p_A^* = \frac{C_A}{H_A(1+K[B])} \tag{5-35}$$

由于稀溶液中溶剂 B 是大量的，[B] 可视为常数，且平衡常数也不随浓度变化，因此，$1+K[B]$ 可视为常数。此时气液平衡关系表观上仍服从亨利定律，即 p_A^* 与 C_A 具有成正比的关系，但溶解度系数则因被吸收组分的溶剂化作用增大了（$1+K[B]$）倍，这说明被吸收组分的溶解度相应增大了（$1+K[B]$）倍。用水吸收氨即属于这种类型。

（2）被吸收组分在溶液中离解

被吸收组分在溶液中离解过程是组分 A 首先溶于液相，并溶剂化后解离。设溶剂化产物全部解离，可简要表示出解离反应：

$$A_{(液)} \rightleftharpoons M^+ + N^-$$

平衡常数：

$$K = \frac{[M^+][N^-]}{[A]}$$

当溶液中没有同离子存在时，则 $[M^+]=[N^-]$，代入上式得：

$$[M^+] = \sqrt{K[A]}$$

溶液中组分 A 的总浓度　$C_A = [A] + [M^+] = [A] + \sqrt{K[A]}$

相平衡关系可用亨利定律表示 $[A] = H_A p_A^*$，代入上式则有

$$C_A = H_A p_A^* + \sqrt{KH_A p_A^*} \tag{5-36}$$

可以看出被吸收组分在溶液中离解时，组分的溶解度为物理溶解量与离解量之和，这也说明了被吸收组分的溶解度相应增大了，用水吸收 SO_2 即属于此类型。

（3）被吸收组分与溶液中活性组分作用

假定化学反应式为：$A+B_{(液)} \rightleftharpoons M$

设溶液中活性组分 B 的起始浓度为 C_B^0，上述反应的平衡反应率为 R，则反应达平衡时溶液中活性组分 B 的浓度 $[B]=C_B^0(1-R)$；生成物 M 的浓度 $[M]$ $C_B^0 R$。

平衡常数为：

$$K = \frac{[M]}{[A][B]} = \frac{C_B^0 R}{[A]C_B^0(1-R)} = \frac{R}{[A](1-R)}$$

将相平衡关系用亨利定律式表示为　$[A] = H_A p_A^*$，代入上式得

$$p_A^* = \frac{R}{KH_A(1-R)} \tag{5-37}$$

由于溶解组分A与活性组分B很容易进行反应，则物理溶解量可以忽略不计。溶解组分浓度以生成物的平衡浓度来代替，则有

$$C_A = RC_B^0 = C_B^0 \frac{KH_A p_A^*}{1+KH_A p_A^*} \tag{5-38}$$

由式（5-38）可以看出，被溶液吸收的A组分的量（C_A），除了随平衡分压增大而增大外，还受液相中活性组分B起始浓度C_B^0的影响，且C_A总是小于C_B^0的。属于这种类型的吸收比较多见，如碱液吸收SO_2、硫酸溶液吸收NH_3等。

例5-1 试求20℃下，混合气体中SO_2的平衡分压为0.05atm时，SO_2在水中的溶解度。已知20℃时SO_2的溶解度系数H_{SO_2}为1.63kmol/(m³·atm)，解离常数$K = \frac{[H^+][HSO_3^-]}{[SO_2]} = 1.7\times10^{-2}$ kmol/m³。

解：SO_2溶于水后发生解离，即SO_2(液)$\rightleftharpoons H^+ + HSO_3^-$，因此，$SO_2$在水中的溶解度为溶解态的$SO_2$浓度与解离的$SO_2$浓度之和。

由式（5-36）知：

$$C_{SO_2} = H_{SO_2}\cdot p_{SO_2}^* + \sqrt{KH_{SO_2}p_{SO_2}^*} = 1.63\times0.05+\sqrt{1.7\times1.63\times0.05} = 0.1187\ \text{kmol/m}^3$$

2. 伴有化学反应的吸收速率

由于液相发生了化学反应，因而化学吸收速率不仅受传质速率的影响，而且还受化学反应速率的影响。

（1）增强系数

从双膜理论出发比较物理吸收和化学吸收过程。对于气膜一侧来说，两种过程相同，吸收速率均可表示为：

$$N_A = k_{AG}(p_A - p_{Ai})$$

界面上，气液两相平衡，可用亨利定律式表示为

$$C_{Ai} = H_A P_{Ai}$$

液膜一侧，对于化学吸收过程，由于液相发生了化学反应，降低了被吸收组分在液相中的游离浓度，这就增大了传质分系数和传质推动力，从而增大了吸收速率。因此，化学吸收速率的表示形式有两种：如果采用与物理吸收相同的推动力（$C_{Ai}-C_A$），则可把由于化学反应增加的传质速率以传质系数增加的型式表示，记作k'_{AL}；如果采用与物理吸收相同的传质分系数k_{AL}，则把传质速率的增大归结到过程推动力的增大上，采用增大了的推动力$C_{Ai}-C_A+\delta$。因此，化学吸收时液膜一侧吸收速率方程可表示为：

$$N_A = k'_{AL}(C_{Ai}-C_A) = k_{AL}(C_{Ai}-C_A+\delta)$$

由此得出如下关系式：

$$\alpha = \frac{k'_{AL}}{k_{AL}} = 1+\frac{\delta}{\Delta c_A} \tag{5-39}$$

式中α称为增强系数，它表示化学反应对吸收速率的增强程度。其意义为由于液相发生了化学反应，与物理吸收相比，而使液相传质分系数或传质推动力增加的倍数。

引入增强系数后，化学吸收速率式可采用与物理吸收速率式相同的形式表示，即：

$$N_A = \alpha k_{AL}(C_{Ai}-C_A) \tag{5-40}$$

（2）增强系数与扩散系数及反应速率的关系

根据双膜理论，以液相化学反应为二级不可逆化学反应为例来进行讨论。

设不可逆反应　　　　　　　　$A+bB \longrightarrow C$

动力学方程式为　　　　　　　$N'_A = r_2 C_A C_B$

式中　r_2——二级反应速度常数，$m^3/(kmol \cdot s)$。

如果忽略液相主体组分A的浓度，即 $C_A=0$，按双膜模型确定的增强系数为：

$$\alpha = \frac{a}{\text{th}a} \tag{5-41}$$

式中　th$a$——双曲正切函数：

$$\text{th}a = \frac{\exp a - \exp(-a)}{\exp a + \exp(-a)}$$

式中参数 a 可由无因次数群 R 和 M 确定：

$$a = R\sqrt{1-\frac{\alpha-1}{M}} \tag{5-42}$$

式中　R——双膜模型中组分A在液膜内的反应速率与通过液膜的扩散速率的比值关系；

M——组分B和组分A通过液膜的扩散速率的比值关系。R 和 M 可用下式计算；

$$R = \frac{1}{k_{AL}}\sqrt{D_{AL} r_2 C_B} \tag{5-43}$$

$$M = \frac{C_B}{bC_{Ai}} \frac{D_{BL}}{D_{AL}} \tag{5-44}$$

将式（5-42）～式（5-44）代入式（5-41）后，可得出增强系数与扩散系数及反应速率之间的关系。用式（5-41）直接解析求解增强系数 α 是困难的，因为要确定增强系数 α，必须知道参数 a 值，而参数 a 值又与无因次数群 R、M 及增强因数 α 本身有关。因此，只有通过试差法才能求解。为了方便起见，常将 α 与 R、M 的关系制成图（图5-3）。查图5-3可得到增强系数 α。也可以通过下面经验公式计算增强系数 α。

$$\alpha = \frac{2(M+1)}{1+\sqrt{1+4\left(\frac{M}{R}\right)^2}} \tag{5-45}$$

根据 R 和 M 值的相对大小，可将图5-3分成如下三个区域。

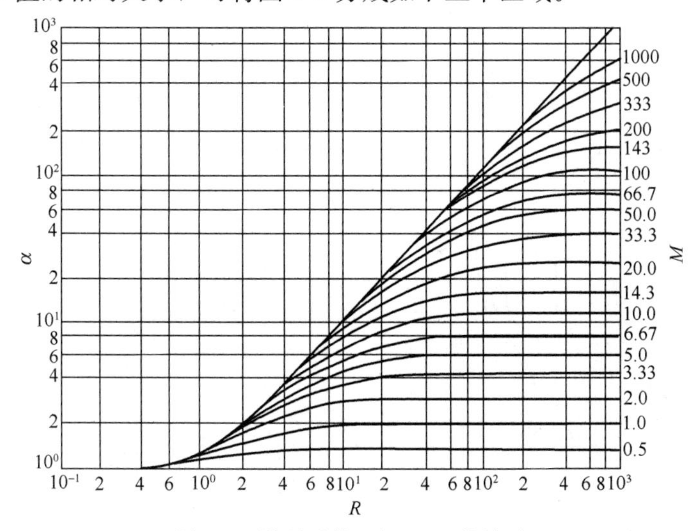

图5-3　增强系数 α 与 R、M 的关系

① $R \ll 1$ 区域（大约 $R<0.5$） 在此区域内，反应速率与扩散速率相比非常小，属于缓慢反应区。反应主要在液相主体中进行。化学反应对吸收速率的影响不大，$\alpha \approx 1$，可视为物理吸收。用 Na_2CO_3溶液吸收 CO_2就属于有缓慢反应的化学吸收。

② $M \gg R \gg 1$ 区域（大约 $M>5$，$R>2$） 在此区域内化学反应为快速反应，且反应主要在液膜内进行。此时，增强系数 α 几乎与 M 无关，而且 $\alpha \approx R$。在这种情况下，液相传质分系数为：

$$k'_{AL} = \alpha k_{AL} = Rk_{AL} = \sqrt{D_{AL} r_2 C_B}$$

用 NaOH 溶液吸收 CO_2，用发烟硫酸吸收 SO_3，就属于有快速反应的化学吸收。

③ $R \gg M$ 区域（大约 $R>5$m） 此区域内化学反应为极快（瞬时）反应，此时化学反应在液膜内的反应面或气液界面上进行，因此，反应面上组分 A 和组分 B 的浓度都为零。在这种情况下，增强系数 α 与 R 无关，且 α 接近最大值。即：

$$\alpha_{\infty} = M + 1$$

用碱液吸收 SO_2、稀酸吸收 NH_3、NaOH 溶液吸收 HCl 等都属于进行瞬时反应的化学吸收。

通过上述分析可知，可由 R 值的大小来判断化学反应的快慢程度。从而可选用适当的计算式进行计算和采取相应的措施来强化吸收过程。如果是在液膜内进行的快速反应或瞬时反应的吸收过程，相界面的大小是控制因素，增大相界面能强化反应，从而提高吸收能力。反之，若在液相主体进行缓慢反应，就需要增大液体用量，而增大相界则就无意义了。

由于 C_{Ai}和 r_2一般不易求得，因而利用图 5-3 求取增强系数 α 不太方便。由于气态污染物控制常遇到的是瞬时不可逆反应化学吸收过程。对于这种吸收过程往往采用后面直接导出的吸收速率公式进行计算。

例 5-2 试计算用浓度 $C_B = 0.6$ kmol/m³的 KOH 溶液吸收 CO_2的增强系数 α。已知液相传质分系数 $k_{AL} = 1\times10^{-4}$ m/s，界面上气体中 CO_2的分压 $p_{Ai} = 1\times10^4$ Pa，亨利系数 $H' = 2\times10^3$ m³ · Pa/kmol，扩散系数 $D_{AL} = D_{BL} = 1.51\times10^{-9}$ m²/s，反应速度常数 $r_2 = 7000$ m³/(kmol · s)。

解：吸收反应式为　　$CO_2 + 2KOH \longrightarrow K_2CO_3 + H_2O$

由吸收反应知 $b=2$。

气液界面上 CO_2浓度：

$$C_{Ai} = \frac{P_{Ai}}{H'_A} = \frac{1\times10^4}{2\times10^6} = 0.005\ \text{kmol/m}^3$$

按式（5-43）和式（5-44）分别计算参数 R 和 M：

$$R = \frac{1}{k_{AL}}\sqrt{D_{AL} r_2 C_B} = \frac{1}{1\times10^{-4}}\sqrt{1.51\times10^{-9}\times7000\times0.6} = 25.2$$

$$M = \frac{C_B}{bC_{Ai}}\frac{D_{BL}}{D_{AL}} = \frac{0.6}{2\times0.005}\times\frac{1.51\times10^{-9}}{1.51\times10^{-9}} = 60$$

查图 5-3，可得 $\alpha=21$

用式（5-45）计算：

$$\alpha = \frac{2(M+1)}{1+\sqrt{1+4\left(\frac{M}{R}\right)^2}} = \frac{2(60+1)}{1+\sqrt{1+4\left(\frac{60}{25.2}\right)^2}} = 20.8$$

可见，用公式计算和查图计算结果很相近。

(3) 极快（瞬时）不可逆化学反应的吸收速率方程

液相中进行极快（瞬时）不可逆反应 $A + bB \longrightarrow R$，反应的结果在双膜模型上形成了如图 5-4 所示的浓度分布。

吸收开始后，气相组分 A 从气相主体通过气膜扩散到相界面，穿过界面进入液相后，立即与液相中活泼组分 B 进行反应，由于反应进行得非常快，A 和 B 一旦相遇即可在瞬间完成反应，因此组分 A 与 B 在液膜内形成反应面。反应面上组分 A 和 B 的浓度都降为零，这就造成液相主体和反应面处组分 B 的浓度差，迫使组分 B 继续从液相主体向反应面扩散；与此同时，由于反应面上组分 A 浓度下降为零，同样也使界面上组分 A 向反应面处扩散。因而，反应面两侧，分别形成 A、B 组分的浓度梯度。反应面的位置取决于组分 A 和组分 B 传质速率的相对大小，组分 B 的传质速率越大，反应面越靠近相界面。反应面上生成的反应产物 R 若不挥发，则将从反应面向液相主体中扩散。

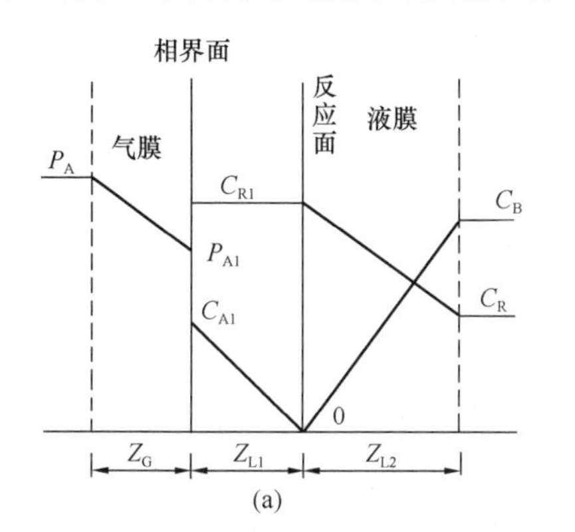

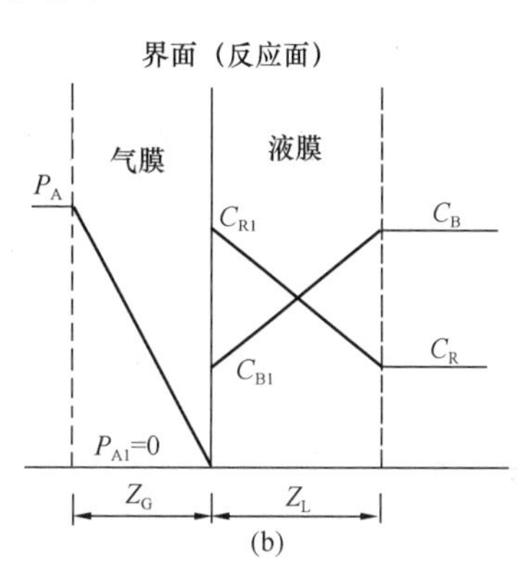

图 5-4　液相进行极快不可逆反应时的浓度分布

(a) $C_B < C_{KP}$；(b) $C_B \geqslant C_{KP}$

当吸收过程达到稳定时，若 B 组分由液相主体扩散至反应面上的传质速率 N_B 与 A 组分由界面扩散至反应面上的传质速率 N_A，满足化学计量关系，即 $N_A : N_B = 1 : b$ 时，反应面的位置保持不动。此处 C_B 与 C_A 均为零。

增大 B 组分的传质速率，当吸收过程达到稳定状态时，可使从气相主体扩散至界面上的 A 组分立即与 B 组分进行反应，如果扩散至界面 B 组分的量恰好等于与从气相主体扩散至界面 A 组分进行反应所需要的量（$N_B = bN_A$），那么，反应面就固定在相界面上。界面上 A、B 组分浓度 C_{Ai}、C_{Bi} 均为零。

再增大 B 组分的传质速率，吸收过程达到稳定状态时，扩散至界面上 B 组分的量超过与从气相主体扩散来的 A 组分进行反应所需的量，则界面上 B 组分过剩，B 组分浓度 C_{Bi} 不为零。

由于液相发生极快不可逆反应的化学吸收过程属于传质控制，因而化学吸收速率即为传质速率，就不同反应面的位置，下面讨论相关的传质速率方程。

① 反应面在液膜内［图 5-4 (a)］

设反应面距相界面的距离为 Z_{L1}，反应面右侧液膜厚度为 Z_{L2}。

气相组分 A 通过气膜传质速率可用式 (5-16) 表示：

$$N_A = k_{AG}(p_A - p_{Ai})$$

气相组分 A 通过厚度为 Z_{L1} 的液膜传质速率方程为：

$$N_A = \frac{D_{AL}}{Z_{L1}}(C_{Ai} - 0) \tag{5-46}$$

当吸收过程达到稳定时，上述两个传质速率相等。

组分 B 通过厚度为 Z_{L2} 的液膜传质速率方程为：

$$N_B = \frac{D_{BL}}{Z_{L2}}(C_B - 0) \tag{5-47}$$

由化学反应式知：

$$N_B = bN_A \tag{5-48}$$

液膜厚度：

$$Z_L = Z_{L1} + Z_{L2} \tag{5-49}$$

将式（5-46）至式（5-49）联立，即得：

$$N_A = \frac{D_{AL}}{Z_L}\left(1 + \frac{D_{BL}C_B}{bD_{AL}C_{Ai}}\right)C_{Ai} \tag{5-50}$$

又 $\frac{D_{AL}}{Z_L} = k_{AL}$（无化学反应时的液相传质分系数），所以式（5-50）变为：

$$N_A = k_{AL}\left(1 + \frac{D_{BL}C_B}{bD_{AL}C_{Ai}}\right)C_{Ai} = \alpha_\infty k_{AL} C_{Ai} \tag{5-51}$$

式中 $1 + \frac{D_{BL}C_B}{bD_{AL}C_{Ai}} = \alpha_\infty$ 即为极快不可逆反应的增强系数。

式（5-51）说明，与物理吸收相比，伴有极快不可逆反应的化学吸收速率增大 α_∞ 倍。

因界面上气液平衡，界面上组分 A 的浓度 C_{Ai} 与分压 p_{Ai} 的关系符合亨利定律，即 $C_{Ai} = H_A p_{Ai}$。将式（5-16）和式（5-51）与亨利定律式联立消去 C_{Ai}，可得：

$$N_A = \frac{p_A + \frac{1}{bH_A}\frac{D_{BL}}{D_{AL}}C_B}{\frac{1}{k_{AG}} + \frac{1}{H_A k_{AL}}} \tag{5-52}$$

式（5-52）是反应面在液膜内，即气膜、液膜都存在着阻力的吸收速率方程。等式右边的分子代表吸收推动力，分母代表吸收阻力。对于一定的吸收系统，可以看出，气相中 A 组分的分压和液相 B 组分浓度越高，吸收速率越大。式（5-52）也可以表示为与物理吸收相类似的吸收速率方程式，即

$$N_A = K_{AG}\left(p_A + \frac{1}{bH_A}\frac{D_{BL}}{D_{AL}}C_B\right) \tag{5-53}$$

由式（5-16）和式（5-52）可求得界面分压 p_{Ai}

$$p_{Ai} = \frac{k_{AG}p_A - \frac{1}{b}\frac{D_{BL}}{D_{AL}}k_{AL}C_B}{H_A k_{AL} + k_{AG}} \tag{5-54}$$

由式（5-54）看出，当 $k_{AG}p_A = \frac{1}{b}\frac{D_{BL}}{D_{AL}}k_{AL}C_B$ 时，$p_{Ai} = 0$ 。由亨利定律式得出 $C_{Ai} = 0$，即界面上无组分 A 存在时，液相 B 组分的浓度称为临界浓度，用 C_{KP} 表示，则

$$C_{KP} = \frac{bk_{AG}}{k_{AL}}\frac{D_{AL}}{D_{BL}}p_A \tag{5-55}$$

应当指出式（5-52）和式（5-53）只适用于 $p_{Ai} > 0$，即界面存在着组分 A，反应面在液膜内的情况，此时液相中 B 组分的浓度 $C_B < C_{KP}$。

② 反应面在界面上［图5-4（b）］

当液相B组分浓度增大至临界浓度时，即 $C_B = C_{KP}$ 时，反应面与相界面重合，界面上 $P_{Ai} = 0$、$C_{Ai} = 0$、$C_{Bi} = 0$，这就表明通过气膜扩散至界面的组分A，立即与界面上的活性组分B发生反应，A组分在液膜扩散阻力消失，吸收过程转为气膜控制，吸收速率方程为

$$N_A = k_{AG} p_A \tag{5-56}$$

式（5-56）说明当液相组分B浓度达到临界浓度时，化学吸收速率与液相中B组分浓度无关，只取决于气相中组分A的分压。

当液相B组分浓度大于临界浓度，即 $C_B > C_{KP}$ 时，反应面仍与相界面重合，此时，$C_{Ai} = 0$，$p_{Ai} = 0$，但 $C_{Bi} > 0$。吸收过程仍为气膜控制，化学吸收速率仍可按式（5-56）求取。

例5-3　1atm，20℃下用 Na_2CO_3 溶液吸收净化含HF的气体，气体中含HF 0.2%（体积），吸收反应可视为极快不可逆反应，已知气相传质分系数 $k_{AG} = 3\text{kmol}/(\text{m}^2 \cdot \text{s} \cdot \text{atm})$，液相传质分系数 $k_{AL} = 0.01\text{m/s}$，溶解度系数 $H_A = 24.8\text{kmol/m}^3 \cdot \text{atm}$，扩散系数 $D_{AL} = D_{BL}$，试计算当 Na_2CO_3 溶液浓度分别为 0.2kmol/m^3 和 0.5kmol/m^3 时 Na_2CO_3 溶液对HF的吸收速率。

解：吸收反应　　$2HF + Na_2CO_3 \longrightarrow 2NaF + CO_2 + H_2O$

由反应式看出　　$b = 0.5$

气体中HF的分压　　$p_A = y_A \cdot P = 0.002 \times 1 = 0.002\ \text{atm}$

由式（5-55）计算该吸收系统的临界浓度 C_{KP}，则有

$$C_{KP} = \frac{bk_{AG}}{k_{AL}} \frac{D_{AL}}{D_{BL}} p_A = \frac{0.5 \times 3}{0.01} \times 0.002 = 0.3\ \text{kmol/m}^3$$

① 当用 0.2kmol/m^3 的 Na_2CO_3 溶液吸收时

因 $C_B = 0.2\text{kmol/m}^3$ 小于临界浓度值，故吸收反应在液膜内某一反应面进行，可采用式（5-52）计算吸收速率 N_A，即：

$$N_A = \frac{p_A + \dfrac{1}{bH_A}\dfrac{D_{BL}}{D_{AL}}C_B}{\dfrac{1}{k_{AG}} + \dfrac{1}{H_A k_{AL}}} = \frac{0.002 + \dfrac{1}{0.5 \times 24.8} \times 0.2}{\dfrac{1}{3} + \dfrac{1}{0.01 \times 24.8}} = 0.0042\ \text{kmol}/(\text{m}^2 \cdot \text{s})$$

② 当用 0.5kmol/m^3 Na_2CO_3 溶液吸收时

因 $C_B = 0.5\text{kmol/m}^3$ 大于临界浓度值，故吸收反应移至界面上进行，即反应面与界面重合，属于气膜控制，可采用式（5-56）计算吸收速率 N_A，即：

$$N_A = k_{AG} p_A = 3 \times 0.002 = 0.006\ \text{kmol}/(\text{m}^2 \cdot \text{s})$$

由此可见，当增大液相B组分浓度，可使反应面的位置发生变化，从而增大吸收速率。但当B组分浓度超过临界浓度时，再增加液相浓度，吸收速率也不会增大。

（4）液相中伴有中快速、慢速反应的吸收过程

对于化学反应主要是在液膜内完成的中快速吸收过程，化学吸收速率既取决于A和B的扩散速率，也取决于两者化学反应的速率，而且一般而言，化学反应的速率影响更大，这种过程的吸收速率计算十分复杂，目前的计算都采用实测数据。

慢反应的特点是反应速率小，被吸收组分经过液膜进行扩散时，其反应不在一条狭窄的反应区（反应面）中进行，而吸收质A与B的反应是通过液膜的整个扩散过程或液相主体中逐步完成的。对于达到液相主体后完成反应的吸收，由于化学反应进行得极慢，可以认为液相传质系数 k_L 不因化学反应的存在而显著增加，即增强系数 α 接近于1，此类吸收过程可

按物理吸收过程进行计算。

5.2.4 吸收设备

吸收设备的选择应该根据气液组分的性质、结合气液反应器的特点和吸收过程的宏观动力学特点进行。所谓吸收反应器的特点是指气液分散和接触型式。为了增加气液接触面积，要求气体和液体分散，分散型式有三种：气相连续液相分散（如喷淋塔、填料塔、湍球塔等），液相连续气相分散（如板式塔、鼓泡塔等），气液同时分散（如文丘里吸收器）。就气液接触型式来讲，除板式塔为逐级接触式外，其他类型均为连续接触。

吸收过程的宏观动力学特点是指在有化学反应的吸收中，吸收速率是由扩散控制还是动力学（化学反应）控制，还是两个因素共同控制。对于低浓度气量大的气态污染物，一般都是选择极快反应或快速反应，过程主要受扩散控制，因而选用气相连续液相分散的型式较多，这种型式相界面大，气相湍动程度高，有利于吸收，常用的设备有填料塔、喷淋塔和文丘里吸收器。下面简单介绍常用设备的结构。

1. 填料塔

如图 5-5 所示，填料塔以填料作为气液接触的基本构件。塔体为直立圆筒，筒内支承板上堆放一定高度的填料。在塔内气、液两相并流或逆流过程中，液体将填料表面充分润湿，气体在填料空隙间的不规则通道中流动，气液两相在填料表面连续接触，塔内气液两相的浓度呈连续变化。为提高吸收效果，应使两相流体间有良好的、尽可能大的接触表面，而这是由流经流体填料表面时形成的，因而高性能的填料和液体的均匀分布是填料塔高效率的两个关键。

填料塔具有结构简单、操作稳定、适用范围广、便于用耐腐蚀材料制造、压力损失小、适用于小直径塔等优点。塔径在 800mm 以下时，较板式塔造价低、安装检修容易。但用于大直径的塔时，则存在效率低、重量大、造价高以及清理检修麻烦等缺点。近年来，随着性能优良的新型填料的不断涌现，填料塔的适用范围正在不断扩大。

湍球塔属于填料塔中的特殊塔型，是一种高效吸收设备，结构如图 5-6 所示。它是以一

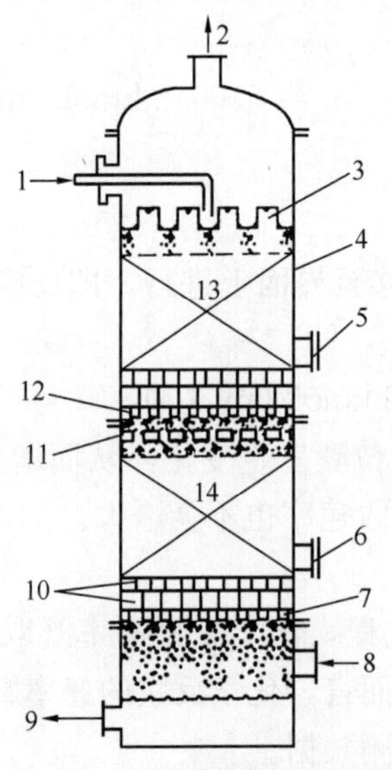

图 5-5 填料塔结构示意图

1—液体入口；2—气体出口；3—液体分布器；4—外壳；5—填料卸出口；6—人孔；7，12—填料支承；8—气体入口；9—液体出口；10—防止支撑板堵塞的大填料和中等填料层；11—液体再分器；13，14—填料

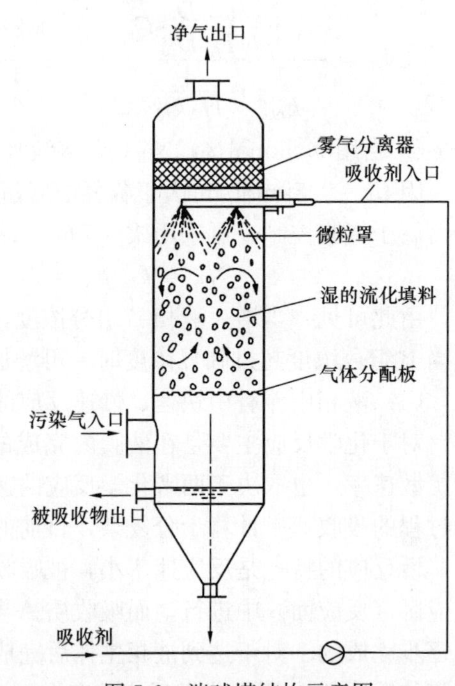

图 5-6 湍球塔结构示意图

定数量的轻质小球作为气液两相接触的媒体。塔内有开孔率较高的筛板，一定数量的轻质小球置于筛板上。吸收液从塔上部的喷头均匀地喷洒在小球表面。需处理的气体由塔下部的进气口经导流叶片和筛板穿过湿润的球层。当气流速度达到足够大时，小球在塔内湍动旋转，相互碰撞。气、液、固三相接触，由于小球表面的液膜不断更新，使得废气与新的吸收液接触，增大了吸收推动力，提高了吸收效率。净化后的气体经过除雾器脱去湿气，由塔顶部的排出管排出塔体。

湍球塔的优点是气流速度高，处理能力大；设备体积小，吸收效率高；还可以同时对含尘气体进行除尘；由于填料剧烈的湍动，一般不易被固体颗粒堵塞。其缺点是随着小球运动，有一定程度的返混；段数多时阻力较高；塑料小球不能承受高温，且磨损大，使用寿命短，需要经常更换。常用于处理含颗粒物的气体或液体以及可能发生结晶的过程。

2. 喷淋塔

喷淋塔是用于气体吸收最简单的设备，在喷淋塔内，液体呈分散相，气体为连续相，一般气液比较小，适用于极快或快速化学反应吸收过程。

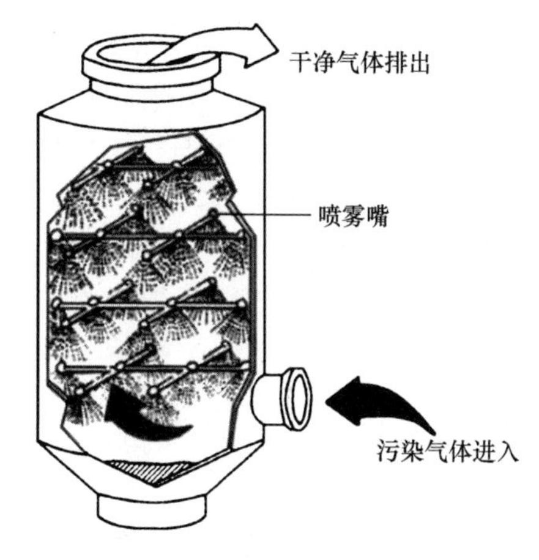

图5-7　逆流喷淋塔示意图

一个喷淋塔包括一个空塔和一套喷淋液体的喷嘴。其结构如图5-7所示，一般情况下，气体由塔底进入，经气体分布系统均匀分布后向上穿过整个设备，而同时由一级或多级喷嘴喷淋液体，气体与液滴逆流接触，净化后气体除雾后由塔顶排出。

喷淋塔的优点是结构简单、造价低廉、气体压降小，且不会堵塞。目前广泛应用于湿法脱硫系统中。其主要特点是完全开放，除喷淋的喷嘴外，无其他内部设施。喷嘴是喷淋塔的主要附件，要求喷嘴能够提供细小和尺寸均匀的液滴以使喷淋塔有效运转。

3. 文丘里吸收器

与湿式除尘器中文丘里除尘器的原理和构造基本相同。文丘里吸收器有多种型式，图5-8为气体引流式文丘里吸收器，它依靠气体带动吸收液进入喉管，与气体接触进行吸收。图5-9是靠吸收液引射气体进入喉管的吸收器，这样可省去风机，但液体循环能量消耗大，仅适用于气量较小的场合，气量大时，需要几台文丘里

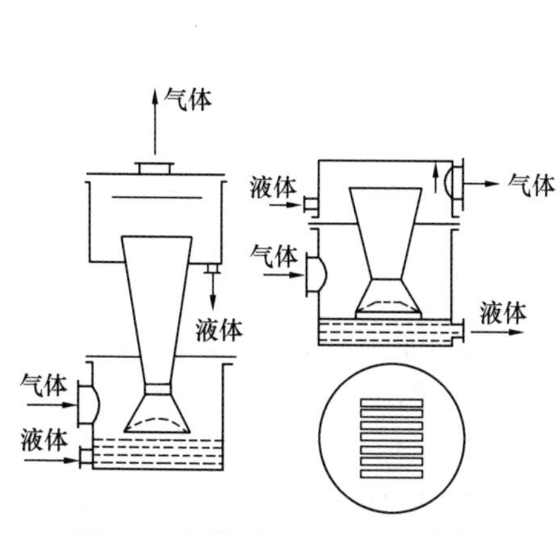

图5-8　气体引流式文丘里吸收器

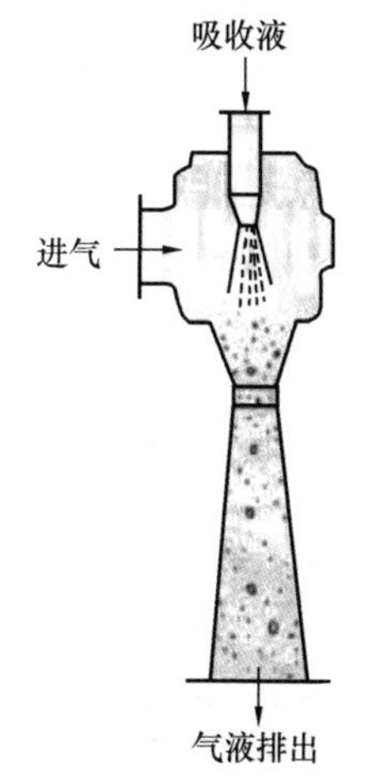

图5-9　液体引射式文丘里吸收器

管并联使用。

文丘里吸收器的优点是体积虽小，但处理能力很大，又可兼作冷却除尘设备；缺点是噪声大、压力损失大，能耗高。

表 5-5 给出了常用吸收设备的操作参数级优缺点比较，以供参考。

表 5-5　常用吸收设备的操作参数及优缺点比较

名称	操作要点	优点	缺点
填料吸收塔	液气比 1～10L/m^3 喷淋密度 6～8 $m^3/(m^2 \cdot h)$ 压力损失 500Pa 空塔气速 0.5～1.2m/s	结构简单，制造容易；填料可用耐酸陶瓷，易解决防腐问题；流体阻力较小，能量消耗低；操作弹性大，运行可靠	气速过大时会形成液泛，处理能力低；填料多、重量大，检修时劳动量大；直径大时，气液分布不均，传质效率下降
湍球塔	喷淋密度 20～110$m^3/(m^2 \cdot h)$ 空塔气速 1.5～6.0m/s 压力损失 1.5～3.8kPa	气液接触良好，相界面不断更新，传质系数较大；空塔气速大；湍球湍动，互相碰撞，不易结垢与堵塞	气液接触时间短，不适宜吸收难溶气体；气速不够大时，小球不能浮起，不能运转；小球易损坏渗液，影响正常操作
喷淋塔	液气比 0.6～1.0L/m^3 空塔气速 0.5～2.0m/s 压力损失 100～200Pa	结构简单，造价低，操作容易；可同时除尘、降温、吸收，压力损失小	气液接触时间短，混合不容易均匀，吸收率低；液体经喷嘴喷入，动力消耗大，喷嘴易堵塞产生雾滴，需设除雾器
文丘里	喉口气速 30～100m/s 液气比 0.3～1.2L/m^3 压力损失 0.8～9kPa 水压 0.2～0.5MPa	结构简单，设备小，占空间小；气速高，处理气量大，气液接触好，传质好，可同时除尘、降温及吸收	气液接触时间短，对于难溶气体或慢反应吸收效率低；压力损失大，动力消耗多

5.3　气体吸附

气体吸附是用多孔性固体物质处理含有一种或多种污染物的气体，可使污染物在固体表面上积聚，从而使污染物从气体中分离出来的单元操作。能够被吸附到固体表面上的物质称为吸附质；能够吸附吸附质的固体物质称为吸附剂。吸附质被吸附剂吸附到表面的过程叫吸附；而吸附质从吸附剂表面脱离到气相的过程称脱附。

由于气体吸附过程能够从气体中分离出浓度很低的污染物，并将这些污染物回收利用。因而在气态污染物治理方面的应用越来越广泛，如用活性炭吸附净化有机溶剂蒸汽；用氧化铝吸附净化含氟化氢废气；活性炭吸附净化含二氧化硫气体等。

5.3.1　吸附原理

1. 吸附类型

吸附质之所以能被吸附在多孔固体的表面，这主要是由固体表面粒子存在着剩余的吸引力而引起的。如图 5-10 所示，由于固体内部的粒子 A 在各方向上与相邻的力场抵消，而处在表面层的粒子 B 在垂直于表面方向上的力场没有得到抵消，存在着剩余的吸引力，因而对表面附近的气体分子有吸引作用，可使气体分子吸附在固体表面上。再者，由于固体是多孔材料制成的，固体内部有许多孔道孔穴（即内表面），被吸附于固体表面上的吸附质分子，能进入这些孔道和孔穴中，使吸附过程不断进行下去。

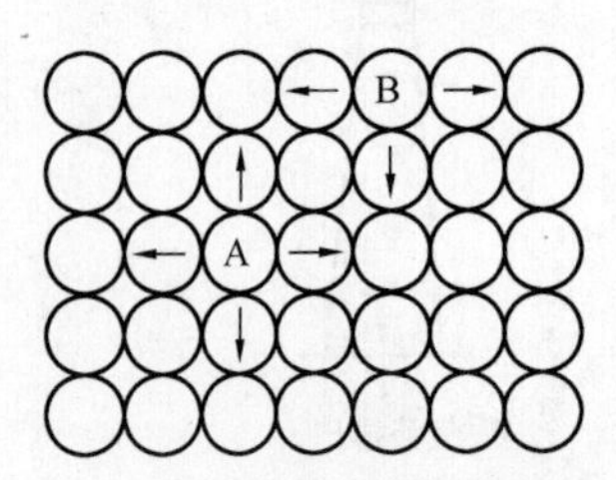

图 5-10　固体表面力示意图

根据吸附剂和吸附质之间发生吸附作用力的性质，通常可将吸附过程分为物理吸附和化学吸附。

（1）物理吸附

物理吸附是固体吸附剂表面分子与气体中吸附质分子间存在的范德华力（即分子间引力）所引起的吸附过程。由于固体吸附剂与气体分子之间普遍存在着分子间引力，因而物理吸附对吸附的气体分子没有选择性。物理吸附是放热过程，这是由于运动着的吸附质分子在吸附剂表面上消失了动能，将动能转化为热。物理吸附放热不大，吸附热约为 20kJ/mol，相当于被吸附气体的凝缩热，因此，低温下物理吸附较为显著。升高温度，吸附剂吸附量显著下降。物理吸附是一个可逆过程，当固体表面分子与气体分子间的引力大于气体分子间引力时，气体分子就被吸附在固体表面上；反之当被吸附在固体表面的气体分子，由于受热或减压致使分子运动加快，可从固体表面脱附，回到气相，而不改变气体的原来性状。利用这一点，可采用物理吸附净化有机废气，并将吸附剂再生，回收有机溶剂。物理吸附时固体表面的吸附层一般是单分子层，但吸附质的分压增大时，吸附层可变为多分子层。即单层或多层吸附。

（2）化学吸附

化学吸附是固体吸附剂表面分子与气体中吸附质分子间发生化学反应而引起的吸附过程。吸附剂表面分子与吸附质之间靠化学键力而互相吸引，因而化学吸附对吸附质分子有较强的选择性，仅能吸附参与化学反应的某些气体分子。由于化学吸附的化学键力大大超过物理吸附的范德华力，因而化学吸附放热比物理吸附要大，吸附热一般为 84～418kJ/mol，相当于化学反应热。由于化学吸附速率随温度升高而升高，因而化学吸附宜在较高温度下进行。化学吸附是不可逆过程，靠化学键力吸附在固体表面上的吸附质分子，很难从吸附剂表面上脱离，即脱附困难。即使脱附，吸附质分子也大多改变了原有性状，难以回收原来吸附质。化学吸附时，固体吸附剂表面的吸附层是单分子层，即单层吸附。由于化学吸附过程涉及化学键的破坏和重新结合，因此，需要足够能量，从能量变化的大小考虑，化学吸附可使被吸附分子变成为活化状态的分子，活性显著升高，可使反应速度加快，因此化学吸附具有催化作用，称为吸附催化。而化学吸附也可称为活化吸附。

应当指出，吸附过程往往既有物理吸附也有化学吸附，同一吸附剂吸附某一气体组分时，往往在较低温度下是物理吸附，而在较高温度下所进行的吸附是化学吸附，即物理吸附常发生在化学吸附之前，而当吸附剂具有足够能量之后，才发生化学吸附。亦可能两种吸附方式同时发生。

2. 吸附平衡和吸附等温方程

（1）吸附平衡

在一定的温度和压力下，当吸附质与吸附剂长时间接触后，终将达到吸附平衡。吸附达到平衡时，吸附质在气相的浓度称为平衡浓度；吸附质在固相（吸附剂）中的浓度称为平衡吸附量或静吸附量、静活度。平衡吸附量是指吸附达平衡时单位量（质量或体积）吸附剂所吸附吸附质的质量或体积。平衡吸附量是固体吸附剂对气体吸附量的极限，它是设计和生产中十分重要的参数。

一定温度下吸附达到平衡时，吸附剂的平衡吸附量与吸附质在气相中的平衡浓度之间具有一定的函数关系，若以 X_T 表示平衡吸附量，以 p 表示平衡浓度，则 $X_T = f(p)$。此即吸附平衡关系。

根据吸附平衡关系标绘的曲线称为吸附等温线，它表示在一定温度下平衡吸附量随气相中吸附质分压的变化关系。温度改变，曲线的形状也发生变化。吸附等温线由实验测定数据标绘。图 5-11 和图 5-12 分别表示活性炭吸附 NH_3 和硅胶吸附 SO_2 的吸附等温线。

-23.5℃
0℃
30℃
80℃
151.5℃
150
100
50
0
q(ml/g)
26664
53329
79993
106658
P(Pa)

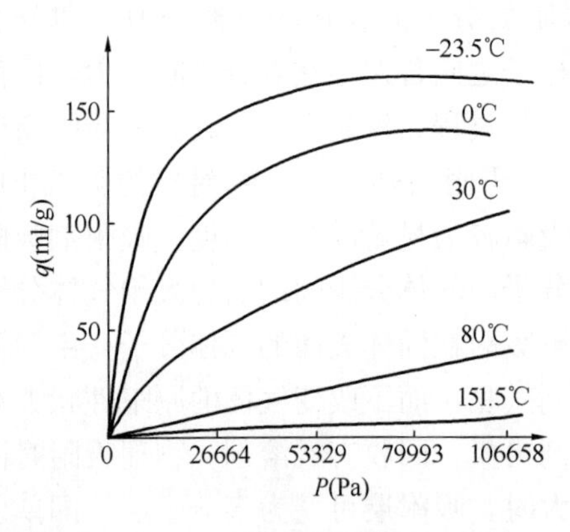

图 5-11　NH_3 在活性炭上的吸附等温线

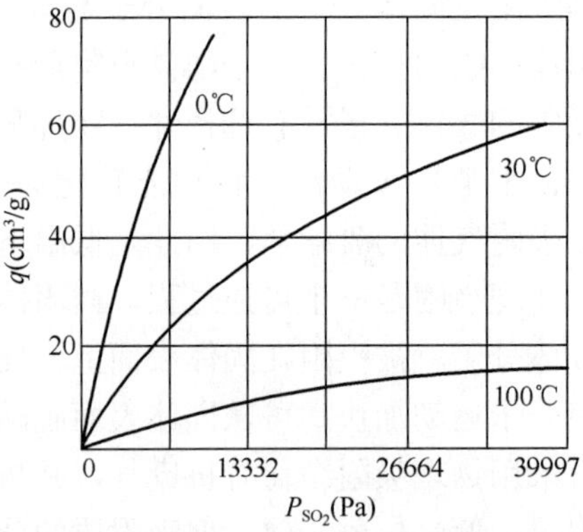

80
60
40
20
0
q(cm³/g)
0℃
30℃
100℃
13332
26664
39997
P_SO2(Pa)

图 5-12　SO_2 在硅胶上的吸附等温线

根据对实验标绘的吸附等温线的研究，单一气体的吸附等温线可归纳为 6 种类型，如图 5-13 所示。

Ⅰ型
Ⅱ型
Ⅲ型
Ⅳ型
Ⅴ型
Ⅵ型
被吸附的量
相对压力

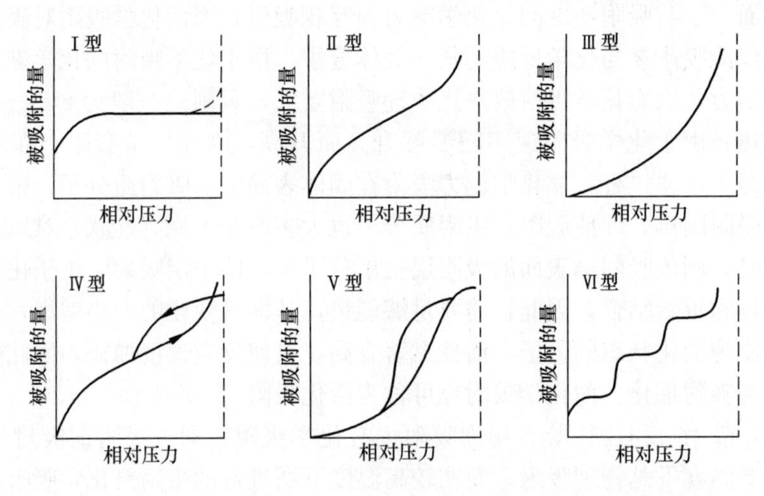

图 5-13　6 种类型吸附等温线

Ⅰ型—80K 下 N_2 在活性炭上的吸附；Ⅱ型—78K 下 N_2 在硅胶上的吸附；

Ⅲ型—351K 下溴在硅胶上的吸附；Ⅳ型—323K 下苯在 FeO 上的吸附；

Ⅴ型—373K 下水蒸气在活性炭上的吸附；Ⅵ型—惰性气体分子分阶段多层吸附

（2）吸附等温方程

一定温度下吸附达到平衡时，平衡吸附量与平衡浓度间的函数关系，还可用函数式，即吸附等温线方程来表示。

① 弗林德里希方程　弗林德里希（Freundlich）通过实验研究，提出了如下的经验方程：

$$X_T = \frac{x}{m} = kp^{\frac{1}{n}} \tag{5-57}$$

式中　X_T——吸附剂的平衡吸附量，kg 吸附质/kg 吸附剂；

x——被吸附吸附质的质量，kg；

m——吸附剂的质量，kg；

p——吸附质在气相中分压，atm；

k、n——经验常数，与吸附剂、吸附质性质有关，由实验确定，通常 $n>1$。

为使用方便，常采用其对数型式，即：

$$\lg \frac{x}{m} = \lg k + \frac{1}{n} \lg p \tag{5-58}$$

以 $\lg \frac{x}{m}$ 和 $\lg p$ 作图得一直线，直线的斜率为 $\frac{1}{n}$，截距为 $\lg k$。这样根据实验数据，作图可得 n 和 k 的值。

弗林德里希方程只适用吸附质浓度（分压 p）为中等的情况，即Ⅰ型吸附等温线中弯曲部分。对于吸附质浓度过低或过高的情况，弗氏方程则不适用。

② 朗格谬尔方程　朗格谬尔（Langmuir）根据分子运动论导出的单分子层吸附理论，提出了能较好适用于Ⅰ型吸附等温线的理论公式。朗格谬尔认为在吸附剂表面被吸附的吸附质的摩尔数 a（kmol吸附质/kg吸附剂）与吸附剂表面吸附质分子的覆盖分率 θ 有关，即：

$$a = A\theta \tag{5-59}$$

式中　A——饱和吸附量，kmol吸附质/kg吸附剂。

根据吸附和脱附达到动态平衡的假定，则有

$$\theta = \frac{Bp}{1+Bp} \tag{5-60}$$

将式（5-59）和式（5-60）联立，则得：

$$a = \frac{ABp}{1+Bp} \tag{5-61}$$

式（5-61）即为朗格谬尔吸附等温线方程，式中 A、B 为常数。若以 V_m 表示吸附剂表面盖满单层时所吸附的气体体积；V 表示吸附质分压为 p 时所吸附的气体体积，V_m 和 V 的单位均为（m^3 吸附质/kg吸附剂）或（cm^3 吸附质/g吸附剂），则吸附剂表面的覆盖分率 θ 则表示为

$$\theta = \frac{V}{V_m} \tag{5-62}$$

将式（5-60）和式（5-62）联立，则有

$$V = \frac{V_m Bp}{1+Bp} \tag{5-63}$$

将式（5-63）改写为实用的直线形式，即

$$\frac{P}{V} = \frac{1}{BV_m} + \frac{P}{V_m} \tag{5-64}$$

以 $\frac{p}{V}$ 对 p 作图可得一直线。直线的斜率为 $\frac{1}{V_m}$，截距为 $\frac{1}{BV_m}$，由此可求得 V_m 和 B。

实际上由于吸附过程并非单分子层吸附，因而朗格谬尔方程仍存在局限性，它对Ⅱ、Ⅲ型吸附等温线不能很好解释。

③ BET方程　布鲁劳尔（Brunauer）、埃麦特（Emmltt）和泰勒（Teller）三人根据实验研究结果提出多分子层吸附理论。该理论认为在吸附剂表面上被吸附的吸附质分子也具有吸附能力，在第一吸附层上还可以吸附第二层、第三层，一直持续吸附下去，只是逐渐减弱

而已。吸附剂对气体的总吸附量应为各层吸附量的总和。根据此理论提出的BET吸附等温线方程应为

$$V=\frac{V_{\mathrm{m}}Cp}{(P^{0}-p)\left[1+(C-1)\frac{p}{P^{0}}\right]} \tag{5-65}$$

式中 P^0——吸附温度下吸附质的饱和蒸汽压，atm；

C——常数，与吸附热有关，由实验定。

BET方程适合于Ⅰ、Ⅱ、Ⅲ型吸附等温线，且当 $\frac{p}{P^0}=0.05\sim0.35$ 范围内比较准确。

式（5-65）可改写成直线型式，即

$$\frac{p}{V(P^{0}-p)}=\frac{1}{V_{\mathrm{m}}C}+\frac{C-1}{V_{\mathrm{m}}C}\frac{p}{P^{0}} \tag{5-66}$$

式（5-66）为BET方程的又一种表示形式，以 $\frac{p}{V(P^0-p)}$ 对 $\frac{p}{P^0}$ 作图可得一条直线，直线的斜率为 $\frac{C-1}{V_{\mathrm{m}}C}$，截距为 $\frac{1}{V_{\mathrm{m}}C}$，因此由实验数据，用作图法可求得 V_{m} 和 C。

若每个被吸附的气体分子在吸附剂表面所占的面积为已知，利用BET方程可求出吸附剂或催化剂的表面积。

设 A_{m} 为每个被吸附分子所占有的面积（cm^2），根据求得盖满单层吸附气体的体积 V_{m}（cm^3/g），可由下式计算吸附剂的比表面积 S_{m}（m^2/g）。

$$S_{\mathrm{m}}=A_{\mathrm{m}}\cdot\frac{N_{0}}{22400}\cdot V_{\mathrm{m}} \tag{5-67}$$

式中 N_0——阿佛加德罗常数，6.02×10^{23}个分子/mol。

5.3.2 吸附剂

1. 对工业吸附剂的要求

用吸附法净化气态污染物时，吸附剂在吸附过程中起关键作用，虽然固体物质普遍具有吸附能力，但用于工业的吸附剂应满足以下要求：

（1）比表面积和孔隙率大。由于吸附主要发生在吸附剂的内表面上，孔穴越多，孔隙率越大，内表面也越大，吸附性能也越好。例如，活性炭的比面积高达1000m^2/g以上。

（2）吸附能力大。吸附能力是指单位体积或单位质量的吸附剂所能吸附的吸附质的最大量。吸附剂的吸附能力不仅与吸附剂的化学组成和比表面积有关，还与吸附剂的孔隙大小、孔径分布、分子极性及吸附剂分子上官能团性质有关。

（3）选择性好。吸附剂因其组成、结构不同，所显示出来的对某些物质有优先吸附的能力，称为吸附剂的选择性。如活性炭对分子量大、沸点高的有机物分子有较大的吸附能力；而对空气（惰性组分）的吸附能力较小，可通过吸附使有机物从空气中分离出来。显然，吸附剂的选择性越好，吸附效果也越好，越利于混合气体的分离。

（4）具有一定的颗粒度，较好的机械强度，化学稳定性和热稳定性好。

（5）使用寿命长，易于再生和活化。

（6）制造简单，原料充足，价格低廉。

要同时满足以上要求较为困难，只能全面权衡后进行选择。

2. 气体净化常用的吸附剂

工业上常用的吸附剂有活性炭、活性氧化铝、硅胶和沸石分子筛等。表 5-6 给出了常用吸附剂的一般特性。

表 5-6 常见吸附剂特性

吸 附 剂	活性炭	活性氧化铝	硅 胶	沸石分子筛
堆积密度（kg/m^3）	350～550	490～1000	700～1300	900～1300
比表面积（m^2/g）	600～1400	95～350	300～830	600～1000
空隙率	0.33～0.55	0.40～0.50	0.40～0.50	0.30～0.40
平均孔径 Å	20～50	40～120	10～140	—
微孔体积（cm^3/g）	0.5～1.4	0.3～08	0.3～1.2	0.4～0.6
比热容［kJ/（kg·K）］	0.84～1.05	0.88～1.00	0.92	0.80
导热系数［kJ/（m·h·K）］	0.50～0.71	0.50	0.50	0.18
最高允许温度（K）	423	773	673	873

（1）活性炭　化学组成为 C，是应用最广泛的优良吸附剂。活性炭是由各种含炭的有机物，如果壳、骨头、木材、煤等，在<600℃下炭化，然后在 800℃时用蒸气活化处理而得。

活性炭是孔穴十分丰富的吸附剂，孔径分布较宽。有大孔（孔径$>2\times10^{-4}$mm）、中孔（孔径为 $14\times10^{-6}\sim2\times10^{-4}$ mm）和微孔（孔径$<14\times10^{-6}$ mm）。其中以中孔、微孔居多。比表面积为 600～1400m^2/g，是比表面积最大的吸附剂。活性炭常用来吸附净化含有机溶剂蒸汽的废气，并回收有机溶剂。同时，还可用于其他气态污染物的净化。

（2）活性氧化铝　化学组成为 Al_2O_3。是将含水氧化铝在严格控制加热条件下，加热到 460℃时，将其中的水分驱出，而形成多孔结构，可得到活性氧化铝。其比表面积为 200～250m^2/g，并具有良好的机械强度。活性氧化铝有较强的极性，易于吸附极性分子，吸水性也较强。主要用于含 HF 废气的吸附净化，同时也可用于气体干燥。

（3）硅胶　化学组成为 $SiO_2\cdot nH_2O$。是将硅酸钠（水玻璃）溶液用酸处理得到的硅酸凝胶，再经老化水洗，在 95～130℃的温度下干燥、脱水，可得到坚硬多孔的固体颗粒。硅胶有很强的吸水性能，多用于气体干燥和烃类气体吸附。

（4）沸石分子筛　沸石分子筛是硅铝酸盐，除天然沸石外还可人工合成，以人工合成居多。其化学组成通式为$[M_2(\text{I})\cdot M(\text{II})]O\cdot Al_2O_3\cdot nSiO_2\cdot mH_2O$，其中 $M_2(\text{I})$为 1 价金属阳离子，$M(\text{II})$为 2 价金属阳离子，n 为硅铝比（一般 $n=2\sim10$），m 为结晶水数目。

分子筛在结构中有许多孔径均匀的孔道和排列整齐的孔穴，这些孔穴不但提供了很大的内表面，而且只允许直径比它孔径小的分子进入，而比它孔径大的分子则不能进入（不被吸附），从而起到筛分分子的作用，故称为分子筛。每一种分子筛都具有均匀一致的孔穴尺寸，不同型号的分子筛，其孔径大小不一，且硅铝比也不同。表 5-7 列出了几种常用的分子筛的孔径及其组成。

表 5-7 几种常用的沸石分子筛

型 号	SiO_2/Al_2O_3 分子比	平均孔径（Å）	典 型 化 学 组 成
3A（钾 A 型）	2	3～3.3	$2/3\ K_2O\cdot1/3Na_2O\cdot Al_2O_3\cdot2SiO_2\cdot4.5H_2O$
4A（钠 A 型）	2	4.2～4.7	$Na_2O\cdot Al_2O_3\cdot2SiO_2\cdot4.5H_2O$

续表

型　号	SiO_2/Al_2O_3 分子比	平均孔径（Å）	典型化学组成
5A（钙A型）	2	4.9～5.6	$0.7CaO \cdot 0.3Na_2O \cdot Al_2O_3 \cdot 2SiO_2 \cdot 4.5H_2O$
10X（钙X型）	2.3～3.3	8～9	$0.8CaO \cdot 0.3Na_2O \cdot Al_2O_3 \cdot 2.5SiO_2 \cdot 6H_2O$
13X（钠X型）	2.3～3.3	9～10	$Na_2O \cdot Al_2O_3 \cdot 2.5SiO_2 \cdot 6H_2O$
Y（钠Y型）	3.3～6	9～10	$Na_2O \cdot Al_2O_3 \cdot 5SiO_2 \cdot 8H_2O$
钠型丝光沸石	3.3～6	≈5	$Na_2O \cdot Al_2O_3 \cdot 10SiO_2 \cdot (6～7)H_2O$

分子筛是一种优良的吸附剂，有较高的吸附能力和较强的选择性。从化学组成来看属于离子型吸附剂，往往用于吸附净化极性较强的气态污染物，如含 NO_x 废气的吸附净化，及其他有害气体的治理。

吸附法可用于净化多种有机和无机污染物，在采用吸附剂浸渍技术后，所能净化的污染物更加广泛。可用吸附法去除的主要污染物质见表 5-8。

表 5-8　用吸附法可去除的污染物质

序号	吸附剂种类	可吸附污染物
1	活性炭	苯、甲苯、二甲苯、丙酮、乙醇、乙醚、甲醛、汽油、煤油、光气、醋酸乙酯、苯乙烯、氯乙烯、恶臭物质、H_2S、Cl_2、CO、CO_2、SO_2、NO_x、CS_2、CCl_4、$HCCl_3$、$HCCl_2$
2	浸渍活性炭	烯烃、胺、酸雾、碱雾、硫醇、SO_2、Cl_2、H_2S、HF、HCl、NH_3、Hg、HCHO、CO、CO_2
3	活性氧化铝	H_2O、H_2S、SO_2、C_mH_n、HF
4	浸渍活性氧化铝	HCHO、HCl、酸雾、Hg
5	硅胶	H_2O、NO_x、SO_2、C_2H_2
6	分子筛	NO_x、H_2O、CO_2、CO、CS_2、SO_2、H_2S、NH_3、C_mH_n、CCl_4
7	泥煤、褐煤、风化煤	恶臭物质、NH_3、NO_x
8	浸渍泥煤、褐煤、风化煤	NO_x、SO_2、SO_3
9	焦碳粉粒	沥青烟
10	白云石粉	沥青烟
11	蚯蚓粪	恶臭物质

3. 影响气体吸附的因素

影响气体吸附的因素很多，主要有吸附剂的性质，吸附质的性质和浓度、操作条件等，现分别作以介绍。

（1）吸附剂性质的影响

不同的吸附剂，因组成、结构不同，性质也不同，如非极性吸附剂活性炭就易于吸附分子量大的有机物；而极性吸附剂硅胶、活性氧化铝和沸石分子筛则对极性分子，如 H_2O、NO_x、HF 有较强的吸附作用。选用吸附剂应该注意这一点。

吸附剂的比表面积越大，对吸附越有利。吸附剂的粒度、孔径、孔隙率都可能影响比表面积的大小。比表面积相同的吸附剂，其吸附量也未必相同。吸附量的大小主要取决于吸附剂的"有效"表面。所谓"有效"表面就是吸附质分子能进入的表面，它存在于吸附质分子能进入的微孔中。因此，只要微孔孔径不小于吸附质分子最小临界直径，微孔的表面都是

“有效”的。临界直径代表了吸附质的特性且与分子的大小有关。表 5-9 列出了某些常见分子的临界直径。

表 5-9 某些常见分子的临界直径

分 子	临界直径 Å	分 子	临界直径 Å
氦	2.0	甲烷	4.0
氢	2.4	苯	6.8
氧	2.8	甲苯	6.7
氮	3.0	氯仿	6.9
水	3.15	四氯化碳	6.9
一氧化碳	2.8	甲醇	4.4
二氧化碳	2.8	乙烯	4.25
氩	3.84	环丙烷	4.75
氨	3.8	甲醇	4.4

对于活性炭来说，由于孔径分布很宽，既能吸附直径小的分子，又能吸附直径大的分子，因而吸附剂表面基本都是“有效”表面。而沸石分子筛的孔径单一且均匀，只能对分子临界直径小于孔径的分子有吸附能力，如 5A 分子筛的孔径为 5Å，就只能吸附直径为 5Å 以下的分子，而对直径为 5Å 以上的分子来说，5A 分子筛的表面则都是“无效”表面。

由此看来，为了提高吸附效果，在选择吸附剂时，应注意孔径分布与吸附质分子的大小相适应。

（2）吸附质性质及浓度的影响

吸附质的性质对气体吸附过程及吸附量也产生影响。除了上面提到的吸附质的极性及吸附质分子的临界直径之外，吸附质的分子量、沸点和饱和性也都对吸附量产生影响。当用同一种活性炭作吸附剂时，对于结构类似的有机物，其分子量越大，沸点越高，则越容易被吸附。而对结构和分子量都相近的有机物，不饱和性越大，也越易被吸附。

吸附质在气相中浓度越大，吸附剂的吸附量也越大，这从吸附等温线可以明显看出。但浓度增加必然使吸附剂很快达饱和，因而再生频繁，对操作不利。

（3）吸附操作条件的影响

吸附操作条件主要指吸附系统的温度、压力以及气体流过床层的速度。

对物理吸附来说，温度越高越不利于吸附的进行，因而希望吸附在较低温度下进行。但对化学吸附来说温度提高有利于化学反应进行，因而提高温度往往还会对吸附有利。

增大气相主体的压力，从而增大了吸附质的分压，对吸附有利。但加大压力要耗能，一般不专为此而设增压设备。所以，吸附一般在常压下进行。

气流速度增大，不仅增加了压力损失，而且流速过大时，使气体分子与吸附剂接触时间过短，还会将吸附剂表面上吸附的污染物带走，不利于气体的净化。气流速度过小，又使设备增大。所以通过吸附器的气流速度要控制在一定范围之内。如通过固定床吸附器的气流速度一般均控制在 0.2～0.6m/s 范围内。

（4）脱附方法和脱附程度的影响

工业装置中的吸附剂一般都循环使用，即当吸附剂达到饱和或接近饱和时，就使其转入脱附和再生操作，再生后重新转入吸附操作。吸附剂的脱附程度如何对再次吸附过程影响很大。若脱附得不好，再生后的吸附剂中还残留有较多的吸附质，必然使再次吸附过程的吸附量减少。脱附程度和脱附方式有很大关系，一般应根据吸附剂及吸附系统的特性选择合适的脱附方法。

（5）吸附器及吸附工艺的影响

为了提高吸附效果，在吸附器的设计和选择上，要保证气固两相能充分接触，因此要使气体通过吸附器时气流分布均匀，且有足够的停留时间。若气体中含有能污染吸附剂的杂质，可能降低吸附剂的吸附能力。因此在吸附工艺设计上要对气体进行预处理，以除掉气体中所含杂质。

4. 吸附剂的再生

吸附剂吸附达饱和后，失去了吸附能力。由于吸附剂价格较贵，工业装置中吸附剂一般都需要循环使用，因此，必须驱出吸附剂中吸附的污染物，使吸附剂再生。对物理吸附来说，吸附和脱附再生是可逆过程，因此，改变一些条件就可使污染物脱附。常用的脱附方法有四种。

（1）加热解吸再生

将吸附饱和的吸附剂加热，随着吸附剂温度升高，分子运动加快，平衡吸附量减少，大部分吸附质就从吸附剂上脱附出来，这种脱附方法称为加热脱附。

加热介质多为水蒸气，也可为热空气。加热脱附多用于非极性吸附剂的脱附，如活性炭吸附净化有机溶剂蒸汽后，即可采用此种方式脱附，并可回收有机溶剂。另外，吸附剂的吸附量随温度变化较大时，也可考虑采用这种方法脱附。

（2）降压或真空解吸再生

吸附过程与气相的压力有关，压力高时，吸附进行得快；当压力降低时，脱附占优势。因此，通过降低操作压力可使吸附剂得到再生，例如：对较高压力下进行的吸附操作，只要减低系统压力，使气相中吸附质分压降低，吸附剂的平衡吸附量随之减少，吸附质就可从吸附剂上脱附出来。对在常压下进行的吸附操作，需要将系统抽真空，才能使吸附质脱附。

该方法需变压操作，且动力消耗大，因而在气态污染物的吸附净化中采用较少。

（3）置换再生

用不被吸附的气体（惰性气体）吹扫饱和吸附剂床层，并将脱附出来的吸附质带走的脱附方法称为吹扫脱附。由于大量惰性气体的通入降低了吸附质分压，从而使吸附剂的平衡吸附量减少，吸附质就可从吸附剂上脱附出来。

这种脱附方法脱附程度差，且吹扫气体中吸附质浓度较低，回收困难。因此，该方法一般不单独使用。

（4）溶剂萃取

选择合适的溶剂，使吸附质在该溶剂中的溶解性能远大于吸附剂对吸附质的吸附作用，将吸附质溶解下来。例如：活性炭吸附 SO_2，用水洗涤，再进行适当的干燥便可恢复吸附能力。

实际中，上述几种再生方法可以单独使用，也可几种方法同时使用。如活性炭吸附有机蒸气后，可用通入高温蒸汽再生，也可用加热和抽真空的方法再生；沸石分子筛吸附水分后，可用加热吹氮气的办法再生。

5.3.3 吸附速率

吸附平衡只说明了吸附过程进行的限度，未涉及吸附时间，而吸附要达到平衡，气固两相必须有足够长的接触时间。在实际吸附操作中，两相接触的时间一般是有限的，因此吸附量仍决定于吸附速率，吸附速率是吸附器设计的基础。

1. 吸附过程

当固体吸附剂与含吸附质气体接触时，由于吸附质在气相中的浓度比固相中的浓度大，因而吸附质以此浓度差作为推动力，从气相向固相传递而被吸附，对气体吸附来说，大致分为以下三个过程，如图 5-14 所示。

（1）气相中吸附质分子穿过气膜扩散到吸附剂表面。此扩散过程在吸附剂外部进行，称为外扩散过程。

（2）表面上吸附质分子沿吸附剂的孔道、孔穴扩散至内表面。此扩散过程在吸附剂内部进行，称为内扩散过程。

（3）到达内表面上的吸附质分子被吸附剂吸附，称为吸附过程。

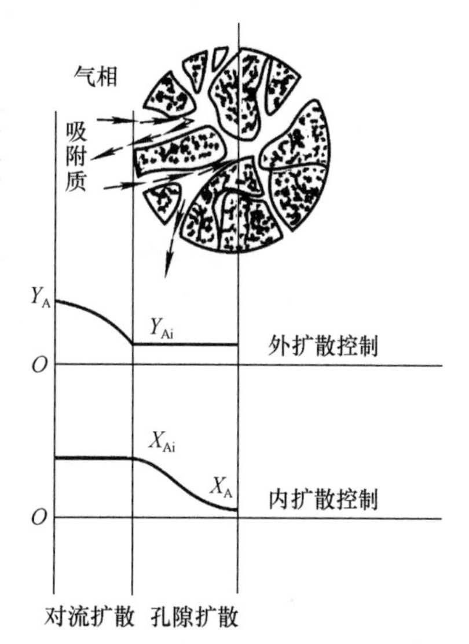

图 5-14　吸附过程与两种极端浓度曲线

在吸附质分子被吸附的同时，由于分子不断运动，吸附质分子可能从吸附剂中脱附出来，经历的过程与上述过程相反。

由此可见，吸附过程的阻力主要来自以下三个方面：

（1）外扩散阻力，即吸附质分子经过气膜扩散的阻力；

（2）内扩散阻力，即吸附质分子经过微孔扩散的阻力；

（3）吸附本身的阻力。

对于物理吸附而言，由于吸附进行得极快，则吸附本身的阻力可以忽略，其吸附阻力主要来自外、内扩散阻力。因此吸附速率主要取决外扩散速率和内扩散速率。这样，吸附过程可看作为吸附质分子从气相向固相的扩散过程。因此吸附速率方程可依据吸收速率方程来建立。

2. 吸附速率方程

以 q_A 表示吸附质 A 从气相扩散至单位体积吸附剂表面的质量，即吸附剂的吸附量（kg/m^3），以 τ 表示时间，则以 $dq_A/d\tau$ 来表示吸附速率，亦即外、内扩散传质速率。

吸附质分子的外扩散传质速率可表示为：

$$\frac{dq_A}{d\tau}=k_y a_p(Y_A-Y_{Ai}) \tag{5-68}$$

吸附质分子的内扩散传质速率可表示为：

$$\frac{dq_A}{d\tau}=k_x a_p(X_{Ai}-X_A) \tag{5-69}$$

式中　k_y——外扩散传质（吸附）分系数，kg/(m^2·s)；

k_x——内扩散传质（吸附）分系数，kg/(m^2·s)；

a_p——单位体积吸附剂的表面积，m^2/m^3；

Y_A、Y_{Ai}——吸附质在气相及吸附剂外表面浓度，kg 吸附质/kg 惰气；

X_{Ai}、X_A——吸附质在吸附剂外表面及内表面浓度，kg 吸附质/kg 净吸附剂。

稳定状态时，外扩散传质速率与内扩散传质速率相等。

由于外表面上吸附质浓度不易测定，因此吸附速率常以传质（吸附）总系数来表示。则有：

$$\frac{\mathrm{d}q_{\mathrm{A}}}{\mathrm{d}\tau}=K_{\mathrm{Y}}a_{\mathrm{P}}(Y_{\mathrm{A}}-Y_{\mathrm{A}}^{*})=K_{\mathrm{X}}a_{\mathrm{P}}(X_{\mathrm{A}}^{*}-X_{\mathrm{A}}) \tag{5-70}$$

式中 K_{Y}、K_{X}——气相及固相传质（吸附）总系数，kg/(m^2 · s)；

Y_{A}^{*}——与 X_{A} 成平衡的气相吸附质浓度，kg 吸附质/kg 惰气；

X_{A}^{*}——与 Y_{A} 成平衡的固相吸附质浓度，kg 吸附质/kg 净吸附剂。

设吸附过程中，当吸附达到平衡时，气相中吸附质浓度与固相中吸附质浓度（吸附量）间的关系，可近似表示为：

$$Y_{\mathrm{A}}^{*}=mX_{\mathrm{A}} \tag{5-71}$$

式中 m——平衡曲线的斜率。

总系数与分系数的关系可表示为：

$$\frac{1}{K_{\mathrm{Y}}a_{\mathrm{p}}}=\frac{1}{k_{\mathrm{y}}a_{\mathrm{p}}}+\frac{m}{k_{\mathrm{x}}a_{\mathrm{p}}} \tag{5-72}$$

$$\frac{1}{K_{\mathrm{X}}a_{\mathrm{p}}}=\frac{1}{mk_{\mathrm{y}}a_{\mathrm{p}}}+\frac{1}{k_{\mathrm{x}}a_{\mathrm{p}}} \tag{5-73}$$

很容易看出，两个总系数间的关系为：

$$K_{\mathrm{X}}=mK_{\mathrm{Y}} \tag{5-74}$$

当 $k_{\mathrm{y}}\gg\frac{k_{\mathrm{x}}}{m}$ 时，则 $K_{\mathrm{Y}}=\frac{k_{\mathrm{x}}}{m}$ ，即外扩散阻力不计，为内扩散控制；反之，当 $k_{\mathrm{y}}\ll\frac{k_{x}}{m}$ 时，则 $K_{\mathrm{Y}}=k_{\mathrm{y}}$ ，即内扩散阻力不计，为外扩散控制。实验结果表明，吸附过程一般为外扩散控制。因而吸附速率式往往采用外扩散控制时的传质速率式。

由于吸附是不稳定过程，吸附速率也不断变化，再者，吸附机理比较复杂，因而目前用于吸附器设计的吸附速率往往在模拟情况下通过实验测定。

5.3.4 吸附设备

1. 吸附设备及工艺

吸附设备按照吸附剂在吸附器中的工作状态可分为固定床吸附器、移动床吸附器及流化床吸附器。划分吸附器类型的主要依据是气体通过吸附器的速度，即穿床速度。

（1）固定床。气体穿床速度低于吸附剂的悬浮速度时，吸附剂颗粒处于基本静止状态。

（2）流化床。气体穿床速度大致等于吸附剂颗粒的悬浮速度时，吸附剂颗粒处于沸腾状态，并在一定空间内运动。

（3）移动床。气体穿床速度远远超过悬浮速度时，控制吸附剂在床内一定方向的移动速度，达到净化气体的目的。一般采用吸附剂从上往下移动，气体从下往上流动。

吸附工艺按吸附剂在吸附器中的工作状态可分为固定床、流化床及移动床吸附过程；按操作过程的连续与否可分为间歇吸附过程与连续吸附过程。

（1）固定床吸附流程

在气体净化中最常用的是将两个以上固定床并联的吸附流程（图 5-15）。受污染气体连续通过床层，当达到饱和时就切换到另一个吸附器进行吸附，达到饱和的吸附床则进行再生、干燥和冷却，以备重新使用。

（2）流化床吸附流程

如图 5-16 所示，分置在筛孔板上的吸附剂颗粒在多层流化床吸附器中借助于被净化气体的较大气流速度使其悬浮成流化状态，流化床吸附器中气速一般是固定床的 3～4 倍以上，因而气固接触充分，吸附剂内传质传热速率快，床层温度分布均匀，操作稳定，可以实现大规模的连续生产。流化床适合处理连续、大流量的污染源，但能耗高，对吸附剂的机械强度要求也高，吸附剂和容器的磨损严重。

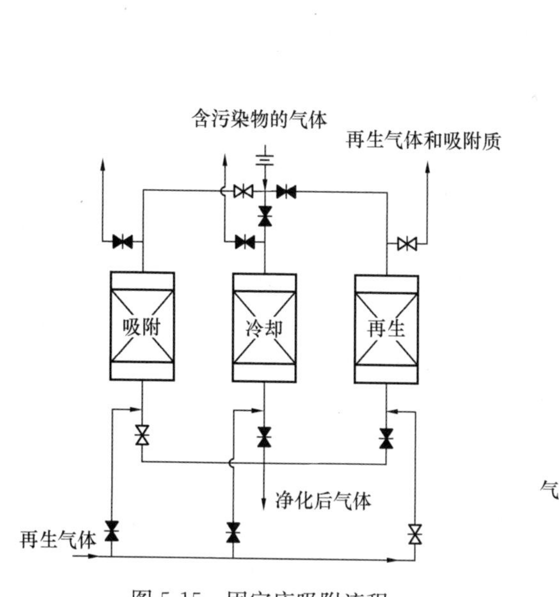

图 5-15　固定床吸附流程

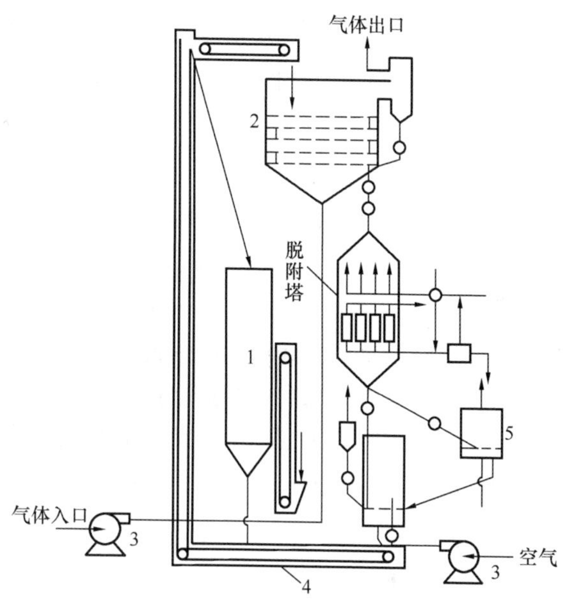

图 5-16　连续式流化床吸附流程

1—料斗；2—多层流化床吸附器；3—风机；4—皮带传送机；5—再生塔

（3）移动床吸附流程

如图 5-17 所示，控制吸附剂在床层中的移动速度，使净化后的气体达到排放标准。吸附气态污染物后的吸附剂，送入脱附器中进行脱附，脱附后的吸附剂再返回吸附器循环使用。该流程的特点是吸附剂连续吸附和再生，可循环使用，适用于连续、稳定、量大的气体净化，缺点是动力和热量消耗大，吸附剂磨损大。

下面以工艺上应用较多的固定床吸附器为例介绍其基本的设计计算。

2. 固定床吸附器的计算

固定床吸附系统，一般需要采用两台以上的吸附器交换进行吸附和再生的操作。其操作方法是间歇的而且过程不稳定，床层中各处的浓度分布随时间变化，因此在进行固定床吸附过程计算之前，需要了解吸附过程中床层浓度和流出气体浓度在整个操作过程中的变化。

（1）固定床吸附器设计与运行中的一些概念

① 吸附负荷曲线

在实际操作中，对于一个固定床吸附器，气体以等速进入床层，气体中的吸附质就会按照某种规律被吸附剂所吸附。吸附一定时间后，吸附质在吸附剂上就会有一定的浓度，我们把这一定的浓度就称为该时刻的吸附负荷。如果把这一瞬间床层内不同截面上的吸附负荷对床层的长度（高度）作一曲线，即得吸附负荷曲线。也就是说，吸附负荷曲线是吸附床层内吸附质浓度随床层长度 Z 变化的曲线。

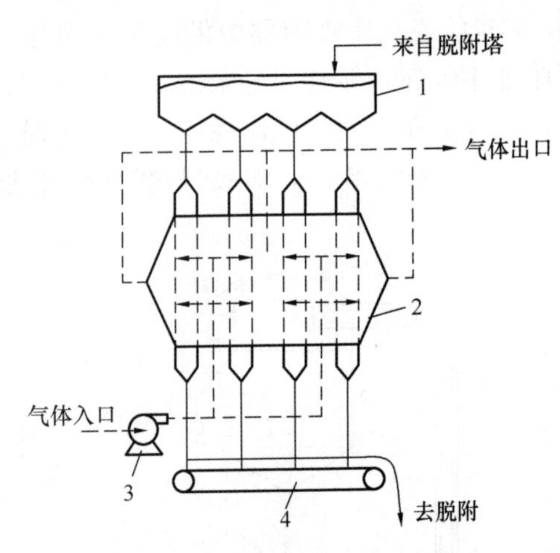

图 5-17　移动床吸附工艺流程

1—料斗；2—吸附器；3—风机；4—传送带

在理想状态下，若床层完全没有阻力，吸附会在瞬间达到平衡，即吸附速率无穷大，则在床层内所有断面上的吸附负荷均为一个相同的值，吸附负荷曲线将是一个直角形的折线，如图 5-18 所示。但实际上是不可能的，在实际操作中由于床层中存在阻力，在某一瞬间床层内各个截面上的吸附负荷会有差异，这时所绘制的曲线将是如图 5-19 所示的吸附负荷曲线。图中的曲线分成了三个区域：饱和区（所有吸附剂已经达到了饱和)、传质区（有一部分吸附剂还在吸附）和未用区（所有吸附剂上均未有吸附质)。如果经过一段时间的吸附，绘制另一时刻的吸附负荷曲线时，会发现曲线前进到了 II 线的位置，所以我们又形象地把吸附负荷曲线称为吸附波或吸附前沿。当吸附波的下端达到床层末端时，说明已有吸附质流出，这时床层被穿透，此时床层中吸附剂的吸附量称为动活性。

由于床层的阻力不同，吸附负荷曲线会有不同的形状。床层阻力越大，某一时刻床层内各截面上浓度差别越大，吸附负荷曲线也就变得越平缓，这是我们不希望的。

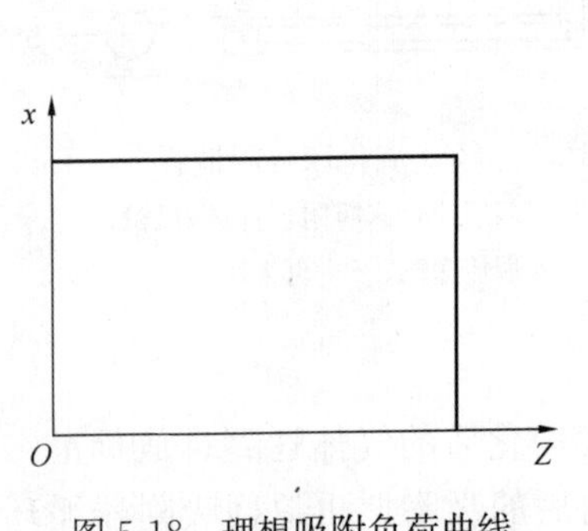

图 5-18　理想吸附负荷曲线

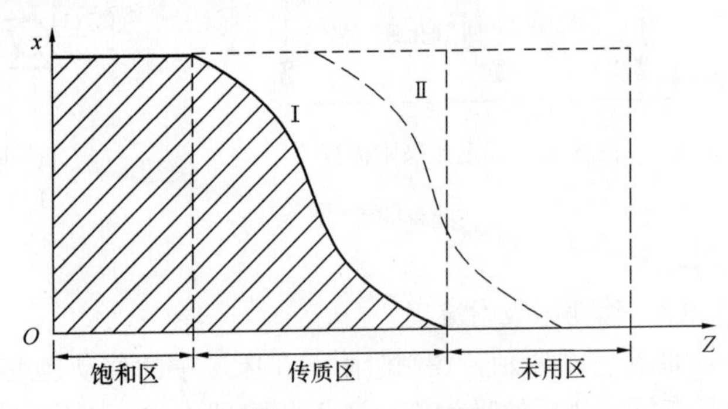

图 5-19　吸附负荷曲线

② 透过曲线

吸附负荷曲线表达了床层中浓度分布的情况，可直观地了解床层内操作的状况。但要从床层中各部位采出吸附剂样品进行分析是相当困难的，这样容易破坏床层的稳定。因此通常改用在一定的时间间隔内，分析床层流出物中吸附质浓度的变化，以流出物中吸附质浓度 y 为纵坐标，时间 τ 为横坐标，则随时间的推移可画出一条 τ-y 曲线，如图 5-20 所示。可以看出，随着吸附操作的进行，床层流出物浓度从 0 逐渐增加至 y_B，此时称床层被穿透，吸附剂必须再生（y_B是根据排放标准确定的污染物在净化后气流中的最大容许浓度）。从含污染物的气流开始通入吸附床到“穿透点”这段时间称为穿透时间或保护作用时间，记为 τ_B，床层穿透时的吸附容量称为动活性。继续操作，床层出口浓度不断增加直至 y_E，即接近气流进口浓度，这时床层已无吸附能力，称床层被饱和。从含污染物的气流开始通入吸附床到“饱和点”这段时间称为饱和时间，记为 τ_E，床层饱和时的吸附容量称为静活性。

由图 5-20 可以发现，在 τ-y 曲线上，从 τ_B～τ_E呈现一个 S 型曲线，这条曲线称“透过曲线”。它的形状与吸附负荷曲线是完全相似的，呈镜面对称，所以吸附负荷曲线也称为

“吸附波”或“传质前沿”，并把一个吸附波所占据的床层高度称为传质区高度。

由于透过曲线易于测定和标会出来，因此也用它来反映床层内吸附负荷曲线的形状，而且也能够准确地求出穿透点。如果透过曲线比较陡，说明吸附过程比较快，反之则速度较慢。如果透过曲线是一条竖直的直线，则说明吸附过程是飞快的，是理想的吸附波。

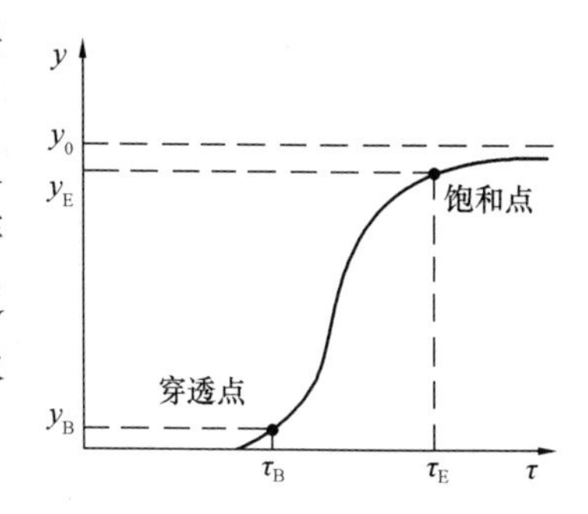

图 5-20　理想穿透曲线

（2）固定床吸附器的设计计算

固定床吸附器的操作是非稳定的，其影响因素很多，通常对固定床吸附器进行设计计算时均采用简化的近似方法。常用的有希洛夫近似计算法和穿透曲线计算法，这里仅介绍希洛夫近似计算法。

① 希洛夫公式

假设吸附速率为无穷大，则进入吸附剂层的吸附质立即被吸附，传质就不是在一个区段而是在一个面上进行，传质前沿为一垂直于 Z 轴的直线，传质区高度为无穷小。当吸附剂层被穿透时，整个吸附剂层全部达到饱和，则其动活性等于静活性，饱和度等于 1。

根据上述的假设，则穿透时间内气流带入床层的吸附质的质量应等于该时间内吸附剂层所吸附的污染物的质量，即：

$$x = aSL\rho_b \tag{5-75}$$

同时有：

$$x = vSC_0\tau_b \tag{5-76}$$

式中　x——达到吸附平衡时吸附剂层的平衡吸附量，kg；

τ_b——穿透时间，s；

a——静活性，质量%；

S——吸附剂层的截面积，m^2；

C_0——气流中污染物的初始浓度，kg/m^3；

L——吸附剂层气流方向的厚度，m；

ρ_b——吸附剂的堆积密度，kg/m^3；

v——吸附剂层中的气体空床流速，m/s。

对一定的吸附系统和操作条件，$\dfrac{a\rho_b}{vC_0}$ 为常数，并用 K 表示，由式（5-75）与式（5-76）得吸附床的穿透时间为：

$$\tau_b = \frac{a\rho_b}{vC_0}L = KL \tag{5-77}$$

上式表明，对一定的吸附系统和操作条件，吸附床的穿透时间与吸附床沿气流方向的长度呈直线关系（图 5-21，1），每一吸附剂层厚度对应于一个穿透时间。因而，只要测得 K 值，即可由吸附剂层厚度计算出其穿透时间；或由需要的穿透时间计算出所需的床层高度。

实际上，吸附速率不是无穷大，因而存在着一个传质区而不是传质面。穿透时传质区中部分吸附剂尚未达到饱和，其动活性小于静活性。也就是说，在实际吸附装置中，实际的穿透时间要小于上述假设的理想穿透时间（图 5-21，2），所以在实际设计中，可将式（5-77）修正为：

$$\tau_b = KL - \tau_0 \tag{5-78}$$

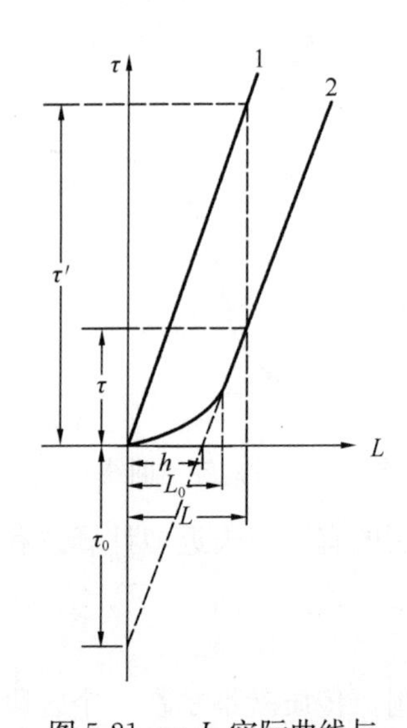

图 5-21　τ-L 实际曲线与理想线的比较

1—理想线；2—实际曲线

或：
$$\tau_b = K(L-h) \tag{5-79}$$

以上两式称为希洛夫公式，τ_0 称为吸附操作的时间损失，h 称为吸附操作的吸附剂层厚度损失，即吸附层中未被利用部分的厚度，τ_0 和 h 的值均可由实验确定。理想 K 的物理意义是：当浓度分布曲线进入平移阶段后，浓度分布曲线在吸附层中移动单位长度所需要的时间。$1/K$ 表示此浓度分布曲线在吸附剂层中前进的线速度（m/s）。

② 用希洛夫公式进行设计计算的程序

a. 选定吸附剂和操作条件，如温度、压力、气体流速等。对于气体净化，空床流速一般取 0.1～0.6m/s，可根据已知处理气量选定。

b. 根据净化要求，定出穿透点浓度。在载气速率一定的情况下，选取不同的吸附剂层厚度做实验，可测得相应的穿透时间。

c. 以吸附剂床层高度为横坐标，穿透时间为纵坐标，标出各测定值，可得一条直线。直线斜率为 K，截距为 τ_0。

d. 根据生产中计划采取的脱附方法和脱附再生时间、能耗等因素确定操作周期，从而确定所需要的穿透时间 τ_b。

e. 用希洛夫公式（5-78）计算所需吸附剂床层高度。若求出的高度太高，可分为 n 层布置或分为 n 个串联吸附床布置。为便于制造和操作，通常取各吸附剂层厚度相等，串联层数 $n \leqslant 3$。

f. 根据气体体积流量与空床气速求吸附剂层截面积 A（m^2）。若求出的截面积太大，可分为 n 个并联的吸附器。根据吸附剂层截面积可求出吸附器的直径或边长（矩形）。

g. 求出所需吸附剂质量。每次吸附剂装填总质量 m 用下式计算：

$$m = SL\rho_b \tag{5-80}$$

考虑到装填损失，每次新装吸附剂时需用吸附剂量为（1.05～1.2）m。

h. 计算压降。若压降值超过允许范围，可采取增大吸附剂层截面积、减小床层高度的办法使压降值降低。吸附剂层的气流压降值由下式估算：

$$\Delta P = \left[\frac{150(1-\varepsilon)}{Re_p} + 1.75\right]\frac{(1-\varepsilon)v^2\rho}{\varepsilon^3 d_p}L \tag{5-81}$$

式中　ΔP——气流通过吸附剂床层的压降，Pa；

ε——吸附剂床层的空隙率；

d_p——吸附剂颗粒的平均直径，m；

ρ——气体密度，kg/m^3；

Re_p——气流通过吸附剂的粒子雷诺数（$Re_p = d_p\rho v/\mu$）；

μ——气体黏度，Pa·s。

i. 设计吸附剂的支撑与固定装置、气流分布装置、吸附器壳体、各连接管口及进行脱附所需的附件等。

例 5-4　某厂产生四氯化碳废气，气量 Q =1000m^3/h，含四氯化碳浓度为 4～5g/m^3，每天最多工作 8h（白天）。拟采用吸附法净化，并回收四氯化碳，试设计适用的立式固定床吸附器。

解：（1）选吸附剂，四氯化碳为有机溶剂，沸点为76.8℃，微溶于水。可选用活性炭作为吸附剂进行吸附，采用水蒸气置换脱附，脱附气冷凝后沉降分离回收四氯化碳。根据市场供应情况，选用粒状活性炭作吸附剂，其直径为3mm，堆积密度为300～600kg/m³，空隙率为0.33～0.43。

（2）选定在常温常压下进行吸附，维持进入吸附床的气体在20℃以下，压力为1atm。选取空床气速20m/min。

（3）将穿透点浓度定为50mg/m³。用含四氯化碳浓度为5g/m³的气体，在上述条件下进行吸附实验，测定在不同床层高度下的穿透时间，实验结果见表5-10：

表5-10　不同床层高度下的穿透时间

床层高度 L（m）	0.1	0.15	0.2	0.25	0.3	0.35
穿透时间 τ_b（min）	109	231	310	462	550	651

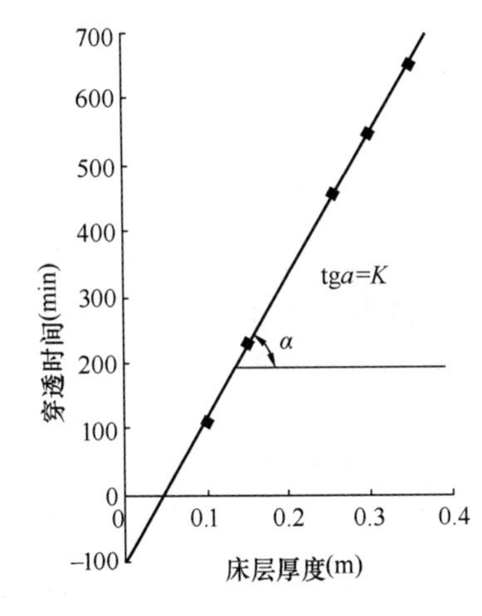

图5-22　表5-10中数据的希洛夫直线

（4）在坐标纸上以 L 为横坐标，τ_b 为纵坐标将实验数据标出，根据实验点画一直线（图5-22）。直线的斜率为 K，在纵轴上的截距为 τ_0。由图5-22取直线上两点得到：

$$K=\frac{650-200}{0.35-0.14}=2143\ \text{min/m}$$

$$\tau_0=95\ \text{min}$$

（5）根据该厂生产情况，考虑每周脱附一次，床层每周吸附6d，每天按8h计，累计吸附时间为48h（48×60min）。床层高度应为：

$$L=\frac{\tau_b+\tau_0}{K}=\frac{48\times60+95}{2143}=1.388\quad \text{m}$$

取 $L=1.4$m。

（6）采用立式圆柱床进行吸附，其直径为

$$D=\sqrt{\frac{4Q}{\pi v}}=\sqrt{\frac{4\times1000}{\pi\times20\times60}}=1.03\quad \text{m}$$

取 $D=1$m。

（7）所需吸附剂质量

$$m=SL\rho_b=\frac{\pi}{4}\times1^2\times1.4\times\frac{300+600}{2}=494.8\quad \text{kg}$$

$$m_{max}=\frac{\pi}{4}\times1^2\times1.4\times600=659.7\quad \text{kg}$$

考虑到装填损失，取损失率为10%，则每次新装吸附剂时需准备活性炭550～733kg。

（8）计算气流通过床层的压降。已知 $L=1.4$m，空隙率为0.33～0.43，取平均值0.38，$d_p=0.003$m；20℃、1atm下，空气的密度为1.2kg/m³，空气的黏度为 1.81×10^{-5} Pa·s，则实际空床气速：

$$v=\frac{Q}{S}=\frac{1000/3600}{\pi(1/2)^2}=0.354\ \text{m/s}$$

$$Re_p=\frac{d_p\rho v}{\mu}=\frac{0.003\times1.2\times0.354}{1.81\times10^{-5}}=70.4$$

$$\Delta P=\left[\frac{150(1-\varepsilon)}{Re_p}+1.75\right]\frac{(1-\varepsilon)v^2\rho}{\varepsilon^3 d_p}L$$

$$=\left[\frac{150(1-0.38)}{70.4}+1.75\right]\frac{(1-0.38)\times 0.354^2\times 1.2}{0.38^3\times 0.003}\times 1.4$$

$$=2435\quad \text{Pa}$$

即压力损失为2435Pa。

5.4 气体催化转化

气体催化转化就是借助催化剂的催化作用，使气体污染物在催化剂表面上发生化学反应，而使气体污染物转化为无害物或更易除去的物质，达到净化气体的方法。如含 NO_x 废气可采用催化还原的方法，使之转化为 N_2，有机废气可采用催化燃烧的方法，使之除去；含 SO_2 的废气可采用催化氧化的方法，使之转化为 SO_3 而加以回收利用。

在气体催化转化中，常采用固体催化剂，而反应物则为污染气体。因此，气体催化转化实质上就是在固体催化剂表面上进行气固相催化反应，而使反应物转为另一种物质。因此，本节将对气固相催化反应的有关原理及设备进行讨论。

5.4.1 催化作用和催化剂

1. 催化原理

由于气态污染物净化中，反应物为气体，而催化剂为固体，因此气态污染物催化转化属于多相催化作用。也就是说反应物必须和催化剂接触，即反应物被吸附在催化剂表面上才能完成。因此催化剂往往称为触媒。催化剂的催化作用可从以下两方面来说明。

(1) 催化作用与反应速度

在反应过程中，当反应物变为产物时，反应物分子的某些化学链要断裂，进行分子重排，生成产物。根据活化分子和活化能理论，只有反应物分子中那些具有较高能量的活化分子，才能打破旧键生成新键，重新组合成产物分子，因此，所需活化能很高。由于活化能很高，因而具有足够能量的活化分子很少，反应速度很慢。

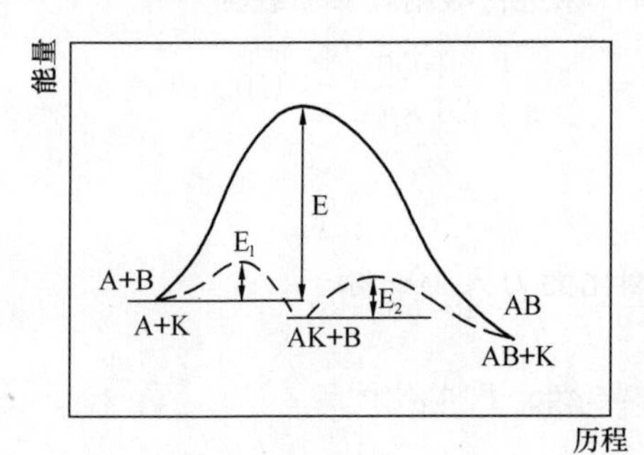

图5-23 催化作用的能量图

当催化剂存在时，可降低反应的活化能，使活化分子的数量大大增加，从而加快了化学反应的速度。催化作用之所以能降低活化能，主要是由于催化剂参与了反应，改变了反应途径。新的反应历程往往由两个以上基元反应组成，而每一个基元反应的活化能都明显小于原反应的活化能，因而使反应速度加快，如图5-23所示。

从图5-23可以看出，对于原有的 $A+B\rightarrow AB$ 的化学反应来说活化能E很高，但当加入催化剂K后，反应途径发生变化，首先反应物A与催化剂K进行反应，即 $A+K\rightarrow AK$ 活化能 E_1 较低，生成的AK又与反应物B进行反应，即 $AK+B\rightarrow AB+K$，活化能 E_2 亦较低，从而使 $A+B$ 的反应的活化能E就大为降低，反应速度大大增加。

(2) 催化作用与化学平衡

物质与物质之间能否进行化学反应，以及反应进行到多大程度，即转化率有多大，完全是由参加反应的物质的本性所决定的。从热力学上看，一个反应是否进行，完全是由反应体系自由能（或化学位）的改变决定的。不论催化剂的活性有多大，也不可能使在一定条件下热力学上不可能发生的化学反应进行下去，即催化剂不能改变自由能。由于反应体系的自由能与化学反应的平衡常数 K 有关，因此催化剂也不会影响和改变平衡常数，也就是不能改变化学反应所达到的平衡状态，使平衡发生移动。但由于催化作用加快了反应速度，因而缩短了反应达到平衡的时间。

对于可逆反应来说，平衡常数 K 等于正、逆反应速度常数之比。由于催化剂具有加速化学反应的作用，使正、逆反应的速度同时增大，且增大的倍数相同，因此正、逆反应速度常数的比值不变，平衡常数 K 也不变，亦即平衡不发生移动。因此，催化剂不能改变平衡状态，但只能缩短达到平衡的时间。

2. 催化剂

催化剂是能够加快化学反应的速度，但本身的化学性质及量在化学反应前后保持不变的一种物质。催化剂的形态可为气态、液态或固态，其中固体催化剂在工业上应用最为广泛，固体催化剂的种类很多，可以是一种物质，也可以由几种物质组成。

（1）固体催化剂的组成

固体催化剂通常由主活性物质、助催化剂和载体组成。为了便于制成所需要的形状，或改善强度和孔结构，还加入成型剂和造孔物质。

① 主活性物质　主活性物质是催化剂中能加快化学反应速度的主要成分。是催化剂的核心，能单独对化学反应起催化作用。因此，可单独作为催化剂使用。如 SO_2 氧化为 SO_3 使用的钒催化剂中的 V_2O_5。

② 助催化剂　助催化剂在催化剂中含量较少。这种物质本身对化学反应无催化性能，但它与活性物质共同存在时，能显著提高主活性物质的催化能力，使化学反应速度明显加快。如钒催化剂中的 Na_2O、K_2O 或 K_2SO_4。

③ 载体　载体是用于承载主活性物质和助催化剂的物质。从而提高主活性物质的分散度，增大催化剂的比表面积，以使气固两相充分接触。并且可使催化剂具有一定的形状和粒度，同时还可改善催化剂的某些催化性能。载体应为多孔惰性材料，且具有一定的机械强度，热稳定性及导热性能好。常用的载体材料有：硅藻土、硅胶、活性炭、分子筛以及某些金属氧化物，如氧化铝、氧化镁等。

（2）催化剂的性能

催化剂的性能主要是指催化剂的活性、选择性和稳定性。

① 催化剂的活性　催化剂的活性是衡量催化剂催化能力大小的标志。使用目的不同，活性的表示方法也不同。

工业上常以催化反应的生产能力大小来衡量催化剂活性，即单位体积（或质量）催化剂在一定反应条件下，单位时间内，催化所得到产品数量来表示活性。即

$$A=\frac{W}{W_R\cdot\tau} \tag{5-82}$$

式中　A——催化剂的活性，kg/(kg·h)；

W——所得产品的质量，kg；

W_R——催化剂的质量，kg；

τ——反应时间，h。

工业上，催化剂的活性通常也可以将产品的数量换算为转化率 x 表示，即

$$x=\frac{\text{反应了的反应物摩尔数}}{\text{通过催化剂床层反应物摩尔数}}\times 100\% \tag{5-83}$$

催化剂的活性大小除与活性物质的化学组成有关外，还和催化剂的比表面积大小有关，亦即催化剂的制造方法和工艺有关。为了排除比表面积大小，即制造方法和工艺对催化剂活性的影响，实验室常采用比活性来评价、研究催化剂。所谓比活性就是一定量催化剂单位比表面积上所呈现的活性。即

$$A_{比}=\frac{A}{S_{比}} \tag{5-84}$$

式中 $A_{比}$——催化剂的比活性，kg/(m^2·h)；

$S_{比}$——催化剂的比表面积，m^2/kg。

② 催化剂的选择性　当化学反应从热力学角度可能有几个反应方向时，通常一种催化剂在一定条件下，只能对其中一个反应方向起加速作用，这种专门对某一化学反应起加速作用的性能，称为催化剂的选择性。

催化剂的选择性大小，一般可用某反应物通过催化剂床层后所得的目的产物的摩尔数，与某反应物反应了的摩尔数之比来表示，则

$$\text{选择性}\quad E=\frac{\text{所得目的产物的摩尔数}}{\text{某反应物反应了的摩尔数}}\times 100\% \tag{5-85}$$

E 越大，则表明副反应越少，催化剂的选择性越好。

③ 催化剂的稳定性　催化剂的稳定性是指催化剂在化学反应过程中保持活性的能力。稳定性包括热稳定性、机械稳定性和抗毒稳定性。稳定性好坏常以催化剂的寿命，即在反应器中的使用期限来衡量。

影响催化剂寿命的主要因素有催化剂的老化和中毒。所谓“老化”是指催化剂在正常工作过程中逐渐失去活性的过程。这种失活主要由于低熔点活性组分流失、表面烧结或积炭、以及机械性粉碎造成的。温度越高，老化越快。所谓“中毒”是指反应物中少量的杂质使催化剂的活性迅速下降的现象，导致催化剂中毒的物质称为催化剂的毒物。催化剂中毒的化学本质是由于活性组分与毒物有更强的亲合力所致。根据亲合力的强弱可分为暂时中毒和永久中毒。对于暂时中毒来说，由于毒物亲合力较弱，通入水蒸汽可驱出毒物，可使催化剂再生，恢复活性，但恢复不到中毒前活性水平。对于永久中毒来说，由于毒物亲合力较强，不能驱出毒物，而使催化剂恢复活性。因此催化剂使用中要尽量避免中毒。

3. 气体催化净化常用催化剂

对于 SO_2、NO_x、有机废气、汽车排气的催化净化，由于所进行的催化反应不同，因而所采用的催化剂也不同。表 5-11 列出了净化气态污染物常用的催化剂。

表 5-11　净化气态污染物常用的催化剂

用　途	主活性物质	载　体
烟气脱硫制酸 $SO_2 \longrightarrow SO_3$	V_2O_5 含量 6%～12%	硅藻土 助催化剂 K_2SO_4 或 Na_2O
硝酸尾气及硝化废气脱 NO_x $NO_x \longrightarrow N_2$	Pt、Pd 含量 0.5	Al_2O_3 - SiO_2
	$CuCrO_2$	Al_2O_3 - MgO
碳氢化合物净化 $CO+HC \longrightarrow CO_2+H_2O$	Pt、Pd	Ni、NiO、Al_2O_3
	CuO、Cr_2O_3、Mn_2O_3 稀土金属氧化物	Al_2O_3

续表

用 途	主活性物质	载 体
汽车尾气净化	Pt (0.1%)	硅铝小球、蜂窝陶瓷
	碱土、稀土和过渡金属氧化物	Al_2O_3

5.4.2 气固相催化反应动力学

1. 气固催化反应过程

以反应物A被催化转化为生成物B为例来进行讨论。可设想A→B的单分子气固相催化反应可由以下七个步骤组成（图5-24）。

(1) 反应物A分子由气相主体扩散到催化剂颗粒外表面；

(2) 反应物A分子从催化剂外表面通过微孔扩散到催化剂内表面；

(3) 反应物A分子在催化剂内表面上被吸附；

(4) 被吸附的反应物A分子在催化剂内表面上进行化学反应，生成产物B；

(5) 生成物B分子从催化剂内表面上脱附下来；

(6) 生成物B分子从催化剂内表面通过微孔扩散到催化剂外表面；

(7) 生成物B分子从催化剂外表面扩散到气相主体。

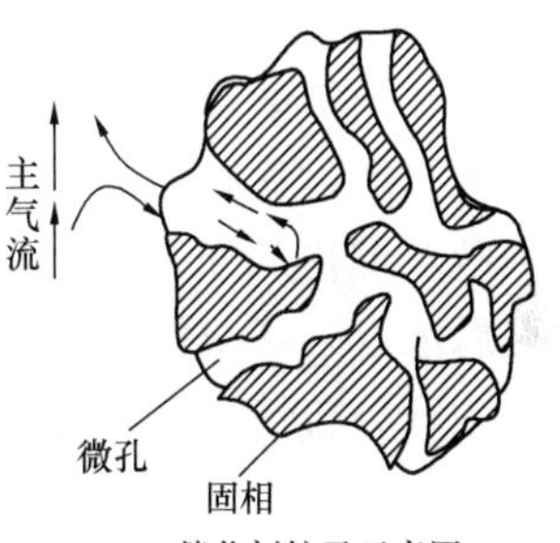

图5-24 气固相催化反应过程示意图

从以上七个步骤可以看出，(1) 和 (7) 是A或B分子在催化剂外部的扩散过程，称为外扩散过程；(2) 和 (6) 是A或B分子在催化剂微孔内的扩散过程，称为内扩散过程；(3)、(4)、(5) 是在催化剂表面上进行的表面化学过程，统称表面反应过程或化学动力学过程。

反应组分A经历这几个过程的推动力是浓度差，因而在这几个过程中浓度分布是不同的。对于球形颗粒催化剂表面进行的A→B反应，浓度分布情况如图5-25所示。

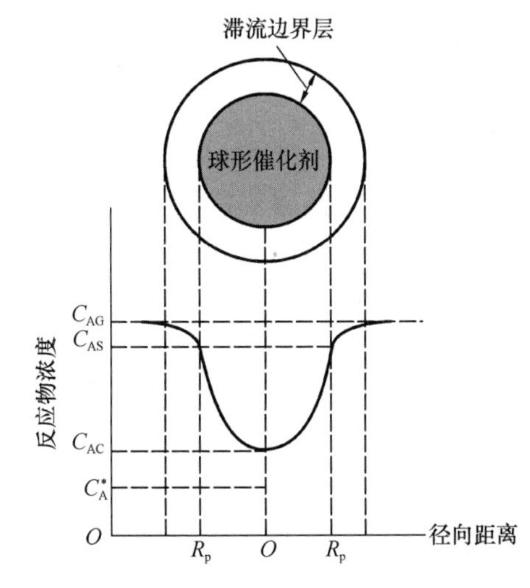

图5-25 球形催化剂反应组分A浓度分布

图5-25中，C_{AG}、C_{AS}、C_{AC}分别表示反应物A在气相主体中、催化剂外表面上、颗粒中心处的浓度，以C_A^*表示化学反应达到平衡时反应物A的浓度。

对于外扩散过程来说，仅为组分A的传质过程。传质推动力为（$C_{AG}-C_{AS}$），浓度梯度为常量，浓度分布在图中为一直线。对于内扩散过程来说，由于在这个过程中反应组分A接触到催化剂，因此，组分A不仅有传质过程，同时还有化学反应发生。传质和反应的推动力为（$C_{AS}-C_{AC}$），浓度梯度不为常量，图中浓度分布为一曲线。在催化剂中心处，反应组分A浓度降至最低即为C_{AC}，但不可能低于平衡浓度C_A^*。对于不可逆反应来说，由于$C_A^*=0$，所以催化剂中心处，组分A浓度可降至零。反应生成物B的扩散过程与浓度分布情况与上述过程相反。

综上所述，反应物A要进行气固相催化反应，必须经历外扩散、内扩散和表面化学反应三个过程，因此气固相催化反应的速度受上述三个过程速度的影响。在某些情况下，当某个过程的阻力和其他两个过程的阻力相比要大得很多，以致该过程的速度决定了气固相催化反应的总速度，那么该过程称为控制步骤。

不同控制步骤时，反应组分 A 的浓度分布情况亦不同，如图 5-26 所示。

(1) 外扩散控制

外扩散过程的阻力最大，要克服阻力，所需推动力也很大，因此反应物 A 从气相主体扩散至催化剂外表面时，浓度降低很大，而内扩散过程和表面反应过程由于阻力很小，所需推动力也很小，反应物 A 经历这两个过程后，浓度基本不变，而且接近平衡浓度。此时浓度分布情况为 $C_{AG} \gg C_{AS} \approx C_{AC} \approx C_A^*$，这就表明表面反应速度很快，且在外表面即可完成［图 5-26 (a)］。

(2) 内扩散控制

内扩散过程阻力最大，而外扩散和表面反应过程阻力很小，反应物 A 很容易从气相主体扩散至催化剂外表面上，因而浓度变化很小。由于内扩散阻力很大，反应物 A 经历这个过程后浓度下降很快。再者表面反应过程很易进行，那么在催化剂中心处的浓度接平衡浓度。浓度分布情况为 $C_{AG} \approx C_{AS} \gg C_{AC} \approx C_A{}^*$。这就表明，表面反应速度很快，且在内表面上完成［图 5-26 (b)］。

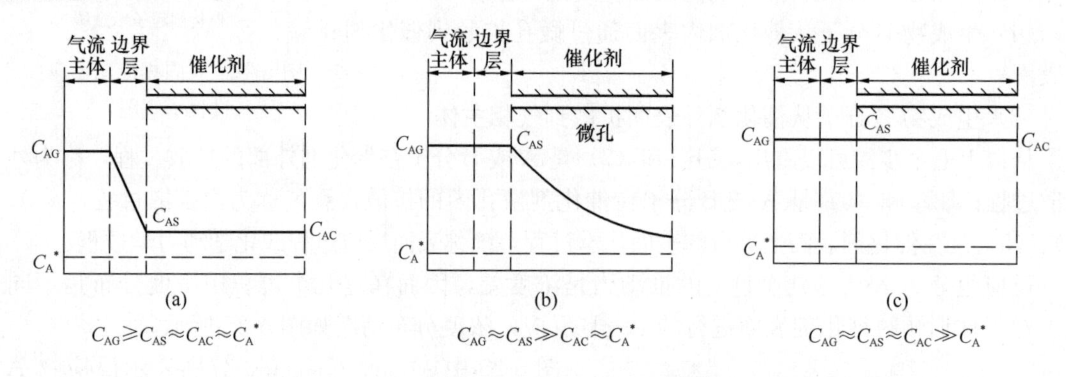

图 5-26　不同控制步骤下的反应物浓度分布

(a) 外扩散控制；(b) 内扩散控制；(c) 化学动力学控制

(3) 表面反应控制或化学动力学控制

表面反应过程阻力最大，而外、内扩散阻力很小，反应物 A 很容易从气相主体扩散至内表面中心处，因而浓度变化很小，由于表面化学反应阻力很大，反应很难进行，因而中心处的浓度与平衡浓度差距较大。浓度分布情况为 $C_{AG} \approx C_{AS} \approx C_{AC} \gg C_A^*$［图 5-26 (c)］。

控制步骤并不是不能改变的，改变气固相催化反应的条件，控制步骤也会发生变化。如增大反应气体通过催化剂层的流速，就有可能使外扩散控制转化为其他步骤控制。同样，若减小催化剂粒度，可能消除内扩散控制。若增大催化剂活性，就有可能消除表面反应控制。

由于反应物 A 在催化剂粒内扩散时，不是单独的扩散过程，而是一边进行扩散，一边进行表面化学反应的过程，内扩散过程到底对反应速度有多大影响，下面将进行讨论。

2. 气固相催化反应动力学方程

(1) 化学反应速率一般表达式

在均相反应体系中，以 A→B 的反应为例为讨论反应速度的表达式。

对于一定的反应空间来说，反应速度通常以单位反应体积中某反应物数量随时间的变化率来表示，即

$$r_A = -\frac{d(n_A/V)}{d\tau} \tag{5-86}$$

式中　r_A——反应物 A 的反应速度，kmol/(m³·h)；

V——反应空间，m³；

n_A——反应物 A 的瞬时摩尔数，kmol；

τ——反应时间，h。

当 V 一定时（恒容过程），上式表示为：

$$r_A = -\frac{dC_A}{d\tau} \tag{5-87}$$

式中　C_A——反应物 A 的瞬时浓度，kmol/m³。

对于流动物系，不易直接确定反应体积和时间，因而常用单位反应体积内，反应物流量的变化率来表示反应速度，即：

$$r_A = -\frac{d(n_A/\tau)}{dV} = -\frac{dN_A}{dV} \tag{5-88}$$

式中　N_A——反应物 A 的瞬时流量，kmol/h。

对于气固相催化反应，由于反应在催化剂表面进行，式（5-88）中反应体积改用催化剂的参数（体积、质量、表面积）来表示，因而出现了常见的三种反应速度表示式，即

$$r_A = -\frac{dN_A}{dV_R} \quad \text{kmol/(m}^3\text{催化剂·h)} \tag{5-89}$$

$$r_A = -\frac{dN_A}{dW_R} \quad \text{kmol/(kg 催化剂·h)} \tag{5-90}$$

$$r_A = -\frac{dN_A}{dS_R} \quad \text{kmol/(m}^2\text{催化剂·h)} \tag{5-91}$$

式中　V_R——催化剂体积，m³；

W_R——催化剂质量，kg；

S_R——催化剂表面积，m²。

工程上，常以反应物的转化率 x_A 来表示反应速度。设 N_{A0} 为气体中反应物 A 的初始摩尔流量（kmol/h），则转化率与反应物流量间的关系为：

$$x_A = \frac{N_{A0} - N_A}{N_{A0}}$$

所以

$$N_A = N_{A0}(1 - x_A) \tag{5-92}$$

将式（5-92）代入式（5-89）中可得：

$$r_A = N_{A0}\frac{dx_A}{dV_R} \tag{5-93}$$

若气体进入催化床层的体积流量为 Q_0，通过催化床层的时间为 τ，则 $V_R = Q_0\tau$，代入式（5-93）得：

$$r_A = \frac{N_{A0}}{Q_0}\frac{dx_A}{d\tau} = C_{A0}\frac{dx_A}{d\tau} \tag{5-94}$$

（2）动力学方程式

在温度和压力一定时，表示反应速度与反应物浓度间函数关系的式子称为动力学方程或反应速度方程。

对于 A→B 的 n 级不可逆反应，幂函数型式的动力学方程表示为：

$$r_A = k_C C_A^n \tag{5-95}$$

式中　k_C——n 级反应速度常数，$(m^3)^{n-1}/[(kmol)^{n-1} \cdot h]$；

n——反应级数；

C_A——反应物 A 的瞬时浓度，$kmol/m^3$。

若为气相反应，常以分压表示反应物浓度，动力学方程具有如下型式：

$$r_A = k_P p_A^n \tag{5-96}$$

式中　k_P——以压力为基准的反应速度常数，$kmol/(m^3 \cdot h \cdot atm^n)$；

p_A——反应物 A 瞬时分压，atm。

k_C与k_P的关系为：

$$k_P = \frac{k_C}{(RT)^n} \tag{5-97}$$

对于可逆反应，$n_1 A + n_2 B \rightleftharpoons n_3 M + n_4 E$，反应速度为正逆反应速度之差，其动力学方程式可表示为：

$$r_A = k_C C_A^{m_1} C_B^{m_2} - k'_C C_M^{m_3} C_E^{m_4} \tag{5-98}$$

式中幂指数分别为各组分的反应级数。

若反应不可逆，则上式简化为：

$$r_A = k_C C_A^{m_1} C_B^{m_2} \tag{5-99}$$

若反应为基元反应，则 $m_i = n_i$，即幂指数与化学反应的计量系数相同。若反应为非基元反应，幂指数 m_i应由实验测定。

反应速度常数 k 是当反应物浓度为 1 时的反应速度。它的因次随反应级数而异，对 n 级反应，k 的因次是 $[时间]^{-1} \cdot [浓度]^{1-n}$。反应速度常数的大小直接决定了反应速度的大小和反应进行的易、难程度。影响反应速度常数的因素较多，其中以温度的影响最为显著。随着温度增加反应速度常数随之增加，化学反应速度也随之增加，温度对反应速度常数的影响，可用阿累尼乌斯方程来描述，即

$$k = k_0 e^{-E/(RT)} \tag{5-100}$$

式中　k_0——频率因子；

E——反应的活化能，kJ/kmol；

R——气体常数，其值为 8.314kJ/kmol · K；

T——反应温度，K。

从式（5-100）可以看出，降低反应活化能 E，可使反应速度常数增大。因此，有催化剂参加的催化反应，由于活化能降低了，因而反应速度常数增大，化学反应速度增加。

对于气固相催化反应，由于反应在催化剂表面上进行，反应的生成物也占据了催化剂的部分表面，因此反应速度不仅与反应物浓度有关，而且还与生成物浓度有关；受催化剂影响的动力学方程中幂指数，还要通过实验测定。

（3）气固相催化反应的宏观动力学方程

对于气固相催化反应来说，气相中的反应组分必须扩散到固体催化剂表面上，然后在其表面上进行化学反应，因此外扩散速率、内扩散速率及表面化学反应速率都对气固相催化反应的总速率产生影响。包括了表面化学反应速度和传质速度（外扩散速度和内扩散速度）在内的总速率方程就称为宏观动力学方程。

① 内扩散过程对表面化学反应速度的影响

反应物A在催化剂微孔内的扩散，对表面反应速度有很大影响。反应物A进入微孔后，边扩散、边反应，如扩散速度小于表面反应速度，沿扩散方向，反应物浓度逐渐降低，以致反应速度也随之下降；当反应物浓度为零时，反应速度也为零，即表示在内表面上没有反应发生，因此，催化剂内表面不能全部发挥效能。为了定量说明内扩散的影响，引入催化剂有效系数 η。催化剂有效系数 η 也称为催化剂内表面利用率或内扩散效率。

催化剂颗粒内表面上的反应速度取决于内表面上反应组分A的浓度。在微孔口处反应组分A浓度最大，反应速度较快；在微孔深处反应组分浓度最小，反应速度也很小。在等温情况下，催化剂床层内实际反应量 N_1 为：

$$N_1 = \int_0^{S_i} k_S f(C'_{AS}) \mathrm{d}S_i \tag{5-101}$$

式中　S_i——单位体积床层中催化剂的内表面积，m^2/m^3；

k_S——以内表面积为基准的表面反应速度常数，$(m^3)^m/[(kmol)^{m-1} \cdot s \cdot m^2$（催化剂颗粒）]；

C'_{AS}——颗粒内表面上反应组分A的瞬时浓度，$kmol/m^3$；

$f(C'_{AS})$——内表面上反应动力学方程式中的浓度函数。

由于在催化剂颗粒外表面，即微孔口处反应组分浓度最大，故按孔口处浓度 C_{AS} 和催化剂颗粒内表面积 S_i 计算的单位时间的反应量，是不计入内扩散影响的理论反应量 N_2，可表示为：

$$N_2 = k_S f(C_{AS}) S_i \tag{5-102}$$

N_1 和 N_2 的比值即为催化剂有效系数 η，即

$$\eta = \frac{\int_0^{S_i} k_S f(C'_{AS}) \mathrm{d}S_i}{k_S f(C_{AS}) S_i} \tag{5-103}$$

因此，催化剂有效系数可认为是存在内扩散影响的表面反应速度与不存在内扩散影响时的表面反应速度之比。引入催化剂有效系数 η，可将内扩散过程对表面反应速度的影响表示出来，因此，内扩散过程中的表面反应速度 r_A 可表示为：

$$r_A = \eta k_S f(C_{AS}) S_i \tag{5-104}$$

催化剂有效系数 η 可通过实验测定，也可通过计算方法求解。

实验测定方法是首先测得颗粒的实际反应速度 r_P，然后将颗粒逐步粉碎，使其内表面暴露为外表面，在相同条件下再测定反应速度。当颗粒粉碎到足够细，测得的反应速度已不再变化时，所测出的反应速度就是消除了内扩散影响的反应速度 r_S，测出的两个反应速度之比 r_P/r_S，即为催化剂有效系数 η。

计算方法是，若反应为等温过程，只需将颗粒内物料平衡方程与化学反应动力学方程联立求解，就可求得等温时催化剂有效系数 η，若要求取非等温时催化剂的有效系数 η，只要再联立上热量平衡方程即可。

设催化剂为球形颗粒，此处，引入一表征内扩散影响的主要参数，即内扩散模数 ϕ_s（或称西勒模数），它是一无因次数群，即

$$\phi_s = R\sqrt{\frac{k_V C_{AS}^{m-1}}{D_e}} \tag{5-105}$$

式中　ϕ_s——球形催化剂的内扩散模数；

R——球形催化剂颗粒的半径，m；

k_V ——以催化剂体积为准的反应速度常数，$(m^3)^m/[(kmol)^{m-1}\cdot s\cdot m^3$（催化剂颗粒）]；

D_e ——催化剂颗粒内有效扩散系数，m^2/s；

C_{AS} ——球形颗粒外表面反应组分浓度，$kmol/m^3$；

m ——反应级数。

若为一级反应，球形颗粒内扩散模数则为：

$$\phi_s = R\sqrt{\frac{k_V}{D_e}} \tag{5-106}$$

式（5-106）表明一级反应的内扩散模数与反应物浓度无关。

对于球形催化剂，若粒内反应为等温一级不可逆反应，根据前述计算方法，可得催化剂有效系数 η 的计算公式：

$$\eta = \frac{3}{\phi_s}\left(\frac{1}{\tanh\phi_s} - \frac{1}{\phi_s}\right) \tag{5-107}$$

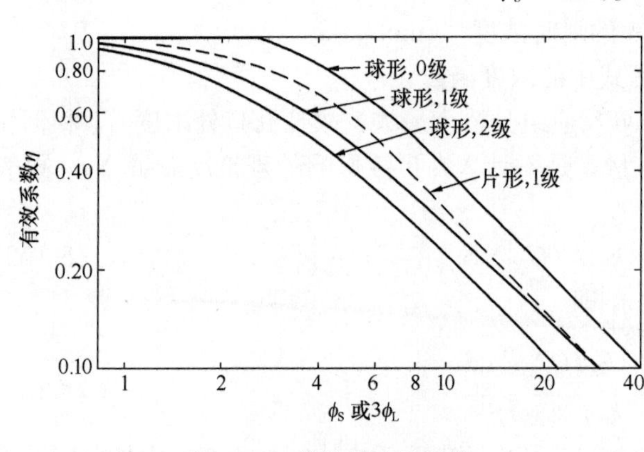

图 5-27　催化剂有效系数

ϕ_L —片状催化剂内扩散模数

由式（5-107）可以看出，催化剂有效系数 η 完全取决于内扩散模数 ϕ_s，当 ϕ_s 越大，η 就越小，说明内扩散影响大，而 ϕ_s 越大，也就意味着催化剂球径（R）越大，反应速度（k_V）越快或内扩散（D_e）越慢；反之 ϕ_s 越小，η 就越大，说明内扩散影响就越小，当 ϕ_s 很小时，$\eta \to 1$，内扩散影响可以忽略不计。η 和 ϕ_s 的关系也可标绘在图 5-27 上。由图 5-27，根据 ϕ_s 值可查得 η。

对于其他形状的催化剂和其他级别的化学反应，催化剂有效系数和内扩散模数的关系，可参看图 5-27。

固定床催化反应器内常用的是直径为 3～5mm 的大颗粒，催化剂有效系数 η 值通常在 0.2～0.8 之间，因此，一般很难消除内扩散影响。

② 气固相催化反应宏观动力学方程

以 $A \rightleftharpoons B$ 的单分子一级可逆反应为例，来讨论动力学方程的建立。

外扩散速度可用传质系数与传质推动力的乘积来表示，即外扩散速度

$$r_A = k_G S_e \varphi_a (C_{AG} - C_{AS}) \tag{5-108}$$

式中　k_G ——以浓度差为推动力的外扩散传质系数，m/s；

S_e ——单位体积床层中催化剂的外表面积，m^2/m^3；

φ_a ——催化剂的形状系数，对球形颗粒 $\varphi_a=1$；对无定形颗粒，$\varphi_a=0.9$，片状颗粒 $\varphi_a=0.81$；

C_{AG} ——气相主体中反应物 A 浓度，$kmol/m^3$；

C_{AS} ——催化剂外表面上反应物 A 浓度，$kmol/m^3$。

由于在催化剂内部的内扩散过程和表面化学反应过程是同时进行的，因而将内扩散速度和表面反应速度综合考虑。前已述及，内扩散对表面化学反应的影响，可用催化剂有效系数

η 来表示，对于单分子一级可逆反应，存在内扩散影响的表面反应速度可表示为：

$$r_A = \eta k_S S_i (C_{AS} - C_A^*) \tag{5-109}$$

式中 k_S ——以内表面积为基准的表面反应速度常数，m/s；

S_i ——单位体积催化剂的内表面积，m^2/m^3；

C_A^* ——平衡浓度，$kmol/m^3$。

当气固相催化过程达到稳定时，单位时间内从气相主体扩散到催化剂外表面反应组分的量，必定等于催化剂颗粒内实际反应量，即外扩散速度等于表面实际反应速度，并与总速度相等。所以

$$r_A = k_G S_e \varphi_a (C_{AG} - C_{AS}) = \eta k_S S_i (C_{AS} - C_A^*) \tag{5-110}$$

由式（5-110）可得：

$$r_A = \frac{C_{AG} - C_A^*}{\dfrac{1}{k_G S_e \varphi_a} + \dfrac{1}{\eta k_S S_i}} \tag{5-111}$$

式（5-111）就是考虑了内、外扩散影响的单分子一级可逆气固相催化反应的宏观动力学方程（即总速率方程）。分母中的第一项 $\dfrac{1}{k_G S_e \varphi_a}$ 表示外扩散阻力；第二项 $\dfrac{1}{\eta k_S S_i}$ 表示内扩散阻力与表面反应阻力之和。而公式中分子 $C_{AG} - C_A^*$ 则表示气固相催化反应的总推动力。

从式（5-111）可以看出，对于一定的反应体系，要降低外扩散阻力，则要增大外扩散传质系数 k_G。而增大气流通过催化剂表面的流速，减薄气膜层的厚度，可提高 k_G。可见，提高气流速度，可降低外扩散阻力，当气流速度增大到一定值后，外扩散阻力可降至最小，即消除外扩散影响。对于一定的反应体系，要减小内扩散阻力，则要增大催化剂有效系数 η。而减小催化剂颗粒直径，缩短微孔长度，可提高 η。可见，减小催化剂颗粒直径，可降低内扩散阻力，当颗粒直径减小到一定值后，内扩散的影响可消除。

若用表观反应速度常数 k_T 来表示式（5-111）中分母的倒数，即：

$$k_T = \left(\frac{1}{k_G S_e \varphi_a} + \frac{1}{\eta k_S S_i} \right)^{-1} \tag{5-112}$$

则宏观动力学方程可表示为如下形式：

$$r_A = k_T (C_{AG} - C_A^*) \tag{5-113}$$

式（5-113）与一般化学反应的动力学方程相似，只不过表观反应速度常数 k_T 和一般化学反应的速度常数不同，它包括了传质过程的影响。

根据式（5-111）中各项阻力的大小可以判断气固相催化反应的控制步骤。

若 $\dfrac{1}{k_G S_e \varphi_a} \gg \dfrac{1}{\eta k_S S_i}$ 时，说明外扩散阻力很大，气固相催化反应为外扩散控制，式（5-111）变为：

$$r_A = k_G S_e \varphi_a (C_{AG} - C_A^*) \tag{5-114}$$

式（5-114）为外扩散控制时宏观动力学方程，可以看出，此时气固相催化反应的总速度取决外扩散速度。

此时表观反应速度常数 $k_T = k_G S_e \varphi_a$。

若 $\dfrac{1}{k_G S_e \varphi_a} \ll \dfrac{1}{\eta k_S S_i}$，且 $\eta < 1$ 时，说明内扩散阻力很大，对气固相催化反应影响较大，而外扩散阻力可忽略不计，气固相催化反应为内扩散控制，式（5-111）变为：

$$r_A = \eta k_S S_i (C_{AG} - C_A^*) \tag{5-115}$$

式（5-115）为内扩散控制时宏观动力学方程，可以看出，此时气固相催化反应的总速度取决内扩散速度。

此时表观反应速度常数 $k_T = \eta k_S S_i$。

若 $\dfrac{1}{k_G S_e \varphi_a} \ll \dfrac{1}{\eta k_S S_i}$，且 $\eta = 1$ 时，说明内扩散阻力很小，可忽略不计，而表面化学反应阻力很大，气固相催化反应为化学动力学控制，式（5-111）变为：

$$r_A = k_S S_i (C_{AG} - C_A^*) \tag{5-116}$$

式（5-116）为化学动力学控制时宏观动力学方程，可以看出，此时气固相催化反应的总速率取决表面化学反应的速度。

此时表观反应速度常数 $k_T = k_S S_i$。

5.4.3 SO_2催化氧化动力学方程

SO_2的催化反应为：

$$SO_2 + \frac{1}{2}O_2 \rightleftharpoons SO_3$$

若不考虑逆反应，SO_2催化氧化的动力学方程可表示为：

$$r_{SO_3} = \frac{dC_{SO_3}}{d\tau} = kC_{SO_2}^{m_1} C_{O_2}^{m_2} C_{SO_3}^{m_3} \tag{5-117}$$

若采用 V_2O_5作催化剂，由实验测得：$m_1 = 0.8$，$m_2 = 1$，$m_3 = -0.8$，则上式变为：

$$r_{SO_3} = \frac{dC_{SO_3}}{d\tau} = kC_{O_2}\left(\frac{C_{SO_2}}{C_{SO_3}}\right)^{0.8} \tag{5-118}$$

随着生成物浓度逐渐增大，逆反应的影响不可忽略，此时由实验得知，反应速度并非取决于气体中 SO_2浓度，而是取决于 SO_2的瞬时浓度与平衡浓度的差值，因此将上述动力学方程修正为：

$$r_{SO_3} = \frac{dC_{SO_3}}{d\tau} = kC_{O_2}\left(\frac{C_{SO_2} - C_{SO_2}^*}{C_{SO_3}}\right)^{0.8} \tag{5-119}$$

设 SO_2的转化率为 x，a、b 为 SO_2和 O_2的初始浓度，体积%，则

$$C_{SO_3} = ax,\ C_{SO_2} = a - ax,\ C_{O_2} = b - \frac{1}{2}ax,\ C_{SO_2}^* = a - ax^*$$

式中　x^*——SO_2的平衡转化率。

将以上各组分浓度表示式代入式（5-117）中，经整理得，

$$\frac{dx}{d\tau} = \frac{k}{a}\left(b - \frac{1}{2}ax\right)\left(\frac{x^* - x}{x}\right)^{0.8} \tag{5-120}$$

式（5-120）即为用 V_2O_5作催化剂以转化率表示的 SO_2氧化为 SO_3的动力学方程式。

不同的气固相催化反应，其动力学方程往往都需要通过实验测定。

5.4.4 气-固相催化反应器

工业上常用的气固相催化反应器分固定床和流动床两大类。而以颗粒状固定床的应用最为广泛。固定床的优点是催化剂不易磨损而可长期使用，又因为它的流动模型最接近理想活塞流，停留时间可以严格控制，能可靠地预测反应进行的情况，容易从设计上保证高转化率。另外，反应气体与催化剂接触紧密，没有返混，从而有利于提高反应速度和减少催化剂装量。固定床的主要缺点是床内温度分布不均匀，由于催化剂颗粒静止不动，颗粒本身又是

导热性差的多孔物体，活塞流的流动又限制了流体径向换热的能力，而化学反应总伴随着一定的热效应，这些因素加在一起，使固定床的温度控制问题成为其应用技术的难点和关键。各种床型的反应器都是为解决这一问题而设计的。

1. 固定床催化反应器的类型

（1）单层绝热反应器

单层绝热反应器的结构如图 5-28 所示，反应器中只装一段催化剂层即可达到要求的转化率。反应体系除了通过器壁的散热外，不与外界进行热交换。因而结构最简单，造价最低，反应器对气流的阻力也最小，但催化床内温度分布不均。在放热反应中，容易造成反应热的积累，使床层升温。因此，单层绝热反应器通常用在化学反应热效应小和反应物浓度低等反应热不大的场合。在净化气态污染物的催化工程中，由于污染物浓度低而风量大，温度已降为次要因素，而多从气流分布的均匀性和床层阻力等方面来权衡选择床层的截面积和高度。

（2）多段绝热反应器

把多段催化剂层串联起来，在相邻的两个催化剂层之间引出（或加入）热量就成为多段绝热反应器。多段绝热反应器与单层绝热反应器的本质区别在于它能有效地控制反应的温度。

段间的热交换有直接换热和间接换热两种方式。间接换热就是通过设在段间的热交换器，将热量从反应过程中及时地取出（或加入），如图 5-29(a) 所示。这种换热方式适用性广，能够回收反应热，对催化反应没有影响，但设备复杂，费用大。直接换热方式则是在段间通入冷气流，直接与前一段反应后的热气流混合而降温，如图 5-29(b) 所示。这种换热方式流程与操作较复杂，催化剂的用量增加。它适用于催化反应的反应热不大，而采用间接换热代价太大的场合。

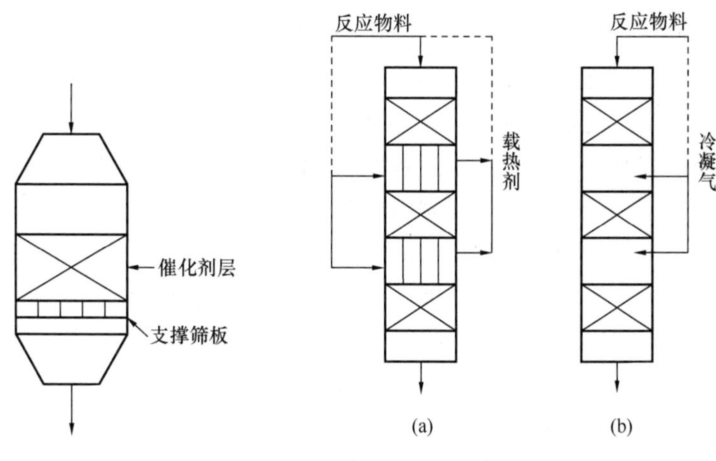

图 5-28　单层绝热反应器结构示意图

图 5-29　多段绝热反应器结构示意图
（a）间接换热；（b）直接换热

（3）列管式反应器

列管式反应器如图 5-30 所示。它适用于对催化床的温度分布要求很高或反应热特别大的催化反应。列管式反应器通常在管内装催化剂，而在管外装载热体。载热体可以是水或其他介质，在放热反应中也常用原料气作载热体以降低温度，同时预热原料气。管式反应器的轴向温差通过调节载热体的流量来控制，径向温差通过选择管径来控制。管径越小，径向温度分布越均匀，但设备费用和阻力也就越大。一般管径应在 20～30mm 以上，最小不小于 15mm。为使气流分布均匀，每根管子的阻力特性必须相同，且有一定长度，以减少进口气流分布不均匀的影响。

（4）其他反应器

除了以上三种结构类型外，固定床反应器还有径向反应器和薄层床反应器等类型。如图 5-31 所示，径向反应器把催化剂装在两个半径不同的同心圆多孔板之间，反应气流沿径向通过催化床。因而它的气体流通截面积大，压降小，而这正是气态污染物净化所要求的。

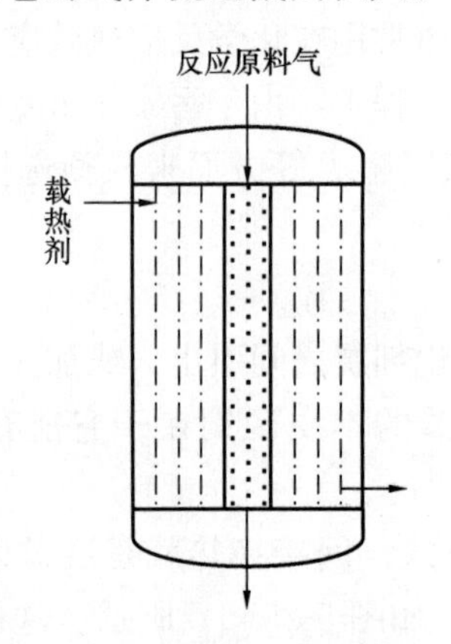

图 5-30　列管式反应器示意图

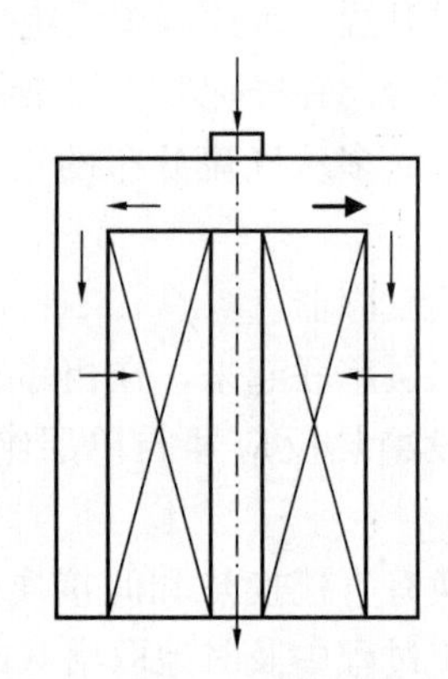

图 5-31　径向反应器示意图

对反应速度极快而所需接触时间很短的催化反应，可采用薄层床反应器。薄层床是一种温度分布最均匀的绝热式固定床，而当所用催化剂价格昂贵时，则具有明显的经济意义。

上述各类反应器一般都离不开辅助设备——预热器。预热器是专门用来预热反应气体的，通常也通过预热气体来预热催化床（管式反应器的情况不完全如此）。预热器可以设在反应器的外部，也可以设在反应器的内部，其热源一般是电能、可燃气体或蒸汽。在放热反应中，当反应器正常运行之后，则可以通过换热器利用反应热部分或全部代替外部能源。

在催化反应器的设计中，可以在上述各种类型的基础上进行变化。工程设计中有时会碰到几种可行的方案，必须根据实际情况做出选择。一般的选择原则为：①根据催化反应热的大小，反应对温度的敏感程度及催化剂的活性温度范围，选择反应器的结构类型，把床温分布控制在一个适合的范围内。②反应器的气流压降要小，这对气态污染物的净化尤为重要。③反应器操作容易，安全可靠，并力求结构简单，造价低廉，运行与维修费用低。

由于污染气体量大、污染物浓度低，因而催化反应的热效应小。要想使污染物浓度达到排放标准，必须有较高的催化反应转化率。因此，选用单层绝热反应器，对实现气态污染物的催化转化有着绝对的优势，国内的氮氧化物转化、有机蒸汽催化燃烧和汽车尾气净化，都采用了单层绝热反应技术。

反应器的作用主要是提供与维持发生化学反应所需要的条件，并保证反应进行到指定程度所需要的反应时间。因此，气-固相催化反应器的设计，即在选择反应条件的基础上确定催化剂的合理装量，并为实现所选择的反应条件提供技术手段。

2. 气-固相催化反应器的设计基础

（1）停留时间

反应物通过催化床的时间称为停留时间。显然，停留时间决定了物料在催化剂表面化学反应的转化率。而停留时间又是由催化床的空间体积、物料的体积流量和流动方式所决定的。因此，停留时间是反应器设计的一个非常重要的参数，它和反应速度共同决定了反应器的催化剂装量。

（2）反应器的流动模型

气-固相催化反应器属于连续式反应器，常用的有两种理论流动模型，即活塞流反应器和理想混合流反应器。在活塞流反应器内，气体以相同的速度沿流动方向流动，而且没有混合和扩散，就象活塞那样运动，因而通过反应器的时间完全相同。而在理想混合流反应器中气体在进入的瞬间即均匀地分散在整个反应空间，反应器出口的气体浓度与反应器内完全相同。实际反应器内的气体流动模型总是介于上述两种理论流动模型之间的。气体在反应器内流动截面上各点的流动状态，实际上是各不相同的，各气体质点的停留时间因此也就不同。具有某一停留时间的气体在气体总量中占有一定的比例。对确定的流动状态，不同停留时间的气体在总量中所占的比例有一个相应的统计分布。这种气体停留时间分布函数，和反应动力学方程一样，也是反应器理论设计计算的基础。

在连续流动状态下，不同停留时间的气体在各个流动截面上难免要发生混合，这种现象即为返混。返混会使气相主体中反应物浓度降低，反应产物浓度升高，减小了过程的推动力，从而降低了转化率。在设计时，常用增大催化剂装填量的方法来补偿返混的影响。

工程上对某些反应器作近似处理，如把连续釜式反应器简化为理想混合反应器，而把高径比大的固定床简化为活塞流反应器。对薄层床以外的其他固定床反应器，包括加装惰性填料层的薄层床，由于气流在催化剂的孔隙或颗粒间隙内流动，把它们简化为活塞流反应器仍可得到满意的效果。固定床反应器的停留时间可按下式来求取：

$$t=\frac{\varepsilon V_R}{Q} \tag{5-121}$$

式中　V_R——催化剂体积，m^3；

Q——气体体积流量，m^3/h；

ε——催化床空隙率，%。

由于Q通常是一个变量，式（5-121）的计算是不方便的。工程上常用空间速度求反应时间。

（3）空间速度

空间速度是指单位时间内通过单位体积催化床的气体体积，记为W_{SP}

$$W_{SP}=\frac{Q_N}{V_R}\qquad [m_N^3/（h\cdot m^3催化剂）] \tag{5-122}$$

式中　Q_N——标准状态下的气体体积流量，m_N^3/h。

有时也可用进口状态下气体体积流量来表示。显然，空间速度越大，停留时间越短。基于这种关系，把空间速度的倒数称为气体与催化剂的接触时间，记为：

$$\tau'=\frac{1}{W_{SP}}=\frac{V_R}{Q_N} \tag{5-123}$$

工程上常用接触时间来表征气体在催化反应器中的停留时间。

3. 气-固相催化反应器的设计计算

气-固相催化反应器的设计有两种计算方法，一种是经验计算法，另一种是数学模型法。

经验计算法是把整个催化床作为一个整体，利用生产过程中的经验参数设计新的反应器，或通过中间试验测得最佳工艺参数（比如反应温度和空间速度）和最佳操作参数（如空床气速的许可压降等），在此基础上求出相应条件下的催化剂体积和反应床截面及高度。经验计算要求设计条件符合所借鉴的原生产工艺条件和中间试验条件。在反应物浓度、反应温度、空间速度以及催化床中的温度分布和气流分布等方面，应尽量保持一致。因此不宜高倍放大，并要求中间试验有足够的生产规模，否则将导致较大的误差。

数学模型法是借助于反应的动力学方程、物料流动方程及物料衡算方程，通过对它们的联立求解，求出指定条件下达到规定转化率所需要的催化剂体积。而这些基础方程的建立，一般要通过对反应的物理和化学过程作必要的简化，最后通过实验测定来完成。实际上数学模型法是建立在对化学反应作深入研究的基础上的。尽管固定床催化反应器很接近理想活塞流反应器，它的数学模型计算得到相对简化，但要建立可靠的动力学方程，获得准确的化学反应基本数据（如反应热）和传递过程数据，一般仍离不开实验测定研究工作。因此，数学模型法的实际应用受到限制；而以实验的模拟作基础的经验计算法反而显得简便和可靠，因而得到了普遍的应用。

（1）催化剂装量的经验计算

经验法计算催化剂用量的计算过程是很简便的，因为事先已有生产经验数据或中间试验结果，已掌握所选用的催化剂在一定反应条件和参数范围内达到规定转化率的空间速度，设计流量 Q（m^3/h）下的催化剂装量即为：

$$V_R = \frac{Q}{W_{SP}} \tag{5-124}$$

当然，各种反应条件的设计参数必须与该空间速度所对应的全套反应条件参数相一致。

（2）固定床催化剂装量的数学模型计算

催化剂装量的数学模型计算，根据催化床的温度分布，分等温分布和轴向温度分布两种计算类型。

对绝热式固定床，通常忽略与外界的传热（设计上要有相应的保温措施）而认为径向温度分布是均匀的。对反应热效应小的化学反应，或低浓度气态污染物的催化转化，因其反应热小，一般又采用预热进口气体的方式来提供和维持催化床的反应温度，其轴向温度差也可忽略不计，这样的绝热固定床可认为是一种等温反应器。因此，只要对流动体系的速率方程积分，即可得到化学动力学为控制步骤时的催化剂装量：

$$dV_R = N_{A0}\frac{dx_A}{r_A} \tag{5-125}$$

式中 V_R——催化剂装量，m^3；

N_{A0}——反应物的初始流量，mol/h；

x_A——转化率，%；

r_A——反应物的反应速度，mol/（$m^3 \cdot h$）。

对（5-125）两边积分，得：

$$V_R = N_{A0}\int_0^{x_A}\frac{dx_A}{r_A} \tag{5-126}$$

对等温床，r_A仅仅是转化率 x 的函数，如对单分子反应，有：

$$r_A = k_A C_A^n = k_A Q^{-n}[N_{A0}(1-x_A)]^n \tag{5-127}$$

式中 k——为反应速度常数；

Q——气体的体积流量，m^3/h；

一般情况下，Q 是变化的，并按理想气体处理，有：

$$Q=\frac{RT}{P}\Sigma n_i \tag{5-128}$$

式中 Σn_i——反应体系中各种气体（包括反应产物）分子的总摩尔数。

在特定的化学反应中，气体的体积流量与转化率有确定的线性关系，带入相应的动力学方程，即可求得催化剂的装量。

对工业反应器，由于要求有较高的转化率，它的温度分布一般有较明显的轴向温差。这时需要借助于热量衡算式，求出转化率与温度的关系，才能求得催化剂的装量。

考虑微元反应体积 dV_R，设反应物通过微元的转化率为 dx_A，微元内的反应热 Q_r 即为

$$Q_r=r_A dV_R(-\Delta H_r)=N_{A0}dx_A(-\Delta H_r) \tag{5-129}$$

式中 ΔH_r——反应热效应，kJ/mol。

反应热的释放，使反应气体通过微元后温度变化了 dT，当反应体系的温度平衡时，有：

$$N_{A0}dx_A(-\Delta H_r)=N_0\overline{C}_P dT \tag{5-130}$$

式中 N_0——总的衡分子流量，mol/h；

$\overline{C_P}$——混合气体的平均恒压比热，kJ/(mol·K)。

设过程的转化率从 x_0 变化到 x，体系的温度相应地从 T_0 变到 T，式（5-130）两边积分，对总分子数不变的反应体系，可得：

$$T-T_0=\frac{N_{A0}}{N_0 C_P}(-\Delta H_r)(x-x_0)=\frac{y_{A0}}{C_P}(-\Delta H_r)(x-x_0) \tag{5-131}$$

式中 y_{A0}——物料 A 的初始摩尔分率。

对物质的总摩尔数变化的反应体系，要根据特定的化学反应求出 N_0 和转化率的关系，再带入公式（5-130）进行积分，从而求出温度 T 与转化率 x 的关系。将两者的函数关系带入公式（5-126），并将对转化率的积分变为对温度 T 的积分，从而求出催化剂床层的体积。

上面所介绍的催化剂用量的数学模型计算只适用于活塞流反应器。因为关系式 $N_A=N_{A0}(1-x)$ 只有在活塞流反应器中才成立。另外对于受内外扩散控制的过程，催化剂用量的计算应在前面计算的基础上再除以一个效率因数，即

$$V_R=\frac{N_{A0}}{\eta}\int_0^{x_A}\frac{dx_A}{r_A} \tag{5-132}$$

对内扩散控制过程，η 即为内扩散效率；对外扩散控制过程：

$$\eta=\frac{1}{1+k_A/k_G S_e\varphi_a} \tag{5-133}$$

（3）固定床的阻力计算

各种颗粒层固定床，如颗粒层过滤器、吸附器和催化反应器中的固定床，都有着相同的阻力计算公式。但由于催化床内的流动参数沿床层高度方向是变化的，故需根据实际变化的程度，采用不同的计算方法来修正。气流通过颗粒层固定床的流体阻力，可用欧根（Ergun）的等温流动阻力公式估算：

$$\Delta p=f\frac{H\rho v^2(1-\varepsilon)}{d_S\varepsilon^3} \tag{5-134}$$

其中摩擦阻力系数为：

$$f = 150/Re + 1.75 \tag{5-135}$$

而雷诺数为

$$Re = \frac{d_S v\rho}{\mu(1-\varepsilon)} \tag{5-136}$$

式中 Δp——床层阻力，Pa；

H——床高，m；

v——空床速度，m/s；

ρ——气体密度，kg/m^3；

μ——气体黏度，Pa·s；

d_S——颗粒的体积表面积平均直径，m；

ε——床层空隙率，%。

实际上催化床沿流动方向一般是有较大温差的，气体的流量是随化学反应和温度而变化的，因此，对它的阻力计算，应根据流量和温度变化的程度，将整个床层分为若干段，每段都视为是等温等流量的，按式（5-134）求出各段的阻力，然后累加得到整个床层的阻力。对气态污染物净化而言，因其浓度低，化学反应引起的流量变化不大，一般只考虑温度影响即可，甚至对整个床都可作等温处理。

式（5-134）表明，固定床的阻力与床层厚度和空塔速度的平方成正比；与颗粒的粒径成反比，与空隙率的三次方成反比。可见空隙率对床层阻力影响最大，而它本身主要又是由颗粒的大小和形状所决定的，因此，催化剂的颗粒大小与固定床的截面积无疑是影响床层阻力的关键因素。

习题与思考

1. 某混合气体中含有2%（体积）CO_2，其余为空气。混合气体的温度为30℃，总压为500kPa。从手册中查得30℃在水中的亨利系数$E=1.88\times10^5$kPa，试求溶解度系数H及相平衡常数m，并计算每100g与该气体相平衡的水中溶有多少克CO_2。

2. 试求293K下，混合气体中SO_2平衡分压为0.05atm时，SO_2在水中的溶解度。已知293K下H_{SO_2}为1.63kmol/(atm·m^3)，离解常数为$K_1=\frac{[H^+][HSO_3^-]}{[SO_2]}=1.7\times10^{-2}$ kmol/m^3，并假设完全解离。

3. 试计算以Na_2CO_3溶液吸收CO_2时的增强系数。已知传质分系数$k_L=0.4\times10^{-4}$，扩散系数$D_A=1.5\times10^{-9}m^2/s$，反应速率常数$r=1.6s^{-1}$(298K)。

4. 用HNO_3吸收净化含NH_3 5%(体积)的废气，为了使吸收过程以较快的速度进行，必须使吸收过程不受在HNO_3液相扩散速率所限制。试计算吸收时HNO_3的最低浓度为多少?

5. 用乙醇胺(MEA)溶液吸收H_2S气体，气体压力为20atm，其中含0.1%H_2S(体积)。吸收剂中含0.25mol/m^3的游离MEA。吸收在293K下进行。反应可视为瞬时不可逆反应：$H_2S+CH_2CHCH_2NH_2 \longrightarrow HS^- + CH_2CHCH_2NH_3^+$。已知：$k_{AG}a=216$mol/($m^3$·atm·h)，$k_{AL}a=108h^{-1}$，$D_{AL}=5.4\times10^{-6}m^2/h$，$D_{BL}=3.6\times10^{-6}m^2/h$。试求：单位时间的吸收速度。

6. 用活性炭填充的固定吸附床层，活性炭颗粒直径为3mm，把浓度为0.015kg/m^3的

CCl_4蒸气通入床层，气体速度为5m/min。在气流通过220min后，吸附质达到床层0.1m处；505min后达到0.2m处。设床层高为1m，计算：吸附床层最长能操作多少分钟，而CCl_4蒸气不会逸出。

7. 用活性炭吸附处理脱脂生产中排放的废气，排气条件为294K，1.38×10^5Pa，废气量25400m^3/h。废气中含有20000ppm三氯乙烯，要求回收率99.5%。已知采用的活性炭的吸附容量为28kg三氯乙烯/100kg活性炭，活性炭的堆积密度为577 kg/m^3，其操作周期为4h，加热和解吸2h，冷却1h，备用1h，试确定活性炭的用量和吸附塔尺寸。(固定床吸附器的气流速度一般控制在0.2～0.6m/s)

8. 某化工厂硝酸车间，尾气量为12400m_N^3/h，尾气中含NO_x为0.26%，$N_2$94.7%，H_2O1.554%。选用氨催化还原法催化剂为8209型$\phi=5$mm的球粒，反应器入口温度为493K，运行空速为18000h^{-1}，反应温度为533K，空床速度为1.52m/s。求：

(1) 催化固定床中气固接触时间；(2) 催化剂床层体积；(3) 催化剂床层高；(4) 催化剂床层阻力。

9. 把处理量为25kmol/min的某一污染物引入催化反应器，要求达到75%的转率。假定采用长6.1m，直径为3.8cm的管式反应管，求所需要催化剂的质量和所需要的反应管数。假设该过程为化学动力学控制，且可视为等温。催化剂堆积密度为580kg/m^3。设反应速度可以表示为：$r_A=0.15(1-x_A)$ kmol/(kg催化剂·min)。

10. 为减少SO_2向大气环境的排放量，一管式催化反应器用来把SO_2转化为SO_3，其反应方程式为：$2SO_2+O_2\longrightarrow SO_3$。总进气量是7264kg/d，进气温度为250℃，二氧化硫的流速是227kg/h。假如反应是绝热进行且二氧化硫的允许排放量是56.75kg/d，试计算气流的出口温度。假定过程气体的总摩尔流量N_0不变，反应热为171.38kJ/molSO_2，热容是3.47J/(g·K)。

第6章　颗粒态污染物净化设备

学　习　提　示

掌握除尘器分类、结构型式、选型设计步骤和工业应用范围，了解除尘技术发展现状，掌握除尘器基本工作原理、性能参数和主要性能参数计算方法。

学习重点：除尘器基本工作原理、性能参数。

学习难点：除尘器主要性能参数计算方法。

颗粒状污染物净化装置的作用是从气体中把颗粒状污染物捕集或分离的装置，也称为除尘装置。主要分为机械式除尘器、过滤式除尘器、电除尘器和湿式除尘器四类。本章主要介绍几种常用除尘器的工作原理、结构及性能。

6.1　机械式除尘器

机械式除尘器是指利用质量力分离粉尘的除尘器，即重力沉降室、惯性除尘器和旋风除尘器等。

6.1.1　重力沉降室

1. 工作原理

重力沉降室是利用重力作用使粉尘从气流中沉降分离的一种除尘装置。

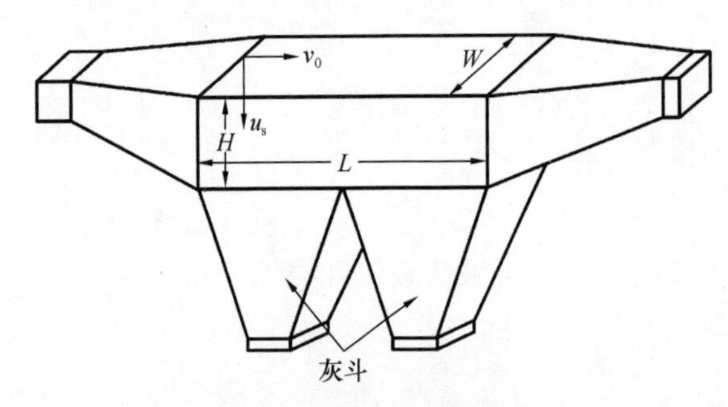

图6-1　重力沉降室示意图

如图6-1所示，含尘气流在烟道内因避免粉尘沉降而具有较高的烟气流速（一般为12～16m/s），当进入重力沉降室后，断面面积的变大导致烟气流速大为降低（一般为1～2m/s），促使烟气在沉降室内的停留时间延长，并因重力作用使大而重的尘粒沉降至灰斗底部。

2. 除尘效率

通常假定：① 颗粒在除尘器入口断面上分布均匀；② 颗粒的运动轨迹是由水平和垂直两个方向的分速度合成的。在水平方向，颗粒与气体具有相同的速度 v_0；在垂直方向，忽略气体的浮力，颗粒仅在重力和气体阻力作用下以其终末重力沉降速度 u_s 沉降。基于上述假定的沉降室除尘效率，主要决定于气流的流动状态（即无混合的塞状流、无混合的层流、横向混合的紊流和完全混合的紊流），本节只介绍无混合的塞状流。

无混合是假定除尘器中未被捕集的颗粒无任何混合，既无轴向（气流方向）混合，也无横向混合，塞状流是假定在任一横断面上气流速度分布是均匀的。

设沉降室的长、宽、高分别为 L、W、H，水平气流速度为 v_0（m/s），处理气体流量为 Q

(m^3/s)，则气流在沉降室内的停留时间：

$$t = \frac{L}{v_0} = \frac{LWH}{Q} \tag{6-1}$$

在时间 t 内，粒径为 d_p的颗粒的重力沉降高度 h_c 为：

$$h_c = u_s t = \frac{u_s L}{v_0} = \frac{u_s LWH}{Q} \tag{6-2}$$

因此，对于粒径为 d_p的颗粒，只有在高度 h_c以下进入沉降室，才能以其沉降速度 u_s 沉降到下部灰斗中。若 $h_c \leqslant H$，则对粒径为 d_p的颗粒的分级除尘效率为：

$$\eta_i = \frac{h_c}{H} = \frac{u_s L}{v_0 H} = \frac{u_s LW}{Q} \tag{6-3}$$

对于斯托克斯区域，沉降速度 $u_s = d_p^2 \rho_p g/(18\mu)$，代入式（6-3）中得到：

$$\eta_i = \frac{\rho_p g L}{18\mu v_0 H} d_p^2 = M d_p^2 \tag{6-4}$$

对于 stokes 粒子，重力沉降室能 100%捕集的最小粒子有 $h_c = H$，即有式（6-5）成立。

$$H = u_s t = \frac{d_{pmin}^2 \rho_p g}{18\mu} \cdot \frac{LWH}{Q} \tag{6-5}$$

$$d_{pmin} = \sqrt{\frac{18\mu Q}{\rho_p g W L}} \tag{6-6}$$

由于沉降室内的气流扰动和返混的影响，工程上一般用分级效率的公式的一半作为实际分级效率，则有：

$$d_{pmin} = \sqrt{\frac{36\mu Q}{\rho_p g W L}} \tag{6-7}$$

3. 多层沉降室

在实际中为了提高沉降室的捕集效率和容积利用率，可采用设置几层水平隔板的多层沉降室，也有加设一些垂直的挡板，利用气流绕流的惯性作用，成为折流板式沉降室。

多层沉降室：使沉降高度减少为原来的 $1/(n+1)$，其中 n 为水平隔板层数（考虑清灰的问题，一般隔板数在 3 以下），则分级效率为：

$$\eta_i = \frac{u_s LW(n+1)}{Q} \tag{6-8}$$

4. 实际工程中沉降室的构造和设计要点

为了提高沉降室的除尘效率，有的在室内加装一些垂直挡板，如图 6-2 所示，一方面为了改变气流的运动方向，由于粉尘颗粒惯性较大，不能随同气体一起改变方向，撞到挡板上，失去继续飞扬的动能，沉降到下面的灰斗中；另一方面为了延长粉尘的通行路程，使它在重力作用下逐渐沉降下来。有的采用百叶窗型式代替挡板，效果更好；有的还将垂直挡板改为“人”字形挡板，如图 6-3 所示，使气体产生一些小股涡旋，尘粒受到离心力作用，与气体分开，并碰到室壁上和挡板上，使之沉降下来。对装有挡板的沉降室，气流速度可以提高到 6～8m/s。多段降尘室设有多个室段，这样相对地降低了尘粒的沉降高度。

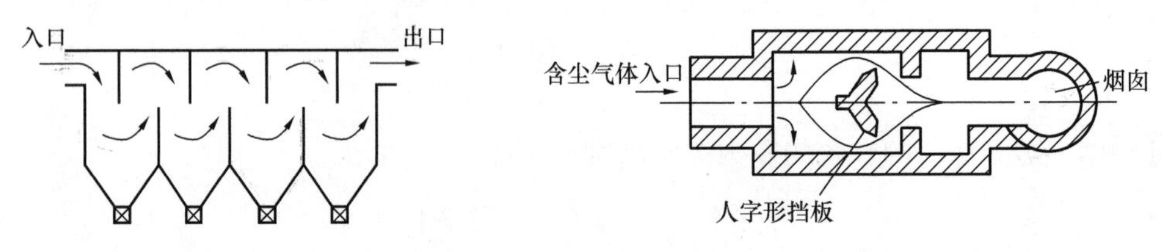

图 6-2　装有挡板的沉降室　　　　图 6-3　装有“人”字形挡板的沉降室

沉降室的技术性能可按下述原则进行判定：

① 沉降室内被处理气体速度越低，越有利于捕集细小的尘粒，但装置相对庞大；

② 气体流速一定时，沉降室的纵深越长，除尘效率也就越高，但不宜延长至 10m 以上；

③ 在气体入口处装设整流板，在沉降室内装设挡板，使沉降室内气流均匀化，增加惯性碰撞效应，有利于除尘效率的提高。

通常基本流速选定为 1～2m/s，实用的捕集粉尘粒径为 40μm 以上，压力损失比较小。当气流温度为 250～300℃，气体在沉降室入口和出口处的流速为 12～16m/s 时，沉降总阻力损失为 100～120Pa。沉降室在许多情况下作为多级除尘系统的初级除尘器使用。

6.1.2　惯性除尘器

1. 工作原理

惯性除尘器是使含尘气流方向发生急剧转变，借助尘粒本身的惯性力作用使其与气流分离的装置。

沉降室内设置各种型式的挡板，含尘气流冲击在挡板上，气流方向发生急剧转变，借助尘粒本身的惯性力作用，使其与气流分离。

2. 结构型式

惯性除尘器的结构型式各种各样，可分为碰撞式和回转式两类。图 6-4 示出四种型式，其中（a）为单级碰撞式，（d）为多级碰撞式，当含尘气流撞击到挡板上后，尘粒丧失了惯性力，并靠重力沿挡板落下。（b）和（c）为回转式，含尘气体从入口进入后，粉尘靠惯性力冲入下部灰斗中，而气体和惯性较小的细粉尘则发生急剧转弯穿过挡板经出口排出。（a）和（c）两种型式适用于管道的自然转弯处，可在动力消耗不大的情况下将粗粉尘除掉。（c）通常称为百叶式除尘器，其缺点是百叶片的摩损较快，净化效率也不高，所以应用不广。但

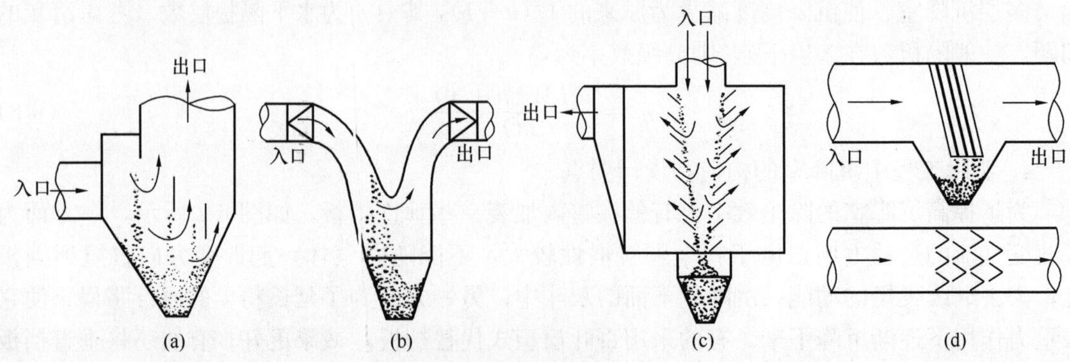

图 6-4　惯性除尘器

（a）碰撞式；（b）反转式；（c）百叶式；（d）多级碰撞式

是百叶板作为粉尘的浓缩器，与其他除尘装置（如旋风除尘器、湿式除尘器或过滤器）组成一个除尘机组，则可获得较高的净化效率。

一般惯性除尘器的气流速率越高，气流方向转变角度越大，转变次数越多，净化效率越高，压力损失也越大。惯性除尘器宜用于净化密度和粒径较大的金属或矿物性粉尘，不宜用于净化粘结性和纤维性粉尘。由于其净化效率不高，只能用于多级除尘中的第一级除尘，捕集 10～20μm 以上的粗尘粒。其压力损失因型式不同差别很大，一般为 100～1000Pa。

6.1.3　旋风除尘器

旋风除尘器是使含尘气流作旋转运动，在离心力作用下使尘粒从气流中分离捕集下来的装置。旋风除尘器具有结构简单、应用广泛、种类繁多等特点。

1. 气流流型及除尘原理

（1）气流流型

普通旋风除尘器内气流流动概况如图 6-5 所示。旋风除尘器内部一般包括外涡旋、内涡旋和上涡旋三种气流。通常将旋转向下的外圈气流称为外涡旋；旋转向上的轴心气流称为内涡旋；进口气流中的少部分气流沿筒体内壁旋转向上，达到上顶盖后又继续沿出口管外壁旋转下降，最后到达出口管下端附近被上升的内涡旋带走，通常把这部分气流称为上涡旋。

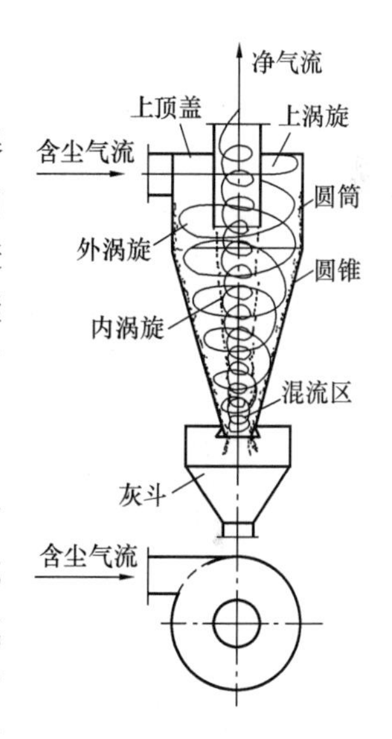

图 6-5　普通旋风除尘器内气流流型

（2）除尘原理

含尘气流进入旋风除尘器后，沿筒体内壁一边旋转一边下降，同时有少量气体沿径向运动到轴心区域。当旋转气流的大部分到达锥体底部附近时，开始同方向旋转向上流动，在轴心区域一边旋转一边上升，最后由排出管排出。气流中所含尘粒在旋转过程中，在离心力的作用下逐步沉降到内壁上，在外涡旋的推动和重力作用下，沿锥体内壁降落到灰斗中，经卸灰阀排出。大部分外涡旋转变成为内涡旋的锥体底部附近的区域称为回流区或混流区，会有少量细尘进入内涡旋，并有部分被带出；上涡旋也将有微量粉尘被带走。

（3）速度分量

由于气体具有粘性，旋转气流与尘粒之间存在着摩擦力，所以外涡旋不是纯自由涡旋而是所谓准自由涡旋，同时有向心的径向运动；内涡旋类同于刚体的转动，是旋转向上的强制涡旋，同时有离心的径向运动。通常把内、外涡旋的全速度分解成为切向速度、径向速度和轴向速度三个速度分量。

① 切向速度

切向速度 v_T 是决定气流全速度大小的主要速度分量，也是决定气流中粒子所受离心力大小的主要因素，其表达式为：

$$v_T R^n = 常数 \tag{6-9}$$

式中　R——气流质点的旋转半径，即距除尘器轴心的距离；

　　n——由流型决定的涡旋指数。

对外涡旋，$n<1$，实验证明 n 值可用亚里山大提出的公式估算：

$$n = 1-(1-0.67D^{0.14})\left(\frac{T}{283}\right)^{0.3} \tag{6-10}$$

式中 D——旋风除尘器筒体直径，m；

T——气体温度，K。

对内涡旋，$n=-1$，则有：

$$\frac{v_T}{R}=\omega=\text{常数} \tag{6-11}$$

内涡旋中气流的切向速度与其旋转半径成正比，比例常数等于气体的旋转角速度 ω。在内涡旋的外边界上，$n=0$，v_T 为常数，并达到了最大值（图 6-6）。实验测出其径向位置在 $(0.6\sim0.7)d$ 处（d 为排出管直径）。

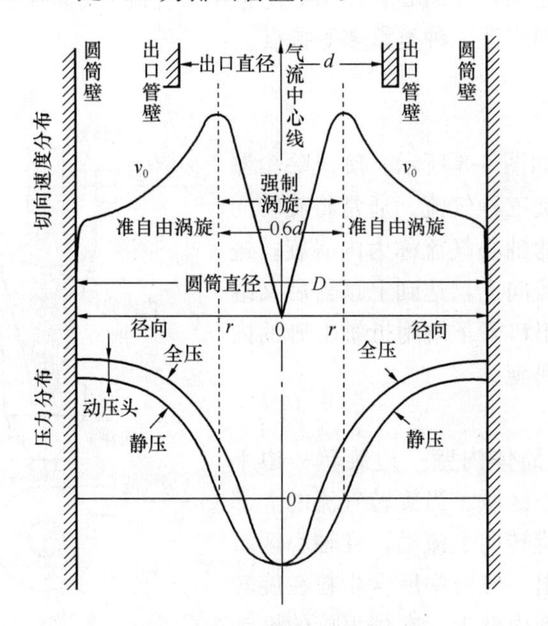

图 6-6 旋风除尘器内气流切向速度和压力分布

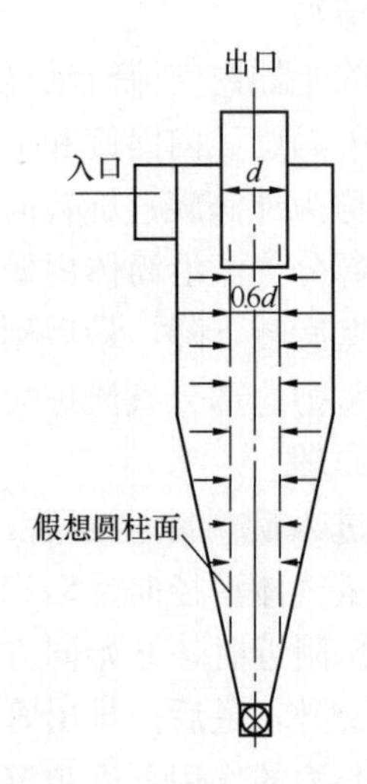

图 6-7 平均径向速度示意图

旋风除尘器内的压力分布情况，对不同结构的旋风除尘器是不同的。由于轴向速度变化较小，所以沿轴向几乎不产生压力差，在旋转方向上压力变化很小。在径向的压力变化非常显著（图 6-6），但动压变化不大。气流沿径向的压力降这样大，不是因摩擦引起的，而是因离心力的变化产生的。全压和静压的径向变化非常明显，由外壁向轴心逐渐降低，轴心处静压为负压，直到锥底部均处于负压状态。

② 径向速度

旋风除尘器内的气流除了作切向运动外，还要作径向的运动，外涡旋的径向速度是向心的，而内涡旋的径向速度是向外的。气流的切向分速度和径向分速度对尘粒的分离起着相反的影响，前者产生惯性离心力，使尘粒有向外的径向运动，后者则造成尘粒作向心的径向运动，把它推入内涡旋。如果近似认为外涡旋气流均匀地经过内、外涡旋交界面进入内涡旋（图 6-7），那么在交界面上气流的平均径向速度：

$$v_r=\frac{q_v}{2\pi r_0 h_0} \tag{6-12}$$

式中 q_v——旋风除尘器处理风量，m^3/s；

h_0——假想圆柱面（交界面）面度，m；

r_0——交界面的半径，m。

③ 轴向速度

外涡旋的轴向速度向下，内涡旋的轴向速度向上。在内涡旋，随气流逐渐上升，轴向速度不断增大，在排气管底部达到最大值。

2. 旋风除尘器的除尘效率

旋风除尘器的除尘效率，与其结构型式和运行条件等多种因素有关，从理论上计算除尘效率是困难的，且是近似的。目前主要是根据实验确定某一型式的除尘器在特定运行条件下的除尘效率。但是，把除尘器内气流流型作适当简化，抓住影响尘粒分离沉降的主要作用力，忽略次要的作用力，可导出简化了的除尘效率计算公式。

在旋风除尘器内尘粒的分离沉降，主要取决于尘粒所受离心力和径向气流的摩擦阻力，重力和尘粒间的摩擦力等的影响较小，可以忽略不计。

根据颗粒运动轨迹方程及完全径向混合的假定，对于斯托克斯定律的球形颗粒，导出的分级除尘效率方程为：

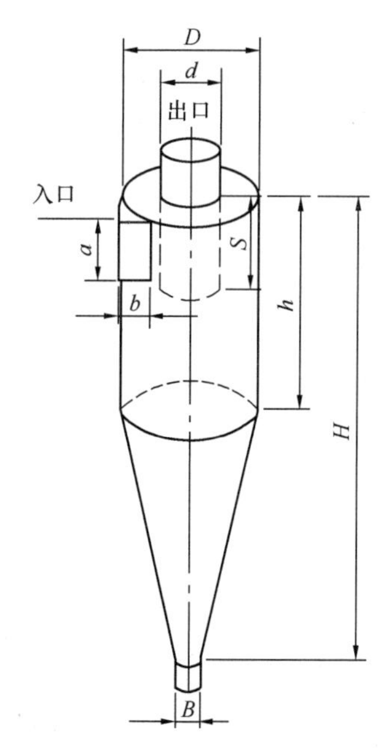

图 6-8　旋风除尘器的形状和尺寸

$$\eta_i = 1 - \exp\left\{-2\left[2(n+1)\tau_i\left(\frac{u_{T2}}{R_2}\right)^2 t\right]^{\frac{1}{2n+1}}\right\} \tag{6-13}$$

式中　η_i——分级除尘效率，%；

τ_i——弛豫时间，s；

t——颗粒在旋风除尘器内的总停留时间，s；

R_2——筒体半径（图 6-8），即 $R_2 = D/2$，m；

u_{T2}——颗粒在径向位置 R_2 处的切向速度，m/s，认为其等于气流的切向速度 v_{T2}。但在 R_2 处，由于壁面上存在着捕集粉尘的边界层，严格讲 $u_{T2}=0$。习惯上用旋风除尘器进口气流平均速度 v_1 代替 u_{T2}，即 $u_{T2} = v_1 = Q/ab$。涡旋指数 n 可按式（6-10）估算。这样，余下的问题就是总停留时间 t 的估值了。在除尘器中颗粒的总平均停留时间 t_r，定义为除尘器中捕集力作用区的容积 V 除以气体流量 Q。

在旋风除尘器内，粒子的沉降主要取决于离心力 F_c 和向心运动气流作用于尘粒上的阻力 F_D。在内外涡旋界面上，如果 $F_D < F_c$，粒子在离心力的推动下移向外壁而被捕集；如果 $F_D > F_c$，粒子在向心气流的带动下进入内涡旋而被排出；如果 $F_D = F_c$，作用在粒子上的外力和为零，粒子在界面上不停地旋转。处于平衡状态的尘粒进入内涡旋和外涡旋各占有50%的可能性，它的除尘效率为 50%，此时对应的粉尘粒径称为旋风除尘器的分割直径，用 d_c表示。对于斯托克斯粒子有式（6-14）成立：

$$\frac{1}{6}\pi d_c^3 \rho_p \frac{v_{t0}^2}{r_0} = 3\pi\mu d_c v_r \tag{6-14}$$

其中 v_{t0} 为交界面处气流的切向速度，m/s；v_r 可由式（6-15）估算：

$$d_c = \sqrt{\frac{18\mu v_r r_0}{\rho_p v_{t0}^2}} \tag{6-15}$$

d_c 越小，除尘效率越高。当 d_c 确定后，可以根据式（6-16）和式（6-17）估算分级除尘效率。

$$\eta_i = 1 - \exp\left[-0.6931\left(\frac{d_p}{d_c}\right)^{\frac{1}{n+1}}\right] \tag{6-16}$$

$$\eta_i = \frac{(d_{pi}/d_c)^2}{1+(d_{pi}/d_c)^2} \tag{6-17}$$

3. 影响旋风除尘器效率的因素

(1) 二次效应

旋风除尘器的理论效率与实际效率会出现差异，主要原因是二次效应，即被捕集的粒子重新进入气流。在较小粒径区间内，理应逸出的粒子由于聚集或被较大尘粒撞向壁面而脱离气流获得捕集，实际效率高于理论效率；在较大粒径区间，粒子被反弹回气流或沉积的尘粒被重新吹起，实际效率低于理论效率。通过环状雾化器将水喷淋在旋风除尘器内壁上，能有效地控制二次效应。

(2) 比例尺寸

旋风除尘器的各个部件都有一定的尺寸，某个比例关系的变动会影响旋风除尘器的效率。旋风除尘器各部分尺寸的比例见表 6-1，各部分尺寸比例变化对其性能的影响见表 6-2。

表 6-1　旋风除尘器各部分尺寸的比例

部件	说　明
筒体直径 D	旋风除尘器筒体直径越小，越能分离细小尘粒。但过小时易引起粉尘的堵塞，所以筒径一般不小于 150mm。为保证除尘效率不致降低太大，筒径一般不大于 1000mm。如果处理气体量大，则采用并联组合型式的旋风除尘器。旋风除尘器规格的命名及各部分尺寸比例多以筒径 D 为基准
入口尺寸	旋风除尘器入口断面形状多为矩形的，入口的高宽比 a/b 一般为 1～4，$b \leqslant (D-d)/2$，避免压损 ΔP 过大
筒体高度 h	一般对分离效果影响不大，通常取 $h=(0.8\sim2)D$ 为宜
锥体高度与圆锥角	锥体高度增大，对降低阻力和提高除尘效率皆有利。但要和筒体高度一起综合考虑，当 $h \leqslant 1.5D$，$H=4D$ 左右时，可以获得满意的除尘效率，若 H 继续增高，效率增加就不明显了。常用旋风除尘器锥体高度 $H-h=(1\sim3)D$，多为 $2D$ 左右。圆锥角增大时，气流旋转半径很快变小，切向速度增加很快，圆锥内壁磨损较快，因此圆锥角不宜过大。过小时又使除尘器高度增加，所以一般为 20°～30°
排气管直径 d	排尘口直径 d 一般为 $0.5D$ 左右。d 过小会影响粉尘沉降，再次被上升气流带走，同时易被粉尘堵塞，特别是粘性粉尘，最小应该使 $d \geqslant 70$mm
特征长度 l	气流在除尘器内下降的最低点并不一定能达到除尘器的底部。从排出管下部到气流下降的最低点间的距离称为旋风除尘器的特征长度，$l=2.3d_e\left(\frac{D^2}{A}\right)^{1/3}$。筒体和锥体的总高度以不大于 5 倍的筒体直径为宜
排气管插入深度 S	与除尘器的结构型式有关，一般型式的排气管插至筒体下端，或插至入口下端，使 $S \geqslant a$，以防进口含尘气流短流至排气管中

表 6-2　旋风除尘器尺寸比例变化对其性能的影响

比例变化	性能趋向		投资趋向
	压力损失	效率	
增大旋风除尘器直径	降低	降低	提高
加长筒体	稍有降低	提高	提高

续表

比例变化	性能趋向		投资趋向
	压力损失	效率	
增大入口面积（流量不变）	降低	降低	—
增大入口面积（速度不变）	提高	降低	降低
加长锥体	稍有降低	提高	提高
增大锥体的排出孔	稍有降低	提高或降低	—
减小锥体的排出孔	稍有提高	提高或降低	—
加长排出管伸入器内的长度	提高	提高或降低	提高
增大排气管管径	降低	降低	提高

（3）烟尘的物理性质

气体的密度和黏度、尘粒的大小和密度、烟气含尘浓度等会影响旋风除尘器的效率，在流量不变的情况下，式（6-18）、式（6-19）可以用来估算它们的影响。a 代表变化后的状态，b 代表原来的状态，对于式（6-18），当 T 升高，$\mu_a > \mu_b$，所以 $\mu_a/\mu_b > 1$，$(\mu_a/\mu_b)^{0.5} > 1$，$100-\eta_a > 100-\eta_b$，$\eta_a < \eta_b$，效率下降。

$$\frac{100-\eta_a}{100-\eta_b}=\left(\frac{\mu_a}{\mu_b}\right)^{0.5} \tag{6-18}$$

$$\frac{100-\eta_a}{100-\eta_b}=\left(\frac{\rho_b-\rho_{gb}}{\rho_a-\rho_{ga}}\right)^{0.5} \tag{6-19}$$

（4）操作变量

提高烟气入口流速，旋风除尘器分割直径变小，除尘器性能改善；入口流速过大，已沉积的粒子有可能再次被吹起，重新卷入气流中，除尘效率下降。

4. 旋风除尘器的压力损失

旋风除尘器的压力损失与其结构型式和运行条件等有关，理论上计算是困难的，所以主要靠实验确定。从技术、经济方面考虑，旋风除尘器压力损失控制范围一般为 500～2000Pa。

（1）压力损失计算公式

据实验，旋风除尘器压力损失与进口速度的平方成正比，可以忽略雷诺数的微小影响，所以一般皆把旋风除尘器压力损失的实验值表示成进口气流动压的倍数的型式，即：

$$\Delta P=\zeta\frac{\rho v_1^2}{2}\ (\mathrm{Pa}) \tag{6-20}$$

式中　v_1——进口气流速度，m/s；

ζ——旋风除尘器的压损系数。

压损系数 ζ 为无因次数，一般根据实验确定，对一定结构型式的除尘器 ζ 为一常数值。

（2）影响压力损失的因素

根据理论分析和实验研究，影响旋风除尘器压力损失的主要因素为：

① 除尘器的结构型式相同（相对尺寸相同）时，其绝对尺寸大小对压损影响很小。就是说，同一型式旋风除尘器的几何相似放大或缩小时，压损基本不变。

② 压损与进口速度的平方成正比，因而处理风量增大时压损随之增大。

③ 除尘器内部有叶片、突起和支撑物时，对旋转气流的摩擦阻力增大，但除尘器的压

力损失却降低了。这是因为内部障碍物使气流的旋转速度降低，离心力减小引起的。但除尘器内壁粗糙将引起压损增大。

④ 除尘器的相对尺寸对压损影响较大，随进口面积增大和排出管直径减小而增大，随圆筒和圆锥部分增长而减小。

⑤ 随入口含尘浓度的增高，除尘器的压损明显下降。其原因与除尘器内部有障碍物一样，是旋转气流与粉尘摩擦造成旋转速度降低的缘故。

5. 旋风除尘器的结构型式

旋风除尘器的型式很多，按气流进入方式不同，可分为切向进入式和轴向进入式两类，如图 6-9 所示。切向进入式又分为直入式和蜗壳式等型式。直入式入口是入口管外壁与筒体相切，蜗壳式入口是入口管内壁与筒体相切，外壁采用渐开线型式，渐开角有 180°、270°及 360°三种。蜗壳式入口型式增大进口面积较容易，进口处有一个环状空间，可以减少进气流与内涡旋之间的相互干扰，减小进口压力损失。

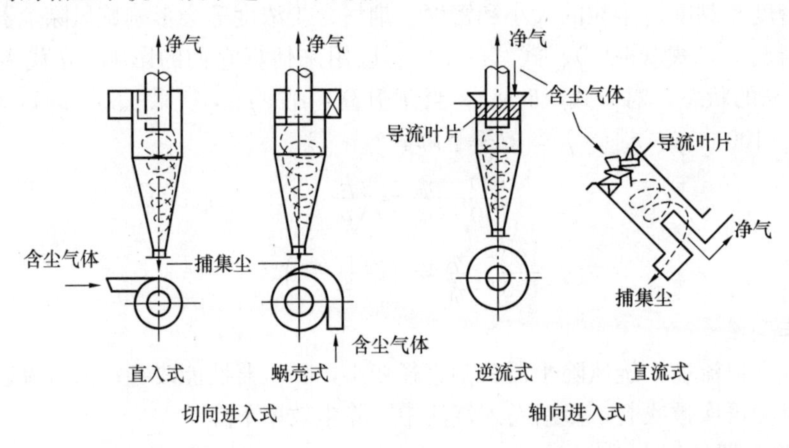

图 6-9　旋风除尘器的入口型式

轴向进入式是靠导流叶片使气流旋转的，与切向进入式相比，在同一压力损失下，能处理约为 3 倍的气体量，而且气流分配容易均匀，所以主要用其组合成多管旋风除尘器，用在处理气体量大的场合。逆流式的压力损失一般为 800～1000Pa，除尘效率与切向进入式比较差别不大。直流式的压力损失一般为 400～500Pa，除尘效率也较低。

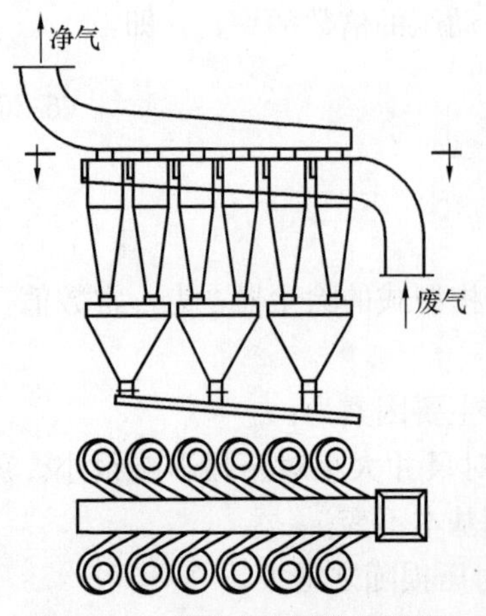

图 6-10　并联式旋风除尘器组

6. 组合式多管旋风除尘器

当处理气量较大时，可将若干个小旋风除尘器并联起来使用，这种组合方式称为并联式旋风除尘器组合型式。

图 6-10 为十二筒并联式旋风除尘器组，特点是布置紧凑，风量分配均匀，实际应用效果好。并联除尘器的压损为单体压损的 1.1 倍，气体量为各单体气体量之和。

除了单体组合式并联旋风除尘器外，还采用了将许多小型旋风除尘器（称为旋风子）组合在一个壳体内并联使用的整体组合方式，并称为多管除尘器。多管除尘器较单体组合式的布置更紧凑，外形尺寸小；处理气体量更大；可以用直径较小的旋风子（D=100、150 及 250mm）来排列组合，能较有效地捕集 5～10μm 的粉尘；可用耐磨铸铁铸成，因而允许处理含尘浓度较高（$100g/m^3$）的气体。

多管旋风除尘器所用旋风子采用轴向进入式入口型式，排出管外壁设有导向叶片，以造成气流的旋转运动。导向叶片按其结构可分为花瓣式和螺旋式两种。

7. 旋风除尘器的选择设计和应用

（1）选择设计条件

旋风除尘器既可用于含尘气体的净化，也可用于气体中颗粒状物料分离。设计所要求的参数，通常包括：

① 气体的组成、温度和压力；

② 颗粒物的粒径分布、浓度和其他特性；

③ 气体流量，一般取平均值，但要考虑到运行中可能出现的高值或低值；

④ 要求达到的捕集效率，同时还要考虑压力损失大小等要求。

（2）选择设计步骤

根据工艺提供或收集到的设计要求，选择设计旋风除尘器的方法，一般有理论计算法和经验法。

理论计算法的步骤如下：

① 根据初始含尘浓度和要求的排放浓度，计算应达到的除尘效率；

② 选择一种旋风除尘器的结构型式，根据实验数据或经验选取旋风除尘器的进口速度；

③ 计算旋风除尘器的筒体直径，根据结构尺寸比确定其他尺寸；

④ 计算旋风除尘器运行条件下的压力损失；

⑤ 若处理气量过大，可考虑采用 2 个或多个旋风并联；

⑥ 根据专业知识和经验选择一个分级效率计算模型；

⑦ 根据计算的分级效率和粒径分布数据计算能达到的总除尘效率，看是否满足要求；

⑧ 如果未达到要求的捕集性能，可以采取更大的 v_1 值，重复上述各步骤。如果还不能满足设计要求，则可选用其他结构型式的旋风除尘器，或采用旋风除尘器作为初级净化装置，再选用其他型式高效除尘器作二级净化。

⑨ 估算设备费用。

经验设计法的大致步骤如下：

① 计算应达到的总除尘效率 η；

② 选择旋风除尘器结构型式，根据该种除尘器净化同类粉尘的现场运行工况或其 η-v_1 和 ΔP-v_1 实验曲线，由要求达到的除尘效率 η 确定进口速度 v_1；

③ 确定旋风除尘器筒体直径 D 和其他尺寸。实际上，根据产品样本或设计手册，可以由 v_1 和 Q 直接查出所需除尘器的型号和规格尺寸。如果处理风量过大，可以采用 2 个或多个旋风并联；

④ 计算运行条件下的压力损失 ΔP；

⑤ 估算设备费用。

旋风除尘器作为一种中效除尘装置，由于其具有结构简单，制造、安装和维护管理容易，投资少，体型和占地面积小等特点，广泛地应用于各种工业部门中。

旋风除尘器一般只适用于净化非粘结性和非纤维性粉尘，温度在 400℃以下的非腐蚀性气体。如果用在高温气体净化上，则需采取冷却措施，或内衬隔热材料。用于净化腐蚀性气体时，则应采用防腐材料制作，或内壁喷涂防腐材料。

旋风除尘器内的旋转气流速度很高，粉尘对壁面的磨损，特别是对锥体部分的磨损较快，所以在设计和运行时应充分注意，采取一定的耐磨措施。

6.2 电除尘器

电除尘器是利用静电力实现粒子与气流分离的一种除尘装置。

6.2.1 电晕的发生

1. 气体电离

一般每立方厘米的空气中存在着 100～500 个离子，比导电金属的自由电子相差几百亿倍，因此空气在通常情况下几乎不能导电。但是，当气体分子获得一定的能量后，就可能使气体分子中的电子脱离，这些电子成为输送电流的媒介，气体就有了导电的可能。

气体电离的过程如图 6-11 所示。图 6-11（a）中 AB 段，气体中仅存在少量的自由电子，在较低的外加电压作用下，自由电子作定向运动，形成很小的电流。随着电压的升高，向两极运动的离子也增加，速度加快，而复合成中性分子的离子减少，电流逐渐增大；BC 段，由于电场内自由电子的总数未变，虽然电压有所升高，气体导电仍然是仅借助于大气中存在的少量自由电子，电流不会增加。但空气中游离电子获得动能，开始冲击气体的中性分子。当电压升高到 C' 点时，由于气体中的电子已获得足够的动能，足以使与之碰撞的气体中性分子发生电离，结果在气体中开始产生新的离子，并开始由气体离子传送电流，于是电流开始明显增大，而且电压越高，电流增大越快。所以 C' 点的电压就是气体开始电离的电压，通常也称为始发临界电压或临界电离电压。

图 6-11(b) 中，CD 段随着电场强度的增加，活动度较大的负离子（负离子迁移率比正

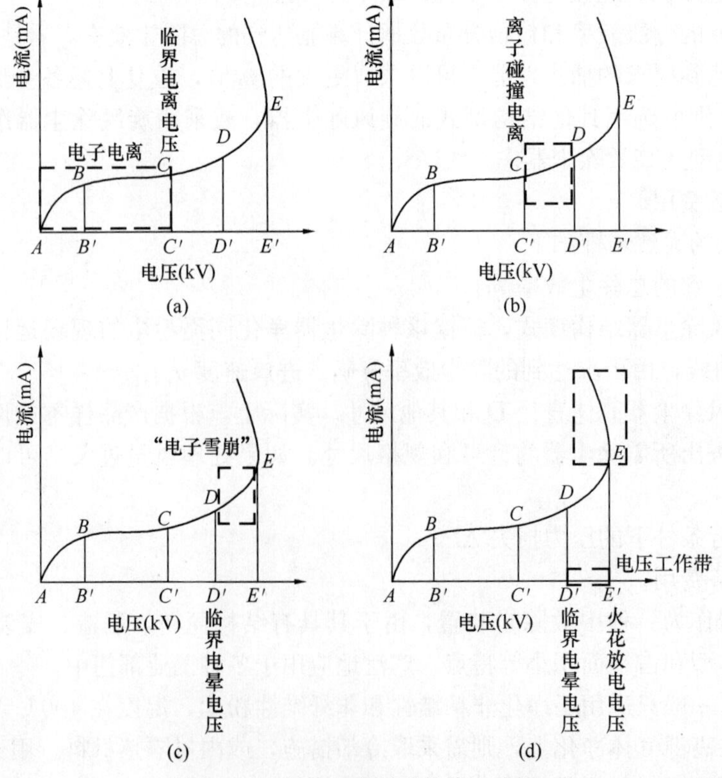

图 6-11 气体电离过程的伏安曲线

离子快 1000 倍）也获得足够的能量来撞击中性原子或分子，使得电场中导电粒子越来越多，电流急剧增大。电子与气体中性分子碰撞时，将其外围的电子冲击出来，使其成为阳离子，而被冲击出来的自由电子又与其他中性分子结合而成为阴离子。由于阴离子的迁移率比阳离子的迁移率约大 1000 倍，因此在 CD 段使气体发生碰撞电离的离子只是阴离子。相对于气体中原来存在的自由电子而使气体中得以通过微量电流的现象，将电子与中性分子碰撞而产生新离子的现象，称为二次电离或碰撞电离。这样 C' 点的电压就是开始二次电离的电压。在大量气体被电离的同时，也有一部分离子在复合，复合时一般有光波辐射但无音响，因此 CD 段的二次电离过程称为无声自发放电或光芒放电。当电压继续升高到 D' 点时，迁移率较小的阳离子也因获得足够的动能而与中性分子碰撞产生电离。因此电场中连续不断地产生大量的新离子，这就是所谓的气体电离中的“电子雪崩”现象。

图 6-11（c）中，随着电压的升高，通过电场的电流也得到更大的增长。同时也伴随离子复合现象也趋于激烈。在曲线 D 到 E 这一段，由于电子、阴、阳（正、负）离子都参与碰撞作用，电场的离子浓度大幅度增加，符合电除尘的需要：电场中每立方厘米空间中必须存在有一亿个以上的离子。此时放电极周围的电离区内，围绕着放电极有淡蓝色的光环或光点，和较大的咝咝声和噼啪、噼啪的爆裂声，称为电晕，所以将这一段的放电称为电晕放电，相对应于 D' 点的电压，称为临界电晕电压。随着电压的继续升高，放电极周围的电晕区范围越来越大。在电压由 D' 点升高到 E' 点的过程中围绕子放电极周围的光点或光环常延伸成刷毛状或树枝状，而与尖端放电十分相似。因此称曲线 DE 为电晕放电段。达到产生电晕段的碰撞电离过程，也称为电晕电离过程。在电晕放电区，通过气体的电离电流，称为电晕电流。

图 6-11（d）中，当电压升高到 E' 点时，正负极之间可能产生火花甚至是电弧，气体介质局部电离击穿，电场阻抗突然减小，通过电场的电流急剧增加，电场电压下降趋近于零，电场遭到破坏，于是气体电离过程中止。相对应于 E' 点的电压，通常称为火花放电电压或临界击穿电压。从临界电晕电压到临界击穿电压的电压范围，就是电除尘器的电压工作带。电压工作带的宽度除了和气体的性质有关外，还和电极的结构型式有关。电压工作带越宽、允许电压波动的范围越大，电除尘器的工作状态也越稳定。电压超过 E' 点，如果电极是一个平板和一个尖端，两者的距离又比较大，则只在尖端附近产生气体击穿，而不会扩展到整个空间。这时，气体不需要外界的电离源，也能自行产生足够的高能电子，维持放电，进入“自持放电”阶段。在这一阶段，电离区的电流，可以自行大幅度增加，而消耗的电压反而减少。如果两电极是平行极板，两极板间气体介质全部击穿，并不能维持自持放电。

2. 电晕放电

电除尘过程首先需要产生大量的供粒子荷电用的气体离子。在现今的所有工业电除尘器中，都是采用电晕放电的方法实现的。

将高压直流电施加到一对电极上，其中一个极是细导线或具有曲率半径很小的任意形状，另一极是管状或板状的，则电场强度在导线表面附近特别强，并随离开导线的距离增大而迅速减弱。在导线表面附近这种具有强电场的空间内，原有的微量自由电子将被加速到很高的速度，并足以通过碰撞使气体分子释放出外层电子，而电离成为新的自由电子和正离子。这些被激发出来的自由电子接着又被加速到很高的速度，又进一步引起气体分子的碰撞电离。这种过程在极短的瞬间又重复无数次，于是在放电极表面附近产生了大量的自由电子和正离子。这就是所谓的电子雪崩过程。

由于在电子雪崩过程中，在放电极周围往往显露出明亮的光晕，同时发出轻微的嗞嗞气体爆裂声，所以称为电晕放电。这种光晕在黑暗中看得特别明显，呈光点、刷毛、光刷或均匀的光带等各种形状，这决定于电晕极的极性和几何形状。电晕放电属于自激放电的一种，一般只发生在非均匀电场中具有曲率半径较小的放电极表面附近的小区域内，即所谓电晕区内。在电晕外区，由于电场强度随距电晕极的距离增大迅速减小，不足以引起气体分子碰撞电离，因而电晕放电停止。

3. 电子的附着和空间电荷的形成

若电晕极是负极，即所谓负电晕，则由电子雪崩过程产生的电子即迅速由极线向接地极迁移，正离子向电晕极迁移。如果电负性气体存在，则由电晕产生的电子为其俘获，而形成负离子，也在电场作用下向接地极迁移。就是这些负离子使进入电场的粉尘荷电。

形成负离子对维持稳定的负电晕是很重要的。因为自由电子的迁移速度比气体离子的迁移速度高得多（约高1000倍），如果没有电子的附着而形成大量负离子，则自由电子会迅速流至接地极。这样便不能在两极间形成稳定的空间电荷，并且几乎在开始发生电晕放电的同时就产生了火花放电。因此，对负电晕来说，电负性气体的存在，电子的附着和空间电荷的形成，是维持电晕放电的重要条件。在空气中或在大多数工业废气中，存在着数量足够多的电负性气体，如O_2、Cl_2、CCl_4、HF、SO_2、SF_6等气体都是电负性气体，它们对电子的亲和力都很高。

4. 电晕电离的影响因素

（1）气体组成的影响

气体组成决定着电荷载体的分子种类。不同的气体，对电子的亲和力不同，负电性不同，电子附着形成负离子的过程也不同。工业废气中存在的氧气、二氧化硫等气体，能很快俘获电子，形成稳定的负离子。另外一些气体对电子没有亲和力，最明显的是二氧化碳和水蒸气。但当它们与高速电子碰撞后首先电离出一个氧原子，然后电子附着在氧原子上，形成负离子。对于电子亲和力高和迁移率低的气体可以施加更高的电压，即更强的电场，这对改善电除尘器的性能是有利的。

（2）温度和压力的影响

气体的温度和压力既改变起始电晕电压，又改变电压-电流关系。温度和压力的影响是使气体密度改变，因而使电子平均自由程改变，于是将电子加速到电离所需速度对电场强度的要求也发生改变。压力升高和温度降低时气体密度增大，因此起始电晕电压增高。

温度和压力的第二个影响是由于电荷载体的当量迁移率变化而改变了电压-电流曲线。谢尔（Shale）等曾指出，离子的当量迁移率随下述因素的变化而增大：温度和场强不变时减小气体密度；气体密度和场强不变时提高温度；温度和气体密度不变时增大场强。

6.2.2 电场

1. 均匀电场

一般来说，电除尘器本体主要由阴极（放电电极）和阳极（集尘电极）所组成。通常情况下可认为气体是绝缘的，因此，当阴极系统未接上高压直流电源之前，含尘气体从它们之间通过时，气流中的尘粒仍维持原来的流动状态，随气体一起流动。但是，将高压直流电接到阴极系统时，两极之间就形成了高压电场。

当两极间的电压增大到某一电压值时，放电电极的电荷密度增高，出现部分击穿气体的电晕放电现象，从而破坏了电极附近气体的绝缘性，使之电离。也就是说，由于阴极线发生电晕放电，把电极附近的气体电离成正离子和负离子。

由于静电具有同性排斥、异性相吸的特性，因此电离出来的正负离子各自向电场中相反极的方位移动，即正离子移向带负电的电极，而负离子移向带正电的电极。这时如果含尘气体从上述高压电场中通过，电场中的正负离子在驱进过程中与气流中的尘粒碰撞并吸附在尘粒上，这样使中性的尘粒带上了电荷，这就是尘粒荷电过程。

但是，正负两个电极之间若形成均匀电场（图 6-12），两极同时放电，同时对尘粒荷正、负电过程，这样就达不到收集尘粒的效果。

2. 不均匀电场

如果把正负两电极制成不同的形状，使它们之间产生不均匀电场，如图 6-13 所示，使负极（阴极）附近电场密度大而成为放电极，使正极（阳极）附近的电场密度小而成为集尘极。当两极之间的电压达到一定的数值时，负极附近发生放电，而正极附近则不能发生放电。负极附近产生的正电荷立即被吸引到负极上，而负电荷则向正极移动，在向正极移动的过程中被荷在尘粒上，从而使尘粒带负电，尘粒被电场力驱动到正极上同时失去电性，然后借助振打装置使极板振动，使尘粒脱落掉入灰斗中。

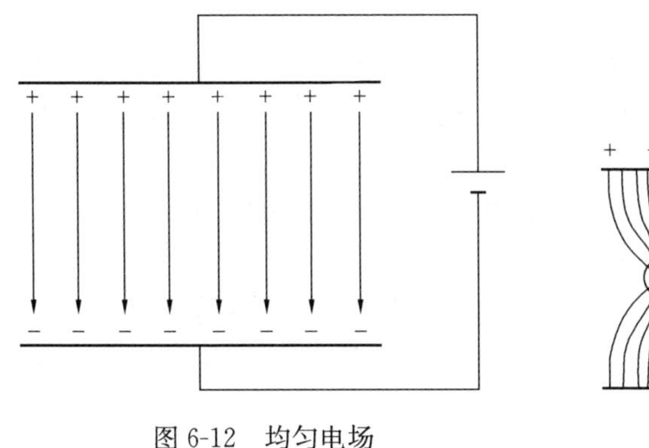

图 6-12　均匀电场

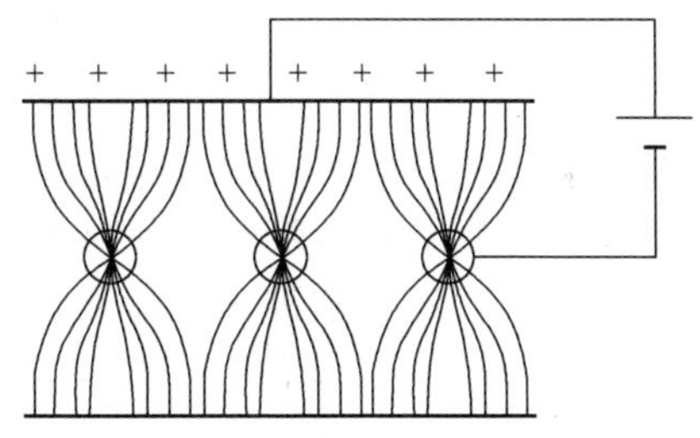

图 6-13　不均匀电场

电场在除尘过程中起着重要的作用，因为它既影响着所要捕集的尘粒的荷电，也影响着已荷电尘粒上作用力的大小。

6.2.3　粒子荷电

粒子的荷电量和荷电速率影响着电除尘器的性能，早期的粒子荷电理论将电晕荷电看成是两种荷电机制。

1. 电场荷电

电场荷电是离子在电场力作用下作定向运动与粒子相碰撞的结果。作为电介质的粒子在电场中出现将被极化，从而改变粒子附近电场的分布。一部分电力线被遮断于粒子上，如图 6-14（a）所示。这时有些离子沿着这些电力线运动和粒子发生碰撞并附着在粒子上。荷电粒子产生的电场如图 6-14（b）所示，它和外加电场相叠加产生如图 6-14（c）所示的合成电场。随着粒子上积累电荷的增加，被粒子遮断的电力线越来越少，于是单位时间运动到粒子上的离子也越来越少。粒子上的电量趋于一个极限值，这个极限值称为饱和电量，如图 6-14（d）所示。

如果粒子引入前外电场是均匀的；假定粒子为球形；又假定一个粒子的电荷仅影响它自身邻近的电场，由此导出饱和电量的表达式为：

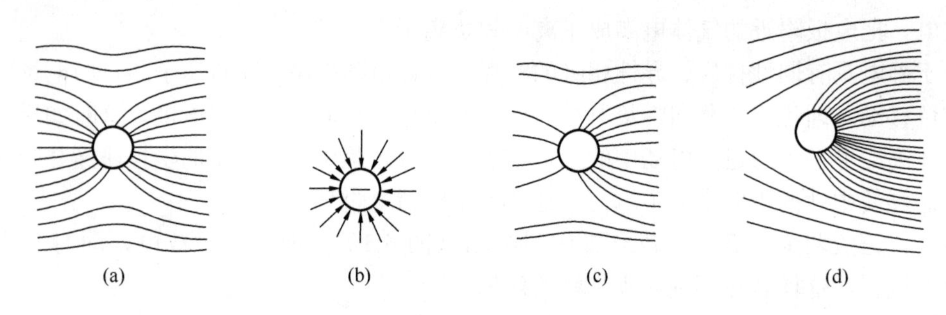

图 6-14　粒子附近的电场

(a) 未荷电；(b) 粒子的电场；(c) 部分荷电；(d) 饱和荷电

$$q_s = \frac{3\pi\varepsilon_p\varepsilon_0 E_0 d_p^2}{\varepsilon_p + 2} \tag{6-21}$$

式中　ε_p——粒子的相对介电系数（无因次）；

ε_0——真空介电常数，8.85×10^{-12} C/(V·m)；

d_p——粒子直径，m；

E_0——两极间的平均场强，V/m。

粒子的相对介电系数 ε_p 的变化范围为 1～∞，对于气体约为 1，硫磺约为 4.2，石膏约为 5，石英玻璃为 5～10，金属氧化物为 12～18，纯水约为 81.5，变压器油约为 2，金属为∞。

饱和电荷值主要取决于粒子直径、粒子的介电系数和电场强度。由于粒径以平方因子出现在公式中，所以粒径是影响粒子荷电量的主要因素。

根据以上分析，粒子刚进入有离子的电场时以较高的速率增加电荷，随着粒子上电荷逐渐增加，荷电速率则逐渐降低。可以证明，粒子荷电量随时间变化的关系由式（6-22）表示：

$$q(t) = q_s \frac{1}{1 + t_0/t} \tag{6-22}$$

式中　t——粒子进入荷电区的时间，s；

t_0——荷电时间常数，$t_0 = 4\varepsilon_0/(N_0 e K_i)$，s；

N_0——电晕场中离子的数密度，个/m³；

e——电子的电荷，1.60×10^{-19}C。

t_0的物理意义是粒子荷电量达到饱和电荷的一半时所需的时间。习惯上将粒子荷电量接近饱和电荷说成达到饱和电荷。

在实际运行的电除尘器中，荷电场强 E_0 的范围是 2～6kV/cm，离子的数密度 N_0 为 10^{13}～10^{15}个离子/m³。不同气体离子的迁移率 K_i 也有所变化，但一般并不明显。

为了用具体数字说明饱和荷电量和荷电时间的数量级，假定 $E_0=5\times10^5$ V/m，$N_0=5\times10^{14}$个离子/m³，$K_i=2.1\times10^{-4}$ m²/(s·V)，$\varepsilon_p/(\varepsilon_p+2)\approx1$，则对粒径为 1μm 的粒子的饱和荷电量为：

$$\begin{aligned} q_s &= \frac{3\pi\varepsilon_p\varepsilon_0 E_0 d_p^2}{\varepsilon_p + 2} = 3\pi\varepsilon_0 E_0 d_p^2 \\ &= 3\times3.14\times8.85\times10^{-12}\times5\times10^5\times(1\times10^{-6})^2 \\ &= 4.17\times10^{-17}\text{C} \end{aligned}$$

借助电子电荷数 n_s 表示粒子荷电量大小更明显，则有：

$$n_s = q_s/e = 4.17 \times 10^{-17}/1.60 \times 10^{-19} = 260 \text{ 个电子电荷}$$

荷电时间常数：

$$t_0 = \frac{4 \times 8.85 \times 10^{-12}}{5 \times 10^{14} \times 1.60 \times 10^{-19} \times 2.1 \times 10^{-4}} = 0.002\text{s}$$

由式(6-22)可知，当荷电时间 $t=10t_0$ 时，粒子的荷电率 $q(t)/q_s$ 将达到 90%以上。如果认为在 $10t_0$ 的时间内就基本完成了荷电，那么就可以得出：中等离子密度（10^{14} 个离子/m^3）的荷电时间是 0.1s，在此时间内气体通过电除尘器的距离仅为 10～20cm。

2. 扩散荷电

扩散荷电是离子作不规则热运动和粒子相碰撞的结果。当外电场为零或很弱时，扩散荷电在很宽的粒径范围内较真实地描述了粒子荷电。

某一粒子悬浮于有离子的气体中，单位时间内接受离子撞击的次数，依赖于粒子附近离子的数密度及离子的热运动平均速率，离子的热运动平均速率又取决于温度和气体的性质。当粒子获得电荷之后，将排斥后来的离子，但由于热能的统计分布，总会有些离子具有能够克服排斥力的扩散速度，所以不存在理论上的饱和电荷，与电场荷电不同。随着粒子上积累电荷的增加，由于粒子场强的增加，荷电速率越来越低。

怀特(White)利用动力学原理推导出扩散荷电的理论方程：

$$q(t) = \frac{2\pi\varepsilon_0 kTd_p}{e}\ln\left(1 + \frac{e^2 N_0 \bar{u} d_p t}{8\varepsilon_0 kT}\right) \quad (\text{C}) \tag{6-23}$$

式中　k——玻尔兹曼常数，1.38×10^{-23} J/K；

T——气体温度，K；

$\bar{u}$——气体离子的平均热运动速度，m/s；

t——荷电时间，s。

3. 电场荷电和扩散荷电的综合作用

电场荷电和扩散荷电的相对重要性，主要决定于粒子直径。在通常的电除尘器运行条件下，粒径约大于 1μm 的粒子，电场荷电一般占优势；而小于十分之几微米的粒子，扩散荷电则占优势；对于这中间粒径范围的粒子，两种荷电机制皆重要，大多数研究者推荐按饱和荷电量式(6-21)和扩散荷电量式(6-23)的简单相加来确定粒子的总荷电量，并作为在荷电场中粒子的停留时间的函数。

6.2.4　粒子的捕集

1. 粒子驱进速度

电除尘器中的荷电粒子在库仑力和空气阻力支配下所达到的终末电力沉降速度，即粒子驱进速度，其计算公式为：

$$\omega = \frac{qE_p}{3\pi\mu d_p} \tag{6-24}$$

粒子驱进速度与粒子荷电量、粒子直径、集尘场强及气体黏度有关。对于较大粒子，粒子荷电量可以近似地按电场荷电的饱和值确定，带入上式得：

$$\omega = \frac{\varepsilon_p \varepsilon_0 d_p E_0 E_p}{(\varepsilon_p + 2)\mu} \tag{6-25}$$

对于 0.4μm 以下粒子，可近似按扩散荷电方程计算。但需用肯宁汉修正系数 C 加以修正。

2. 分级效率方程(德意希方程)

电除尘器的捕集效率，与粒子性质、电场强度、气流速度、气体性质及除尘器结构等因素有关。德意希(Deutsch)于1922年从理论上推导出分级捕集效率方程式。在方程式推导过程中，作了一系列基本假定：(1)电除尘器中的气流为紊流状态，通过除尘器任一横断面的粒子浓度和气流分布是均匀的；(2)进入除尘器的粒子立刻达到了饱和荷电量；(3)忽略电风、气流分布不均匀，粒子返流、气流旁路等影响。

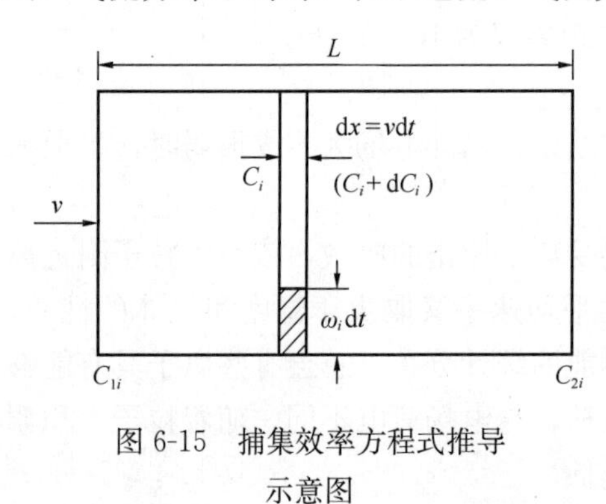

图 6-15 捕集效率方程式推导示意图

如图6-15所示，设气体流向为x，气体和粒子的流速皆为v(m/s)，气体流量为Q(m^3/s)，流动方向上每单位长度的集尘极板面积为a(m^2/m)，总集尘极板面积为A(m^2)，电场长度为L(m)，流动方向的横断面积为F(m^2)，粒径为d_{pi}的粒子驱进速度为ω_i(m/s)，在气体中的浓度为C_i(g/m^3)，则在dt时间内于dx空间捕集的粒子质量为：

$$dm = a(dx)\omega_i C_i(dt) = -F(dx)(dC_i)$$

由于$v dt = dx$，代入上式得：

$$\frac{a\omega_i}{Fv}dx = \frac{dC_i}{C_i}$$

对上式积分，代入边值条件：除尘器入口粒子浓度为C_{1i}、出口为C_{2i}，并考虑到$Fv=Q$，$aL=A$，即得到理论分级捕集效率方程(即德意希方程)：

$$\eta_i = 1 - \frac{C_{2i}}{C_{1i}} = 1 - \exp\left(-\frac{A}{Q}\omega_i\right) \tag{6-26}$$

3. 影响捕集效率的因素

由于各种因素的影响，使得按理论方程计算的捕集效率远高于实际值。对此，提出了有效驱进速度ω_e的概念：将某种结构型式的电除尘器在一定运行条件下捕集一定种类粉尘达到的总捕集效率值，代入德意希方程(6-26)中，反算出相应的驱进速度。据实际估算，理论计算的驱进速度值比实测所得的有效驱进速度可能大2～10倍，可用有效驱进速度来描述电除尘器的捕集性能，并作为同类电除尘器设计中确定其尺寸的基础。

一般将按有效驱进速度表达的总捕集效率方程称为德意希-安德森(Deutsh-Anderson)方程：

$$\eta = 1 - \exp\left(-\frac{A}{Q}\omega_e\right) \tag{6-27}$$

有效驱进速度值的大小，取决于粉尘种类、粒径分布、电场风速、电除尘器的结构型式、振打清灰方式、供电方式等因素。这类经验数据的大量积累，在电除尘器的实际设计中是很有用的。表6-3中列出了不同种类粉尘的有效驱进速度。

对于一定的电除尘器，在入口粉尘粒径分布不变时，气流速度增大，除尘效率下降，而有效驱进速度却有所增大。气流速度范围一般为0.5～2.5m/s，对于板式电除尘器，多选为1.0～1.5m/s。气流速度的选择，要考虑到粉尘的性质、除尘器结构及经济性等因素。

表 6-3　粉尘的有效驱进速度

名　称	有效驱进速度(m/s)	名　称	有效驱进速度(m/s)
电站锅炉飞灰	0.04～0.20	煤磨	0.08～0.10
粉煤炉飞灰	0.08～0.12	焦油	0.08～0.23
纸浆及造纸黑液炉	0.065～0.10	硫酸雾	0.061～0.091
炼铁高炉	0.06～0.14	硫酸	0.06～0.085
铁矿烧结机头烟尘	0.05～0.09	热硫酸	0.01～0.05
铁矿烧结机尾烟尘	0.05～0.12	石灰回转窑	0.05～0.08
铁矿烧结粉尘	0.06～0.20	石灰石	0.03～0.055
吹氧平炉	0.07～0.10	白云石回转窑	0.045～0.08
氧气顶吹转炉	0.08～0.10	镁砂回转窑	0.045～0.06
焦炉	0.067～0.161	氧化铝	0.064
冲天炉	0.03～0.04	氧化铝熟料	0.13
闪速炉	0.076	铝煅烧炉	0.082～0.124
热火焰清理机	0.0596	氧化锌、氧化铅	0.04
湿法水泥窑	0.08～0.115	氧化亚铁(FeO)	0.07～0.22
立波尔水泥窑	0.065～0.086	铜焙烧炉	0.036～0.042
干法水泥窑	0.04～0.06	有色金属转炉	0.073
水泥原料烘干机	0.10～0.12	镁砂	0.047
水泥磨机	0.09～0.10	石膏	0.16～0.20
水泥熟料篦式冷却机	0.11～0.135	城市垃圾焚烧炉	0.04～0.12

6.2.5　电除尘器的工作原理

图 6-16 为管式电除尘器示意图。接地的金属圆管为集尘极，与高压直流电源相联的细金属线为放电极。放电极置于圆管的中心，靠下端的重锤张紧。含尘气流从除尘器下部进气管引入，净化后的气体从上部排气管排出。

电除尘器中的除尘过程如图 6-17 所示，大致可分为三个阶段：

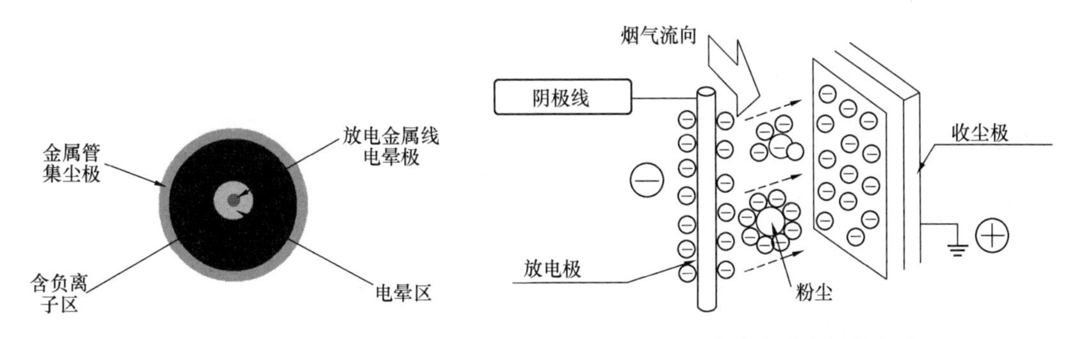

图 6-16　管式电除尘器示意图　　　　图 6-17　电除尘器中的除尘过程

(1) 粉尘荷电

在放电极与集尘极之间施加直流高电压，使放电极附近发生电晕放电，气体电离，生成大量的自由电子和正离子。在放电极附近的电晕区内正离子立即被电晕极吸引过去而失去电荷。自由电子和随即形成的负离子则因受电场力的作用向集尘极移动，并充满到两极间的绝大部分空间。含尘气流通过电场空间时，自由电子、负离子与粉尘碰撞并附着其上，便实现了粉尘的荷电。

（2）粉尘沉降

荷电粉尘在电场中受库仑力的作用向集尘极移动，经过一定时间后到达集尘极表面，放出所带电荷而沉积其上。

（3）清灰

集尘极表面上的粉尘沉积到一定厚度后，用机械振打等方法将其清除掉，使之落入下部灰斗中。放电极也会附着少量粉尘，隔一定时间也需进行清灰。

可见，为保证电除尘器在高效率下运行，必须使上述三个过程进行得十分有效。

6.2.6 电除尘器的特点

（1）耗能少

静电除尘与其他除尘器的根本区别在于，分离力直接作用在粒子上，而不是作用在整个气流上，具有能耗低的特点，大约 0.2～0.4kWh/1000m^3。

（2）阻力低

由于烟气进入电除尘器后既不转弯，又不与其他物体碰撞，加之流速又低，气体阻力很小，压力损失一般为 200Pa，串联 4 个电场也不会超过 300Pa。

（3）除尘效率高且运行稳定

可根据需要的除尘效率来选择电除尘器，对于电厂燃煤锅炉烟气，一般二电场除尘器的除尘效率可达 98%，三电场除尘器达 99%，四电场和五电场除尘器效率可达 99.9%及以上，只要条件许可，还能继续提高效率。另外，其除尘效率比较稳定，运行一段时间后，效率下降不多。

（4）处理烟气量大

随着大型工艺设备的日益增加，要求处理的烟气量也大为提高。

（5）适用范围广，可以处理高温烟气

一般可处理 400℃以下的烟气，若在较低温度下运行，烟气温度以 150℃以下为宜，如在高温状态下运行，烟气温度以 350℃以上为宜。对烟尘浓度及粒径分散度的适应性都比较好。一般电除尘器入口粉尘浓度范围 10g/m^3（标准状态），粉尘浓度允许高达每立方米数十克以上。电除尘器甚至能捕集到 0.1μm 的细微粉尘。

（6）自动化程度高，运行可靠

电除尘器采用微机实现全盘自动化。由于其运动部件少，在正常情况下维修工作量小，可以长期连续稳定运行。

（7）设备庞大，一次性投资大

电除尘器与其他除尘器设备相比，设备庞大，占地面积多，金属耗量多，一次性投资大，而且对设备的制造、安装及维护操作的技术要求比较严格。

（8）对粉尘的比电阻很敏感

一般要求比电阻在 10^4～$10^{10}\Omega\cdot$cm 之间。

6.2.7 电除尘器的分类

根据电除尘器的结构特点，可以作不同的分类。

（1）管式和板式电除尘器

管式电除尘器的结构如前所述，集尘极一般为圆形金属管，管的直径为 150～300mm，管长 2～5m，通常采用多根圆管并列的结构。管式电除尘器适用于气体量较小的情况，一般采用湿式清灰方式。

板式电除尘器一般采用压制成各种断面形状的平行钢板作为集尘电极，极板之间均布电晕线，如图6-18所示。板式电除尘器的结构布置较灵活，可以组装成各种规格。一般以除尘器的过流断面积表示，可以从几平方米到几百平方米。

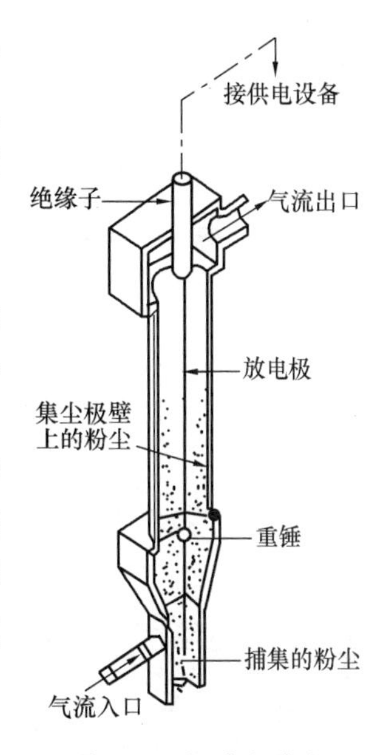

图6-18 板式电除尘器示意图

(2) 立式和卧式电除尘器

在立式电除尘器中，气流通常是自下而上流动的。管式电除尘器都是立式的，板式电除尘器也有采用立式的。立式电除尘器高度较高，气体通常从上部直接排入大气，所以在正压下运行。在卧式电除尘器中，气体水平流过电除尘器。根据结构和供电的要求，通常每隔3m左右（有效长度）分隔成单独的电场，根据所需除尘效率确定设几个电场，常用的是二或三个电场，也有多到设四个电场的。在工业废气除尘中，卧式的板式电除尘器是应用最广泛的一种。

(3) 单区和双区电除尘器

粉尘的荷电和沉降在同一区域内的电除尘器称为单区电除尘器；反之，将分设荷电区与沉降区的称为双区电除尘器。单区电除尘器是目前工业废气除尘中应用最广的一类；双区电除尘器主要用于空气调节系统的进气净化，近年来，已开始用于工业废气净化方面。

(4) 湿式和干式电除尘器

湿式电除尘器是用喷水或溢流水等方式使集尘极表面形成一层水膜，将沉积在极板上的粉尘冲走。湿式清灰可以避免沉积粉尘的再飞扬，达到很高的除尘效率。但是，与其他湿式除尘器一样，存在着腐蚀、污泥和污水的处理问题。所以只是在气体含湿量较大，要求除尘效率较高时采用。

干式电除尘器是最常见的一种型式，它是用机械振打等方法来实现极板和极线的清灰。回收的干粉尘便于处置和利用，但振打清灰时存在二次扬尘问题，导致除尘效率降低。

6.2.8 电除尘器的结构

电除尘器的型式是多种多样的，从其结构来看，不论哪种类型的电除尘器都包括以下几个主要部分：电晕电极、集尘电极、电晕极与集尘极的清灰装置、气流均匀分布装置、壳体、保温箱、供电装置及输灰装置等。

1. 电晕电极

电晕电极是电除尘器中使气体产生电晕放电的电极，主要包括电晕线、电晕框架、电晕框悬吊架、悬吊杆和支持绝缘套管等。

对电晕线的基本要求是：(1) 放电性能好，起晕电压低，放电强度高，电晕电流大；(2) 机械强度高，不易断线，高温下不弯曲变形，耐腐蚀；(3) 电晕线的固定，有利于维持准确的极距，有利于传递振打力，易于清灰。

电晕线的型式很多，目前常用的有光圆线、星形线这、螺旋线及芒刺线等（图6-19）。电晕线的固定方式有重锤悬吊式、管框绷线式和桅杆式三种（图6-20）。

光圆线的放电强度随直径变化，即直径越小，起晕电压越低，放电强度越高。在采用重锤悬吊方式时，为保持导线垂直和准确的极距，要挂一个2～7kg的重锤。考虑到振打力的作用和火花放电时可能受到的损伤，电晕线不能太细。一般采用镍铬不锈钢或碳钢制成直径

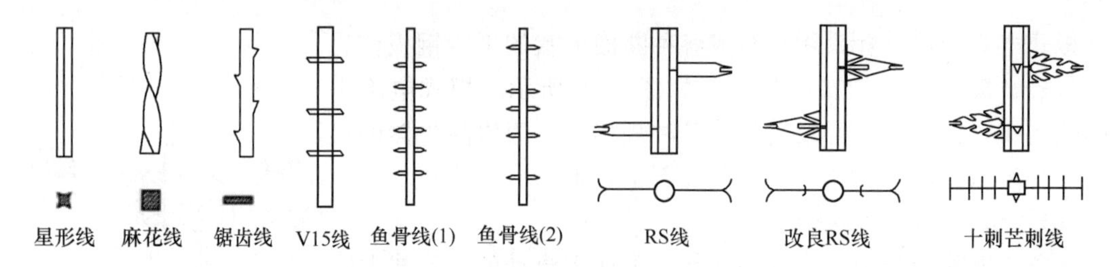

图 6-19　电晕线的型式

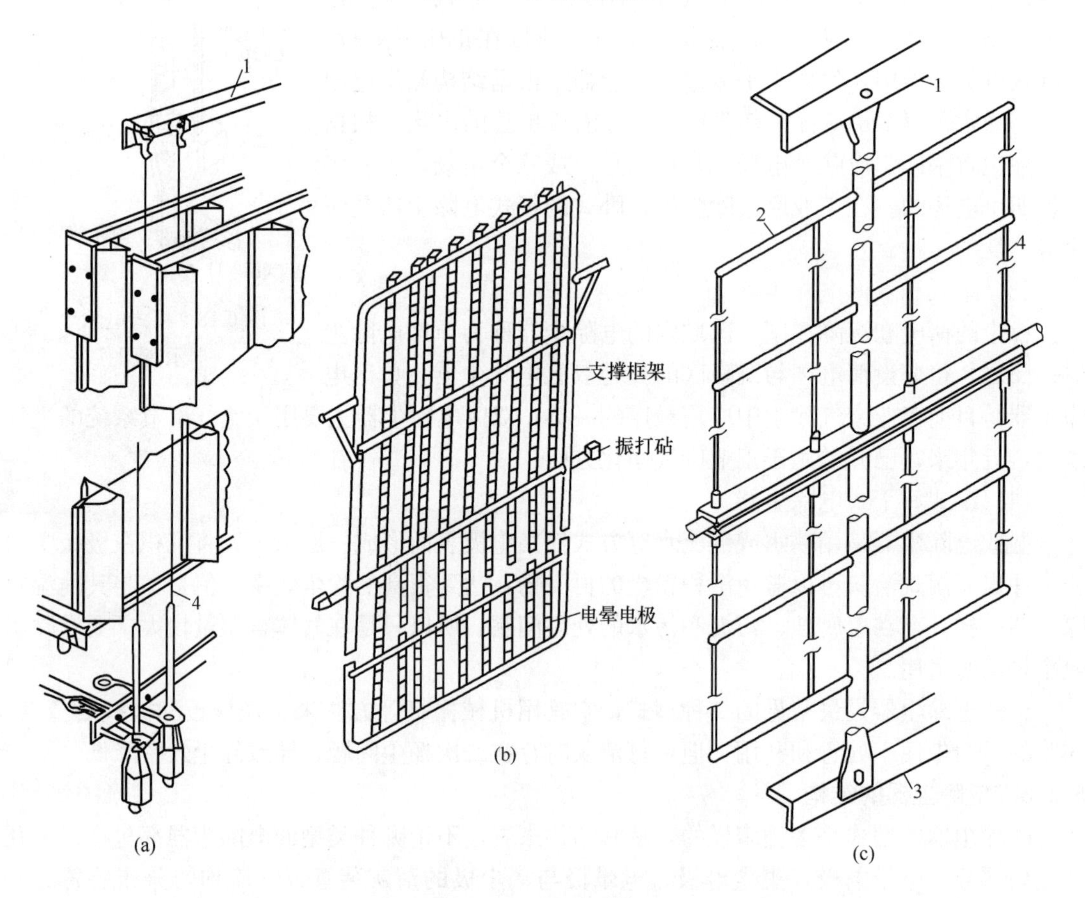

图 6-20　电晕电极的固定方式

(a) 重锤悬吊式；(b) 管框绷线式；(c) 桅杆式

1—顶部梁；2—横杆；3—下部梁；4—电晕线

为 1.5～3.8mm 的钢丝。螺旋形电晕线，对大型电除尘器较适用。采用管框绷线固定，安装拆换方便，导线张紧较好，线上积灰易于抖落。星形电晕线四面带有尖角，起晕电压低，放电强度高。由于断面积比较大（边长为 4mm×4mm 左右），有利于振打加速度的传递和积灰的振落，制作容易，比较耐用，所以得到广泛应用。

芒刺型电晕线的型式有多种，常用的有角钢芒刺线、扁钢芒刺线、锯齿线、鱼骨线及 RS 线等型式。芒刺形电晕线以尖端放电代替沿极线全长上的放电，因而放电强度高，在正常情况下，芒刺电晕线比星形电晕线产生的电晕电流高 1 倍左右，而起晕电压却比其他型式都低。此外，由于芒刺尖端产生的电子和离子流特别集中，在尖端的伸出方向，增强了电风，可以减弱和防止粉尘浓度大时出现的电晕封闭现象。因此芒刺型电晕线适于用在含尘浓度大的场合，如在多电场的电除尘器中用在第一电场和第二电场中。

相邻电晕线之间的间距，对放电强度影响较大。间距太大会减弱放电强度，但间距过小时也会因屏蔽作用反使放电强度减低。一般电晕线间距为通道宽度的 0.7～1，RS 线的间距为通道宽度的 1.5～2。要视集尘极板型式和尺寸等配置情况而定。

2. 集尘电极

集尘电极的结构型式直接影响到电除尘器的除尘效率、金属耗量和造价。对集尘极的要求是：(1) 有良好的电性能，即极板面上的电场强度和电流分布均匀，火花电压高；(2) 有利于粉尘在板面上沉积，又能顺利落入灰斗，二次扬尘少；(3) 极板的振打性能好，利于振打加速度均匀地传递到整个板面，使清灰效果好；(4) 形状简单，制造容易；(5) 刚度好，在运输、安装、运行中，不易变形。

集尘极的型式很多，有板式和管式两大类，而板式电极又可分为三类：(1) 平板形电极：包括网状电极和棒帏式电极等；(2) 箱式电极：包括鱼鳞板式和袋式（郁金香式）电极等；(3) 型板式电极：是用 1.2～2.0mm 厚的钢板冷轧加工成一定形状的型板，如 C 型、Z 型、CS 型、CSA 型、CSW 型、CSV 型、ZT 型及波纹型等，如图 6-21 所示。

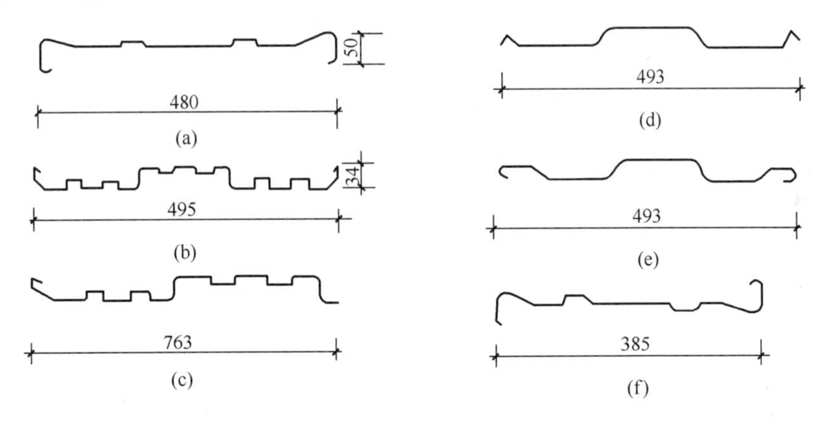

图 6-21　常用的几种集尘电极的断面型式

型板式电极在捕集效率、钢耗及振打性能等方面，皆优于平板式和箱式电极。例如，极板面积相同时的钢耗，鱼鳞板为 Z 型板的 2～3 倍；棒帏式的为 Z 型的 5 倍多，C 型和 Z 型相差不大。在下部锤击点给予同样加速度（100g）的锤击时，C 型板在全高上的加速度分布均匀，鱼鳞板则由下向上递减较快。

型板式电极两面皆有轧制的沟槽和凸棱，其作用是：提高极板刚度；在靠近极板附近的边界层中形成一层涡流区。在边界层中的气流速度小于主体气流速度，因而进入该区的荷电粉尘容易沉降，同时由于集尘极表面不直接受主气流的冲刷，所以沉积粉尘重返气流的可能性及振打时的二次扬尘都较小。

极板的宽度要和电晕线的间距相适应。例如，Z 型极板宽为 385mm，C 型极板宽 485mm，ZT 型极板宽 480mm，一般是每块极板对两根一般电晕线或一根 RS 线。极板高度一般在 2～14m 范围内变化，特殊情况有超过 20m 的。极板加高主要是为了节省占地面积和便于大型除尘器的平面布置。

极板之间的间距，对电除尘器的电场性能和除尘效率影响较大。间距太小（200mm 以下），安装困难，且相对精度差，会影响效率。间距太大，电压的升高又受变压器、整流设备容许电压的限制。因此在通常采用 72～100kV 变压器的情况下，极板间距一般取 250～

350mm，多取300mm。对于管式电除尘器，一般取管径为250～300mm。近年来开始发展的宽间距电除尘器（板间距≥400mm），由于极距增大，使集尘极和电晕极数量减少，钢材耗量减少，并使电极的安装和维护更方便，平均场强提高，板电流密度并不增加，有利于捕集高比电阻粉尘。但电除尘器的工作电压增高。通常认为板间距400～600mm较合理，最常采用的是400～450mm。

3. 电极清灰装置

及时有效地清除电极上的积灰，是保证电除尘器高效运行的重要环节之一。

（1）湿式电除尘器的清灰

对于沉积到极板上的粉尘，一般是用水冲洗集尘极板，使极板表面经常保持一层水膜，当粉尘沉降到水膜上时，便随水膜流下，从而达到清灰的目的。

湿式清灰的主要优点是：无二次扬尘，水滴凝聚在小尘粒上更利于捕集，空间电荷增强，不会产生反电晕。此外，湿式电除尘器还可同时净化有害气体，如二氧化硫、氟化氢等。湿式电除尘器的主要问题是腐蚀、结垢及污泥处理等。

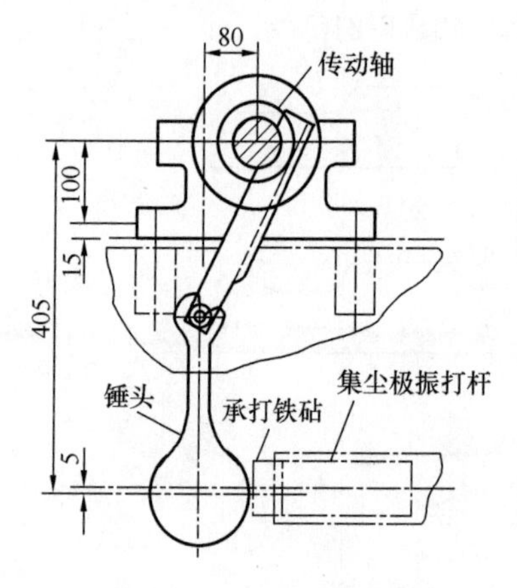

图6-22　集尘极振打装置

（2）干式电除尘器的清灰

① 集尘极板的清灰

目前应用最广的极板清灰方式是下部机械挠臂锤切向振打。集尘极振打装置如图6-22所示，由传动轴、承打铁砧和振打杆等组成。随着轴的转动，锤头达到最高位置后靠自重落下，打在铁砧上，振打力通过振打杆传到极板各点去。一般是一排极板安装一个振打锤，同一电场各排的振打锤安在一根传动轴上，并依次错开一定角度，使各排极板的振打依次交替进行。这样既使传动机械的负荷均匀，又使二次扬尘减少。

振打清灰效果主要决定于振打强度和振打频率。振打强度的大小决定于锤头的质量和挠臂的长度。振打强度一般用集尘极板面法向产生的加速度表示，单位用重力加速度 g（$9.80m/s^2$）的倍数表示。一般要求，极板上各点的振打强度不小于（50～200）g。实际上，振打强度也不宜过大，只要能使板面上残留极薄的一层粉尘即可，否则二次扬尘增多，结构损坏加重。

② 电晕电极的清灰

电晕极上沉积粉尘一般都比较少，但对电晕放电的影响很大。如粉尘清不掉，有时在电晕极上结疤，使除尘效率降低。因此，对电晕电极也必须进行清灰。常用的是与集尘极振打装置基本相同的侧部机械振打装置，所不同的是电晕极带有高压电，振打轴上需要装电瓷轴，使之与集尘极和壳体绝缘。此外，电瓷轴两端还需装万向联轴节，以补偿振打轴同轴度的偏差。

4. 气流分布装置

电除尘器中气流分布的均匀性对除尘效率影响很大。当气流分布不均匀时，在流速低处所增加的除尘效率远不足以弥补流速高处效率的降低，因而总效率降低。

气流分布均匀程度决定于除尘器断面与其进出口管道断面的比例和形状，以及在扩散管内设置气流分布装置情况（图6-23）。当进气扩散管的扩散角较大或急剧转向时，可设置分隔板和导流板，分配在全流通断面上的气流，使全断面气流分布均匀，减少动压损失。同时，在气流进入除尘器的电场之前，设 1～3 层气流分布板。

气流分布板的开孔率、层数及分布板之间的间距应通过试验确定。一般气流分布板采用 3～5mm 钢板制作，开圆孔直径为 40～60mm，每层板的开孔率为 25%～50%，两层相邻分布板之间距与进口高度之比为 0.5～0.2 之间。

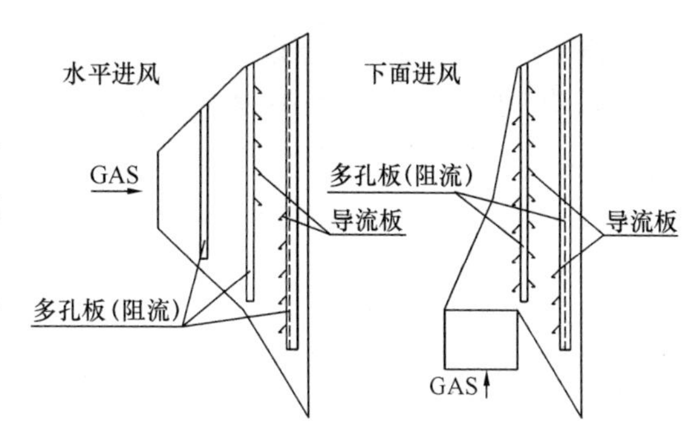

图 6-23　不同进气方式的导流板

5. 灰斗

灰斗是收集振落灰尘的容器，它把从电极上落下来的粉尘进行集中，经排灰装置送到其他输送装置中去。

一般灰斗为四棱台状或棱柱状。电除尘器的贮灰系统事故较多，特别是定时排灰的灰斗，往往由于灰斗沉积过满造成电晕极接地。连续排灰的灰斗积灰太少或斗壁密封不严会使空气泄入引起二次飞扬。如果下部排灰装置能力不够也容易造成运行故障。灰斗倾角过小或斗壁加热保温不良，会造成落灰不畅，甚至结块堵塞。

为了保障灰斗的安全运行，电除尘采用了灰斗加热装置和料位显示信号、高低灰位报警装置等检测装置。而为了防止气流旁路，在灰斗中设置了阻流板，防止气流不经过电场从旁路绕流，绕流气体有可能将灰斗中的积灰以及下落的粉尘带走，造成严重的二次飞扬。

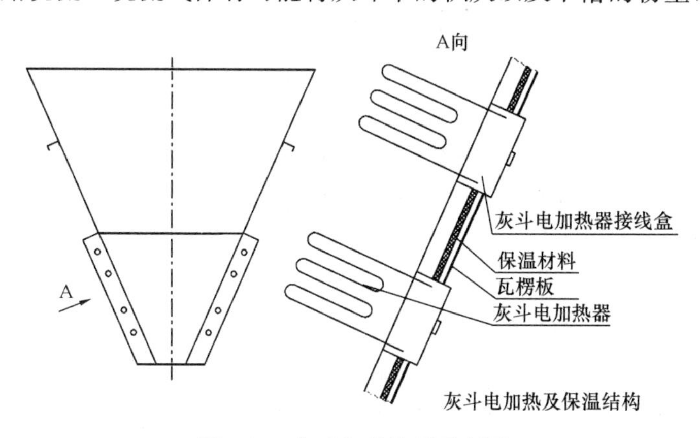

图 6-24　灰斗加热装置示意图

加热装置有两种型式：电加热或蒸汽加热，一般采用电加热（图 6-24）。灰斗下口直接接气力输灰装置或接抽板阀和排灰阀。灰斗有良好的保温措施，灰斗加热设有恒温装置及测温热电偶，使其保持灰斗壁温不低于 120℃，且高于烟气露点温度 5～10℃。

为了避免烟气短路，灰斗内装有阻流板，它的下部尽量距排灰口较远。灰斗斜壁与水平面的夹角不小于 60°，相邻壁交角的内侧，做成圆弧型，圆角半径大于 200mm，以保证灰尘自由流动。灰斗及排灰口的设计是为了保证灰尘能自由流动排出灰斗。每只灰斗的容积能满足锅炉 8～10h 满负荷运行。还有一个密封性能很好的捅灰孔。

灰斗采用双层结构，中间夹层加热，外层用保温材料覆盖。使整个灰斗下部加热均匀，灰斗内部的灰不会产生结块，从根本上杜绝了电除尘器的四大故障之一——灰斗堵灰。

6.2.9　电除尘器的供电

1. 供电电压、电流及功率

电除尘器通常在接近火花放电的条件下运行，随着电压的升高，电晕电流和电晕功率都急剧增大，效率也迅速提高。因此，为了充分发挥电除尘器的作用，应配备能供给足够高的电压并具有足够功率的供电设备。

板式电除尘器的平均场强为 3～4.5kV/cm。电流值可用线密度和面密度表示。板式电除尘器要求的线电流密度为 0.1～0.35mA/m。如用面密度即单位阳极板面积上的电流表示，其值为 0.11～1.1mA/m^2。

电晕功率的要求值有两种表示方法：一种是用单位面积阳极板要求的电晕功率（kW/m^2）表示；另一种是用单位面积阳极板要求的变压器容量（kVA/m^2）表示。后一种表示的数值比前一种大得多，实际应用也较多。工程上使用的下限和上限分别为 0.003kVA/m^2 和 0.033kVA/m^2。

2. 火花放电的影响

电压升到一定值时电除尘器内将产生火花放电。火花放电不但需要高电压，还需要在电场内发生偶然扰动才能触发它。电压较低时，需要较强的扰动；电压较高时只需要较弱的扰动。

开始出现火花时的电压与每分钟出现几百次火花时的电压之差称为火花电压范围。火花电压范围主要取决于气体含尘浓度、粉尘比电阻和电压电流波形。含尘浓度和比电阻较大的情况下，火花电压范围较宽，约 4～5kV。

火花放电对电除尘器产生有害的影响。发生火花的一瞬间，正、负极电压下降，火花放电的扰动使极板上产生二次扬尘。可是为了提高捕集效率又必须尽可能提高运行电压。大量现场运行经验表明，每一电除尘器（或每一电场）都存在一最佳火花率，其数值约为每分钟 100 次左右。

3. 高压供电装置

高压供电装置是一个以电压、电流为控制对象的闭环控制系统，主要包括升压变压器、高压整流器、控制元件和控制系统的传感元件等四部分。升压变压器的作用是将 380V 交流电升压到 60kV 或更高的电压，整流器的作用是将高压交流电变为高压直流电。控制系统的功能是根据电除尘器工况的变化，自动调节输出电压和电流，使除尘器保持在最佳运行工况；同时提供各种联锁保护，对闪络、拉弧和过流等信号能快速鉴别和作出反应。

6.2.10 影响电除尘器性能的因素

1. 气流速度和分布

气流分布特性是电除尘器的设计和运行调整的重要参数。电除尘器进口处的气体流速，一般为 10～15m/s，而在电除尘器内仅 0.5～2m/s。若不采取必要的分风措施，气体在电场内会很不均匀，部分流速将大大超过设计指标，气体在电场内的停留时间大大缩短，捕集到的粉尘被高速气流带出电场形成二次扬尘。同时电晕线产生程度不同晃动，引起供电电压波动，从而除尘效率降低。严重时电除尘器不能正常操作。

2. 气流分布

气流分布越均匀越有利。影响气流分布的因素主要有进出风口的几何尺寸、进气管道的气流状况、导流系统、气流分布板的布置及开孔率等，其中，气流分布板对于气流分布的影响最大。

由若干块阻力系数小于单块多孔板的多孔板串联成气体分布装置，气体漫流将由一块多孔板逐渐流向另一块多孔板，它具有很好的均气效果。实践表明，这种气流分布装置总阻力并不比单块多孔板在相同气流情况下所具有的阻力大。

设计新电除尘器有必要先制作试验模型，研究内部气体分布，测定弯管部分设置导向叶片的分风效果等。通过调试，即可确定气体在电除尘器内较为理想的分布状态。

粉尘经过电场大部分被捕集以后，极小部分残余粉尘仍然带有电荷，在通过出口气体分布板时，虽然此处的气流速度提高了 1～2 倍，但出口分布板内外两侧均能集尘。出口气体分布板好像一块横向沉尘极板，能捕集在电场中未能被捕集的细微尘粒，它具有良好的除尘性能。为此，设置出口分布板是必要的，而且还应采取振打措施。但也有实验表明，在出口管处安装气流分布板对电场内部气流分布情况影响不大，可不必设置分布板，因此，是否设置可视生产情况而定。

3. 含尘气体性质

(1) 气体含尘量——烟尘浓度过高导致电晕封闭现象

电晕电流 i 是由气体电离离子运动形成的电流 i_1 和荷电尘粒运动的电流 i_2 所组成，因此，电场空间电荷 q 也是由气体电离所形成的空间电荷 q_1 和荷电尘粒所形成的空间电荷 q_2 所组成。由于尘粒体积、质量和荷电量均比离子大得多，所以离子移动速度比荷电尘粒移动速度大数百倍，因此，荷电尘粒所形成的电流只占电晕电流约 1%～2%。但随着气体含尘量增加，虽然荷电尘粒所形成的电晕电流不大，但所具有的空间电荷却很多，严重抑制电晕电流产生，使尘粒不能获得足够电荷，导致电除尘器除尘效率显著降低，尤其是尘粒直径在 $1\mu m$ 左右的数量越多，这种现象越严重。当含尘量大到某一数值时，电晕现象消失，尘粒在电场中根本得不到电荷，电晕电流几乎减小到零，失去除尘作用，即电晕闭塞。

一般，电晕闭塞多发生在第一电场。常规电除尘器，进口含尘量小于 $50g/m^3$（标况），可防止产生电晕闭塞，可在电除尘器前面设置一到二级旋风除尘器、汽化冷却器、废热锅炉、热交换器或适当增加电场数，以达到预期的除尘效果。

(2) 气体成分

气体离子在电场内移动（迁移）速度，随气体成分不同而不同，因此，所产生电晕电流也不同。在设计中，往往会遇到处理气体含尘量少，离子移动（迁移）速度大，带来电晕电流太大，而操作电压太低，因此，必须采取加大供电机组容量，改变电晕极形状、合理调整电极配置和改变气体流动方式等措施以抑制电晕电流，提高工作电压。若处理得当，仍可取得较高除尘效率。

烟气中部分气体成分的增加有利于除尘效率的提高，如 H_2O、SO_2。

(3) 粉尘粒级组成分布

由于带电尘粒驱进速度与尘粒半径 r 成正比例关系变化，因此，尘粒半径大于 $1\mu m$，在不考虑被捕集粉尘再飞扬的情况下，半径越大，除尘效率越高。因为细小半径尘粒表面积大，空间电荷效应大，除尘效率低。所以在设计电除尘器前，必须查清操作状态粉尘粒级分布，否则电除尘器性能指标将受影响。

值得注意的是，粉尘粒级分布不仅随产生含尘气体设备类型不同而异，就是同一类型设备，也因原料、燃料、混合比、操作和燃烧条件等不同而有很大差别。即使采用同类型设备产生同类型气体的粉尘，对粒级分布，也需认真分析比较。

(4) 粉尘比电阻 ρ

比电阻值是粉尘导电性能的标志，对电除尘器除尘性能影响极大。粉尘比电阻定义：在厚 1cm，覆盖层 $1cm^2$ 集尘面积的粉尘电阻。

粉尘是依靠尘粒之间、尘粒与沉尘极之间的表面附着力和电气附着力，而堆积在沉尘极上。尘粒直径大，表面附着力小，容易产生再飞散。电气附着力由尘粒之间及尘粒与沉尘极间接触带电而产生的库仑力所决定。

① 低电阻或强导电粉尘（$\rho<10^4\Omega\cdot cm$）

导电性好，当荷电尘粒到达电极后，立即失去电荷。由于在失去电荷的同时，还失去尘粒中的半自由电子（同时围绕两个以上原子核转动的电子），而获得与沉尘极相同极性（带正电的尘粒）的电荷，此时库仑力消失，尘粒斥离沉尘极重返气流，形成粉尘再飞散。因此，采用普通电除尘器，难以收到好的除尘效果（图 6-25）。用电除尘器处理各种金属粉尘和石墨粉尘、炭黑粉尘都可以出现这一现象。一般在电除尘器后面串联旋风除尘器的办法来解决。

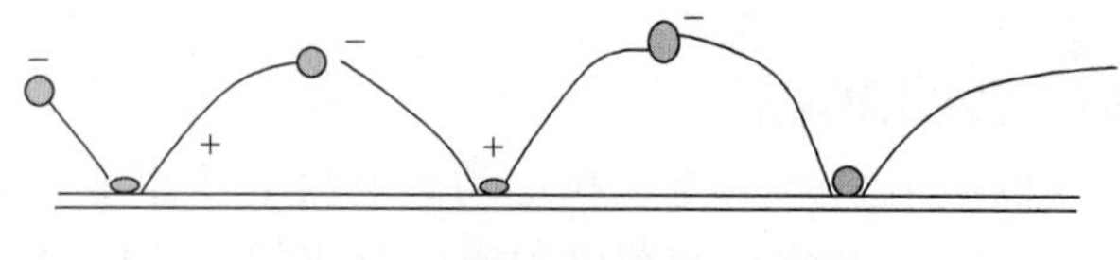

图 6-25　粉尘再飞散示意图

② 高电阻粉尘（$\rho > 10^{10}\Omega \cdot cm$）

当高电阻粉尘和电极接触后，很难放出电荷。由于库仑力或电气附着力大，使尘粒在沉尘极上堆积成粉尘层。此时，电晕电流通过这一高电阻粉尘层，在某些区域电流密度与电阻值乘积，将大大超过足以造成粉尘层击穿的电场强度（图 6-26）。由于这种击穿形成的局部高电流密度，使电晕电流汇聚到击穿点上，造成大量离子活动。电阻和电位梯度随粉尘层厚度增加而增大，击穿点的离子活动也随之剧烈，以致产生与电晕极产生离子极性不同的离子喷射到有效除尘空间，即产生反电晕（逆电离）。因而在有效除尘空间同时存在正、负离子，正离子中和带负电荷尘粒，在粉尘层表面可看到火花频发，使粉尘荷电大为恶化。同时粉尘在电晕极上的附着力特别强，很不容易振落，形成电晕极线肥大，除尘效率大幅度降低。普遍认为 $5\times10^{10}\Omega \cdot cm$ 是出现反电晕现象的临界比电阻值。如果条件允许，用湿式电除尘器可消除反电晕和粉尘再飞扬，能得到满意的除尘效率。国外使用双区式电除尘器处理高电阻粉尘，已取得良好效果。

③ 适宜采用普通电除尘器捕集最理想粉尘（$10^4\Omega \cdot cm < \rho < 10^{10}\Omega \cdot cm$）

当荷电尘粒到达电极时，电荷中和进行得当，附着力既适当又不会引起反电晕。在其他条件相同的情况下，具有较高除尘效率，而且比电阻值在此区域内变化几乎不受影响。同一电除尘器其他条件相同，比电阻值与除尘效率的关系如图 6-27 所示。

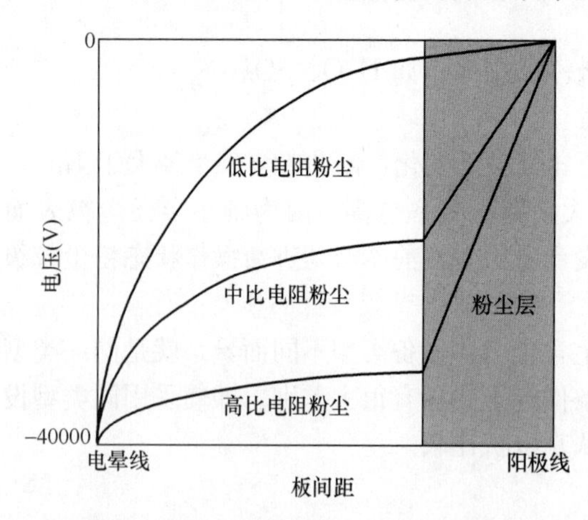

图 6-26　粉尘比电阻对场强分布的影响

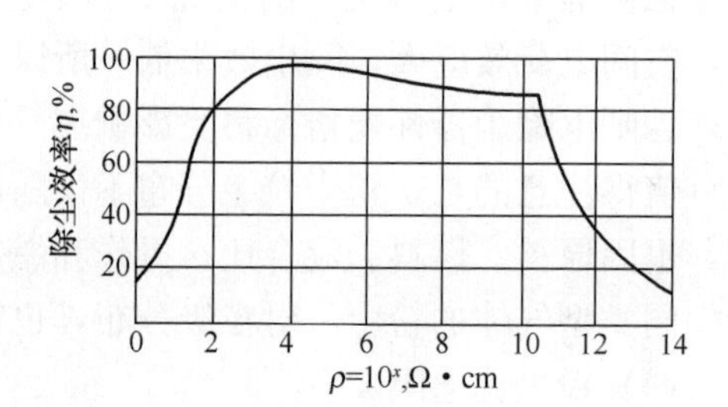

图 6-27　比电阻值与除尘效率的关系

4. 操作条件

(1) 气体速度

如果气体速度太快，即使在不振打电极的情况下，被捕粉尘也会自动剥落，引起粉尘再飞扬，被高速气流带出电场，除尘效率必然降低。若气体速度太小，不仅增大设备容量，而且导致含尘浓度偏析，同样降低除尘效率。因此，在满足电除尘器除尘效率的前提下，选取大气体速度，设备规格或容量相应减小，以节省基建投资。

一般情况下，粉尘从荷电到附着在电极上仅需 0.5～2s。工业电除尘器停留时间，大都取在 6～12s 之间。若采用“C”型、“Z”型等沉尘极板，气体停留时间可适当缩短，气体速度相应提高。因此，为提高气体速度，就必须改善电极结构型式，如用槽形板或带防风沟极板，使气体和捕集粉尘不直接接触，减少粉尘再飞扬数量；框架式电晕电极，可避免由于气体速度过大而引起极线晃动，从而减少或避免自激振动发生周期火花。

（2）电极和绝缘件积灰

由于电晕极周围有少量尘粒获得正电荷，电荷量与荷负电荷尘粒电荷量基本相等，且与电晕极同极离子中和时间比荷负电荷尘粒长得多。在所谓梯度压力作用下被吸引到电场强的电晕极并牢牢地黏附着，且很快增厚，形成电晕极线积灰肥大。即电晕极线半径 r 增大，以至电晕效果降低，电晕电流减小。严重时不起电晕作用，造成电晕闭塞，操作状况恶化。若用荷电电压低的电晕放电，则除尘作用不大，因此，必须设置具有足够振打力的电晕极振打装置，以即时清除积尘，同时通入电场高荷电电压，即可消除上述现象。如果因含尘气体性质引起电晕极结瘤，可采用电容振打，将结瘤崩落。粉尘黏结性越大，电晕极肥大越严重。化工用的电除尘器电晕极肥大现象尤为突出。生产实践表明，电晕极线积尘和肥大，不仅与振打有关，而且与电晕极线的结构型式和粉尘性质也有很大关系，要结合含尘气体性质采用合理电极型式和振打方式，必要时，还需设置活动刷灰装置清扫电极，并要求定期人工清扫电极和内部操作平台，或采用干净压缩空气吹扫。

绝缘件积尘绝缘性能下降严重时爬电击穿、降低工作电压甚至无法送电，影响电除尘器的除尘性能。所以保持绝缘件清洁十分重要。为使绝缘件不致积尘，目前多采用人工清扫或热风吹扫电晕极支撑绝缘件。

（3）设备漏气

电除尘器漏气率大，不仅增加风机负荷，而且对操作十分不利。若灰斗和排灰装置漏气，将造成粉尘再飞扬，使捕集到的粉尘重返气流。烟道伸缩节、风道闸门和绝缘套管等处漏气，可使电除尘器内部由于温度下降而产生局部过冷，导致气体中水分和酸雾冷凝，不仅造成设备腐蚀、粉尘黏结在电极上振打不下来、电极积尘和电压击穿等不良后果，还会严重干扰电晕放电从而影响或降低除尘性能。

为减少设备的漏气，电除尘器一般是在微负压下操作。若工艺条件不允许微负压操作，则必须采取措施加强设备密封。如采用双层人孔门、密闭排灰装置等和严格要求、检查壳体焊缝质量。

（4）气体旁通或串气

由于结构原因，在电除尘器内部有或多或少气体向有效除尘空间以外的空间（无效除尘空间）通过，从而除尘效率降低。为防止气体旁通串气，在灰斗、顶板与有效除尘空间之间、两外层沉尘极板与壳体内壁之间、气体分布板与壳体进、出喇叭内壁之间均应设置气体阻流板，以迫使气体均能通过有效除尘空间和避免灰斗内粉尘再飞扬。

（5）电场大小

实践经验表明，往往小型或半工业试验电除尘器，由于气体分布易均匀，振打力易调整及传递，设备易密封，漏气量较小；设备制作和安装较精确，操作和分析较重视，而且考核试验时间较短，内部构件绝对无损坏等，能取得满意效果。但一经放大成工业规模，由于很难做到或忽视上述某些因素，除尘效率明显偏低。因此，在设计时要注意参照试验时的条件。在试验时，须考虑工业规模的可能性。

（6）外加电压

当电除尘器外加电压达到一定数值时，电场内就会产生火花放电。通常，管式电除尘器火花放电的始发电压与极间距基本成正比例增加。板式电除尘器因受相邻电晕极线干扰，则火花始发电压随电晕极线数目增多而增加。

多数电除尘器火花次数是供电电压的函数，在每分钟内火花放电 20～80 次的范围内，存在着最佳除尘效率。由于最佳火花次数又与气体性质、流量、温度和含尘浓度以及电除尘器内粉尘附着状况等有关，因此，在生产中应根据试验来确定火花次数。

（7）伏安特性曲线

电除尘器在运行过程中，从始发电晕（起晕）到电场终结（击穿）电压与电流的关系曲线称为伏安特性曲线。它不拘泥于欧姆定律，是许多变量的函数。

冷态空载伏安特性曲线，可检验设备制作和安装质量，曲线闪络击穿点越接近设定电压电流值，说明该电除尘器质量越好。

送入工况含尘气体测得电压与电流的关系曲线，则称为负载伏安特性曲线，主要受电极几何形状、电极配置型式与参数、气体成分、含尘浓度、操作温度和压力、粉尘性质等因素影响。

6.2.11 电除尘器的选择设计和应用

1. 电除尘器的选择设计

电除尘器的选择设计所需原始资料，主要包括以下数据：

① 净化气体的流量、组成、温度、湿度、露点和压力；

② 粉尘的组成、粒径分布、密度、比电阻、安息角、黏性及回收价值等；

③ 粉尘的初始浓度和排放浓度要求。

电除尘器的选择设计主要是根据给定的运行条件和要求达到的除尘效率，确定电除尘器本体的主要结构和尺寸，包括有效断面积，集尘极板总面积，极板和极线的型式、极间距、吊挂及振打清灰方式，气流分布装置，灰斗卸灰和输灰装置，壳体的结构和保温等。对于选型设计来说，在无特殊条件和要求的情况下，可以选取生产厂家的定型产品。为此，需确定出所选电除尘器的有效横断面积、集尘极板总面积等项基本参数（表 6-4）。

电除尘器的选择和设计仍然主要采用经验公式类比方法。

（1）比集尘表面积的确定

根据运行和设计经验，确定有效驱进速度 ω_e 按德意希公式求得比集尘表面积 A/Q。

$$\frac{A}{Q}=\frac{1}{\omega_e}\ln\left(\frac{1}{1-\eta}\right)=\frac{1}{\omega_e}\ln\left(\frac{1}{P}\right) \tag{6-28}$$

（2）长高比的确定

集尘板有效长度与高度之比，直接影响振打清灰时二次扬尘的多少。要求除尘效率大于 99％时，除尘器的长高比至少要 1.0～1.5。

（3）气流速度的确定

气体在电场中的流动速度一般在 0.5～2.5m/s 范围内，对于板式电除尘器，多为 0.5～1.5m/s。对于集尘极板面积一定的电除尘器而言，电场风速选取过高，不仅使电场长度增大，使电除尘器整体显得细长，占地面积增大，而且使二次扬尘增加，除尘效率下降。反之，若电场风速选得过小，则使电场横断面积增大，给气流均匀分布增加了难度。

（4）气体的含尘浓度

如果气体含尘浓度很高，电场内尘粒的空间电荷很高，易发生电晕闭塞。应对措施——提高工作电压，采用放电强烈的芒刺型电晕极，电除尘器前增设预净化设备等。

（5）电除尘器的辅助设计因素

① 电晕电极：支撑方式和方法；

② 集尘电极：类型、尺寸、装配、机械性能和空气动力学性能；

③ 整流装置：额定功率、自动控制系统、总数、仪表和监测装置；

④ 电晕电极和集尘电极的振打机构：类型、尺寸、频率范围和强度调整、总数和排列；

⑤ 灰斗：几何形状、尺寸、容量、总数和位置；

⑥ 输灰系统：类型、能力、预防空气泄漏和粉尘反吹；

⑦ 高强度框架的支撑体绝缘器：类型、数目、可靠性；

⑧ 其他因素：壳体和灰斗的保温，电除尘器顶盖的防雨雪措施；便于电除尘器内部检查和维修的检修门；气体入口和出口管道的排列；需要的建筑和地基；获得均匀的低湍流气流分布的措施。

表 6-4　电除尘器参数取值

参　数		符　号	取值范围
板间距		S	23～28cm
驱进速度		ω	3～18cm/s
比集尘极表面积		A/Q	300～2400m^2（1000m^3/min）
气流速度		v	1～2m/s
长高比		L/H	0.5～1.5
比电晕功率		P_c/Q	1800～18000W/（1000m^3/min）
电晕电流密度		I_c/A	0.05～1.0A/m^2
平均气流速度	烟煤锅炉	v	1.1～1.6m/s
	褐煤锅炉	v	1.8～2.6m/s

2. 电除尘器的应用

电除尘器与其他类型除尘器的根本不同在于，实现气溶胶粒子与气流分离所需的力是直接作用在荷电粒子上。而在其他各种除尘器中，粒子与气流往往同时受到外力的作用，且多为机械力。因此，与其他类型除尘器相比，电除尘器的能耗小，压力损失一般为 200～500Pa，除尘效率高，最高可达 99.99%。此外，处理气体量大，可以用于高温、高压的场合，能连续运行，并可完全实现自动控制。电除尘器的主要缺点是设备庞大，初投资高，要求制造、安装和管理的技术水平较高。

6.3　过滤式除尘器

过滤式除尘器是使含尘气流通过多孔过滤材料将粉尘分离捕集的装置。

过滤式除尘器分为采用织物作滤料的表面式过滤器，采用填充料（如纤维、硅砂等）的内部式过滤器。采用滤纸或纤维填充料的所谓空气过滤器，主要用于通风及空气调节工程的进气净化方面；采用织物等作滤料的所谓袋式除尘器，主要用在工业排气的除尘方面。采用硅砂作填料的所谓颗粒层除尘器，可用于高温烟气除尘。

6.3.1 袋式除尘器的工作原理

1. 工作原理

简单的内滤袋式除尘器如图 6-28 所示，含尘气流从下部孔板进入圆筒形滤袋内，气流通过滤料的孔隙时，粉尘被滤料阻留下来，透过滤料的气流由排出口排出。沉积于滤料内层上的粉尘层，在机械振动的作用下从滤料表面脱落下来，落入灰斗中。

袋式除尘器的滤尘机制包括筛分、惯性碰撞、拦截、扩散和静电吸引等作用。筛分作用是袋式除尘器的主要滤尘机制之一。当粉尘粒径大于滤料中纤维间孔隙或滤料上沉积的尘粒间的孔隙时，粉尘即被筛滤下来。通常的织物滤布，由于纤维间的孔隙远大于粉尘粒径，所以刚开始过滤时，筛分作用较小，主要是靠惯性碰撞、拦截、扩散等作用。当滤布上形成粉尘层后，主要靠筛分作用，而碰撞、扩散等作用变小。

一般粉尘或滤料可能带有电荷，当两者带有异性电荷时，由于静电吸引作用，使滤尘效率提高。近年来，有人试验使滤布或粉尘带电的方法，以提高滤尘效率。

2. 除尘效率

袋式除尘器是高效除尘装置，几乎在各种情况下滤尘效率都可以达到 99％以上。如果设计、制造、安装、运行得当，特别是维护管理适当，不难使滤尘效率达到 99.9％。

影响袋式除尘器滤尘效率的因素包括粉尘特性、滤料特性、运行参数（主要是粉尘层厚度、压力损失和过滤速度等）以及清灰方式和效果等。

(1) 粉尘粒径

粉尘粒径大小，直接影响袋式除尘器的滤尘效率。从袋式除尘器的分级除尘效率曲线可以看出（图 6-29），对于粒径为 0.2～0.4μm 左右的粉尘，在不同状况下的过滤效率皆最低。这是因为这一粒径范围的尘粒正处于惯性碰撞和拦截作用范围的下限，扩散作用范围的上限。此外，还可以看到，清洁滤料的滤尘效率最低，积尘后最高，清灰后有所下降。

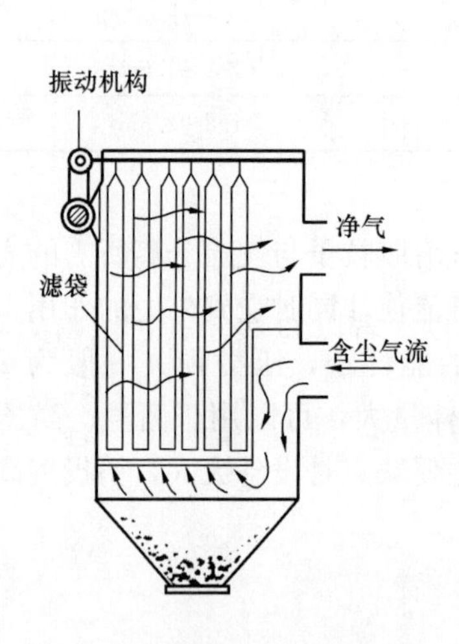

图 6-28 机械振动袋式除尘器

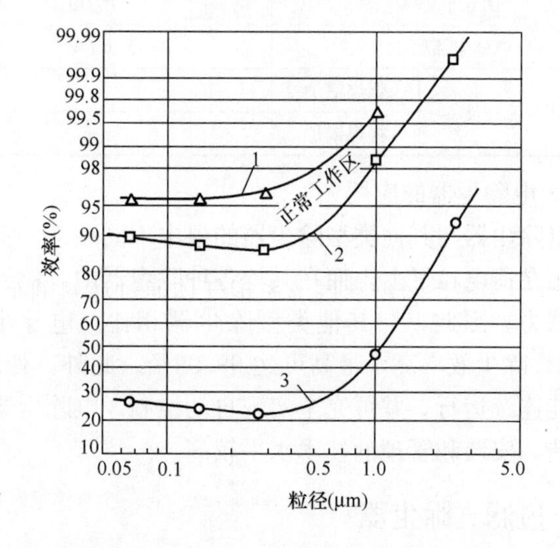

图 6-29 滤料在不同状况下的分级效率

1—积尘后的滤料；2—振打后的滤料；3—清洁滤料

(2) 滤料的结构

袋式除尘器采用的滤料有机织布（素布或绒布）、针刺毡和表面过滤材料等。不同结构滤料的滤尘过程不同，对滤尘效率的影响也不同。素布中的孔隙存在于经、纬线以及纤维之间，后者占全部孔隙的 30%～50%。开始滤尘时，大部分气流从线间网孔通过，只有少部分穿过纤维间的孔隙。随后，由于粗尘粒嵌进线间的网孔，强制通过纤维间的气流逐渐增多。由于黏附力的作用，在经、纬线的网孔之间产生了粉尘架桥现象，很快在滤料表面形成了一层粉尘层，如图 6-30 所示。由于粉尘粒径一般都比纤维直径小，所以粉尘层的筛分作用很强。由于滤布表面粉尘层的滤尘作用，滤尘效率显著提高。

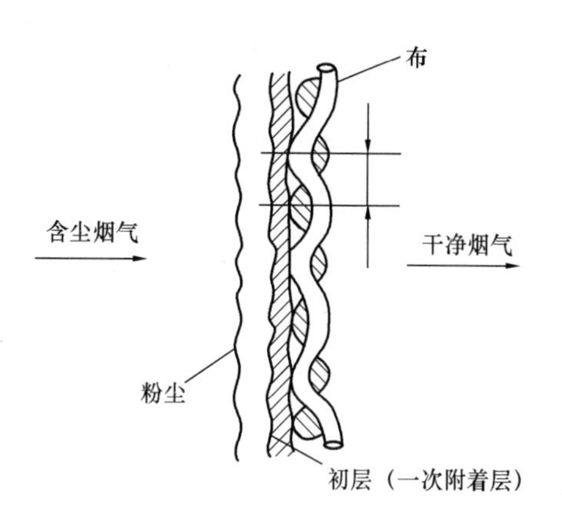

图 6-30　滤布的滤尘过程

绒布是素布通过起绒机拉刮成具有绒毛的织物。开始滤尘时，尘粒首先被多孔的绒毛层所捕获，经、纬线主要起支撑作用。随后，很快在绒毛层上形成一层强度较高且较厚的多孔粉尘层。由于绒布的容尘量比素布大，所以滤尘效率比素布高。可见织布的滤尘作用，主要靠滤料上形成的粉尘层，而滤布则更多地起着形成粉尘层和支撑骨架的作用。

针刺毡滤料具有更细小、分布均匀且有一定纵深的孔隙结构，能使尘粒深入滤料内部，因而在未形成粉尘层的情况下，也能获得较好的滤尘效果。

近年来发展的表面过滤材料，是在常规滤料表面造成具有微小孔隙的薄层，其孔径小到足以使所有粉尘都被阻留在滤料表面，即直接靠滤料的作用捕集粉尘。在获得更高滤尘效率的同时，也使清灰变得容易，从而保持较低的压力损失。

当滤料表面积附的粉尘层厚度达到一定程度时，便需以某种型式对滤袋进行清灰，以保证滤袋持续工作所需的透气性。袋式除尘器正是在这种滤尘和清灰的交替过程中工作的。

(3) 粉尘层厚度

滤布表面粉尘层的厚度，一般用粉尘负荷 m 表示，它代表每平方米滤布上沉积的粉尘质量（kg/m^2）。粉尘层厚度对不同结构的滤料的影响是不同的，只是在使用机织布滤料的条件下，对滤尘效率的影响才显著。但是，对于针刺毡滤料，这一影响则较小，对表面过滤材料则几乎没有影响。

(4) 过滤速度

袋式除尘器的过滤速度 v 系指气体通过滤料的平均速度。若以 Q 表示通过滤料的气体流量（m^3/h），以 A 表示滤料总面积（m^2），则过滤速度定义为：

$$v=\frac{Q}{60A}\quad (\mathrm{m/min}) \tag{6-29}$$

过滤速度 v 是代表袋式除尘器处理气体能力的重要技术经济指标。从经济方面考虑，选用的过滤速度高时，处理相同流量的含尘气体所需的滤料面积小，则除尘器的体积、占地面积、耗钢量亦小，因而投资小，但除尘器运行的压力损失、耗电量、滤料损伤增加，因而运行费用却大了。从滤尘效率方面看，过滤速度的影响更多地表现在机织布条件下，较小的过滤速度有助于提高除尘效率。当使用针刺毡滤料或表面过滤材料时，过滤速度的影响主要表现在压力损失而非除尘效率方面。

过滤速度的选取，与清灰方式、清灰制度、粉尘特性、入口含尘浓度等因素有密切关系。在下列条件下可选取较高的过滤速度：采用强力清灰方式；清灰周期较短；粉尘颗粒较大、黏性较小；入口含尘浓度较低；处理常温气体；采用针刺毡滤料或表面过滤材料。

（5）清灰方式的影响

袋式除尘器的清灰方式是影响其除尘效率的重要因素。如前所述，滤料刚清灰后滤尘效率是最低的，随着过滤时间（即粉尘层厚度）的增加，滤尘效率迅速上升。当粉尘层厚度进一步增加时，效率保持在几乎恒定的高水平上。清灰方式不同，清灰时逸散粉尘量不同，清灰后残留粉尘量也不同。例如，机械振动清灰后的排尘浓度，要比脉冲喷冲清灰后的低一些。

3. 压力损失

袋式除尘器的压力损失不但决定着它的能耗，还决定着除尘效率和清灰的时间间隔。袋式除尘器的压损与它的结构型式、滤料特性、过滤速率、粉尘浓度、清灰方式、气体黏度等因素有关。目前主要通过试验确定。

袋式除尘器的压力损失可表达成如下型式：

$$\Delta P = \Delta P_c + \Delta P_f \quad (Pa) \tag{6-30}$$

式中 ΔP——袋式除尘器的压力损失，Pa；

ΔP_c——除尘器结构的压力损失，Pa；

ΔP_f——过滤层的压力损失，Pa。

除尘器结构的压力损失 ΔP_c 系指气流通过除尘器入口、出口和其他构件的压力损失，通常为 200～500Pa。

过滤层的压力损失 ΔP_f 可表示成清洁滤料的压力损失 ΔP_0 与滤料上沉积的粉尘层的压力损失 ΔP_d 之和，即

$$\Delta P_f = \Delta P_0 \Delta P_d - (\zeta_0 + \alpha m)\mu v \quad (Pa) \tag{6-31}$$

式中 ζ_0——清洁滤料的阻力系数，m^{-1}；

μ——气体黏度，Pa·s；

v——过滤速度，m/s；

m——粉尘负荷，kg/m^2；

α——粉尘层的平均比阻力，m/kg。

由式（6-31）可见，过滤层的压损与过滤速度和气体黏度成正比，与气体密度无关。这是由于滤速小，通过滤层的气流呈层流状态，气流动压小到可以忽略的缘故。这一特性与其他类型除尘器是完全不同的。清洁滤料阻力系数 ζ_0 的数量级为 10^7～$10^8 m^{-1}$，如玻璃纤维布为 $1.5\times10^7 m^{-1}$，涤纶布为 $7.2\times10^7 m^{-1}$，呢料为 $3.6\times10^7 m^{-1}$。因此，清洁滤料的压损较小，一般为 50～200Pa。在实用范围内，粉尘负荷 $m=0.1$～$0.3kg/m^2$，粉尘层比阻力 $\alpha \approx 10^{10}$～10^{11} m/kg。

若设除尘器入口含尘浓度为 C_1（kg/m^3），过滤时间为 t（s），若近似取平均滤尘效率为 100%，则 t 秒钟后滤料上的粉尘负荷为

$$m = C_1 v t \tag{6-32}$$

考虑到式（6-31），则 t 秒钟后粉尘层的压力损失为

$$\Delta P_d = \alpha\mu C_1 v^2 t \tag{6-33}$$

过滤层压力损失随过滤风速和粉尘负荷的增加而迅速增加。粉尘层的压力损失要占袋式除尘器总压力损失的绝大部分，通常达 500～2000Pa。

清灰方式也在很大程度上影响着除尘器的压力损失。采用脉冲喷吹清灰时，压力损失较

低，而采用机械振动、气流反吹等清灰时，压力损失则较高。

6.3.2　袋式除尘器的滤料和结构型式

1. 袋式除尘器的滤料

滤袋是袋式除尘器最重要的部件之一，袋式除尘器的性能在很大程度上取决于制作滤袋的滤料的性能。滤料的性能，主要指过滤效率、透气性和强度等，这些都与滤料材质和结构有关。根据袋式除尘器的除尘原理和粉尘特性，对滤料提出如下要求：

①容尘量大，清灰后能保留一定的永久性容尘，以保持较高的过滤效率；

②在均匀容尘状态下透气性好，压力损失小，清灰容易；

③机械强度高，抗拉、耐磨、抗皱折；

④耐温性好，抗化学腐蚀，抗水解；

⑤稳定性好，使用过程中变形小；

⑥成本低，使用寿命长。

这些性能主要取决于所用材质的理化性质，也取决于滤料结构。

（1）滤料的材质及特点

袋式除尘器采用滤料的纤维种类很多，有天然纤维、无机纤维和合成纤维等。以往仅限于使用天然纤维滤料，如棉、羊毛等。近年来随着合成纤维工业的发展，研制出一些价廉、耐用的产品。就纤维而言，有长纤维和短纤维。长纤维织物的表面绒毛少，粉尘层压损高，但容易清灰；一般短纤维织物表面有绒毛，滤尘性能好，压损低，但清灰时稍为困难。

各种纤维的理化性能简介如下（表 6-5）：

表 6-5　各种纤维的特性

品名	化学类别	密度（g/cm³）	直径（μm）	受拉强度（g/mm²）	伸长率（%）	耐酸、碱性能		抗虫及细菌性能	耐温性能（℃）		吸水率（%）
						酸	碱		经常	最高	
棉	天然纤维	1.47～1.6	10～20	35～76.6	1～10	差	良	未经处理时差	75～85	95	8～9
麻	天然纤维	—	16～50	35	—	—	—	未经处理时差	80	—	—
蚕丝	天然纤维	—	18	44	—	—	—	未经处理时差	80～90	100	—
羊毛	天然纤维	1.32	5～15	14.1～25	25～35	弱酸、低温时良	差	未经处理时差	80～90	100	10～15
玻璃	矿物纤维（有机硅处理）	2.54	5～8	100～300	3～4	良	良	不受侵蚀	260	350	0
维尼纶	聚酸乙烯基 Vinyl 类	1.39～1.44	—	—	12～25	良	良	优	40～50	65	0

续表

品名	化学类别	密度(g/cm³)	直径(μm)	受拉强度(g/mm²)	伸长率(%)	耐酸、碱性能		抗虫及细菌性能	耐温性能(℃)		吸水率(%)
						酸	碱		经常	最高	
尼龙	聚胺	1.13～1.15	—	51.3～84	25～45	冷：良 热：差	良	优	75～85	95	4～4.5
耐热尼龙（诺梅克斯）	芳香族聚酰胺	1.4	—	—	—	良	良	优	200	260	5
腈纶	（纯）聚丙烯腈	1.14～1.17	—	30～65	15～30	良	弱质：可	优	125～135	150	2
	聚丙烯腈与聚胺混合聚合物		—	—	18～22	良	弱质：可	优	110～130	140	1
涤纶	聚酯	1.38	—	—	40～55	良	良	优	140～160	170	0.4
特氟纶	聚四氟乙烯	2.3	—	33	10～25	优	优	不受侵蚀	200～250	—	0
杜耐尔	—	—	—	—	—	优	优	优	80	115	—
莱通	—	1.37	—	—	35	优	优	优	190	230	0.6
P-84	聚酰亚胺	—	—	—	—	优	良	优	260	—	—

（2）滤料结构和特点

按照结构的不同将滤料分成织布、针刺毡和表面过滤材料以及非织物滤料等。

① 织布

织布是将经纱和纬纱按一定的规则呈直角连续交错制成的织物。其基本结构有平纹、斜纹、缎纹三种。织布在很长的时期里，几乎是唯一的滤料结构。针刺毡的出现改变了这种局面，使其逐渐退居次要地位。

② 针刺毡

由网状的基布和纤维层组成，通过针刺使纤维与基布紧密地缠绕在一起，具有高透气量和高空隙率。经烧毛或研光的表面提供过滤的性能，经过热定型提供使用时的尺寸稳定性。针刺毡的孔隙是在单根纤维之间形成的，因而在厚度方向上有多层孔隙，孔隙率可达70%～80%，而且孔隙分布均匀。

针刺毡的特殊处理包括防静电、防水防油处理、PTFE浸镀和防粘结防水解处理，见表6-6。

表6-6　针刺毡的特殊处理

处理方式	内　容
防静电	在基布中夹入导电纱或在纤维中混入导电纤维或不锈钢纤维
防水防油处理	用化学物在纤维的表面裹上一层保护层
PTFE浸镀	PTFE乳液在纤维的表面包覆一层保护层

续表

处理方式	内容
防粘结、防水解处理	在纤维中混入一定比例的防水解性纤维，对纤维进行防粘性处理，以确保在含水量大、粉尘黏稠度高的特殊工况中使用

针刺毡主要用于脉冲喷吹类袋式除尘器，随着制作技术的进步，现已广泛用于各种反吹清灰类的袋式除尘器。

③ 表面过滤材料

表面过滤材料系指包括微细尘粒在内的粉尘几乎全部阻留在其表面而不能透入其内部的滤料。美国戈尔（GORE）公司生产的戈尔-特克斯（GORE-TEX）薄膜滤料是这种表面过滤材料的典型。它是一种复合滤料，其表面有一层由聚四氟乙烯经膨化处理而形成的薄膜，为了增加强度，又将该薄膜复合在常规滤料（称为底布）上。

聚四氟乙烯薄膜布满微细的孔隙，其孔径都小于 0.5μm。从过滤角度来看，薄膜可以看作为在工厂预制的质量可控而稳定的一次粉尘层，因而可获得比一般滤料高得多的过滤效率。对于粒径 0.1μm 的粉尘，也能获得 99.9%以上的分级效率。薄膜滤料的过滤作用完全依赖于这层薄膜，而与底布无关。

覆膜针刺过滤毡是把聚四氟乙烯孔径小到 1～2μm 以下，覆在针刺毡的表面。滤料覆膜后当量孔径变小，不需要形成粉尘层，只依靠自身的捕尘功能就可有良好的捕尘效果，对 0.01～1.0μm 的粉尘，分级捕尘率可达 97%～99%以上，总捕尘率为 99.999%，约超出原滤料一个数量级。当量孔径变小后，可控制粉尘进入滤料深处，防止滤料堵塞。另外，覆膜能减小滤料的表面摩擦系数，提高清灰性能。滤料覆膜有助于提高自身的疏水性，为袋式除尘器在潮湿条件下工作，防止因结露造成滤袋结垢而失效创造了一定条件。覆膜滤料清灰性能好，可防止滤料堵塞和结垢，这种滤料的本身阻力虽较覆膜前略有增加，但除尘器运行后，由于滤料粉尘剥离性好、易清灰，当工况稳定后，滤料阻力不是连续上升，而是趋于平稳，固而有利于降低除尘器系统运行的能耗，提高滤料使用寿命并可显著减少除尘器的检修维护工作量。具有化学稳定性好、耐热和耐化学腐蚀等性能。

薄膜滤料的透气率较一般滤料低，在滤尘的初期，压力损失增加较快。进入正常使用期后，薄膜滤料的压力损失则趋于恒定，而不像一般滤料那样以缓慢的速度增加。

薄膜滤料的使用可以降低过滤能耗和清灰能耗，减少粉尘的排放量，延长滤袋的使用寿命。薄膜滤料的缺点是价格昂贵，成为其推广应用的主要障碍。

（3）滤料主要产品及其性能

常温织布滤料有 208 涤纶绒布（平布及圆筒布）、729 涤纶圆筒布。

耐热织布滤料主要有玻璃纤维织布、玻璃纤维膨体纱滤布及芳砜纶织布滤料。

针刺毡滤料有常温的涤纶针刺毡、丙纶针刺毡，P84 针刺毡等，其主要规格性能列于表 6-7 中。

表 6-7　毡（针刺毡）滤料的品种和性能

产品名称	操作温度	耐酸性	耐碱性	耐水解性	耐氧化性
丙纶针刺毡（PP）	90/110	优	优	优	良
涤纶针刺毡（PE）	130/150	优	中	中	良
涤纶抗静电针刺毡	130/150	优	中	中	良

续表

产品名称	操作温度	耐酸性	耐碱性	耐水解性	耐氧化性
KZFG 矿用针刺毡	130/150	优	良	良	良
聚苯硫醚针刺毡（PPS）	170/190	优	优	优	中
芳香族聚酰胺（NOMEX）	204/220	中	优	中	优
均聚丙烯腈毡（DT）	125/135	优	中	优	优
聚酰亚胺针刺毡（P84）	240/260	优	良	良	良
玻璃纤维针刺毡	260/280	中	优	良	优
利特纶 150 针刺毡	150/160	优	良	良	良
利特纶 180 针刺毡	180/200	优	优	优	良
利特纶 200 针刺毡	210/230	中	优	良	优
利特纶 260 针刺毡	260/280	良	优	良	优

2. 袋式除尘器的结构型式

袋式除尘器的结构型式多种多样，可以按其清灰方式、滤袋形状、气流通过滤袋的方向、除尘器内气体压力及进气口位置等进行分类。

（1）按清灰方式分类

清灰方式在很大程度上影响着袋式除尘器的性能，是袋式除尘器分类的主要依据。一般可分为机械振动类、逆气流反吹类、脉冲喷吹类等型式。

① 机械振动类

利用手动、电动或气动的机械装置使滤袋产生振动而清灰。振动可以是垂直、水平、扭转或组合等方式（图 6-31）；振动频率有高、中、低之分。清灰时必须停止过滤，有的还辅以反向气流，因而箱体多做成分室结构，逐室清灰。

② 逆气流反吹类

利用与过滤气流相反的气流，使滤袋形状变化，粉尘层受挠曲力和屈曲力的作用而脱落，图 6-32 是一种典型的气流反吹清灰方式。

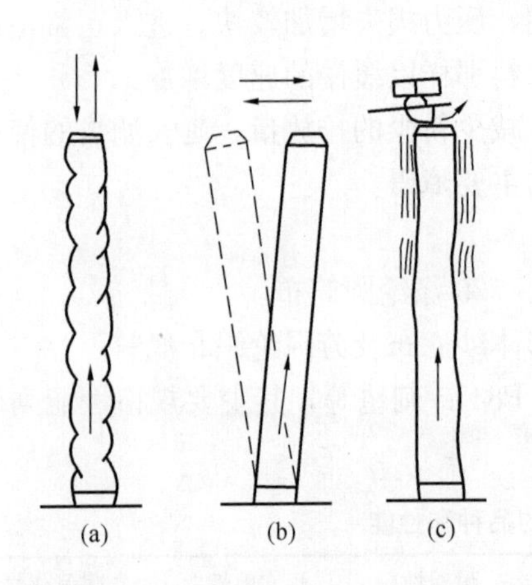

图 6-31　机械振动清灰的振动方式

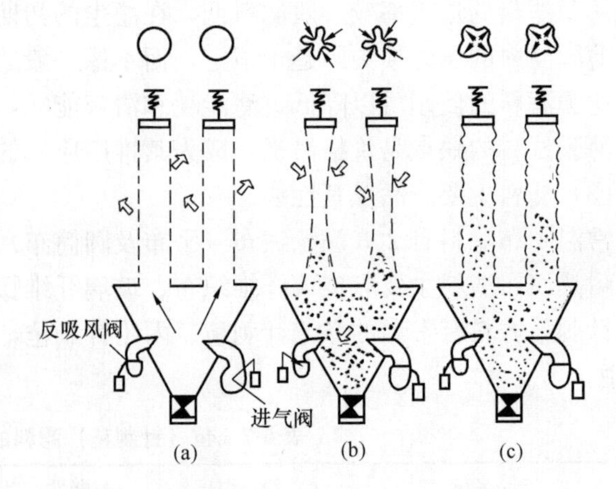

图 6-32　逆气流清灰方式

（a）过滤；（b）反吹；（c）沉降

气流反吹清灰多采用分室工作制度，也有使部分滤袋逐次清灰而不取分室结构的型式。

反向气流可由除尘器前后的压差产生，或由专设的反吹风机供给。某些反吹清灰装置设有产生脉动作用的机构，造成反向气流的脉冲作用，以增加清灰能力。

反吹气流在整个滤袋上的分布较为均匀，振动也不剧烈，对滤袋的损伤较小。其清灰能力属各种清灰方式中的最弱者。因而允许的过滤风速较低，过滤层压力损失较大。

③ 脉冲喷吹类

将压缩空气在短暂的时间（不超过 0.2s）内高速吹入滤袋，同时诱导数倍于喷射气流的空气，造成袋内较高的压力峰值和较高的压力上升速度，使袋壁获得很高的向外加速度，从而清落粉尘。

虽然喷吹时被清灰的滤袋不起过滤作用，但因喷吹时间很短，而且只有少部分滤袋清灰，因此可不采取分室结构。

（2）按滤袋形状分类

① 圆袋　大多数袋式除尘器都采用圆筒形滤袋，通常直径为 120～300mm，袋长为 2～12m。圆袋受力较好，支撑骨架及连接简单，易获得较好的清灰效果。

② 扁袋　扁袋有平板形、菱形、楔形、椭圆形、人字形等多种形状。共同特点是：都采取外滤方式，内部都有一定形状的骨架支撑。扁袋布置紧凑，在箱体体积相同的条件下，可布置更多的过滤面积，一般能增加 20%～40%。

（3）按过滤方向分类

① 外滤式　气体由滤袋外侧穿过滤料流向滤袋的内侧，粉尘附着在滤袋的外表面。外滤式适用于圆袋和扁袋，袋内需设支撑骨架。脉冲喷吹类和高压反吹类多取外滤式。

② 内滤式　含尘气体由袋口进入滤袋的内侧，然后穿过滤袋流向外侧，粉尘附着在滤袋的内表面。内滤式多用于圆袋。机械振动、逆气流反吹等清灰方式多用内滤式。

（4）按除尘器内的压力分类

① 吸入（负压）式　除尘器设在风机的负压段运行，要求除尘器采取密封结构，风机在净化后的干净气体中运行，因而较少出现叶轮磨损及粉尘粘附等故障。

② 压入（正压）式　除尘器设在风机的正压段运行，除尘器不需采取密封结构，净化后的气体可直接排至大气。结构简单，节省管道，造价较低。但含尘气体通过风机，当含尘浓度高于 $3g/m^3$，或遇有腐蚀性和粘附性较强的粉尘时，不宜采用。

6.3.3　袋式除尘与静电除尘比较

① 除尘稳定性

布袋除尘受锅炉系统工况调节影响小，对工况适应性好。静电除尘器受过锅炉工况影响要比布袋除尘明显。

② 除尘效率

布袋除尘可以稳定保证粉尘排放浓度在 $50mg/m^3$ 以下，静电除尘对粉尘的比电阻等理化特性敏感，104～1010Ω · cm 是静电除尘比较适宜的比电阻范围。对 2μm 以下微尘，布袋除尘效果要成倍优于电除尘器。

③ 能量消耗

当除尘效率超过 99.5%以后，电除尘器的电晕功率急剧增加，电除尘效率在 99.8%以下，其能耗低于常规袋除尘器；除尘效率超过 99.8%时，其能耗高于常规袋式除尘器，按新的环保标准，除尘效率几乎都要超过 99.8%才能满足。

④ 钢材消耗

布袋除尘器耗钢少。

⑤ 占地面积

布袋除尘器占地面积较小，能按场地要求作专门设计。

⑥ 设备投资高

SiO_2、Al_2O_3类不适合静电除尘器捕集的粉尘，两种除尘器要达到目前较低的环保要求（如150mg/m³）初期投资静电除尘器和布袋除尘器基本相当或静电除尘器投资高些，而要达到≤50mg/m³的标准，静电除尘投资要高于布袋除尘，其除尘效率从98%提高到99%，效率只增加1%，设备投资却需要增加18%。

对于燃烧典型煤种的锅炉，如准格尔煤田和渤海湾煤田的煤种，静电除尘器投资比布袋除尘器高。循环流化床锅炉的飞灰循环燃烧和为了炉内脱硫添加了大量石灰石，锅炉飞灰很细而且灰分比电阻增大，静电除尘器的投资也要大于布袋除尘器。

⑦ 烟气阻力

阻力较大，一般阻力损失为1000～1500Pa，电除尘器压力损失仅100～300Pa。

⑧ 安全性

布袋除尘无高电压危险，人身的安全性增加。

⑨ 高温适应性

电除尘高效的理想温度是180～220℃，偏离此温度效率将下降，但其设备承受温度可以达到300℃。而布袋除尘的滤料不能超过其极限安全耐受温度，否则会烧袋。

6.3.4 袋式除尘器的选择设计和应用

1. 袋式除尘器的选择设计

(1) 收集设计资料

在明确净化要求的条件下，选用袋式除尘器净化，还必须考虑下列因素：处理气体流量，气体的成分和理化性质，包括温度、湿度和压力；粉尘的理化性质，包括含尘浓度、粒径分布和粘附性等；投资和运行能耗的要求；以及除尘器的运行制度和工作环境等。

(2) 设计选择步骤

① 确定处理气体流量　此处系指工况下的气体流量。

② 确定运行温度　其上限应在所选用滤料允许的长期使用温度之内，而其下限应高于含尘气体露点温度15～20℃。当气体中含有SO_x等酸性气体时，因其露点较高，应予以特别的关注。

③ 选择清灰方式及适宜的滤料。

④ 确定过滤速度，主要依据清灰方式及粉尘特性确定（表6-8）。

表6-8　袋式除尘器的过滤风速

粉尘种类	常用过滤风速（m/min）			粉尘种类	常用过滤风速（m/min）		
	振打式	脉冲式	反吹式		振打式	脉冲式	反吹式
氧化铝	0.8～0.9	2.4～3.0	0.5～0.6	煤	0.8～0.9	2.4～3.0	
石　棉	0.9～1.1	3.0～3.7		水泥	0.6～0.9	2.4～3.0	0.4～0.5
铝土矿	0.8～1.0	2.4～3.0		化妆品	0.5～0.6	3.0～3.7	
炭黑	0.5～0.6	1.5～1.8	0.3～0.4	饲料、谷物	1.1～1.5	4.3～4.6	

续表

粉尘种类	常用过滤风速（m/min）			粉尘种类	常用过滤风速（m/min）		
	振打式	脉冲式	反吹式		振打式	脉冲式	反吹式
长石	0.7～0.9	2.7～3.0	0.5～0.6	颜　料	0.8～0.9	2.7～3.4	0.6～0.7
肥料	0.9～1.1	2.4～2.7	0.5～0.6	石英	0.9～1.0	2.7～3.4	
石墨	0.6～0.8	1.5～1.8	0.5～0.6	岩石粉	0.9～1.1	2.7～3.0	
石膏	0.6～0.8	3.0～3.7	0.5～0.6	锯末	1.1～1.2	3.7～4.6	
铁矿石	0.9～1.1	3.4～3.7		硅石	0.7～0.9	2.1～2.7	0.4～0.5
氧化铁	0.8～0.9	2.1～2.4	0.5～0.6	板岩	1.1～1.2	3.7～4.3	
硫酸铁	0.6～0.8	1.8～2.4	0.5～0.6	香料	0.8～1.0	3.0～3.7	
氧化铅	0.6～0.8	1.8～2.4	0.4～0.5	淀粉	0.9～1.1	2.4～2.7	
皮革粉尘	1.1～1.2	3.7～4.6		糖	0.6～0.8	2.1～3.0	
石　灰	0.8～0.9	3.0～3.7	0.5～0.6	滑石粉	0.8～0.9	3.0～3.7	
石灰石	0.8～1.0	2.4～3.0		烟草	1.1～1.2	4.0～4.6	
云　母	0.8～1.0	2.4～3.4	0.5～0.6	氧化锌	0.6～0.8	1.5～1.8	0.4～0.5

⑤ 计算过滤面积。

⑥ 确定清灰制度　对于脉冲袋式除尘器主要确定喷吹周期和脉冲间隔，是否离线喷吹；对于分室反吹袋式除尘器主要确定反吹、过滤、沉降三状态的持续时间和次数。

⑦ 依据上述结果查找样本，确定所需的除尘器型号规格。对于脉冲袋式除尘器而言，还应计算压缩空气的用量及要求的压力。

⑧ 粉尘输送、回收及综合利用系统设计。

2. 袋式除尘器的应用

在严格的环保排放标准下，燃煤电厂项目采用静电除尘器达标就相对比较困难，布袋除尘器比静电除尘器有更高的除尘效率，排放烟尘浓度能稳定低于 30mg/m_N^3，甚至可达 10mg/m_N^3 以下，几乎实现零排放。在具备以下特征项目中，需要重点考虑使用布袋除尘技术：①很多老电厂建设初期还与市区居民区保持了一定距离，但随着我国城市建设的快速发展，现在已经发展为靠近居民区，有的甚至已经位于居民密集居住区，这类电厂过高的烟尘排放会引起周围居民的担忧，在改造和扩建时应首选布袋除尘。②风景名胜区、环保模范创建城市。③环境生态脆弱区。④能源企业密集区，环境容量几近饱和，如项目所在地已经分布大型燃煤的能源化工企业、建材水泥工厂等。

袋式除尘器不适用于净化含油雾、凝结水及粘结性粉尘的气体（采用覆膜滤料例外），一般也不耐高温。尽管采用某些耐高温的合成纤维和玻璃纤维等滤料，应用范围有所改善，但在一般情况下，气体温度宜低于 100℃。因此，在处理高温烟气时，存在着烟气的冷却降温问题。此外，袋式除尘器占地面积较大，滤袋更换和检修较麻烦。

6.3.5　颗粒层除尘器

目前常用的干式除尘器，都还不能适用于气体温度高、浓度大、颗粒细等情况。颗粒层除尘器则具有结构简单、维修方便、耐高温、耐腐蚀、投资省等特点。

颗粒层除尘器是利用颗粒状物料作填料层的一种内部过滤式除尘装置。其滤尘机制与袋式除尘器相似，主要靠筛滤、惯性碰撞、拦截及扩散作用等，使粉尘附着于颗粒滤料及尘粒表面上。因此，过滤效率随颗粒层厚度及其上沉积的粉尘层厚度的增加而提高，压力损失也随之增高。此外，颗粒粒径和过滤速度也是直接影响过滤效率和压力损失的主要因素。

颗粒滤料多采用石英砂，优点是耐高温、耐磨、耐腐蚀、而且价廉易得。

沸腾颗粒层除尘器如图 6-33 所示，多个过滤单元垂直叠加，以管道相连接，并同沉降室组合成一体。含尘气体先经沉降室，然后在过滤单元净化。清灰时，通过控制进口切换阀和出口切换阀，使反吹气流由下而上通过颗粒层，使其呈沸腾状态，粉尘因颗粒间的碰撞、摩擦而脱落。

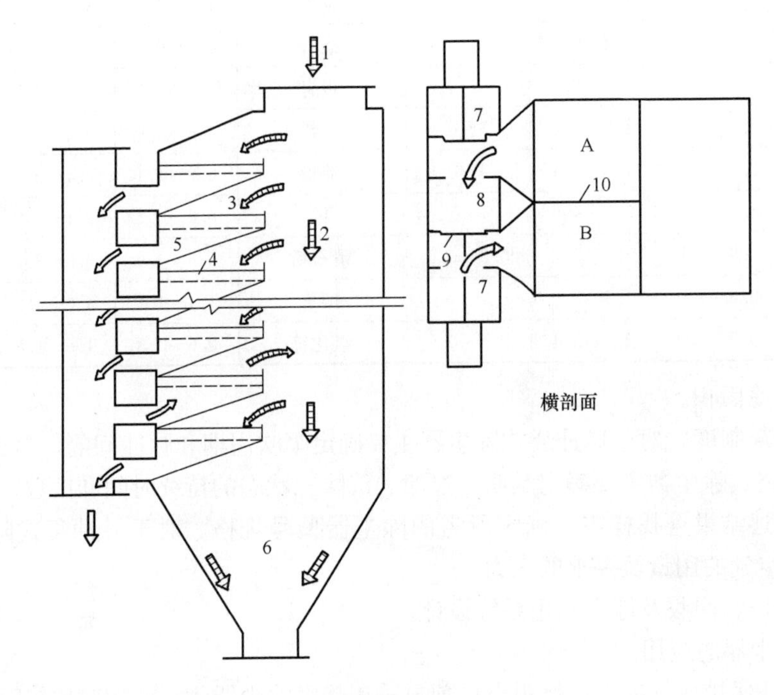

图 6-33　沸腾颗粒层除尘器示意图

1—进气口；2—沉降室；3—过滤空间；4—颗粒层；5—下筛网；6—灰斗；
7—反吹风口；8—净气口；9—气缸阀门；10—隔板；A、B—过滤断面

沸腾颗粒层除尘器采用平均直径为 1.3～2.2mm 的石英砂作过滤层，厚度为 100～150mm，过滤风速为 15～25m/min，反吹风速为 50～73m/min，反吹时间 5～10s，反吹周期视含尘浓度而定，可从 4min（浓度为 $60g/m^3$）到 48min（浓度为 $5g/m^3$）。除尘器压损为 1～2kPa。反吹总压损为 1.5～2.6kPa，用于铁矿烧结机尾废气的除尘效率可达 96%。

6.3.6　电袋复合除尘器

电除尘器最大的优点是设备阻力低，处理烟气量大，去除率高，运行费用低，维护工作量少，使用温度范围广。缺点是，锅炉工况和负荷变化影响其除尘效率，燃用煤质（粉尘比电阻变化）影响其除尘效率。因此，仍然是除尘技术的首选设备。只有当电除尘器不能保证效率要求时，才考虑选用其他方式的除尘设备。

布袋除尘器同样具有排放浓度低且不受飞灰特性等影响的特点，锅炉负荷变化、烟气量的波动对布袋除尘器出口浓度影响不大。布袋除尘器的主要缺点是：由于滤料对烟气温度和烟气成分（含氧量、SO_2、NO_x、水分、油质含量等）比较敏感，因此，袋式除尘器显得比电除尘器“娇气”。布袋除尘器阻力较大，若清灰系统失灵，将导致系统阻力急剧升高，甚

至影响锅炉运行。

电袋复合除尘器有机结合了静电除尘和过滤除尘两种除尘机理，通过优势互补，形成了电袋复合除尘一种独特的除尘机理。

在这种新型除尘器中，通过应用静电除尘原理使粉尘预荷电并收集下大部分粉尘，同时荷电粉尘改变了粉尘的过滤特性，使得过滤阻力大大降低，清灰周期也大大延长。由于电袋的除尘效率不受飞灰特性影响，可以实现稳定的低浓度排放，运行费用低于常规袋式除尘器的费用，所以该技术成为国内外除尘行业研究开发的热点技术。但在应用中要高度重视烟气成分、烟气温度等运行条件对滤袋的影响。

6.4 湿式洗涤器

湿式洗涤器是实现含尘气体与液滴的互相接触，使污染物从气体中分离出来的装置。

6.4.1 概述

1. 湿式洗涤器的分类

湿式洗涤器既能除尘，也能脱除部分气态污染物，还能用于气体的降温和加湿等。湿式洗涤器具有结构简单、造价低和净化效率高等优点，适于净化非纤维性和非水硬性的各种粉尘，尤其适宜净化高温、易燃和易爆气体。选用湿式洗涤器时要特别注意管道和设备的腐蚀、污水和污泥的处理、烟气抬升高度减小及冬季排气产生冷凝水雾等问题。

湿式洗涤器可分为低能和高能两类。低能洗涤器的压力损失为0.25～1.5 kPa，如喷雾塔和旋风洗涤器等，液气比为0.4～0.8L/m^3，对大于10μm的粉尘的净化效率可达90%～95%。高能洗涤器，如文丘里洗涤器等，净化效率可达99.5%以上，压力损失范围为2.5～9.0kPa。根据湿式洗涤器的净化机制，可将其大致分为七类：①重力喷雾洗涤器；②旋风洗涤器；③自激喷雾洗涤器；④泡沫洗涤器（板式塔）；⑤填料塔洗涤器；⑥文丘里洗涤器；⑦机械诱导喷雾洗涤器。

2. 洗涤器的性能和净化效率

对湿式洗涤器性能的主要要求是，从能量方面考虑使加入的液体获得有效利用和净化效率较高。与其他类型除尘器一样，分级效率曲线是评价洗涤器除尘性能的最合适的曲线。一般说来，对一定特性粉尘的净化效率越高，洗涤器消耗的能量也越大。洗涤器的总净化效率是气液两相之间接触率的函数，且可以用气相总传质单元数N_{OG}表示：

$$N_{OG}=-\int_{C_1}^{C_2}\frac{dG}{C}=-\ln\frac{C_2}{C_1} \tag{6-34}$$

式中C_1和C_2分别为污染物在装置入口和出口的浓度。因此总净化效率为：

$$\eta=\left(1-\frac{C_2}{C_1}\right)\times 100(1-e^{-N_{OG}})\times 100(\%) \tag{6-35}$$

说明总净化效率η随幂指数传质单元数N_{OG}的增大而增大。

洗涤器的总能量消耗E_t等于气体的能耗E_G与加入液体的能耗E_L之和，则有

$$E_t=E_G+E_L=\frac{1}{3600}\left(\Delta P_G+\Delta P_L\frac{Q_L}{Q_G}\right)\quad(\mathrm{kWh/1000m^3}\text{ 气体}) \tag{6-36}$$

式中 ΔP_G——气体通过洗涤器的压力损失，Pa（3600Pa=1kWh/1000m^{3}气体）；

ΔP_L——加入液体的压力损失，Pa；

Q_L——液体的流量，m^3/s；

Q_G——气体的流量，m^3/s。

在很多情况下，将传质单元数 N_{OG} 和总能耗 E_t 的值画在双对数座标中为一直线，因此可以用如下经验方程式表示：

$$N_{OG} = \alpha E_t^{\beta} \tag{6-37}$$

式中 α 为 β 特性参数，取决于要捕集的粉尘的特性和所采用的洗涤器的型式，赛姆洛（Semrau K. T.）给出了部分粉尘的特性参数（表 6-9）。

表 6-9　式（6-37）中特性参数 α 和 β 值

No.	粉尘或尘源类型	α	β	No.	粉尘或尘源类型	α	β
1	LD 转炉粉尘	4.450	0.4663	6	滑石粉	2.000	0.6566
2	滑石粉	3.626	0.3506	7	从硅钢炉升华的粉尘	1.266	0.4500
3	磷酸雾	2.324	0.6312	8	石灰窑粉尘	3.567	1.0529
4	化铁炉粉尘	2.255	0.6210	9	从黄铜熔炉排出的氧化锌	2.180	0.5317
5	炼钢平炉粉尘	2.000	0.5688	10	鼓风炉粉尘	0.955	0.8910

卡尔弗特（Calvert S.）等人运用统一的方法研究了各种洗涤器性能的推算公式。对于大多数工业排放的粉尘的粒径分布多遵从对数正态分布，表明其分布特性的两个参数是几何（质量）平均粒径 d_g 和几何标准差 σ_g。这样，各种型式的惯性捕集装置的分级通过率 P_i 可表示成为：

$$P_i = \exp(-Ad_a^B) = 1 - \eta_i \tag{6-38}$$

式中 A 和 B 为实验常数，其中 B 值，对填料塔和筛板塔为 2，对离心式洗涤器约为 0.67。文丘里洗涤器也符合上面关系式，当喉管处惯性参数 St_T 在 1～10 之间时，$B \approx 2$。在粒径大于 1μm 或粒径分布是对数正态分布的某些情况下，在上述关系式中可以用实际直径 d_p 代换空气动力学直径 d_a 来作近似推算。

任一装置对任一种粒径分布的粉尘的总通过率为：

$$P = \int_0^1 P_i \cdot dG_1 = \int_0^{\infty} P_i q_1 \cdot dd_p \tag{6-39}$$

式中　q_1——进口粉尘的频率密度，μm^{-1}；

G_1——进口粉尘的筛下累积频率分布。

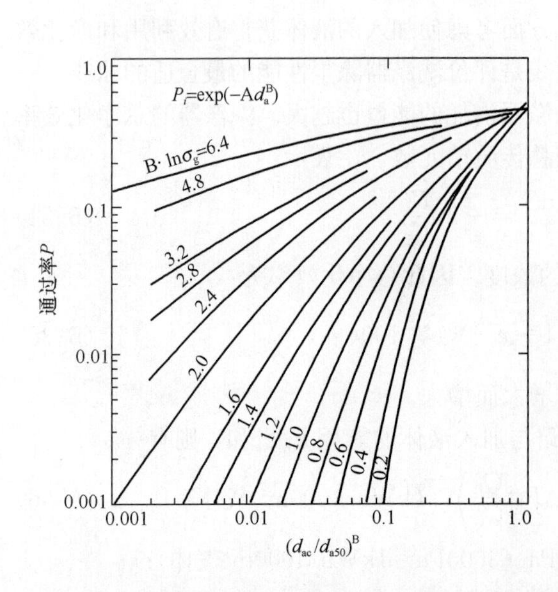

图 6-34　总通过率与空气动力学分割粒径、粒子参数及洗涤器特性之间的关系

对于符合对数正态分布的粉尘，分级通过率可以用式(6-38)推算的情况，式(6-39)的解给在图 6-34 和图 6-35 中。图中的 d_{a50} 为粉尘的空气动力学中位粒径(μmA)，d_{ac} 为空气动力学分割粒径(μmA)。

3. 洗涤器的净化机制

湿式洗涤器的除尘机制主要是惯性碰撞和拦截作用。由惯性碰撞参数 K_P 和直接拦截比 K_L 可知，前者主要取决于尘粒的质量，后者则主要取决于粒径的大小。而布朗扩散、热泳和静电的作用在一般情况下则是较为次要的。只有很小的尘粒的沉降才受到布朗运动引起的扩散作用的影响。

任一种湿式洗涤器的捕集效率，一般是上述各种机制综合作用的结果。任一种机制的作用皆决定于尘粒和液滴的尺寸以及气流与液滴之间的相对运动速度。

4. 洗涤器的选择

颗粒污染物净化用的洗涤器选择的依据是：

（1）分级效率曲线

分级效率曲线是一项最重要的性能指标，但要注意，分级效率曲线仅适用于一定状态下的气体流量和特定的污染物，气体的状态对捕集效率也有直接影响。

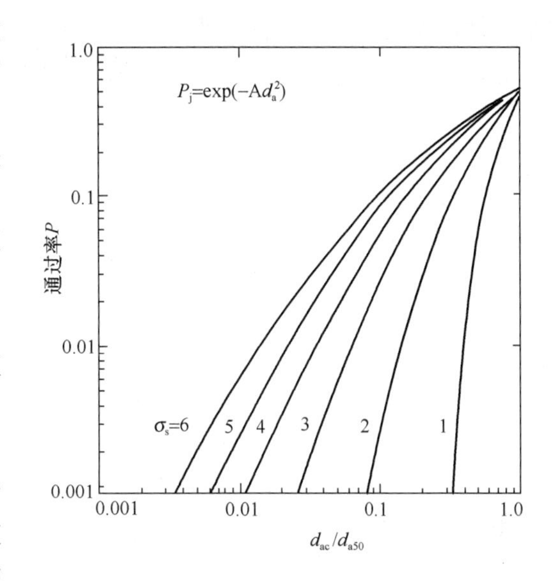

图 6-35　总通过率与空气动力学分割粒径、粒子参数及洗涤器特性之间的关系

（2）操作弹性

任一操作设备，都要考虑到它的负荷。对洗涤器来说，重要的是知道气体流量超过或低于设计值时对捕集效率的影响如何。同样，也要知道含尘浓度不稳定或连续地高于设计值时将如何进行操作。

（3）泥浆处理

应力求减少水污染的危害程度。

（4）运行和维护容易

一般应避免在洗涤器内部有运动或转动部件，注意管道断面过小时会引起堵塞。

（5）费用

应考虑运行费和设备费等。运行费包括：①相应于气体压力损失的电费；②相应于水的压力损失的电费；③水费；④维护费。洗涤器的运行费一般皆高于其他类型除尘器，特别是文丘里洗涤器的运行费是除尘器中最高的一种。

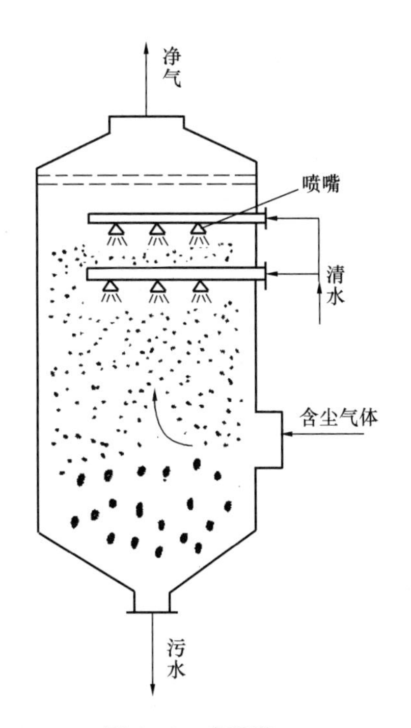

图 6-36　喷雾塔

6.4.2　重力喷雾洗涤器

重力喷雾洗涤器是湿式洗涤器中最简单的一种。如图 6-36 所示，当含尘气体通过喷淋液体所形成的液滴空间时，因尘粒和液滴之间的碰撞、拦截和凝聚等作用，形成含尘液滴，并在重力作用沉降下来，与洗涤液一起从塔底排出，气体经除雾器从上部排出。

喷雾塔的压力损失小，一般小于 250Pa。对小于 10μm 尘粒的捕集效率较低，工业上常用于净化大于 50μm 的尘粒。喷雾塔最常与高效洗涤器联用，起预净化和降温、增湿等作用。喷雾塔的特点是结构简单、压损小、操作稳定方便。但设备庞大，效率低、耗水量及占地面积均较大。

斯台尔曼（Stairmand）研究了尘粒和水滴尺寸对喷雾塔除尘效率的影响。如图 6-37 所示，在液气比一定时，当水滴直径在 0.5～1mm 的范围内时，对各种尺寸的尘粒均有最高除尘效率。喷水压力为 0.14～0.79MPa，液气比一般范围是 0.67～2.68L/m^3。实际中空塔气速 v_0一般采用 0.6～1.2m/s，水滴的大小应使其沉降速度大于空塔气速，否则会发生过量的水滴从塔顶被带走。

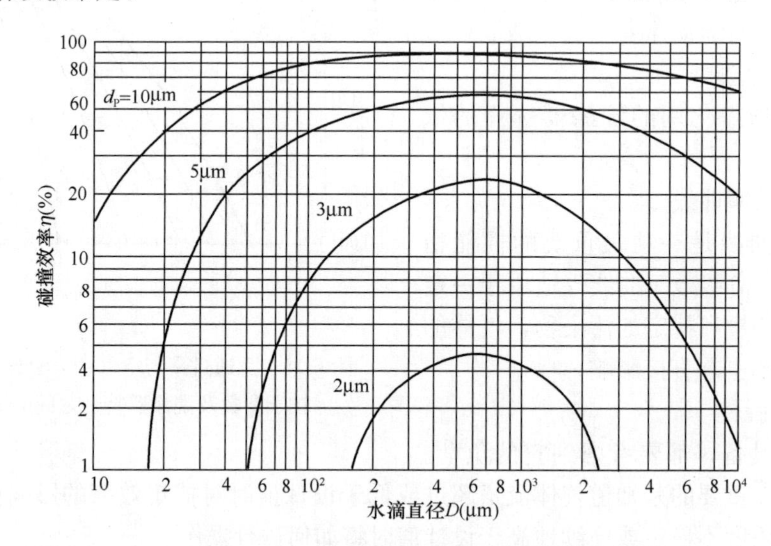

图 6-37　在喷雾塔中的碰撞捕集效率

喷雾塔的捕集效率取决于水滴直径及其与气流之间的相对运动状况，这与拦截和惯性碰撞理论是一致的。最佳水滴直径的发生情况可作如下的分析：在喷水量一定时，喷雾愈细，下降水滴布满塔断面的比例愈大，靠拦截捕集尘粒的概率愈大。但细水滴的沉降速度较小，则与气体之间的相对运动速度要比粗水滴小，因而靠惯性碰撞捕集尘粒的概率随水滴直径的减小而减小。由于这两种对立的机制，便存在一最佳水滴直径。如果水滴再细一些，则要考虑水滴在塔中的降落时间及被气流带走的限制，这取决于水滴的沉降速度和空塔气速 v_0。在实际中，v_0值大致取为水滴沉降速度 u_{SD}的 50%。这样，水滴直径为 500μm 时 u_{SD}为 1.8m/s，则 v_0取 0.9m/s 较合适。严格控制喷雾液滴大小均匀，对提高除尘效率是很重要的。

对于立式逆流喷雾塔，卡尔弗特给出的惯性碰撞分级效率计算式为：

$$\eta_i = 1 - \exp\left[-\frac{3Q_L(u_{SD} - u_{Si})H\eta_{Ti}}{2Q_G D(u_{SD} - v_0)}\right] = 1 - \exp\left[-0.25\frac{A_L(u_{SD} - u_{Si})\eta_{Ti}}{Q_G}\right] \quad (6\text{-}40)$$

式中　D——水滴直径，m；

v_0——空塔气速，m/s；

u_{SD}——直径为 D 的水滴的重力沉降速度，m/s；

u_{Si}——直径为 d_{Pi}的尘粒的重力沉降速度，m/s；

H——喷雾塔高度，m；

η_{Ti}——单个水滴的分级除尘效率；

A_L——塔中所有水滴的总表面积，m^2，即

$$A_L = \frac{6Q_L H}{D(u_{SD} - v_0)}$$

在水滴直径 D 不完全相同时，习惯上采用体积—表面积平均直径来计算水滴的总表面积 A_L。知道操作条件下由喷嘴产生的水滴尺寸分布很重要。严格的计算应当将水滴尺寸分成用 D_j 表示的若干间隔，对每一对 d_{pi} 和 D_j 的综合计算出效率 η_{Tij}，再代入方程（6-30）求出每一对分级效率 η_{ij}，则总分级效率为每一对分级效率之和。

水滴直径对分级效率 η_i 的影响，可以部分地通过其对 η_{Ti} 的影响来考察，在重力喷雾塔的一般操作范围内，已发现惯性碰撞是占优势的捕集机制，可以采用卡尔弗特（Calvert）推荐的关系式

$$\eta_{Ti} = \left(\frac{St_i}{St_i + 0.7}\right)^2 \tag{6-41}$$

及

$$St_i = \frac{\rho_p d_{Pi}^2 (u_{SD} - u_{Si})}{9\mu D} \approx \frac{2\tau_i u_{SD}}{D} \tag{6-42}$$

则

$$\eta_{Ti} = \left(\frac{\tau_i u_{SD}}{\tau_i u_{SD} + 0.35D}\right)^2 \tag{6-43}$$

水滴沉降速度 u_{SD} 受水滴雷诺数 Re_D 的影响。对于小水滴，在斯托克斯定律范围内，$u_{SD} \alpha D^2$，则 η_{Ti} 随 D 增大而增大；在中间尺寸范围，$u_{SD} \alpha D$，则 η_{Ti} 不随 D 而改变；对于牛顿运动范围，$u_{SD} \alpha D^{1/2}$，则 η_{Ti} 随 D 增大而减小。斯台尔曼已计算出，不论粒径 d_p 大小，η_{Ti} 的峰值发生在 $D = 600\mu m$ 左右。对于大粒子，峰值更大，且较平缓，扩展到 $D = 600\mu m$ 两边 200～300μm 处。

水滴直径 D 对分级效率 η_i 的总影响包含 u_{SD}、η_{Ti} 和 D 之间的相互影响，正如它们在方程式(6-30)中所显示的那样。由于 D 在整个 $u_{SD} \alpha D$ 的中间范围中 η_{Ti} 相对不变，所以在这一范围的低 D 端，即在 300～400μm 附近，对因素 u_{SD}、η_{Ti}、$(u_{SD} - v_0)D$ 的净影响是使 η_{Ti} 达到最大值。

6.4.3　旋风洗涤器

把简单的喷雾塔改成气体自塔下部沿切向导入的旋风洗涤器，便会大大改进洗涤时的惯性碰撞及拦截效果。湿式旋风洗涤器和干式旋风除尘器相比，由于附加了液滴的捕集作用，消除了粉尘的返混，捕集效率明显提高。

在旋风洗涤器中，由于带水现象较少，则可以采用比在喷雾塔中更细的雾滴。气体的螺旋运动所产生的离心力，把水滴甩到塔壁上，形成壁流而流到底部，因而水滴的有效寿命较短。为增强捕集效果，采用较高的入口气流速度，一般为 15～45m/s，并从逆向或横向对螺旋气流喷雾，使气液间的相对速度增大，惯性碰撞效率提高。随着喷雾变细，虽然惯性碰撞变小，但靠拦截的捕集概率增大。水滴愈细，它在气流中保持自身速度和有效捕集能力的时间愈短。

对一定的喷雾水滴来说，水滴直径刚从喷嘴喷出时为最大，而后水滴直径逐渐变小，使其和尘粒间的相对速度减小。最佳水滴直径已从理论上估算出为 100μm 左右，实际中采用的水滴直径范围为 100～200μm。常采用螺旋型喷嘴、旋转圆盘、喷溅型喷嘴及超声喷嘴等来获得这样细的水滴。

离心洗涤器适于净化 5μm 以上的尘粒。在净化亚微米范围内的粉尘时，常将它放在文丘里洗涤器之后，用于分离水滴。也用于吸收某些气体，这时洗涤液往往不单纯是水。

下面介绍常用的旋风水膜除尘器的结构型式和性能特点。

旋风水膜（CLS 型）除尘器如图 6-38 所示，设置在筒体上部的喷嘴由切向将水雾喷向

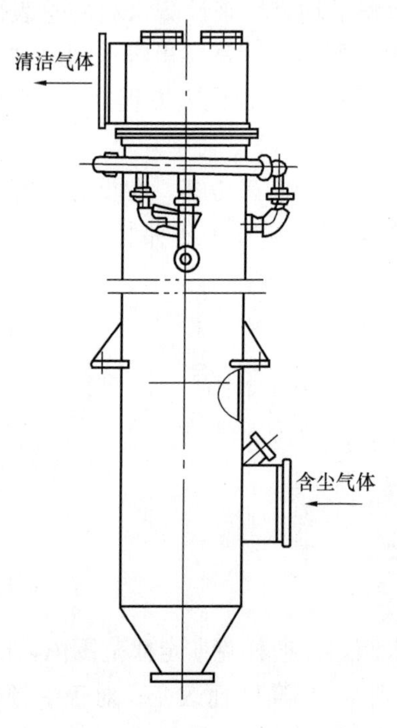

图 6-38　旋风水膜除尘器

器壁，使内壁形成一层很薄的不断下流的水膜。含尘气体由筒体下部切向导入，旋转上升。靠离心力作用甩向器壁的粉尘为水膜所粘附，沿器壁流向下。净化效率随气体入口速度增高和筒体直径减小而提高。入口速度过高，不但压力损失激增，而且还可能破坏水膜层，使效率降低，并出现严重带水现象。入口速度一般范围为15～22m/s。筒体高度对净化效率影响较大，对细粉尘(小于 2μm) 更为显著，因此筒体高度一般不小于 5 倍筒体直径。

旋风水膜除尘器不但净化效率比干式旋风除尘器高得多，而且器壁磨损也比较轻。其净化效率一般可保证在 90%以上，操作好可达 95%。按除尘器规格不同，设有 3～6 个喷嘴，喷水压力为 0.3～0.5MPa，耗水量为 0.1～0.3L/m^3，气流压力损失为 0.5～0.75kPa。

6.4.4　自激喷雾洗涤器

液体形成雾滴需要消耗能量。凡是由具有一定动能的气流直接冲击到液体表面上以形成雾滴的洗涤器称为"自激喷雾式"洗涤器。

自激喷雾在效果上与喷嘴喷雾不同。它的优点是高含尘浓度时能维持高的气流量，耗水量小，一般低于 0.13L/m^3，压力损失范围为 0.5～1.4kPa。自激喷雾洗涤器广泛用于气体除尘上。下面是两种最常见的自激喷雾洗涤器。

1. 冲击水浴除尘器

冲击水浴除尘器的结构简单，如图 6-39 (a) 所示。它的除尘过程可分为三阶段：含尘气流高速冲击水面并急剧地改变流向，气流中的大尘粒因惯性与水碰撞而被捕获，即冲击作用阶段；气流以细流方式穿过水层，激发出大量泡沫和水花，粉尘受到了二次净化，为泡沫作用阶段；气流穿过泡沫层进入筒体内，受到激起的水花和雾滴的淋浴，得到了进一步净化，即淋浴阶段。

影响冲击水浴除尘效率和压力损失的主要因素有：气体喷出速度及出口被水淹没的深

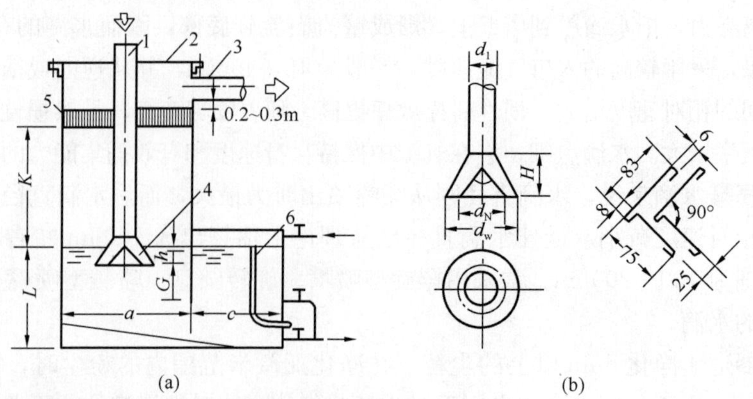

图 6-39　水浴除尘器

1—含尘气流入口；2—顶板；3—净化气流出口；4—气体出口；5—挡水板；6—溢流管

度；气体出口与水面接触的周长 S 与气流量之比 S/Q。一般情况下，随着气体喷出速度、淹没深度和比值 S/Q 的增大，除尘效率提高，压力损失也增大。当喷出速度和淹没深度增大到一定值后，除尘效率几乎不变了，而压力损失却急剧增大。因此提高除尘效率的经济有效途径是改进喷口型式，增大比值 S/Q。圆管喷头是最简单的一种，效果不好，一般采用图 6-39（b）所示的型式，气流是从环形窄缝喷出的。

水浴除尘器气体出口的埋水深度一般为 0～30mm，喷出速度为 8～14m/s，耗水量为 0.1～0.3L/m^3。除尘效率一般达 85%～95%，压力损失约 1～1.5kPa。

2. 冲激式除尘器

冲激式除尘器结构如图 6-40 所示，含尘气体进入后转弯向下冲击水面，部分粗尘粒被水捕获；未被除下来的细尘粒随气流进入两叶片间的“S”型精净化室。由高速气流冲击水面激起的水花和泡沫，充满整个“S”型室。使气水充分混和、接触和碰撞，加上气流在“S”型通道中的突然转向，形成的离心力的作用，将尘粒和含尘水滴甩向外壁，使细尘粒被水捕集下来。净化后的气体转向上，经挡水板除雾后排走。

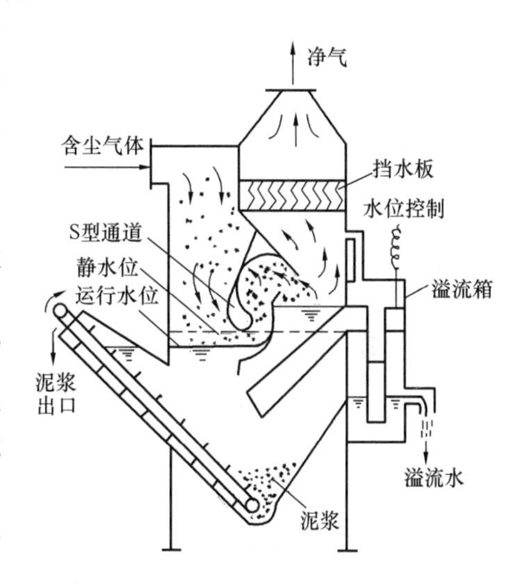

图 6-40　冲激式除尘器结构简图

我国生产的冲激式除尘机组，将风机、洗涤除尘室、清灰装置和水位控制装置组合成一个整体，结构紧凑、占地小、便于安装和管理。其排泥装置有两种：直流式（CCJ/A 型），锥形斗底部设有橡胶调节阀，定期或连续地排出；机械耙灰式（CCJ 型），用刮板机械将尘泥刮出。水位自动控制装置，能保证水位波动不超过±5mm，从而用最少的水量保持稳定的高效率。

对一般除尘系统，水位为 50mm（溢流堰高出上叶片底缘 50mm），通过“S”型通道的气流速度在 18～35m/s 范围内，除尘效率可达 97%以上。压力损失为 1～1.6kPa。耗水量大小与排泥和供水方式有关，采用机械耙灰和自控供水方式的耗水量最少，约为 0.04L/m^3；采用橡胶排污阀排泥浆和供水无自控时耗水量最大，约为 0.17L/m^3。冲激式除尘器单位长度叶片的处理气量一般取 5000～7000m^3/（h·m），当处理气量很大时，采用双叶片的结构型式。

该除尘器的特点是，随着入口含尘浓度增高，除尘效率有所提高；处理气量变化±20%时，对除尘效率影响不大。

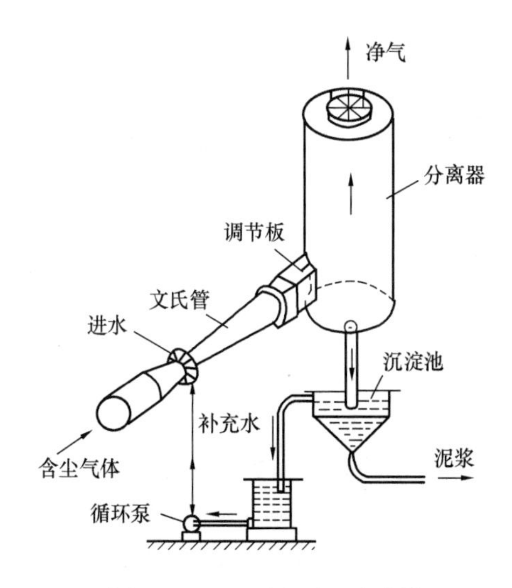

图 6-41　PA 型文丘里洗涤器

6.4.5　文丘里洗涤器

1. 文丘里洗涤器的工作原理和结构尺寸

（1）文丘里洗涤器的工作原理

文丘里洗涤器是一种高效湿式洗涤器，多用于高温烟气降温和除尘。图 6-41 为 PA 型文丘里洗涤器，主要由文氏管和旋风除雾器组成。

文丘里洗涤器的除尘过程，可分为雾化、凝聚和除雾三个过程，前二个过程在文氏管内进行，后一过程在除雾器内完成。在收缩管和喉管中气液两相间的相对流速很大，从喷嘴喷射出来的液滴，在高速气流冲击下，进一步雾化成为更细的雾滴。同时，气体完全被水所饱和，尘粒表面附着的气膜被冲破，使尘粒被水润湿。因此在尘粒与液滴或尘粒之间发生着激烈的碰撞、凝聚。在扩散管中，气流速度的减小和压力的回升，使这种以尘粒为凝结核的凝聚作用发生得更快，凝聚成较大粒径的含尘液滴，便很容易被除雾器捕集下来。

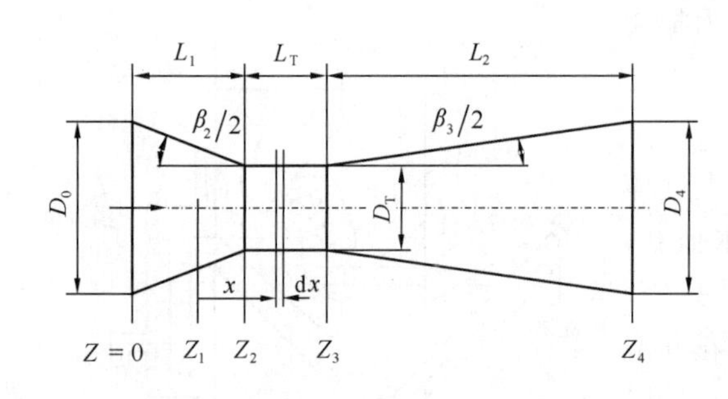

图 6-42　文氏管几何尺寸

（2）文氏管几何尺寸的确定

文氏管的几何尺寸的确定，应以保证净化效率和减小流体阻力为基本原则（图 6-42）。文氏管的进口直径 D_0，一般按与之相联的管道直径确定，在除尘中，进口管道中流速一般为 16～22m/s；文氏管出口管直径 D_4，一般按出口管后面的除雾器要求的进气速度确定，除雾器入口气速一般选 18～22m/s。因为扩散管后面的直管道还有捕集尘粒和压力恢复的作用，故最好设 1～2m 的直管，再接除雾器。文氏管的喉管尺寸对效率和阻力的影响较大，喉管直径按喉管内气流速度确定，一般取 40～120m/s，净化亚微米的粉尘，可取 90～120m/s，甚至高达 150m/s；净化较粗粉尘，可取 60～90m/s。喉管的长度一般取直径的 0.8～1.5 倍，或取 200～350mm，但也有人认为以取 200mm 较合适。加长喉管，由于气流通过喉管时间增长，会增强尘粒与液滴之间的碰撞、凝聚作用，使除尘效率提高，但气流阻力也相应增大。喉管过长并不能带来高效率。收缩管的收缩角越小，阻力越小，一般取 23°～28°；扩散管的扩散角，一般取 6°～ 8°，有人认为以不超过 6°为宜。以上参数确定后，便可以算出收缩管和扩散管的长度。

2. 文丘里洗涤器的除尘效率

文丘里洗涤器的除尘效率取决于文氏管的凝聚效率和除雾器的除雾效率。文氏管的凝聚效率表示为因惯性碰撞、拦截和凝聚等作用尘粒被液滴捕获的百分率。

文丘里洗涤器被广泛用于气体除尘过程，但尚缺乏可靠的计算除尘效率的公式。卡尔弗特等人作了一系列假定后，提出以下计算文氏管的凝聚效率的公式：

$$\eta_i = 1 - \exp\left[\frac{2Q_L\rho_L D v_T}{55Q_G\mu_G}\cdot F(St_{Ti}, f)\right] \tag{6-44}$$

其中

$$St_{Ti} = \frac{C_i\rho_p d_{pi}^2 v_T}{9\mu_G D} = \frac{d_{ai}^2 v_T}{9\mu_G D} \tag{6-45}$$

$$F(St_{Ti}, f) = \frac{1}{St_{Ti}}\left[-0.7 - St_{Ti}f + 1.4\ln\left(\frac{St_{Ti}f + 0.7}{0.7}\right) + \left(\frac{0.49}{0.7 + St_{Ti}f}\right)\right] \tag{6-46}$$

关于经验因子 f，它综合了没有明确包含在式（6-34）中的各种参数的影响。这些参数包括：除了惯性碰撞以外的其他机制的捕集作用；由于冷凝或其他影响使尘粒增大；除了预算的 D 以外的其他液滴直径；液体流到文氏管壁上的损失；液滴分散不好及其他影响等。为使设计稳妥些，对于疏水性粉尘，推荐取 $f=0.25$，这大约相当于可用数据的中等值；对于亲水性粉尘，如可溶性化合物、酸类及含有 SO_2 和 SO_3 的飞灰等，f 值显著增大，一般取 $f=0.4\sim0.5$；大型洗涤器的试验表明，$f=0.5$；在液气比低于 0.2L/m³ 以下，f 值逐渐增大。从严格的数学观点来看，应按 u 值来理解 f 值，所以若 $f=0.25$，则 $u_1=0.75$，表示尘粒捕集发生在液滴速度从 $0.75v_T$ 加速到 v_T 的阶段。

在应用式（6-34）～式（6-36）时，液滴直径 D 按拨山・棚泽公式计算，其中 Q_L/Q_G 作为一个整体，相对速度 v_r 取 Z_2 处的值，即 $v_r=v_T-v_{D2}$。即：

$$\overline{D}_{1,2}=\frac{585\times10^3}{v_r}\left(\frac{\sigma}{\rho_L}\right)^{1/2}+1682\left(\frac{\mu_L}{\sqrt{\sigma\rho_L}}\right)^{0.45}\left(\frac{Q_L\times10^3}{Q_G}\right)^{1.5}\quad(\mu m)\tag{6-47}$$

式中　v_r——气体和液体之间的相对运动速度，m/s；

ρ_L——液体的密度，kg/m³；

μ_L——液体的黏度，Pa・s。

图 6-43 给出了文丘里洗涤器（以空气动力学分割直径表示）与喉口速度、液气比之间的关系，同时也给出了压力损失等值线。

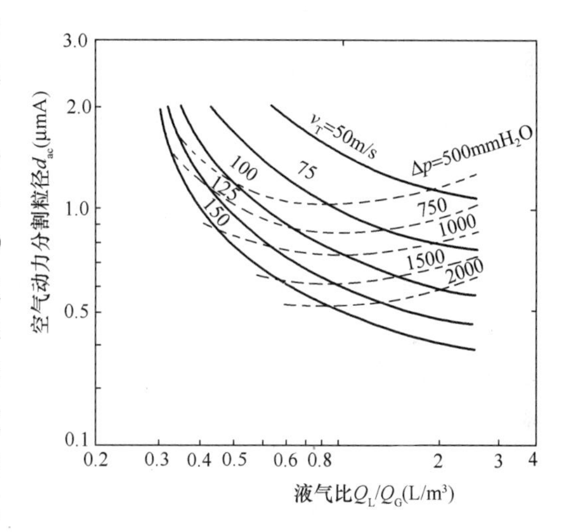

图 6-43　尘粒的空气动力学分割直径与液气比的关系

（$f=0.25$，$\rho_L=1000kg/m^3$，$\mu_G=1.81\times10^{-5}Pa\cdot s$）

文氏管的凝聚效率与喉管内气速 v_T、粉尘特性 d_a、液滴直径 D 及液气比 Q_L/Q_G 等因素有关。v_T 愈高，液滴被雾化的愈细（D 愈小）、愈多，尘粒的惯性力也愈大，则尘粒与液滴的碰撞、拦截的概率愈大，凝聚效率 η_i 愈高。要达到同样的凝聚效率 η_i，对 d_a 和 ρ_p 较大的粉尘，v_T 可取小些；反之则要取较大的 v_T 值。因此，在气流量波动较大时，为了保持 η_i 基本不变，应采用调径文氏管，以便随着气量变化调节喉径，保持喉口内气速 v_T 基本稳定。

增大液气比可以提高净化效率，但如果喉管内气速过低，液气比增大会导致液滴增大，这对凝聚是不利的。所以液气比增大必须与喉管内气速相适应才能获得高效率。应用文氏管洗涤器除尘时，液气比取值范围一般是 0.3～1.5L/m³，以选用 0.7～1.0L/m³ 的为多。

3. 文氏管的压力损失

文氏管的压力损失是一个很重要的性能参数。对于已使用的文氏管，很容易测定出它在某一操作状态下的压力损失；但在设计时要想准确推算文氏管的压力损失，往往是困难的。这是因为影响文氏管压力损失的因素很多，如结构尺寸，特别是喉管尺寸，喷雾方式和喷水压力，液气比，气体流动状况等。

海斯凯茨（Hesketh H. E.）给出了计算文氏管的压力损失的经验公式：

$$\Delta P=0.863\rho_G A_T^{0.133}v_T^2\left(\frac{1000Q_L}{Q_G}\right)^{0.78}\quad(Pa)\tag{6-48}$$

在处理高温气体（700～800℃）时，按上式计算的 ΔP 值应乘以温度修正系数 k：

$$k=3(\Delta t)^{-0.28}\tag{6-49}$$

式中　A_T——喉管横断面积，m²；

R_{HT}——喉管的水力半径，$R_{HT}=D_T/4$，m；

Δt——文氏管入口和出口气体的温度差，℃。

文氏管除尘器的压力损失主要决定于喉管气速和液气比。

由于文氏管洗涤器对细粉尘具有很高的除尘效率，且对高温气体的降温效果也很好，所以广泛用于高温烟气的除尘、降温上，如炼铁高炉煤气、氧气顶吹转炉烟气、炼钢电炉烟气以及有色冶炼和化工生产中各种炉窑烟气净化上。

习题与思考

1. 什么是分割粒径？影响旋风除尘器除尘效率的因素是什么？

2. 什么是电子雪崩？影响电晕放电的因素是什么？

3. 简述电除尘器、布袋除尘器、文丘里除尘器的工作原理。

4. 在298K气体中的某种雾滴拟采用重力沉降室收集。沉降室大小为宽2m，高2m，长12m。空气的体积流速为$1m^3/s$。计算能被100％捕集的最小雾滴的直径。假设雾滴的密度为$1200kg/m^3$。

5. 某旋风除尘器的阻力系数为9.9，进口速度16m/s，试计算标准状态下旋风除尘器的压力损失。

6. 一气溶胶含有粒径为0.63μm和0.83μm的粒子（质量分数相等），以3.61L/min的流量通过多层沉降室，给出下列数据，运用斯托克斯定律和肯宁汉校正系数计算沉降效率。$L=50cm$，$\rho_p=1.05g/cm^3$，$W=20cm$，$h_i=0.129cm$，$\mu=1.82\times10^{-4}g/cm\cdot s$，$n=3$层。

7. 已知气体黏度$2\times10^{-5}Pa\cdot s$，颗粒比重2.9，旋风除尘器气体入口速度15m/s，气体在旋风除尘器内的有效旋转圈数为5次；旋风除尘器直径0.3m，入口面积$76cm^2$。试确定旋风除尘器的分割粒径和总效率，给定粉尘的粒径分布见表6-10：

表6-10　粉尘的粒径分布

平均粒径 d_p（μm）	1	5	10	20	30	40	50	60	＞60
重量百分数（％）	3	20	15	20	16	10	6	3	7

8. 烟气中含有三种粒径的粒子：10μm、7μm、3μm，每种粒径粒子的质量浓度均占总浓度的1/3。假定粒子在电除尘器内的驱进速度正比于粒径，电除尘器的总除尘效率为98％，试求这三种粒径粒子的分级除尘效率。

第7章　气态污染物控制工艺

学　习　提　示

本章重点介绍主要大气污染物 SO_2、NO_x、VOCs 的污染控制技术，包括其基本原理、操作工艺条件、主要设备、适用范围等，同时简要介绍恶臭的主要控制方法，需16课时。

7.1　硫氧化物的控制工艺

7.1.1　燃烧前燃料脱硫

煤燃烧前脱硫即“煤脱硫”，主要指的是对于煤炭和重油等高硫燃料的燃烧前处理，是通过各种物理、化学方法等对煤进行净化，去除原煤中所含的硫分、灰分等杂质。

1. 煤炭的加工

(1) 煤炭洗选

原煤的脱硫方法有物理脱硫法、化学脱硫法、生物脱硫法等多种方法。目前各国主要采用重力分选法，去除原煤中的无机硫。该法可使原煤中的硫含量降低40%～90%。硫的脱除率取决于煤中黄铁矿的颗粒大小及无机硫的含量。在有机硫含量较大，或煤中黄铁矿嵌布很细的情况下，仅用重力脱硫法，精煤硫分达不到环境保护条例的要求。

其他研究中的脱硫方法包括氧化脱硫法、化学浸出法、化学破碎法、细菌脱硫法、微波脱硫法、磁力脱硫及溶剂精炼等多种方法，但至今在工业上实际应用的方法为数很少。

(2) 型煤固硫

型煤燃烧固硫是另一条控制 SO_2 污染的经济有效途径。该技术是将不同的原料煤经筛分后按照一定的比例配煤，粉碎后同经过预处理的粘结剂和固硫剂混合，经机械设备挤压成型及干燥，即可得到具有一定强度和形状的型煤。型煤主要分为民用型煤和工业型煤两种。型煤燃烧固硫可使 SO_2 排放减少40%～60%，可提高燃烧效率20%～30%，节煤率达15%。

石灰、大理石粉、电石渣等是制作工业固硫型煤较好的固硫剂。固硫剂的加入量，视煤含硫量的高低而定，如石灰粉加入量一般为2%～3%。

石灰石的主要成分是碳酸钙（$CaCO_3$），大理石的主要成分是方解石和白云石（$CaCO_3$，$MgCO_3$），它们均含有大量的 $CaCO_3$，属于钙基脱硫剂。在型煤高温燃烧时，其中的固硫剂被煅烧分解成 CaO 和 MgO，烟气中的 SO_2 即与 CaO 和 MgO 反应，生成 $CaSO_3$ 和 $MgSO_3$。由于炉膛内有足够的氧气，同时还会发生氧化反应，生成 $CaSO_4$ 和 $MgSO_4$。

电石渣的主要成分为 $Ca(OH)_2$ 和 CaO，其中 CaO 是生成碳化钙时带入电石的。电石渣在型煤燃烧时，$Ca(OH)_2$ 与 SO_2 发生反应，生成 $CaSO_4$，从而达到固硫效果。

2. 煤炭的转化

煤的转化是指用化学方法将煤转化为气体或液体燃料、化工原料或产品，主要包括气化和液化。通过脱碳和加氢改变原煤的碳氢比，可把煤转化为清洁的二次燃料。

（1）煤的气化

煤的气化是指以煤炭为原料，以空气、氧气、CO_2或水蒸气为气化剂，在气化炉中一定温度和压力下进行煤的气化反应，煤中可燃的部分转化为含有 CO、H_2、CH_4等可燃气体和CO_2、N_2等非可燃气体，而灰分以废渣的型式排出的过程。它不仅能将含杂质的固态煤转化为洁净的气体燃料，也是发展煤化工的基础。

按照气化炉内煤料与气化剂的接触方式，气化工艺可分为四类。

①固定床气化：也称移动床气化。在气化过程中，燃料基本不发生湍动，随自身的气化和炉底灰渣的排出，缓慢地自上而下移动，气化剂则由下而上逆向通过煤层，取得较好的热交换。工业上传统使用的发生炉和水煤气炉都属于固定床气化，近年来开发的固定床新工艺则是加压固定床气化，例如鲁奇（Lurgi）加压气化法，用O_2与水蒸气为气化剂，生产的煤气中甲烷含量高，适合处理灰分高、水分高的块粒状褐煤。

②流化床气化：也称沸腾床气化。以 8mm 以下的小煤粒为原料。受气化剂推动，小煤粒发生湍动，以致翻滚，床层疏松膨胀，犹如液体沸腾。由于液化床温度均匀，气固接触良好，细煤粒的比表面积大，因而气化强度高。

③气流床气化：也称粉尘法气化。它是一种并流气化，用气化剂将粒度为 100μm 以下的煤粉带入气化炉内，也可将煤粉先制成水煤浆，然后用泵打入气化炉内。煤料在高于其灰熔点的温度下与气化剂发生燃烧反应和气化反应，灰渣以液态型式排出气化炉。

④熔融床气化：熔融床气化是将粉煤和气化剂以切线方向高速喷入一温度较高且高度稳定的熔池内进行气化。气化过程中，池内熔融物高速旋转。作为粉煤与气化剂的分散介质的融熔物，可以是熔融的灰渣、熔盐或熔融的金属。

煤气主要是氢、一氧化碳和甲烷等可燃混合气。煤气中的硫主要以 H_2S 型式存在，大型煤气厂是先用湿法洗涤脱除大部分 H_2S，再用干法吸附和催化转化除去其余部分。小型煤气厂一般用氧化镁法脱除 H_2S。也可用克劳修斯法来回收硫，反应如下：

$$H_2S + \frac{1}{2}O_2 \longrightarrow S + H_2O$$

工艺的关键是避免反应生成 SO_2：

$$H_2S + \frac{3}{2}O_2 \longrightarrow SO_2 + H_2O$$

（2）煤的液化

煤炭液化是将煤在适宜的反应条件下转化为洁净的液体燃料和化工原料的过程。煤和石油都以碳和氢为主要元素成分，不同之处在于煤中氢元素含量只有石油的一半左右，相对分子量大约是石油的 10 倍或更高。因此，理论上讲，煤的液化主要是加氢的过程。

煤的液化可分为直接液化和间接液化两大类。

①煤直接液化工艺：煤在较高温度和压力（400℃和 100MPa 以上）、催化剂和溶剂作用下，进行加氢裂解，转化为液体产品的过程称为直接液化。直接液化工艺是利用煤浆进行加氢液化。在液化过程中，溶剂起着溶解煤、溶解气相氢，以使其向煤和催化剂表面扩散、供氢或传递氢、防止煤热解的自由基碎片缩聚等作用。催化剂在煤液化过程中，起着提高反应速率和转化率，以及降低氢耗、反应温度和压力的作用，一般选用铁系或镍钼钴类物质直接液化的催化剂。直接液化的固液分离方法多采用蒸馏，有的采用超临界萃取，残渣用于气化制氢。

②煤间接液化工艺：煤气化产生合成气（CO 和 H_2），再以合成气为原料，在一定温度和压力下，定向地催化合成液体烃类燃料或化工产品的工艺就称为间接液化。由于气化生产合成气方法诸多，几乎所有煤类均可生产合成气，所以间接液化应用面比直接液化广，但其产油率比直接液化低。典型的间接液化工艺包括费—托合成法和甲醇转化制汽油法两种，均已实现工业生产。

煤炭液化工厂耗水量很大，所排水的 COD 值很高，需要大规模废水处理设施。此外，成本问题也是影响煤炭液化的重要因素。

3. 重油脱硫

燃油在燃烧过程中全部以氧化物的型式转移到排烟中，所以使用前必须进行脱硫。石油中所含的硫分以复杂的有机化合物型式存在，实现燃油脱硫是十分困难的。要脱除油中的硫分，必须在高温（950℃）或高温和氧化剂同时配合的作用下，彻底地加工燃料，破坏原来的组织，并产生新的固态、液态和气态产物。通常使用的重油脱硫方法有：催化碱洗脱硫和加氢催化精制脱硫。另外，可以将重油催化裂化转化为气体，通过燃气脱硫来实现燃油的脱硫目标。

燃气脱硫包括天然气的脱硫以及燃料转化为气态燃料以后进行脱硫。一般煤气中含硫组分包括硫化氢（H_2S）、羟基硫（CSH）、二硫化碳（CS_2）、噻吩（C_2H_4S）、硫醚（CH_3—S—CH_3）、硫醇（CH_3HS）等，其中以硫化氢、羟基硫和二硫化碳为主。而硫化氢占煤气总硫的 90%以上，所以燃气的脱硫主要指硫化氢的脱硫。

目前，重油脱硫存在着脱硫率低、费用高等问题，据国外报道，若将硫分降到 0.5%，重油价格将增加 35%～50%，因此还要进一步研究更经济有效的脱硫技术。

7.1.2　燃烧中脱硫

1. 流化床燃烧脱硫

煤的流化床燃烧是继层煤燃烧和悬浮燃烧后发展起来的煤燃烧方式。流化床可为固体燃料的燃烧创造良好的条件。当气流速度达到使升力和煤粒的重力相当的临界速度时，煤粒将开始浮动流化。维持料层内煤粒间的气流实际速度大于临界值而小于输送速度是建立流化状态的必要条件。按流态的不同可把流化床锅炉分为鼓泡流化床和循环流化床锅炉两类，其结构如图 7-1 所示。

作为减少 SO_2 排放的有效途径，流化床燃烧特别适合于炉内脱硫，因为这种燃烧方式提供了理想的脱硫环境：①脱硫剂和 SO_2 能充分混合、接触；②燃烧温度适宜；③脱硫剂和 SO_2 在炉内停留时间长。

（1）流化床燃烧脱硫的化学过程

流化床燃烧脱硫广泛采用的脱硫剂是石灰石（$CaCO_3$）和白云石（$CaCO_3 \cdot MgCO_3$），它们大量存在于自然界，且易于采掘。

当石灰石或白云石脱硫剂进入锅炉的灼热环境中，其有效成分 $CaCO_3$ 遇热发生煅烧分解，煅烧时 CO_2 的析出会产生并扩大石灰石中的孔隙，从而形成多孔状、富孔隙的 CaO：

$$CaCO_3 \longrightarrow CaO + CO_2 \uparrow$$

CaO 与 SO_2 作用形成 $CaSO_4$，从而达到脱硫的目的：

$$CaO + SO_2 + 0.5\ O_2 \longrightarrow CaSO_4$$

（2）流化床燃烧脱硫的主要影响因素

① 钙硫比

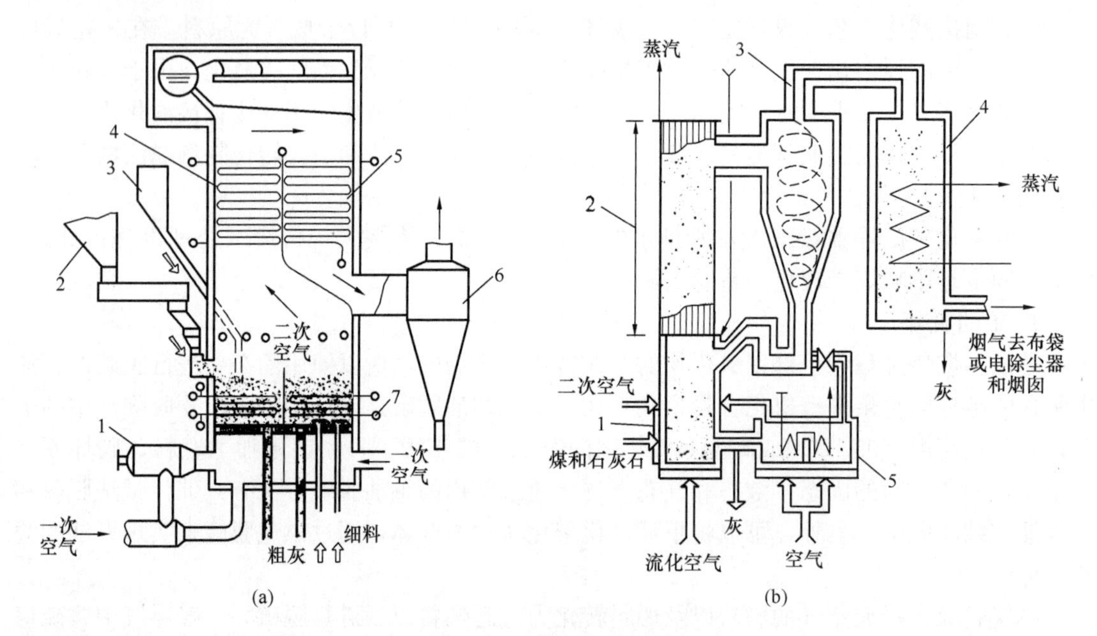

图 7-1　流化床示意图

（a）鼓泡流化床锅炉

1—启动预热空气燃烧器；2—煤斗；3—脱硫剂进料斗；4—过热器管束；

5—对流管束和省煤器；6—旋风除尘器；7—水平管束

（b）循环流化床锅炉

1—密相床层；2—水冷壁；3—旋风除尘器；4—对流式锅炉；5—外部换热器

钙硫比是表示脱硫剂用量的一个指标。在影响 SO_2 脱除性能的所有参数中，钙硫比影响最大。无论何种类型的流化床锅炉，钙硫比（R）与脱硫率 η 的关系可用下式近似表示：

$$\eta = 1 - \exp(-mR) \tag{7-1}$$

式中　R——钙硫比，脱硫剂所含钙与煤中硫的摩尔比；

m——综合影响参数，是床高、流化速度、脱硫剂颗粒尺寸、脱硫剂种类、床温和运行压力等的函数。

不同类型的流化床锅炉有不同的 m 值。因此，在不同炉型和燃烧工况下，要达到相同的脱硫效率，所需的 Ca/S 比是不同的。一般要达到 90％的脱硫率，常压鼓泡流化床、常压循环流化床和增压流化床的 Ca/S 比分别为：3.0～3.5、1.8～2.5、1.5～2.0。

② 煅烧温度

根据研究结果，对于常压流化床锅炉，有一最佳脱硫温度范围，为 800～850℃左右。出现这种现象的原因与脱硫剂的孔隙状态有关。温度较低时，脱硫剂孔隙数量少，孔径小，反应几乎完全被限制在颗粒外表面。随着温度增加，煅烧反应速率增大，孔隙扩展速率增大，相应地，与 SO_2 反应的脱硫剂表面也增大，由此导致脱硫率增大。但是，当床层温度超过 $CaCO_3$ 煅烧平衡温度约 50℃以上时，烧结作用变得越来越严重，其结果是使煅烧获得的大量孔隙消失，从而造成脱硫活性降低。

③ 脱硫剂的颗粒尺寸和孔隙结构

由于脱硫剂颗粒形状、孔径分布不一，床内又存在颗粒磨损、爆裂和扬析等影响，使得脱硫率与颗粒尺寸的关系十分复杂。在一定范围内减小颗粒尺寸，脱硫率变化不明显。当颗粒尺寸小于发生扬析的临界粒径时，脱硫剂发生扬析，使颗粒停留时间减少，但小颗粒的比表面积较大，因而脱硫效率提高。综合考虑脱硫和流化床的正常运行，脱硫剂颗粒尺寸有一适宜范围，并非越小越好。

脱硫剂颗粒孔隙大小的分布，对其固硫作用也有重要影响。含有小孔径的颗粒有更大的比表面积，但其内孔入口容易堵塞。大孔可提供通向脱硫剂颗粒内部的便利通道，却不能提供大的反应比表面积。因此，脱硫剂颗粒的孔隙结构应有适当的孔径大小，既要保证有一定的孔隙容积，又要保证孔道不易堵塞。

④ 脱硫剂种类

石灰石和白云石在含钙量、煅烧分解温度、孔隙尺寸分布、爆裂和磨损等特性方面互不相同。与石灰石相比，白云石的平衡孔径分布和低温煅烧性能好，但锅炉低压运行时，更易于爆裂成细粉末，在吸收更多的硫之前遭到扬析。此外，对于相同的钙硫比，白云石的用量比石灰石将近大两倍，相应地，脱硫剂处理量和废渣量也大得多。因此，锅炉常压运行时，倾向于采用石灰石作脱硫剂；锅炉增压运行时，视具体情况而定。

2. 炉内喷钙

炉内喷钙脱硫是将干的脱硫剂直接喷到锅炉炉膛的气流中进行脱硫。该法工艺简单，脱硫费用低，但Ca/S比较高，脱硫率较低，当Ca/S在2以上时，脱硫率只有30%～40%。

炉内喷钙技术是将磨细到325目左右的石灰石粉料用压缩空气直接喷入锅炉炉膛后部，在高温下石灰石被煅烧成CaO，烟气中的SO_2被煅烧出的CaO所吸收。当炉膛内有足量氧气存在，在吸收的同时还会发生氧化反应。由于石灰石粉在炉膛内的停留时间很短，所以必须在较短时间内完成煅烧、吸收、氧化三个过程，基本化学反应为：

$$CaCO_3 \rightleftharpoons CaO + CO_2 \uparrow$$

$$CaO + SO_2 \rightleftharpoons CaSO_3$$

$$2CaSO_3 + O_2 \rightleftharpoons 2CaSO_4$$

$$2CaO + 2SO_2 + O_2 \rightleftharpoons 2CaSO_4$$

在采用白云石（$CaCO_3 \cdot MgCO_3$）作为吸收剂时，还会发生如下反应：

$$MgCO_3 \rightleftharpoons MgO + CO_2 \uparrow$$

$$2MgO + 2SO_2 + O_2 \rightleftharpoons 2MgSO_4$$

石灰石/石灰直接喷射法与其他脱硫方法相比，投资最少。除了需要贮存、研磨和喷射装置外，不再需要其他设备。但该法也存在一些严重的缺点，如：①脱硫效率较低；②锅炉内石灰和灰分的反应，可能产生污垢沉积在管束上，使系统阻力增大；③气流中未反应的石灰将使烟尘比电阻增高，导致电除尘器的除尘效率显著降低。

7.1.3 高浓度二氧化硫的回收和净化

在冶炼厂、硫酸厂和造纸厂等工业排放尾气中，SO_2的浓度通常在2%～40%之间。当废气中的SO_2浓度超过2%以上，称这种废气为高浓度废气。由于SO_2浓度很高，对尾气进行回收处理是经济的。通常的方法是采用干式接触催化氧化制酸，常用的催化剂为V_2O_5。干式氧化法处理硫酸尾气技术成熟，现已加装于硫酸生产中，即将硫酸尾气加热后再进行第二次转化，使尾气中SO_2转为SO_3，再经过第二次吸收后排放。这就构成两转两吸新流程，成为硫酸生产工艺的一部分。

1. 基本原理

在钒催化剂表面上，SO_2被氧化为SO_3的反应式为：

$$SO_2 + 0.5O_2 \rightleftharpoons SO_3 + (-\Delta H)$$

这是一个可逆放热反应。当反应达到动态平衡时，根据质量作用定律，其平衡常数 K_p 可用下式表示：

$$K_p = \frac{[SO_3]}{[SO_2][O_2]^{1/2}} \tag{7-2}$$

K_p是温度的函数，其数值可由下式近似算出：

$$\lg K_p = \frac{4956}{T} - 4.678 \tag{7-3}$$

如果我们把氧化为SO_3的SO_2量与氧化前的SO_2量之比叫做SO_2的转化率 x，反应达到平衡时的SO_2转化率就称为平衡转化率 x_T。当SO_2起始浓度为 $a\%$（体积），O_2起始浓度为 $b\%$（体积）时，平衡转化率 x_T可用下式表示：

$$x_T = \frac{K_p}{K_p + \sqrt{\frac{100 - 0.5ax_T}{P(b - 0.5ax_T))}}} \tag{7-4}$$

式中　P——混合气体的总压力（atm）。

由式（7-4）知，平衡转化率与混合气体的总压力、混合气体的起始浓度及反应温度有关。常压下，SO_2的氧化反应有较高的转化率，因而工业生产中一般在常压下操作。常压下（压力一定），平衡转化率主要与反应温度及混合气体的起始浓度有关（表 7-1）。

表 7-1　平衡转化率与温度和气体组成的关系

温度（℃）	K_p	$x_T\%$		
		$a=5\%$ $b=14\%$	$a=8\%$ $b=9\%$	$a=12\%$ $b=5.5\%$
400	442.9	99.3	99.0	90.9
450	137.4	97.9	96.9	87.5
500	49.78	94.5	92.1	80.6
550	20.49	87.6	83.3	70.3
600	9.38	76.6	70.4	57.7

从表 7-1 中看出，当SO_2氧化反应的温度降低时，平衡常数和平衡转化率随之增大。这是因为SO_2氧化反应为放热反应的缘故。但反应温度降低，却使反应速度下降很快(表 7-2)，当反应温度降低到催化剂能够催化SO_2氧化的最低温度（即起燃温度）以下时，催化剂便不能起催作用了，此时氧化反应速度更加缓慢。常用的钒催化剂的起燃温度为 400～420℃。

表 7-2　反应速度常数与温度的关系

温度（℃）	400	420	440	450	500	525	550	575	600
反应速度常数	0.34	0.55	0.87	1.05	2.9	4.6	7.0	10.5	15.2

由于平衡转化率和反应速度对反应温度的要求不一致，所以实际生产中，在钒催化剂的活性温度（400～600℃）范围内，要根据既要有较高转化率，又要有较快的反应速度的原则来选择最适宜的反应温度。

最适宜的反应温度不是一个常数，在SO_2氧化的整个过程中，它随着转化率的升高而逐渐降低。根据这一变化规律，可以在反应初期，使SO_2在较高温度下进行氧化，以便具有较快的反应速度，在反应后期，则在较低温度下进行氧化，以达到较高的转化率。但因SO_2的氧化反应是放热反应，烟气温度将不断升高，要满足上述要求，就需将SO_2的氧化反应分段进行，以便不断导出反应热，来调节反应气体的温度，使氧化反应尽可能沿着最适宜温度进行，以保证有较快的反应速度和达到较高的转化率（图 7-2）。当然，段数越多，最终转化率也越高，但段数过多，将使操作控制难以进行，一般以 3～4 段为宜。

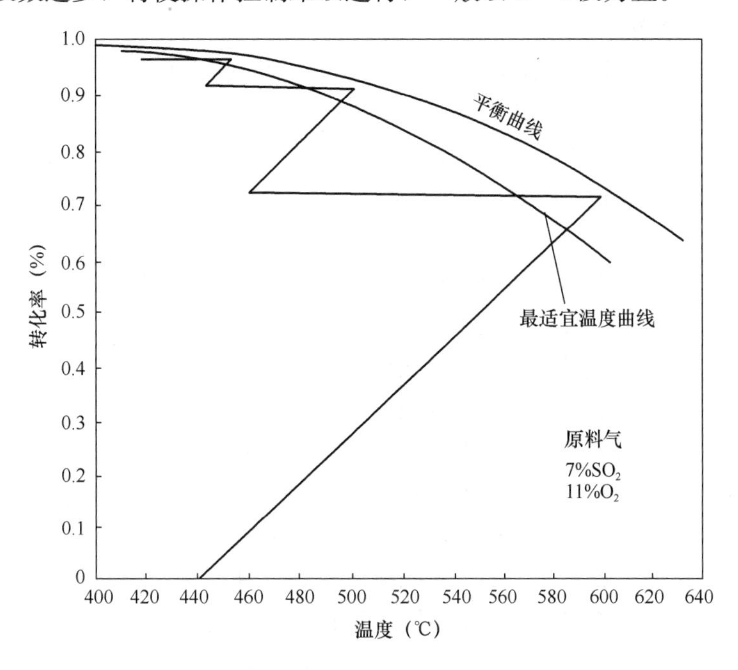

图 7-2　传统转化流程的转化率—温度图

SO_2的起始浓度不同，最适宜反应温度也有差异，因而各转化段的反应温度及转化率也不相同。

2. 工艺流程

图 7-3 给出了单级和二级吸收工艺的流程图。通过多层催化段间换热，干式催化氧化工艺可保证大约 98%的 SO_2 转化为硫酸。在简单的制酸工艺中（一级工艺），剩下的 2%的 SO_2 直接排空。

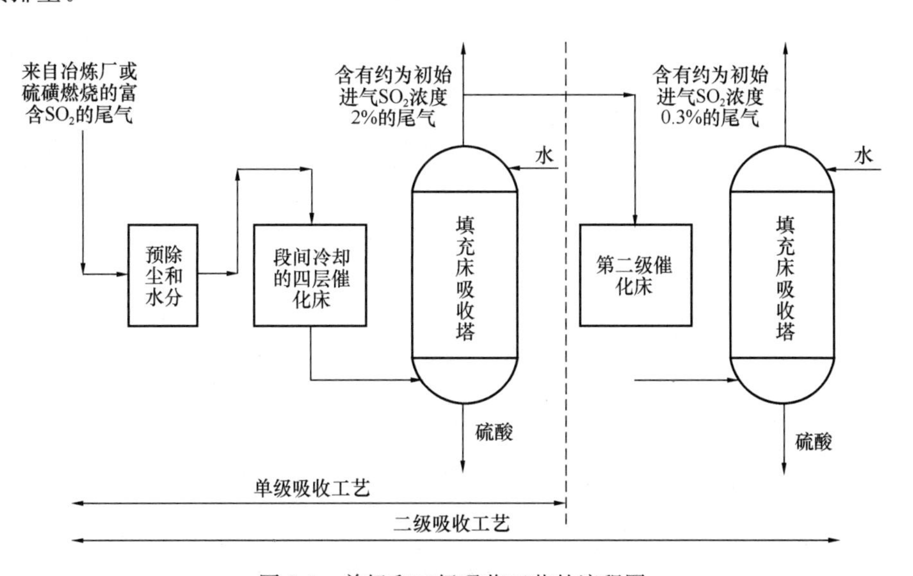

图 7-3　单级和二级吸收工艺的流程图

随着环保法规的日益严格，二级制酸工艺已得到发展。其原理是经一级工艺排出的较低浓度 SO_2 再经过一级催化剂床，使 SO_2 继续转化为 SO_3，产生的 SO_3 再用水吸收生产硫酸。两级工艺通常可使99.7%的 SO_2 转化为 H_2SO_4。

7.1.4 燃烧后烟气脱硫

SO_2 含量在2%以下的（大多为0.1%～0.5%）称为低浓度 SO_2 烟气，它主要来自燃料的燃烧过程，因其浓度低且烟气量大，通常采用烟气脱硫工艺进行净化。

烟气脱硫技术根据脱硫产物是否回收利用，可分为抛弃法和回收法。前者脱硫产物作为固体废物抛弃；后者则回收硫资源，避免固体废物二次污染，但回收法工艺流程复杂、脱硫费用较高。

根据脱硫过程是否加入液体和脱硫产物的干湿形态，可将烟气脱硫方法分为湿法和半干法、干法。湿法脱硫是用溶液或浆液吸收 SO_2，其直接产物也为溶液或浆液，具有工艺成熟、脱硫效率高、操作简单等优点，但脱硫液处理较麻烦，容易造成二次污染，且脱硫后烟气的温度较低，不利于扩散。干法烟气脱硫过程无液体介入，完全在干燥状态下进行，且脱硫产物也为干粉状，因而工艺简单，投资较低，净化后烟气温度降低很少，利于扩散，且无废水排出，但净化效率一般不高。半干法是用雾化的脱硫剂或浆液脱硫，但在脱硫过程中，雾滴被蒸发干燥，直接产物呈干态粉末，具有干法和湿法脱硫的优点。表7-3列出了目前使用较多，且较为成熟的脱硫方法。综合考虑技术成熟度和费用因素，尽管脱硫工艺非常多，但目前广泛采用的烟气脱硫技术仍然是湿法石灰石脱硫工艺。

表7-3　一些烟气脱硫方法介绍

脱硫原理	方法分类	脱硫剂	脱硫方法	干湿状态	脱硫产物处理	终产品
吸收	石灰石/石灰法	$Ca(OH)_2$ $CaCO_3$	石灰石/石灰直接喷射法	干法	—	—
			炉内喷钙-炉后活化法	半干法	抛弃或利用	脱硫灰
			喷雾干燥法	半干法	抛弃或利用	脱硫灰
			循环流化床脱硫法	半干法	抛弃或利用	脱硫灰
			增湿灰循环脱硫法	半干法	抛弃或利用	脱硫灰
			湿式石灰石/石灰-石膏法	湿法	氧化	石膏
			石灰-亚硫酸钙法	湿法	加工产品	亚硫酸钙
	氨法	$(NH_4)_2SO_3$ $(NH_3 \cdot H_2O)$	氨-酸法	湿法	酸化分解	浓 SO_2、化肥
			氨-亚铵法	湿法	氨中和	亚硫酸铵
			氨-硫铵法	湿法	氧化	硫酸铵
		$NH_3 \cdot H_2O$	新氨法	湿法	酸分解、制酸	化肥、硫酸
	钠碱法	Na_2SO_3	亚硫酸钠循环法	湿法	热再生	浓 SO_2
			亚硫酸钠法	湿法	碱中和	亚硫酸钠
		$(NaOH、Na_2CO_3)$	钠盐-酸分解法	湿法	酸化分解	浓 SO_2、冰晶石
	海水脱硫	海水中 CO_3^{2-}、HCO_3^- 等碱性物质	海水脱硫法	湿法	排入大海	—
	间接石灰石/石灰法	Na_2SO_3 或 $NaOH$	双碱法	湿法	石灰中和	石膏
		$Al_2(SO_4)_3 \cdot Al_2O_3$	碱性硫酸铝-石膏法	湿法	石灰中和	石膏

续表

脱硫原理	方法分类	脱硫剂	脱硫方法	干湿状态	脱硫产物处理	终产品
吸收	金属氧化物法	MgO	氧化镁法	湿法	加热分解	浓 SO_2
		ZnO	氧化锌法	湿法	加热分解	浓 SO_2、氧化锌
		MnO	氧化锰法	湿法	电解	金属锰
吸附	活性炭吸附法	活性炭	活性炭制酸法	湿法	水洗再生	稀硫酸
		活性炭 $(NH_4)_2HPO_4$	磷铵肥法	湿法	萃取、氨中和、氧化	磷铵复肥
氧化	催化氧化法	O_2 及钒催化剂	干式氧化法	干法	浓 H_2SO_4 吸收	硫酸
		稀 H_2SO_4 及 Fe^{3+} 催化剂	液相氧化法（千代田法）	湿法	石灰中和	石膏
	高能电子氧化法	自由基	电子束照射法	干法	氨中和	硫铵
		等离子体	脉冲电晕等离子体法	干法	氨中和	硫铵

1. 石灰石/石灰法

在现有的烟气脱硫工艺中，湿式石灰石/石灰洗涤工艺技术最为成熟，运行最为可靠，该工艺 Ca/S 比较低，操作简便，吸收剂价廉易得，所得石膏副产品可作为轻质建筑材料。因此，这种工艺应用最为广泛。湿式石灰石/石灰洗涤工艺分为抛弃法和回收法两种，其主要区别是回收法中强制使 $CaSO_3$ 氧化成 $CaSO_4$（石膏）。

（1）基本原理

该脱硫过程以石灰石或石灰浆液为吸收剂吸收烟气中 SO_2，首先生成亚硫酸钙，然后亚硫酸钙再被氧化为硫酸钙。整个过程发生的主要反应如下：

① 吸收

$$CaO + H_2O \longrightarrow Ca(OH)_2$$

$$Ca(OH)_2 + SO_2 \longrightarrow CaSO_3 \cdot 0.5H_2O + 0.5H_2O$$

$$CaCO_3 + SO_2 + 0.5H_2O \longrightarrow CaSO_3 \cdot 0.5H_2O + CO_2\uparrow$$

$$CaSO_3 \cdot 0.5H_2O + SO_2 + 0.5H_2O \longrightarrow Ca(HSO_3)_2$$

② 氧化

$$2CaSO_3 \cdot 0.5H_2O + O_2 + 3H_2O \longrightarrow 2CaSO_4 \cdot 2H_2O$$

$$Ca(HSO_3)_2 + 0.5O_2 + H_2O \longrightarrow CaSO_4 \cdot 2H_2O + SO_2\uparrow$$

吸收塔内由于氧化副反应生成溶解度很低的石膏，很容易在吸收塔内沉积下来造成结垢和堵塞。溶液 pH 越低，氧化副反应越容易进行。

（2）工艺流程及设备

传统的石灰石/石灰-石膏法工艺流程如图 7-4 所示。锅炉烟气经除尘、冷却后送入吸收塔，吸收塔内用配制好的石灰石或石灰浆液洗涤含 SO_2 烟气，经洗涤净化的烟气经除雾和再热后排放。石灰浆液在吸收 SO_2 后，成为含有亚硫酸钙和亚硫酸氢钙的混合液进入循环槽，加入新鲜的石灰石或石灰浆液进行再生。

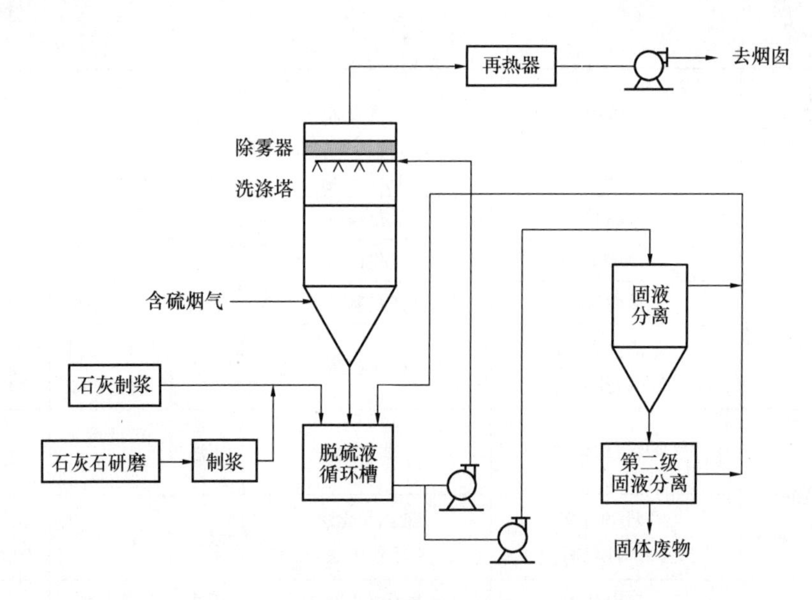

图 7-4　石灰石/石灰湿法烟气脱硫工艺流程

吸收塔是整个工艺的核心设备，其性能对 SO_2 的去除率有很大影响。考虑到传质和结垢等问题，吸收设备应具备的条件是：塔持液量大；气、液间相对速度高；气、液接触面积大；内部构件少；压力降小。当然任何一种吸收塔很难同时满足这些条件，应从技术和经济两方面进行权衡。目前较常用的吸收塔主要有喷淋塔、填料塔、喷射鼓泡塔及道尔顿型塔四类，其中喷淋塔是湿法脱硫工艺的主流塔型。

石灰石-石膏法脱硫的主要缺点是设备容易结垢堵塞，严重时可使系统无法运行。固体沉积来自：因溶液或料浆中的水分蒸发而使固体沉积；$Ca(OH)_2$ 或 $CaCO_3$ 沉积或结晶析出；$CaSO_3$ 或 $CaSO_4$ 从溶液中结晶析出，其中后者是导致脱硫塔发生结构的主要原因，特别是硫酸钙结垢坚硬板结，一旦结垢难以去除，影响到所有与脱硫液接触的阀门、水泵、控制仪表和管道等。

为了防止结垢，特别是防止 $CaSO_4$ 的结垢，除使吸收塔满足持液量大、气液间相对速度高、有较大的气液接触面积、内部构件少及压力降小等条件外，还可采用控制吸收液过饱和和使用添加剂等方法。控制吸收液过饱和最好的办法是在吸收液中加入二水硫酸钙晶种或亚硫酸钙晶种，以提供足够的沉积表面，使溶解盐优先沉淀于其上，可以控制溶液过饱和。添加剂不仅可以改善吸收过程，还可以减少设备产生结垢的可能，并提高脱硫效率。目前使用的添加剂有镁粒子、氯化钙、已二酸等。

另外，脱硫产物及综合利用也是该工艺应用的一个主要问题。半水亚硫酸钙通常是较细的片状晶体，这种固体难以分离，也不符合填埋要求。而二水硫酸钙是大的圆形晶体，易于析出和过滤。因此从分离的角度看，在循环池中鼓氧或空气将亚硫酸盐氧化为硫酸盐是十分必要的，通常要求保证 95％的脱硫产物转化为硫酸钙。

固体废物虽然经脱水，但含水率一般仍在 60％左右。固体的组成因脱硫剂而异，产生的废物量也与脱硫剂的种类有关。对于 500MW 的电站，若燃用含硫量为 2％的煤，石灰脱硫系统排出的固体废物约为 48t/h，石灰石脱硫系统排出的固体废物达 59 t/h。粗率计算表明，假如排渣场深 12m，电站运行 30 年，排渣场面积需 $47000m^2$。

此外，煤中所含的汞在燃烧过程中以气态单质汞（Hg^0）、气态二价汞（Hg^{2+}）或者颗粒汞（Hg^p）的型式进入烟气中，在通过烟气脱硫系统时，其中大部分的 Hg^{2+} 被浆液捕集下来，进入石膏中。进入脱硫石膏中的汞的量与煤炭种类有关。但有研究表明，进入脱硫石膏中的汞高达煤中汞的20%～30%。脱硫石膏被大量运用在墙板和其他建筑材料的制造中，其中经过许多高温加工过程，有可能导致石膏中汞的二次排放。

（3）影响脱硫效率的主要因素

影响石灰石/石灰湿法烟气脱硫的主要工艺参数包括pH、石灰石粒度、液气比、钙硫比、气体流速、浆液的固体含量等。上述部分因素的典型值见表7-4。

表7-4　石灰石和石灰法烟气脱硫的典型操作条件

	石灰	石灰石
烟气中 SO_2 体积分率（10^{-6}）	4000	4000
浆液固体含量（%）	10～15	10～15
浆液pH	7.5	5.6
钙硫比	1.05～1.1	1.1～1.3
液气比（L/m_N^3）	4.7	>8.8
气流速度（m/s）	3.0	3.0

① 浆液的pH值　浆液的pH值是影响脱硫效率的一个重要因素。一方面，pH值高，SO_2 的吸收速度就快，但是系统设备结垢严重；pH值低，SO_2 的吸收速度就会下降，当pH值小于4时，则几乎不能吸收 SO_2。另一方面，pH值的变化对 $CaSO_3$ 和 $CaSO_4$ 的溶解度有重要的影响，见表7-5。

表7-5　50℃时pH对 $CaSO_3 \cdot 0.5H_2O$ 和 $CaSO_4 \cdot 2H_2O$ 溶解度的影响

pH	溶解度（mg/L）		
	Ca	$CaSO_3 \cdot 0.5H_2O$	$CaSO_4 \cdot 2H_2O$
7.0	675	23	1320
6.0	680	51	1340
5.0	731	302	1260
4.5	841	785	1179
4.0	1120	1873	1072
3.5	1763	4198	980
3.0	3135	9375	918
2.5	5873	21995	873

pH值较高时，$CaSO_3$ 的溶解度明显下降，但 $CaSO_4$ 的溶解度则变化不大，因此当溶液pH降低时，溶液中存在较多的 $CaSO_3$，又由于在石灰石粒子表面形成一层液膜，其中溶解的 $CaSO_3$ 使液膜的pH值上升，这就造成 $CaSO_3$ 沉积在石灰石粒子表面，在石灰石粒子表面形成一层外壳，即所谓的包固现象。由于包固现象的出现，使石灰石粒子表面钝化，抑制化学反应的进行，同时还造成结垢和堵塞。因此，浆液的pH值应控制适当，一般情况下，采用石灰石浆液时最佳pH值为5.8～6.2，采用石灰浆液时pH应控制在7左右。

② 液气比　液气比对吸收推动力、吸收设备的持液量有影响。增大液气比对吸收有利，但大液气比条件下维持操作的运行费用很大，实际操作中应根据设备的运行情况决定吸收塔

的液气比。试验表明：液气比在 5.3L/m^3以上时，SO_2脱除率平均为 87%；液气比小于 5.3 L/m^3时，平均为 78%。在其他因素恒定而改变液体流量的试验表明，增大液气比对吸收更有利。

③ 石灰石的粒度　石灰石颗粒的大小，即比表面积的大小，对脱硫率和石灰石的利用率均有影响。一般说来，粒度减小，脱硫率及石灰石利用率增高。为保证脱硫石膏的综合利用及减少废水排放量，用于脱硫的石灰石中 $CaCO_3$的含量宜高于 90%。石灰石粉的细度应根据石灰石的特性和脱硫系统与石灰石粉磨制系统综合优化确定。对于燃烧中低含硫量煤质的锅炉，石灰石粉的细度应保证 250 目 90%过筛率；当燃烧含中高硫量煤质时，石灰石粉的细度宜保证 325 目 90%过筛率。

④ 吸收温度　吸收温度较低时，吸收液面上 SO_2的平衡分压亦较低，有助于气、液相间传质；但温度过低时，H_2SO_3和 $CaCO_3$或 $Ca(OH)_2$之间的反应速率降低。通常认为吸收温度不是一个独立可变的因素，它取决于进气的湿球温度。

⑤ 烟气流速　烟气流速对脱硫效率的影响较为复杂。一方面，随气速的增大，气液相对运动速度增大，传质系数提高，脱硫效率就可能提高，同时还有利于降低设备投资。经实测，当气速在 2.44～3.66m/s 之间逐渐增大时，随气速的增大，脱硫效率下降；但当气速在 3.66～24.57m/s 之间逐渐增大时，脱硫效率几乎与气速的变化无关。

2. 双碱法

双碱法烟气脱硫工艺是为了克服石灰石/石灰法容易结垢的缺点而发展起来的。双碱法的特点是先用碱液吸收液（如 NH^{4+}、Na^+、K^+等）进行烟气吸收，然后用石灰乳或石灰石粉末进行再生。由于在吸收和吸收液的处理中，使用了不同类型的碱，所以称之为双碱法。双碱法的种类很多，这里主要介绍钠碱双碱法。

(1) 基本原理

钠碱法采用 Na_2CO_3或 NaOH 溶液（第一碱）吸收烟气中 SO_2，再用石灰石或石灰（第二碱）中和再生，可制得石膏，再生后的溶液继续循环使用。其工艺过程可分为吸收和再生两个工序。

① 吸收反应

$$Na_2CO_3 + SO_2 \longrightarrow Na_2SO_3 + CO_2\uparrow$$

$$2NaOH + SO_2 \longrightarrow Na_2SO_3 + H_2O$$

$$Na_2SO_3 + SO_2 + H_2O \longrightarrow 2NaHSO_3$$

由于烟气中存在 O_2，吸收过程中还会发生氧化副反应：

$$2Na_2SO_3 + O_2 \longrightarrow 2Na_2SO_4$$

对于锅炉烟气在吸收过程中大约有 5%～10%的 Na_2SO_3被氧化，由于 Na_2SO_4的积累会影响吸收效率，必须不断地从系统中排除。

② 再生反应

$$2NaHSO_3 + Ca(OH)_2 \longrightarrow Na_2SO_3 + CaSO_3\cdot 0.5H_2O\downarrow + 1.5H_2O$$

$$Na_2SO_3 + Ca(OH)_2 + 0.5H_2O \longrightarrow 2NaOH + CaSO_3\cdot 0.5H_2O\downarrow$$

$$2NaHSO_3 + CaCO_3 \longrightarrow Na_2SO_3 + CaSO_3\cdot 0.5H_2O\downarrow + CO_2\uparrow + 0.5H_2O$$

$$CaSO_3 + 0.5O_2 + 2H_2O \longrightarrow CaSO_4\cdot 2H_2O$$

中和再生后的溶液返回吸收系统循环使用，所得固体进一步氧化可制得石膏，也可以抛弃。

（2）工艺流程

双碱法典型的工艺流程如图7-5所示。

含SO_2烟气经除尘、降温后被送入吸收塔，塔内喷淋含NaOH或Na_2CO_3溶液进行洗涤净化，净化后的烟气排入大气。从塔底排出的吸收液被送至再生槽，加入$CaCO_3$或$Ca(OH)_2$进行中和再生。将再生后的吸收液经固液分离后，清液返回吸收系统；所得固体物质加入H_2O重新浆化后，加入硫酸降低pH值，鼓入空气进行氧化可制得石膏。

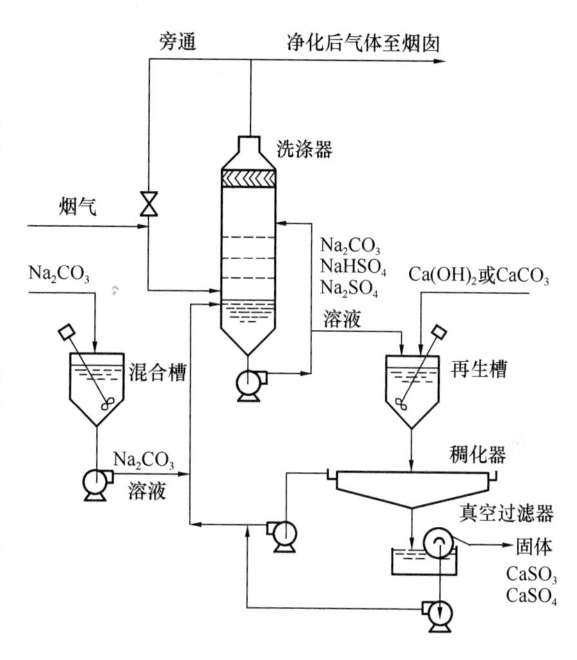

图7-5 双碱法工艺流程

（3）工艺特点

与石灰石/石灰湿法相比，钠碱双碱法原则上具有如下优点：①在循环的过程中基本上是钠盐的水溶液，在循环过程中对管道的堵塞少；②吸收剂的再生和沉淀发生在吸收塔外，减少了塔内结垢的可能性，并可用高效的填料吸收塔脱硫；③脱硫效率高，一般在90%以上。其缺点是由于形成的石膏脱水困难，仍然有部分钠损失。

3. 氧化镁法

氧化镁法具有脱硫效率高（可达90%以上）、可回收硫、可避免产生固体废物等特点，在有镁矿资源的地区，是一种有竞争性的脱硫技术。氧化镁法可分为再生法、抛弃法和氧化回收法。

（1）再生法

由美国化学基础公司（Chemico-Basic）开发的氧化镁浆洗-再生法（即Chemico-Basic法）是氧化镁湿法脱硫的代表工艺，其工艺流程图如图7-6所示。其基本原理是用MgO的浆液吸收SO_2，生成含水亚硫酸镁和少量硫酸镁，然后送入流化床加热，当温度在约为1143K时释放出MgO和高浓度SO_2。再生的MgO可循环利用，SO_2可回收制酸（排气中浓度约为10%～16%，符合制酸要求）。

整个过程可分为SO_2吸收、固体分离和干燥、$MgSO_3$再生三个主要工序，主要反应包括：

① 氧化镁浆液的制备：$MgO + H_2O \longrightarrow Mg(OH)_2$

② SO_2的吸收反应：$Mg(OH)_2 + SO_2 + 5H_2O \longrightarrow MgSO_3 \cdot 6H_2O \downarrow$

$$MgSO_3 + SO_2 + H_2O \longrightarrow Mg(HSO_3)_2 \downarrow$$

$$Mg(HSO_3)_2 + Mg(OH)_2 + 10H_2O \longrightarrow 2MgSO_3 \cdot 6H_2O \downarrow$$

为了保证上述第四个反应完成，MgO过量5%是必要的。

吸收过程发生的主要副反应（氧化反应）：

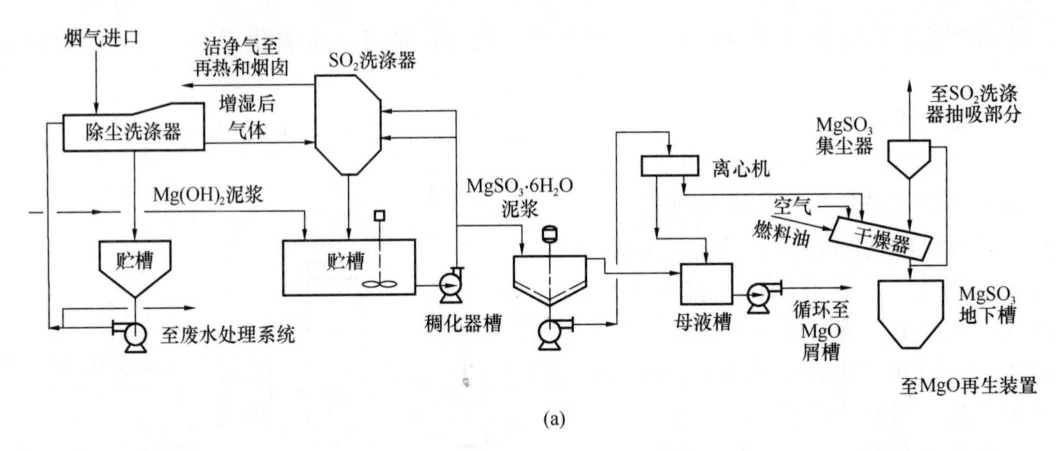

(a)

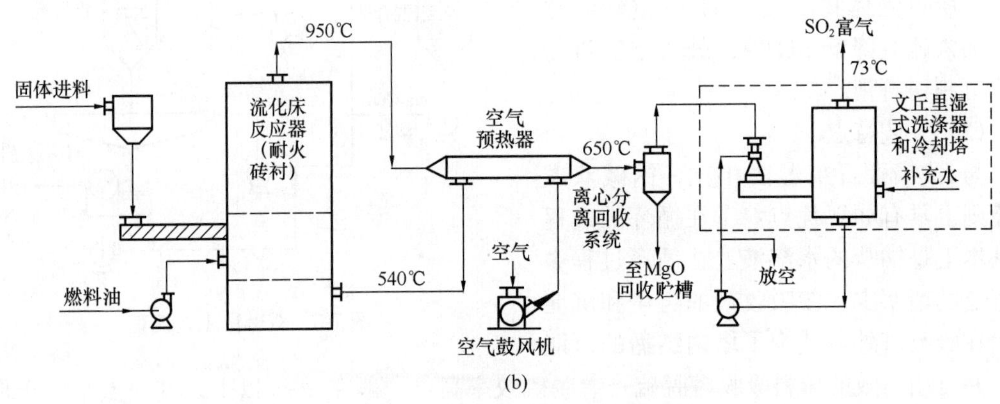

(b)

图 7-6　氧化镁法烟气脱硫工艺流程示意图

（a）洗涤部分；（b）吸收剂再生部分

$$Mg(HSO_3)_2 + 0.5O_2 + 6H_2O \longrightarrow MgSO_4 \cdot 7H_2O \downarrow + SO_2 \uparrow$$

$$MgSO_3 + 0.5O_2 + 7H_2O \longrightarrow MgSO_4 \cdot 7H_2O \downarrow$$

$$Mg(OH)_2 + SO_3 + 6H_2O \longrightarrow MgSO_4 \cdot 7H_2O \downarrow$$

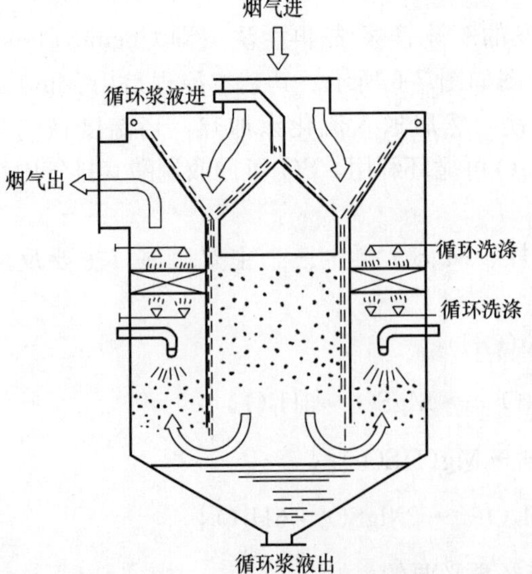

图 7-7　开米柯文丘里洗涤器

③ 分离、干燥：

$$MgSO_3 \cdot 6H_2O \xrightarrow{\Delta} MgSO_3 + 6H_2O \uparrow$$

$$MgSO_4 \cdot 7H_2O \xrightarrow{\Delta} MgSO_4 + 7H_2O \uparrow$$

④ 氧化镁再生：在煅烧过程中，为了还原硫酸盐，要添加焦炭或煤，发生如下反应：

$$C + 0.5O_2 \longrightarrow CO$$

$$CO + MgSO_4 \longrightarrow CO_2 + MgO + SO_2 \uparrow$$

$$MgSO_3 \xrightarrow{\Delta} MgO + SO_2 \uparrow$$

氧化镁浆洗-再生法的主要设备为开米柯文丘里洗涤器，结构如图 7-7 所示，含 SO_2 烟气由洗涤器顶部引入，在文丘里喉部强烈雾化的循环吸收液与烟气充分接触，获得较好的脱硫、除尘效果。接着烟气再与从喷嘴喷出的循环吸收液进一步接触脱硫后，由百叶窗除雾器除去雾沫后排空。除雾器应定期进行清洗，不会堵塞；洗涤器内壁经常由循环洗液冲洗，也不会结垢和堵塞，可长期连续运转。

开米柯文丘里洗涤器的特点是：①处理气量大，一台洗涤器处理量可达 $90\times10^4 m_N^3/h$；②无结垢故障，可长期连续运转；③气液接触效率高，可获得高的脱硫率。

（2）抛弃法

抛弃法脱硫工艺与再生法相似，所不同的是在再生法中，为了降低脱硫产物的煅烧分解温度，要防止脱硫吸收液的氧化。而抛弃法则须进行强制氧化以促使亚硫酸镁全部或大部分转变为硫酸镁。强制氧化能大大降低吸收浆液固体含量，利于防垢；同时降低了脱硫液的 COD 达到外排的要求。

抛弃法工艺流程如图 7-8 所示。整个脱硫工艺系统主要可分为三大部分：脱硫剂制备系统、脱硫吸收系统、脱硫副产物处理系统。

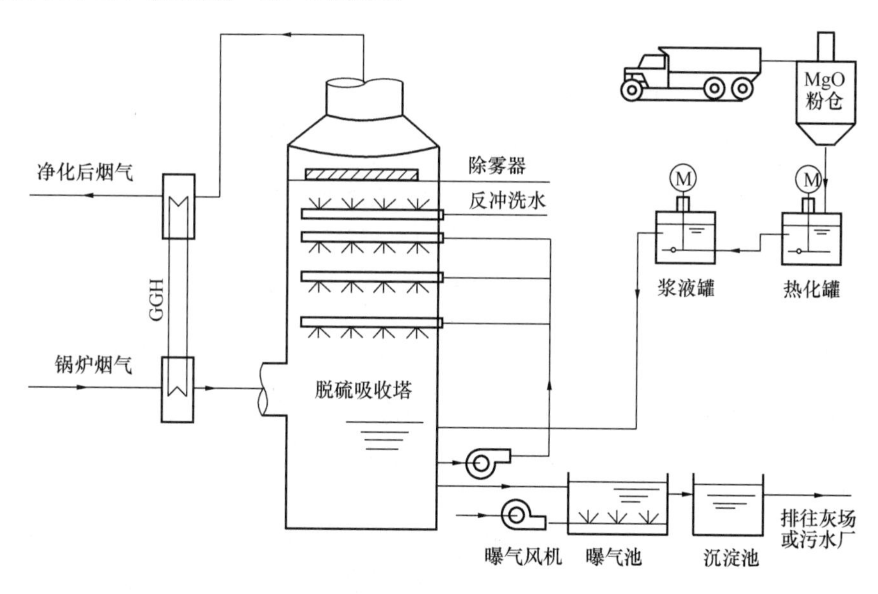

图 7-8 抛弃法氧化镁脱硫工艺流程图

日本是用该工艺的主要国家之一。原因是：首先，日本作为一个岛国，脱硫液排入大海中短期不会对环境造成明显的危害。其次，由于镁脱硫剂具有显著的经济性，装置易于维护，连续作业运转安全可靠，不产生石膏结垢等，日本成为世界上镁剂脱硫剂规模最大、用量最多的国家。

近年来，清华大学已完成了抛弃法氧化镁脱硫工艺的多项工程应用，如深圳 500t/d 玻璃窑炉烟气脱硫工程，无锡 1000t/h 煤粉炉烟气脱硫工程等。

（3）氧化回收法

氧化回收法指将脱硫产物氧化成硫酸镁再予回收。其脱硫工艺与抛弃法类似，同样利用了亚硫酸镁易氧化和硫酸镁易溶解的特点，对脱硫液进行强制氧化并生成高浓度硫酸镁溶液。不同在于回收法将强制氧化后的硫酸镁溶液进行过滤以除去不溶杂质，再浓缩后结晶生成 $MgSO_4\cdot7H_2O$。

4. 氨法

湿式氨法脱硫工艺采用一定浓度的氨水做吸收剂，它是一种较为成熟的方法，较早地应用于工业中。其主要优点是吸收剂利用率和脱硫效率高（90%～99%），最终的脱硫副产物可用作农用肥。但氨易挥发，因而吸收剂的消耗量较大，另外氨的来源受地域以及生产行业的限制较大。但在氨有稳定来源，副产品有市场的地区，氨法仍具一定的吸引力。

根据吸收液再生方法不同，将氨法分为氨一酸法、氨一亚硫酸铵法及氨一硫酸铵法。

(1) 基本原理

氨法烟气脱硫主要包括二氧化硫的吸收和吸收液的处理两部分。

把 SO_2尾气和氨水同时通入吸收塔中，SO_2即被吸收，反应式如下：

$$2NH_4OH + SO_2 \longrightarrow (NH_4)_2SO_3 + H_2O$$

$$(NH_4)_2SO_3 + SO_2 + H_2O \longrightarrow 2NH_4HSO_3$$

实际上，吸收 SO_2 的吸收剂是循环的 $(NH_4)_2SO_3 - NH_4HSO_3$ 水溶液，其中只有 $(NH_4)_2SO_3$具有吸收 SO_2的能力。随着吸收过程的进行，循环液中 NH_4HSO_3增多，吸收能力下降，需补充氨使部分 NH_4HSO_3转变为 $(NH_4)_2SO_3$：

$$NH_4HSO_3 + NH_3 \longrightarrow (NH_4)_2SO_3$$

因而该法中氨只是补入循环系统，并不直接用来吸收 SO_2。含 NH_4HSO_3量高的溶液，可以从吸收系统中引出，以各种方法再生得到 SO_2或其他产品。

若尾气中有 O_2和 SO_3存在，可能发生如下副反应：

$$2(NH_4)_2SO_3 + O_2 \longrightarrow 2(NH_4)_2SO_4$$

$$2(NH_4)_2SO_3 + SO_3 + H_2O \longrightarrow (NH_4)_2SO_4 + 2NH_4HSO_3$$

以氨作为 SO_2吸收的大量研究与各种再生方法的研究密切相关，目前研究较多的再生方法有热解法、氧化法和酸化法。热解法是利用蒸汽间接加热使 SO_2放出，该方法的副产品是硫酸铵。一般认为热解法处理硫酸厂尾气更为有效。由于用来解吸的蒸汽消耗相当高，化学再生方法更为经济。化学方法主要是指氧化法和酸化法。氧化法是为了避免热解法存在的问题提出的，即有目的地将所有亚硫酸盐和亚硫酸氢盐氧化为硫酸盐，以硫酸铵为最后产物。酸化法是基于亚硫酸是一种弱酸，任何强酸加到洗涤器排出液中均可捕获氨，并从亚硫酸盐和亚硫酸氢盐中释放二氧化碳。酸化法可得到两种产品，用放出的 SO_2制成硫酸或单质硫和所加酸的铵盐。硫酸、硝酸和磷酸都可用来再生洗涤液。

(2) 新氨法（NADS）脱硫工艺

传统氨法是将 NH_3和 H_2O 加入到吸收塔的循环槽中使吸收液中的 NH_4HSO_3转变为 $(NH_4)_2SO_3$，从而保证吸收塔有较高的脱硫率。而新氨法则是将 NH_3和 H_2O 分别直接加入吸收塔中吸收净化烟气中 SO_2。“十五”期间，我国研发了新氨法，该法在工艺上的主要特点是，不仅可生产硫酸铵，还可生产磷酸铵和硝酸铵，同时联产高浓度硫酸。结合不同生产条件，生产不同化肥，灵活性较大，因此也称为氨—肥法。

① 反应原理

吸收塔内用 NH_3和 H_2O 脱硫反应为：

$$SO_2 + xNH_3 + H_2O \longrightarrow (NH_4)_xH_{2-x}SO_3$$

根据不同情况脱硫液可用 H_2SO_4、H_3PO_4或 HNO_3中和，化学反应为：

$$(NH_4)_xH_{2-x}SO_3 + \frac{x}{2}H_2SO_4 \longrightarrow x(NH_4)_2SO_4 + SO_2 + H_2O$$

或：$$(NH_4)_xH_{2-x}SO_3 + xH_3PO_4 \longrightarrow x(NH_4)_2H_2PO_4 + SO_2\uparrow + H_2O$$

$$(NH_4)_xH_{2-x}SO_3 + xHNO_3 \longrightarrow xNH_4NO_3 + SO_2\uparrow + H_2O$$

在脱硫液用不同酸中和时，可副产相应酸的铵盐，即硫酸铵或磷酸二氢铵、硝酸铵，作为化肥使用；在酸中和脱硫液的同时可联产高浓度SO_2气体。控制中和槽中空气的吹入量可得8%～10%的SO_2气体送入制酸装置生产98%的浓硫酸。化学反应为：

$$SO_2 + 0.5O_2 + H_2O \longrightarrow H_2SO_4 + (-\Delta H)$$

② 工艺流程

新氨法工艺流程如图7-9所示。来自电除尘器的温度为140～160℃的含SO_2烟气经再热冷却器回收热量后，温度降为100～120℃，再经水喷淋冷却到<80℃，进入吸收塔。塔内烟气中SO_2被加入的NH_3和H_2O进行多级循环吸收，一般级数为3～5级。SO_2的吸收率大于95%。经吸收后的烟气进入再热器，升温到70℃以上由烟囱排放。由吸收塔排出的含亚硫酸铵溶液送入中和反应釜，用该系统制酸装置生产的98%硫酸中和，同时向中和釜鼓入空气，可得到硫铵溶液和浓度为8%～10%的SO_2气体。硫铵溶液经过蒸发结晶、干燥可得硫铵化肥。SO_2气体进入硫酸生产装置生产98%的硫酸，约70%～80%返回中和釜，20%～30%作为产品出售。

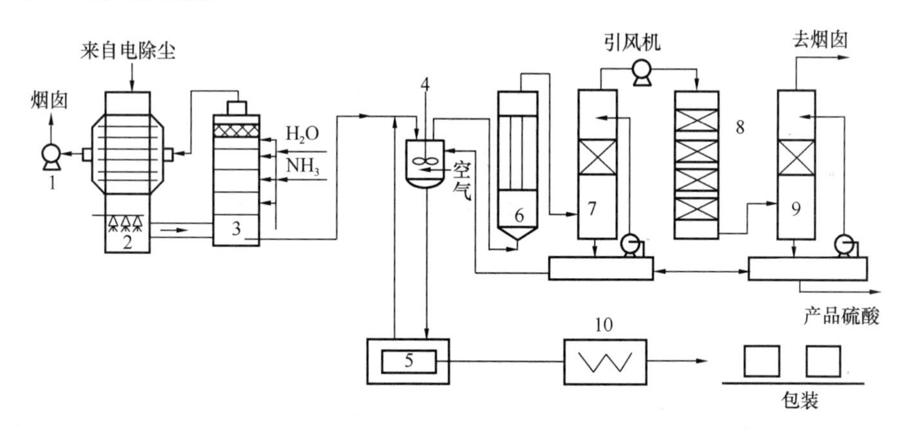

图7-9　新氨法工艺流程

1—引风机；2—再热冷却器；3—吸收塔；4—中和釜；5—硫铵分离器；6—冷凝器；7—干燥塔；8—SO_2转化器；9—吸收塔；10—硫铵干燥器

新氨法的吸收塔是大孔径、高开孔率的筛板塔，每块塔板压降为150～300Pa，是传统塔板的50%，空塔气速达4m/s，是传统塔的2倍。

新氨法中的NH_3和H_2O分别进入吸收塔，因此使该法具有以下特点：①吸收塔出口烟气的NH_3含量低，氨损耗小；②吸收液循环量小，气、液比大，能耗低，解决了大型循环泵的技术难题；③得到的吸收液中亚硫酸铵浓度较高，为后续化肥生产装置节省蒸汽。

由于该法直接使用NH_3和水脱硫，因而氨的供应必须保证，即燃煤电厂附近最好有合成氨厂，才能具备采用新氨法进行烟气脱硫的条件。

5. 海水脱硫

世界上第一座用海水进行火电厂排烟脱硫的装置是在印度孟买建成的。其一期工程1988年投产，二期工程1994年投产，它采用的是ABB的海水脱硫技术。我国第一座海水脱硫工程也是采用ABB的技术，应用在深圳西部电厂，1999年投产运行。海水脱硫工艺目前在一些国家和地区得到日益广泛的应用。

海水脱硫工艺流程按是否添加其他化学吸收剂可分为两类：①用纯海水作为吸收剂的工艺，以挪威ABB公司开发的Flakt-Hydro海水脱硫工艺为代表，这种工艺已得到较多的工业应用；②在海水中添加一定量石灰以调节吸收液的碱度，以美国Bechtel公司的海水脱硫工艺为代表。

（1）Flakt-Hydro海水烟气脱硫

天然海水含有大量的可溶性盐，其中主要成分是氯化钠、硫酸盐及一定量的可溶性碳酸盐。海水通常呈碱性，自然碱度约为1.2～2.5mmol/L，因而海水具有天然的酸碱缓冲能力及吸收SO_2的能力。

烟气中SO_2与海水接触主要发生以下反应：

$$SO_2 + H_2O \longrightarrow H_2SO_3 \longrightarrow H^+ + HSO_3^-$$

$$HSO_3^- \longrightarrow H^+ + SO_3^{2-}$$

吸收过程产生的H^+与海水中的碳酸盐发生以下反应：

$$CO_3^{2-} + H^+ \longrightarrow HCO_3^-$$

$$HCO_3^- + H^+ \longrightarrow H_2CO_3 \longrightarrow CO_2 \uparrow + H_2O$$

由于上述反应的发生可避免由于SO_2吸收造成海水的pH下降，以恢复海水原有的碱度。

吸收SO_2后的海水，再经氧化处理使亚硫酸盐转化为无害的硫酸盐：

$$2SO_3^{2-} + O_2 \longrightarrow 2SO_4^{2-}$$

由于硫酸盐也是海水的天然成分，经脱硫而流回海洋的海水，其硫酸盐只会稍微提高，当离开排放口一定距离，硫酸盐浓度就会降低。

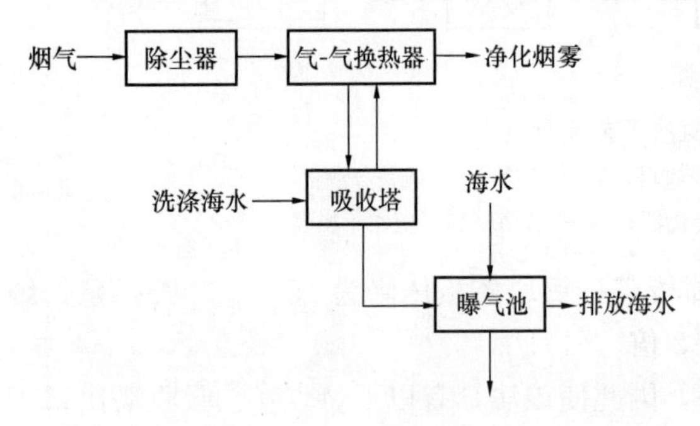

图7-10 Flakt-Hydro海水脱硫工艺简图

Flakt-Hydro海水脱硫工艺流程如图7-10所示。工艺装置主要由烟气系统、供排海水系统、海水恢复系统等组成。锅炉排出的烟气经除尘器除尘后，先经气-气换热器冷却，以提高吸收塔内的SO_2吸收效率。冷却后的烟气从塔底送入吸收塔，在吸收塔中与由塔顶均匀喷洒的纯海水逆向充分接触混合，海水将烟气中SO_2吸收生成亚硫酸根离子。净化后的烟气，通过气-气换热器升温后，经高烟囱排入大气。

海水恢复系统的主体结构是曝气池。来自吸收塔的酸性海水与凝汽器排出的碱性海水在曝气池中充分混合，同时通过曝气系统向池中鼓入适量的压缩空气，使海水中的亚硫酸盐转化为稳定无害的硫酸盐，同时释放出CO_2，使海水中的pH升到6.5以上，达标后排入大海。

Flakt-Hydro海水烟气脱硫主要依靠海水的天然碱性进行脱硫，是一种湿式抛弃法脱硫工艺，适用于沿海地区燃中、低硫煤电厂的烟气脱硫。由于该工艺只需要天然海水和空气，因此对缺乏淡水资源和石灰石资源的沿海地区更为适用。

(2) Bechtel 海水烟气脱硫

一般海水中大约含镁 1300mg/L，以氯化镁和硫酸镁为主要存在型式。在吸收塔中，喷入的海水与石灰浆液相遇，镁与石灰浆液反应生成氢氧化镁，它可有效地吸收二氧化硫。主要反应如下：

SO_2吸收器：　$SO_2 + H_2O \longrightarrow H_2SO_3$

$$H_2SO_3 + 0.5O_2 + Mg(OH)_2 \longrightarrow MgSO_4 + 2H_2O$$

$$MgSO_4 + 2H_2SO_4 \longrightarrow Mg(HSO_4)_2$$

$$Mg(HSO_4)_2 + Mg(OH)_2 \longrightarrow 2MgSO_4 + 2H_2O$$

循环槽：　$MgSO_3 + 0.5O_2 \longrightarrow MgSO_4$

再生箱：　$MgSO_4 + Ca(OH)_2 + 2H_2O \longrightarrow Mg(OH)_2 + CaSO_4 \cdot 2H_2O$

$$MgCl_2 + Ca(OH)_2 \longrightarrow Mg(OH)_2 + CaCl_2$$

Bechtel 海水烟气脱硫工艺流程如图 7-11 所示。系统主要由烟气冷却系统、吸收系统、再循环系统、电气及仪表控制系统等组成。

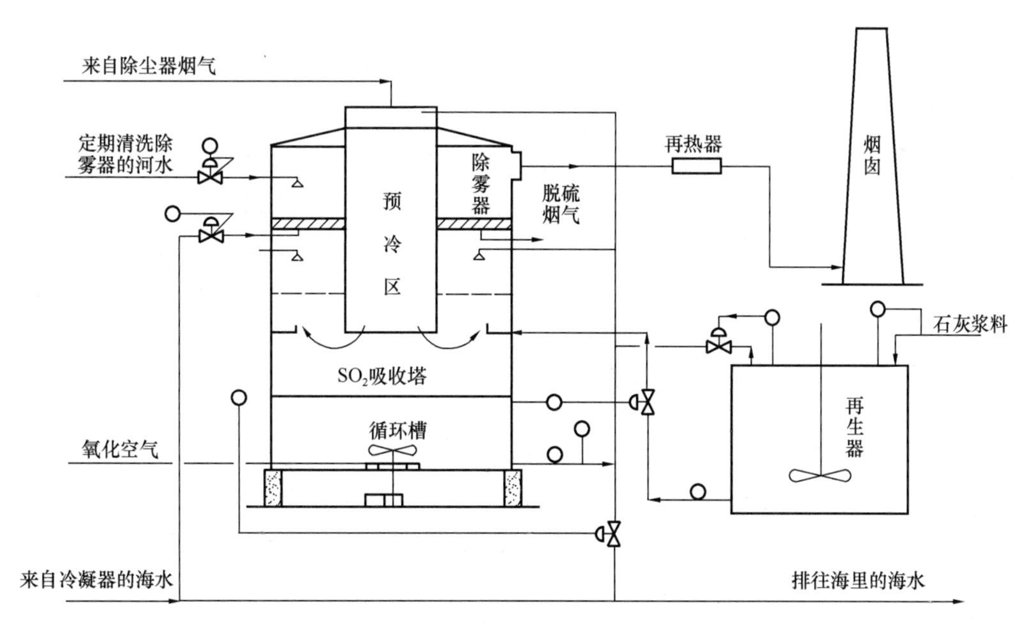

图 7-11　Bechtel 海水烟气脱硫工艺流程

Bechtel 工艺适用于新建机组及老机组的改造。与纯海水脱硫及石灰石法相比脱硫效率高（可达 95%），吸收剂浆液的再循环量可降至常规石灰石法的四分之一，工艺生成完全氧化产物，不经处理可直接排入大海等。

6. 喷雾干燥法脱硫

喷雾干燥法烟气脱硫是 20 世纪 80 年代由美国 JOY 公司和丹麦 Niro 公司开发并迅速发展起来的烟气脱硫技术。喷雾干燥法是目前市场份额仅次于湿钙法的烟气脱硫技术，该法吸收剂主要为石灰乳，也可采用碱液或氨水。

(1) 烟气脱硫与干燥原理

① 烟气脱硫反应

在喷雾干燥吸收器中，当喷入的雾化石灰浆液与高温烟气接触后，浆液中的水分开始蒸发，烟气降温并增湿，石灰浆液中的$Ca(OH)_2$与SO_2反应生成呈干粉状产物。化学反应式如下：

SO_2被液滴吸收：

$$SO_2 + H_2O \longrightarrow H_2SO_3$$

被吸收的SO_2与吸收剂$Ca(OH)_2$反应：

$$H_2SO_3 + Ca(OH)_2 \longrightarrow CaSO_3 + 2H_2O$$

液滴中$CaSO_3$过饱和，并析出结晶：

$$CaSO_3(aq) \longrightarrow CaSO_3(s)\downarrow$$

部分溶液中的$CaSO_3$被溶于液滴中的O_2氧化：

$$CaSO_3(aq) + \frac{1}{2}O_2(q) \longrightarrow CaSO_4(aq)$$

$CaSO_4$难溶于水，从溶液中结晶析出：

$$CaSO_4(aq) \longrightarrow CaSO_4(s)\downarrow$$

② 烟气脱硫干燥过程

在喷雾干燥吸收器内脱硫和干燥过程可分为两个阶段进行。

第一阶段为恒速干燥阶段。在这一阶段内，吸收剂浆液雾滴存在较大的自由液体表面，液滴内部水分子处于自由运动状态，水分由液滴内部很容易移动到液滴表面，补充表面汽化失去的水分，以保持表面饱和，蒸发速度仅受热量传递到液体表面的速度控制，单位面积的液滴蒸发速度较大且恒定。这一阶段内由于表面水分的存在，为吸收剂与SO_2的反应创造了良好的条件，约50%的脱硫反应发生在这一阶段，其所需时间仅为1～2s。此阶段的持续时间称为临界干燥时间，此时间的长短与雾粒直径、固含量等因素有关，雾粒直径越小或固含量越高，临界干燥时间就越短。

随着蒸发继续进行，雾滴表面的自由水分减少，内部粒子间距离减小。当液滴表面出现固体时，进入第二干燥阶段，即降速干燥阶段。在这一阶段内，由于蒸发表面变小，水分必须从颗粒内部向外扩散，因而干燥速度降低，液滴温度升高。当接近烟气温度时，水分扩散距离增加，干燥速度继续降低。同时由于表面水分减少，致使SO_2的吸收反应逐渐减弱。此阶段由于烟气相对湿度较高，降速干燥阶段可持续较长时间。

在第一干燥阶段，浆液雾滴表面温度迅速达到烟气绝热饱和温度，此温度与塔内瞬时烟气平均温度之差决定着雾滴的蒸发推动力。较高的烟气平均温度驱使浆滴快速蒸发。吸收塔出口烟气平均温度控制得越接近绝热饱和温度，则完成浆液雾滴干燥以达到允许残余水分含量的时间就越长，便可期望达到更高的脱硫率。一般采用“趋近绝热饱和温度”ΔT表示吸收塔出口烟气接近绝热饱和的程度，这有利于分析塔内工况及与脱硫率的关系。

(2) 工艺流程

该法主要利用喷雾干燥原理进行烟气脱硫，工艺流程图如图7-12所示。

120～160℃的锅炉烟气从喷雾干燥器顶部送入，同时通过安装于顶部的高速旋转的喷头，将制备好的石灰乳喷射成直径小于100μm的均匀雾粒。这些具有很大的表面积的分散

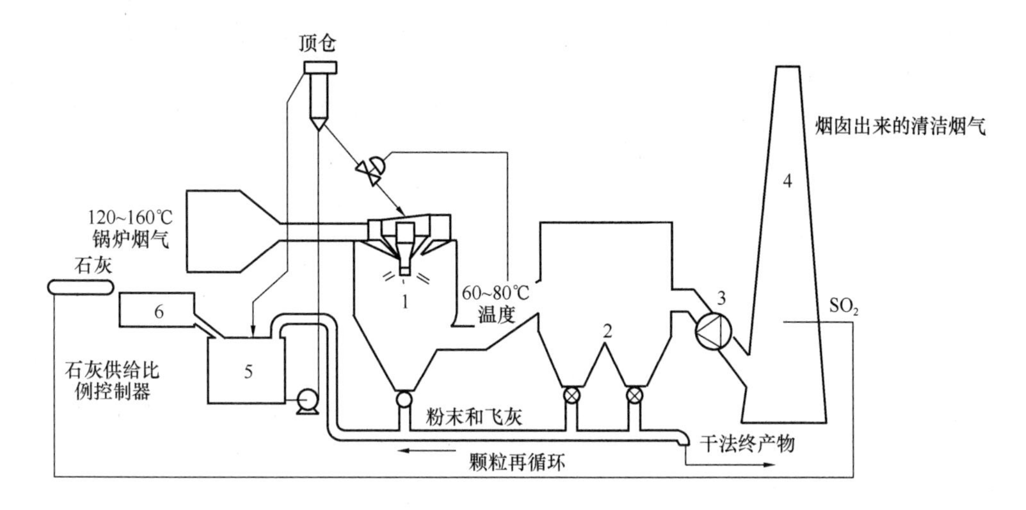

图 7-12　喷雾干燥法烟气脱硫工艺流程图

1—喷雾干燥吸收器；2—袋式除尘器；3—风机；4—烟囱；

5—石灰乳料槽；6—石灰消化槽

石灰乳微粒同烟气接触后，一方面与烟气中 SO_2 发生化学反应，另一方面烟气与石灰乳滴进行热交换，迅速将大部分水分蒸发，最终形成含水较少，且含亚硫酸钙、硫酸钙、飞灰和未反应氧化钙的固体灰渣。大颗粒的灰渣在喷雾干燥器中沉积下来，由底部排出。细小的脱硫灰颗粒随烟气从干燥器下部排出进入袋式除尘器中，由于脱硫灰未完全干燥，此处未反应的 CaO 还可继续与 SO_2 反应，使脱硫率进一步提高。从袋式除尘器出来的烟气经风机排空。袋式除尘器收下的脱硫灰颗粒和喷雾干燥器底部排出的脱硫灰颗粒再循环回系统，继续使用，以提高吸收剂的利用率。当灰渣中 CaO 含量低时，脱硫灰也可排出。喷入干燥器石灰乳的量由出干燥器烟气温度进行自动控制。使出塔烟气温度与绝热饱和温度之差 ΔT 为 10～15℃，以保证有较高的脱硫率及能将雾滴完全干燥。

综上所述，喷雾干燥烟气脱硫工艺流程应包括：①吸收剂的制备；②吸收剂浆液雾化；③雾滴与烟气的接触混合；④液滴蒸发与 SO_2 吸收；⑤灰渣再循环和排出。其中②～④是在喷雾干燥吸收器内完成。

（3）影响脱硫率的主要因素

①Ca/S 比　由实验结果知，脱硫率随 Ca/S 比增大而增大，但 Ca/S 比大于 1 时，脱硫率增加缓慢，而石灰利用率下降。因此为了提高系统运行经济性及所要求的脱硫率，Ca/S 比一般控制为 1.4 ～ 1.8。

②出塔烟气温度　吸收塔烟气出口温度是影响脱硫率的一个重要因素。烟气出口温度越低，说明浆液的含水量越大，SO_2 脱除反应越容易进行，因而脱硫效率越高。但烟气出口温度不能达到露点温度，否则，除尘器将无法工作。一般控制 ΔT 为 10 ～ 15℃，最高不超过 30℃。

③烟气进塔 SO_2 浓度　由实验结果知，脱硫率随吸收塔入口 SO_2 浓度升高而降低。这是因为在 Ca/S 比等条件相同的情况下，烟气中 SO_2 浓度越高，需要吸收的 SO_2 就越多，因而加入石灰量也越多，这就提高了雾滴中石灰的含量，同时生成的 $CaSO_3$ 的量也随之增大，使雾滴中水分相应减少，限制了 $Ca(OH)_2$ 与 SO_2 的传质过程，造成了脱硫率降低。因此，喷雾干燥法不适合燃烧高硫煤烟气的脱硫。

④烟气入口温度　较高的烟气入口温度，可使浆液雾滴含水量提高，改善 SO_2 传质条件，从而使脱硫率提高。

⑤吸收剂浆液中添加脱硫灰和飞灰　在吸收剂浆液中掺入一部分脱硫灰，即灰渣再循环。一方面能提高吸收剂利用率，另一方面可增大吸收剂表面积，改善传质、传热条件，有利于雾滴干燥，减少吸收塔壁结垢的趋势，同时还提高了脱硫率。

喷雾干燥法属于半干法，既具有湿法脱硫率高的优点，又不会有污泥或污水排放。同时还具有投资较低，占地面积较小的优点。

7. 干法脱硫

(1) 炉内喷钙—炉后增湿活化法（LIFAC）

炉内喷钙脱硫工艺简单，脱硫费用低，但相应的脱硫效率也较低。为了提高脱硫率，由芬兰 IVO 公司开发的 LIFAC（Limestone Injection into the Furnace and Activation of Calcium Oxide）工艺在炉后烟道上增设了一个独立的活化反应器，构成炉内喷钙尾部烟气增湿脱硫工艺。

该工艺分三步实现脱硫。

第一步，喷入炉膛上方的 $CaCO_3$ 在 900～1250℃的温度下受热分解生成 CaO。

$$CaCO_3 \longrightarrow CaO + CO_2 \uparrow$$

烟道中的 SO_2、O_2 和少量的 SO_3 与生成的 CaO 进一步反应：

$$CaO + SO_2 + 0.5O_2 \longrightarrow CaSO_4$$

$$CaO + SO_3 \longrightarrow CaSO_4$$

这一步的脱硫率约为 25%～35%，投资占整个脱硫系统总投资的 10%左右。

第二步，炉后增湿活化及干灰再循环，即向安装于锅炉与电除尘器之间的活化反应器内喷入雾化水，进行增湿，烟气中未反应的 CaO 与水反应生成活性较高的 $Ca(OH)_2$：

$$CaO + H_2O \longrightarrow Ca(OH)_2$$

生成的 $Ca(OH)_2$ 与烟气中剩余的 SO_2 反应生成 $CaSO_3$，部分 $CaSO_3$ 被烟气中 O_2 氧化成 $CaSO_4$：

$$Ca(OH)_2 + SO_2 \longrightarrow CaSO_3 + H_2O$$

$$CaSO_3 + 0.5\ O_2 + 2H_2O \longrightarrow CaSO_4 \cdot 2\ H_2O$$

由于较高温度烟气的蒸发作用，反应产物为干粉态。为了保证足够的脱硫率和使反应产物呈干粉状态，对喷水量及水滴直径需严格控制，使增湿后烟气温度与绝热饱和温度的差值（ΔT）尽可能小，但又不要造成活化器内形成湿壁和脱硫产物变湿。同时还要保证烟气有足够的停留时间，以使化学反应完全及液滴干燥。大部分干粉［含未反应的 CaO 和 $Ca(OH)_2$］进入电除尘器被捕集，其余部分从活化器底部分离出来，与电除尘器捕集的一部分干粉料返回活化器中，以提高钙的利用率。这一步可使总脱硫率达 75%以上。仅加水和干灰再循环部分的投资占整个脱硫系统总投资的 85%。

第三步，加湿灰浆再循环，即将电除尘器捕集的部分物料加水制成灰浆，喷入活化器增湿活化，可使系统总脱硫率提高到 85%。仅石灰浆再循环的投资占整个脱硫系统总投资的 5%。

LIFAC工艺流程如图7-13所示。喷入炉膛的325目的石灰石粉在高温下生成氧化钙粉，并脱除烟气中部分SO_2，烟气经空气预热器降温后进入活化器，在活化器中，用二相流喷嘴喷入一定量的雾化水，在未反应完的CaO颗粒表面生成了活性较高的$Ca(OH)_2$，并与SO_2反应脱除大部分SO_2。由于高温烟气的蒸发作用，喷入的水滴和颗粒表面的水分被蒸发，脱硫产物呈干粉状，其中大颗粒从活化器底部排出，大部分脱硫产物与飞灰一起随烟气进入电除尘器被捕集。由于脱硫产物中含有未反应完的CaO和$Ca(OH)_2$，为了提高脱硫剂利用率，将其一部分再循环输入活化器。为避免烟气在电除尘器和烟囱中结露腐蚀，在活化器与电除尘之间对烟气再加热。

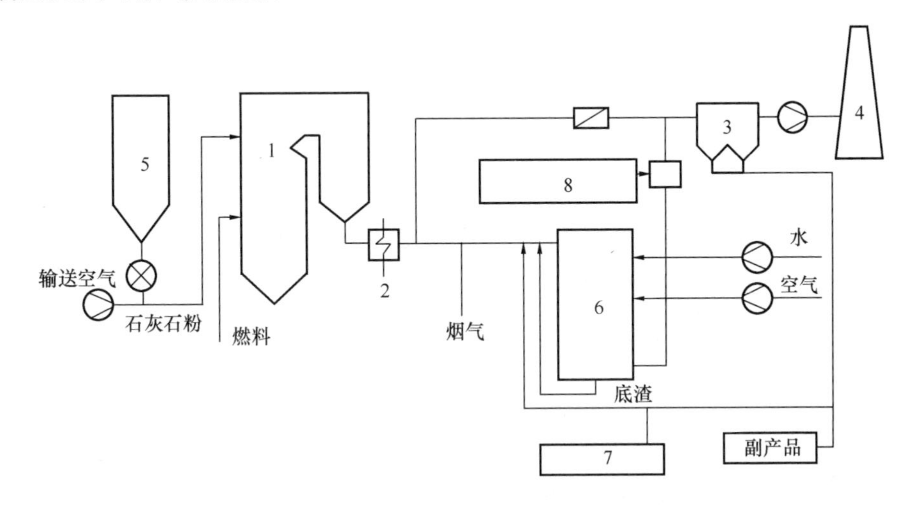

图7-13　LIFAC工艺流程示意图

1—锅炉；2—空气预热器；3—电除尘器；4—烟囱；
5—石灰石粉计量仓；6—活化器；7—再循环灰；8—空气加热器

影响系统脱硫性能的主要因素包括：①炉膛喷射石灰石的位置和粒度。在炉膛上方温度为950～1150℃的范围内喷射石灰石粉，要求石灰石粉的CaO含量$>90\%$，80%以上粒度$<40\mu m$。②活化器内反应温度和钙硫比。活化器内的脱硫反应要求烟气温度越接近露点越好，但不应引起烟气在活化器壁、除尘器和引风机内结露。根据实验结果知，当烟气温度与烟气露点温度的差值$\Delta T=5\sim10$℃，钙硫比$Ca/S=2$时，脱硫效果最好。控制活化器出口烟气温度关键在于控制喷水量。为了保证最佳的喷水量，需配备自动控制系统，以便根据运行中有关参数的变化控制喷水量，从而控制活化器出口烟气温度。

炉内喷钙会对锅炉效率和传热特性产生一定的影响。脱硫剂煅烧吸热和脱硫剂输送造成的过剩空气量将导致额外的热损失。同时，锅炉内由于喷钙增加的灰负荷以及灰的化学性质改变也会影响对流面的传热特性、炉膛水冷壁和过热器的结渣和积灰特性。

喷钙法的另一个问题是影响到电除尘器的除尘性能。主要原因有两个，一是喷钙后除尘器入口的尘负荷大大增加；另一原因是灰的电阻率发生改变。加入石灰石粉使灰中CaO和MgO含量增加，造成飞灰比电阻值增大，但增湿活化使进入电除尘器的烟气湿度明显增加，又会使飞灰比电阻下降。静电除尘器除尘性能的变化受这两种因素的综合影响。目前的研究表明，喷钙前后电除尘器的除尘效率下降不超过3%。

LIFAC工艺简单，投资及运行费用低，占地面积少，在$Ca/S\geqslant2$时，脱硫率达80%以上，且无废水排放。炉内喷钙工艺已达到工业应用的水平，欧美等国已有数十套投入工业运行，我国南京下关电厂从芬兰 IVO 公司也引入该装置。

（2）循环流化床烟气脱硫（CFB-FGD）

循环流化床烟气脱硫（CFB-FGD）技术是 20 世纪 80 年代后期由德国鲁奇（Lurgi）公司研究开发的。循环流化床中通过控制通入烟气的速度，使喷入的吸收剂——石灰颗粒流化，在床中形成稠密颗粒悬浮区。然后再喷入适量的雾化水，使 CaO、SO_2、H_2O 充分进行反应。再利用高温烟气的热量使多余的水分蒸发，以形成干脱硫产物。目前该技术的 200MW 烟气循环流化床脱硫系统已投入运行。下面以鲁奇型循环流化床为例介绍循环流化床烟气脱硫技术。

该工艺中发生的主要反应如下：

脱硫反应：

$$CaO + H_2O \longrightarrow Ca(OH)_2$$

$$SO_2 + H_2O \longrightarrow H_2SO_3$$

$$Ca(OH)_2 + H_2SO_3 \longrightarrow CaSO_3 \cdot 0.5H_2O + 1.5H_2O$$

部分 $CaSO_3 \cdot 0.5H_2O$ 被烟气中 O_2 氧化：

$$CaSO_3 \cdot 0.5H_2O + 0.5O_2 + 1.5H_2O \longrightarrow CaSO_4 \cdot 2H_2O \downarrow$$

由上述反应看出，在 CFB 反应器中进行的是气液固三相反应，反应产物将沉积在 CaO 颗粒表面，必定对反应速度产生影响。但流化床中由于颗粒物在流化过程中不断磨损，使颗粒表面形成的产物不断被剥落，未反应的 CaO 表面就会暴露在气流中不断进行脱硫反应，因而反应速度基本上不受生成产物的影响。

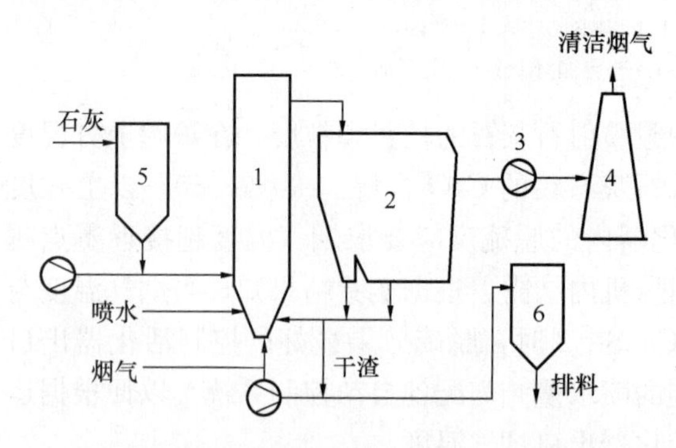

图 7-14　循环流化床烟气脱硫工艺流程

1—CFB 反应器；2—带有特殊预除尘装置的电除尘器；3—引风机；4—烟囱；5—石灰贮仓；6—灰仓

循环流化床烟气脱硫工艺流程如图 7-14 所示。整个循环流化床系统由石灰制备系统、脱硫反应系统和收尘引风系统三部分组成。

含 SO_2 高温烟气从循环流化床底部通入，并将石灰粉料从流化床下部喷入，同时喷入一定量的雾化水。在气流作用下，高密度的石灰颗粒悬浮于流化床中，与喷入的水及烟气中 SO_2 进行反应，生成亚硫酸钙及硫酸钙。同时，烟气中多余的水分被高温烟气蒸发。带有大量微小固体颗粒的烟气从吸收塔顶部排出，然后进入用于吸收剂再循环的除尘器中，此处烟气中大部分颗粒被分离出来，再返回流化床中循环使用，以提高吸收剂的利用率。从用于吸收剂再循环的除尘器出来的烟气再经过电除尘器除掉更细小的固体颗粒后，经风机由烟囱排入大气。从电除尘器收下的固体颗粒和从吸收剂再循环除尘器分离出来的固体颗粒一起返回流化床中，多余的循环灰也可排出。

为了保证足够脱硫率和流化床能正常运行，必须对石灰的喷入量、循环灰回料量以及喷入流化床的水量进行自动控制。

循环流化床脱硫的主要影响因素包括：

①Ca/S比　实验表明，脱硫率随Ca/S比的增加而增加，但当Ca/S比达到一定值后，脱硫率随Ca/S比上升而上升的趋势变慢。一般Ca/S比控制为1.5～1.8。

②喷水量　在Ca/S比一定时，随着喷水量的增加，可在石灰颗粒表面形成一定厚度的稳定液膜，使$Ca(OH)_2$与SO_2的反应变为快速的离子反应，从而使脱硫效率大幅度提高。但喷水量不宜过大，以流化床出口烟气温度接近绝热饱和温度为限。

③床层温度　以循环流化床出口烟气温度与绝热饱和温度之差ΔT来表示床层温度的影响。脱硫率随ΔT增大而下降。ΔT在很大程度上决定了液膜的蒸发干燥特性和脱硫特性。ΔT降低可使液膜蒸发缓慢，SO_2与$Ca(OH)_2$的反应时间增大，脱硫率和钙利用率提高。但ΔT过小又会引起烟气结露，容易在流化床壁面沉积固态物。因此一般将ΔT控制在14℃左右。

该系统采用循环流化床作为脱硫反应器，其优点是可以通过喷水将床温控制在最佳反应温度下，达到最好的气固间紊流混合并不断暴露出来反应的石灰的新表面，而且通过固体物料的多次循环使脱硫剂石灰在流化床内具有较长的停留时间，因此大大提高脱硫率及钙利用率。因此适合处理燃高硫煤的烟气，脱硫率可达92%，且系统简单，基建投资相对较低。

7.2　固定源氮氧化物的控制工艺

7.2.1　氮氧化物的来源和危害

氮氧化物是大气的主要污染物之一。通常所说的氮氧化物有多种不同型式，如N_2O、NO、NO_2、N_2O_3、N_2O_4和N_2O_5等，大气中NO_x主要以NO和NO_2型式存在。

大气中的NO_x的来源主要有两方面。一方面是由自然界中的固氮菌、雷电等自然过程所产生，每年约生成5×10^8 t；另一方面是由人类活动所产生，每年全球的产生量为5×10^7 t,虽然不及自然界产生量大，但是由于人类活动所产生的NO_x多集中于城市、工业区等人口稠密地区，因而危害较大。人类活动产生的NO_x中，燃料高温燃烧产生的量占90%以上，其次是来自化工生产中的硝酸生产、硝化过程、炸药生产和金属表面硝酸处理等。从燃烧系统排出的氮氧化物中，95%以上是NO，其余的主要为NO_2。

NO_x的危害主要有以下几方面：①NO_x对人体的致毒作用，危害最大的是NO_2，主要影响呼吸系统，可引起支气管炎和肺气肿，还会损坏心、肝、肾的功能和造血组织，严重的可导致死亡。②NO_x也是光化学烟雾和酸雨的前体物质。光化学烟雾不仅对人的眼睛和呼吸系统产生强烈的刺激和危害，而且也是能见度的主要影响因素；同时NO_x进入大气后导致的硝酸型酸雨对水体酸化、对土壤的淋溶贫化、对作物和森林的灼伤毁坏、对建、构筑物和文物的腐蚀损伤等方面作用能力比硫酸型酸雨更强。③NO_x参与臭氧层的破坏。

控制NO_x排放的技术措施可分为两大类：一是源头控制，即低NO_x燃烧技术，是通过各种技术手段，控制燃烧过程NO_x的生成；二是排气净化，即从烟气中分离NO_x，或使其转化为无害物质。随着NO_x排放控制要求的不断提高，烟气脱硝成为达标排放的主要出路。

7.2.2　氮氧化物的形成机理

燃烧过程中形成的NO_x主要有三类：一类为由燃料中固定氮生成的NO_x，称为燃料型NO_x（fuel NO_x）。天然气基本不含氮的化合物；石油和煤中的氮原子通常与碳或氢结合，大多为氨、氮苯以及其他胺类。这些氮化物的结构可表示为R—NH_2，其中R为有机基或氢原子。燃烧中形成的第二类NO_x由大气中的氮生成，主要产生于原子氧和氮之间的化学反应。这种 NO_x 只有在高温下形成，所以通常称为热力型 NO_x（thermal NO_x）。在低温火焰中由于自由基的存在还会生成第三类 NO_x，通常称为瞬时 NO_x（prompt NO_x）。

1. 燃料型 NO_x

近年来研究表明，燃用含氮燃料的燃烧系统会排出大量的 NO_x。在常用的燃料中，除了天然气基本上不含氮化物外，其他燃料或多或少的含有氮化物，其中石油的平均含氮量为 0.65%（质量分数），大多数煤的含量为 1%～2%。燃料中氮的形态多为 C—N 键存在，也有 N—H 基键存在。从理论上讲，氮气分子中 N≡N 的键能比有机化合物中 C—N 的键能大得多，因此氧倾向于首先破坏 C—N 键。当燃用含氮燃料时，含氮化合物在进入燃烧区之前，很有可能产生某些热解离。因此，在生成 NO 之前将会出现低分子量的氮化物或一些自由基（NH_2、HCN、CN、NH_3 等），它们遇到氧或者氧化物时就能产生 NO_x。燃料中大约有 20%～80%的氮转化为 NO_x，其中 NO 占 90%～95%。现在广泛接受的反应过程是：大部分燃料氮首先在火焰中转化为 HCN，然后转化为 NH 或 NH_2；NH 或 NH_2 能够与氧反应生成 NO 和 H_2O，或者它们与 NO 反应生成 N_2 和 H_2O。

在燃烧后区及贫燃料混合气中 NO 浓度减少得十分缓慢，NO 生成量较高；而富燃料混合气中 NO 浓度减少的比较快，这主要是因为富燃区含有较多 C、CO 等还原物质，可使 NO 还原。

2. 热力型 NO_x

(1) NO 生成量与温度的关系

空气中的氮气是很稳定的，在室温下，几乎没有 NO_x 生成；当温度达到 530℃时，生成的 NO 和 NO_2 很少；当温度超过 1200℃以上时，空气中少部分氮气被氧化成 NO_x。

对于热力型 NO_x 的生成机理，现在广泛采用 Zeldovich 模型来解释，即根据 Zeldovich 及其合作者的自由基链机理，一旦氧原子形成，将有下述主要反应发生：

$$O_2 + M \longrightarrow 2O + M \tag{7-5}$$

$$O + N_2 \longrightarrow N + NO \tag{7-6}$$

$$N + O_2 \longrightarrow NO + O \tag{7-7}$$

因此，在高温下生成 NO 和 NO_2 总反应可表示为

$$N_2 + O_2 \longrightarrow 2NO \tag{7-8}$$

$$NO + 1/2O_2 \longrightarrow NO_2 \tag{7-9}$$

式（7-8）和式（7-9）这两个反应均为可逆反应，温度和反应物的化学组成影响它们的平衡。

对于式（7-8），平衡常数的典型值列于表 7-6。由表可见，当温度低于 1000K 时，NO 分压低，即 NO 的平衡常数非常小。在 1000K 以上，将会形成可观的 NO。表 7-7 列出了两种平衡情况下 NO 的理论值。表中第二栏是指无其他气体存在、氮气与氧气初始比为 4∶1（体积分数）时的数值；第三栏是氮气与氧气比为 40∶1 时的情况，粗略地代表空气过剩 10%的碳氢化合物燃烧产生的烟气。因为忽略了烟气中 CO_2 和水蒸气的存在，这些数值仅是对实际条件的近似。这些数据表明：第一，平衡时 NO 浓度随温度升高而迅速增加；第二，NO 平衡浓度与在热电厂实测值（500×10^{-6}～1000×10^{-6}）是同一数量级。

表 7-6 O_2、N_2生成 NO 的平衡常数

$N_2+O_2 \rightleftharpoons 2NO$	T (K)	K_P
$K_P=\frac{(p_{NO})^2}{(p_{O_2})(p_{N_2})}$	300	10^{-30}
	1000	7.5×10^{-9}
	1200	2.8×10^{-7}
	1500	1.1×10^{-5}
	2000	4.0×10^{-4}
	2500	3.5×10^{-3}

表 7-7 温度和 N_2/O_2初始浓度比对 NO 平衡浓度的影响

T (K)	NO 平衡浓度	
	$N_2/O_2=4$	$N_2/O_2=40$
1200	210	80
1500	1300	500
1800	4400	1650
2000	8000	2950
2200	13100	4800
2400	19800	7000

除了反应温度对热力型 NO_x的生成具有决定性的影响外，过量空气系数和烟气在高温区的停留时间也有很大的影响。

(2) NO 与 NO_2之间的转化

反应式（7-9）的平衡常数 K_P列于表 7-8。在实际燃烧过程中，反应式（7-8）和式（7-9）同时发生。对于 NO_2的形成，K_P随温度升高而减小，因此低温时有利于 NO_2的形成。但在较高温度下，NO_2分解为 NO，当温度高于 1000K 时，NO_2生成量比 NO 低得多。表 7-9 列出了初始组成 O_2：3.3%、N_2：76%时 NO 和 NO_2平衡时的体积分数。

表 7-8 NO 氧化为 NO_2反应的平衡常数

$NO+O_2 \longrightarrow NO_2$	T (K)	K_P
$K_P=\frac{(p_{NO_2})^2}{(p_{NO})(p_{O_2})^{0.5}}$	300	10^6
	500	1.2×10^2
	1000	1.1×10^{-1}
	1500	1.1×10^{-2}
	2000	3.5×10^{-3}

表 7-9 同步反应 $N_2+O_2 \longrightarrow 2NO$ 和 $NO+O_2 \longrightarrow NO_2$ 在各种温度下 NO 和 NO_2 的平衡组成

T (K)	NO 浓度 (10^{-6})	NO_2浓度 (10^{-6})
300	1.1×10^{-10}	3.3×10^{-5}
800	0.77	0.11
1400	250	0.87
1873	2000	1.8

这些热力学数据说明：

①室温条件下，几乎没有 NO 和 NO_2 生成，并且所有的 NO 都转化为 NO_2；

②800K 左右，NO 与 NO_2 生成量仍然很小，但 NO 生成量已经超过 NO_2；

③常规燃烧温度（>1500K）下，有可观的 NO 生成，但 NO_2 量仍然很小。

3. 瞬时 NO_x

在燃烧的第一阶段，燃料浓度较高的区域燃烧时产生的含碳自由基与氮气分子发生如下反应：

$$CH + N_2 \rightleftharpoons HCN + N$$

生成的 N 通过反应式（7-7）与 O_2 反应，增加了 NO 的含量。部分 HCN 与 O_2 反应生成 NO，部分 HCN 与 O_2 反应生成 NO_2。目前还没有任何简化的模型可以预测这种机理生成 NO 的量，但是在低温火焰中生成 NO 的量明显高于根据 Zeldovich 模型预测的结果。通常将这种机理形成的 NO 称为瞬时 NO。可以相信低温火焰中形成的 NO 多数为瞬时 NO。温度对瞬时 NO 的形成影响较弱。

4. NO_x 的破坏机理

综合考虑燃烧过程中 NO 的形成机理，有人给出如图 7-15 所示的简化的 NO 形成途径。

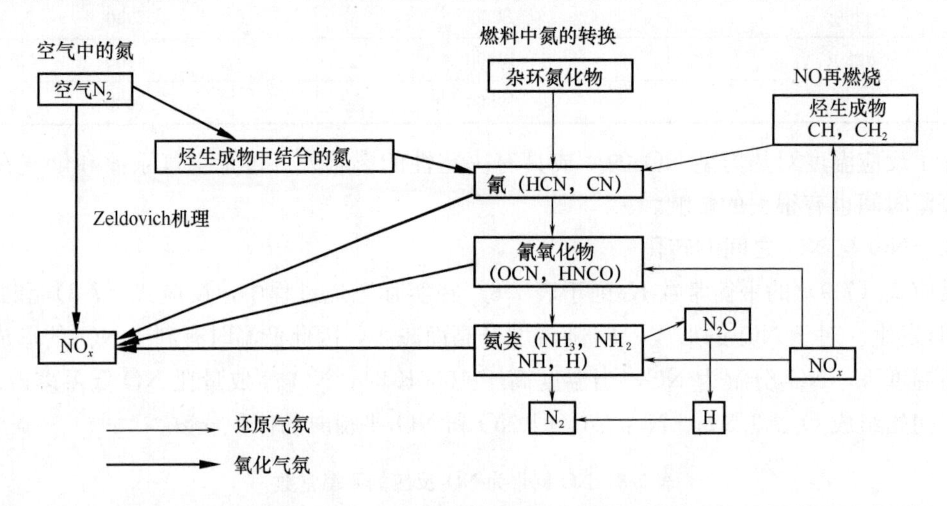

图 7-15　燃烧过程中氮氧化物的形成路径

从图 7-15 可看出，供燃烧用的空气中的氮和化合结合在燃料中的杂环氮热分解后氧化生成 NO_x，在还原气氛中则生成氮气分子。

“燃料” NO_x 的主要还原反应如下：在富燃料火焰中有机地结合在燃料中的氮与烃根（如 CH 和 CH_2）反应，快速生成氰，然后与 O、OH 和 H 反应生成中间产物氰氧化物（HNCO 和 NCO），接着转化为携带氮的产物（如胺、NH 和 N），然后 N 和 NH 根与 O_2、O 或者 OH 反应生成“瞬时” NO，这种燃料氮的还原途径可简述如下：

燃料 N $\longrightarrow$ HCN，CN $\longrightarrow NH_i \longrightarrow$ NO（或者 CN $\longrightarrow -NH_i \longrightarrow N_2$）

另一种 NO 破坏方式是与烃根 CH_i 结合生成氰，氰转换成 NH_i，然后 NH_i 又由第一种方式把 NO 还原为氮分子。这种 NO 的还原过程称为 NO 再燃烧或燃料分级燃烧。

实际上，燃烧过程中 NO 的形成包含了许多其他反应，许多因素影响 NO 的生产量，三种机理对 NO 的贡献率随燃烧条件而异，图 7-16 给出了煤燃烧过程中三种机理对 NO 排放的相对贡献。

7.2.3　低氮氧化物燃烧技术

改变燃烧条件抑制氮氧化物生成的燃烧技术是降低 NO_x 排放的经济、有效的方法。影响燃烧过程中 NO_x 生成的主要因素是燃烧温度、烟气在高温区的停留时间、烟气中各种组分的浓度以及混合程度，因此，改变空气—燃料比、燃烧空气的温度、燃烧区冷却的程度和燃烧器的形状设计都可以减少燃烧过程中氮氧化物的生成。工业上多以减少过剩空气和采用分段燃烧、烟气循环和低温空气预热、特殊燃烧器等方法达到目的。各种低 NO_x 燃烧技术就是在综合考虑了以上因素的基础上发展的。

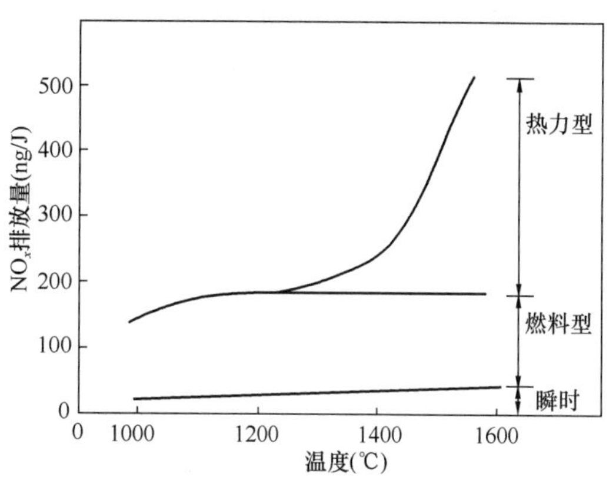

图 7-16　三种 NO 形成机理在煤燃烧过程中对 NO_x 排放量的贡献

1. 传统的低 NO_x 燃烧技术

早期开发的 NO_x 燃烧技术不要求对燃烧系统做大的变动，只是对燃烧装置的运行方式或部分运行方式做调整或改进。因此简单易行，可方便地用于现存装置，但 NO 的降低幅度十分有限。这类技术包括低氧燃烧、烟气循环燃烧、分段燃烧技术等。

（1）低空气过剩系数运行技术

NO_x 排放量随着炉内空气量的增加而增加，为了降低 NO_x 的排放量，锅炉应在炉内空气量较低的工况下运行。锅炉采用低空气过剩系数运行技术，不仅可以降低 NO_x 排放，而且减少了锅炉排烟热损失，可提高锅炉热效率。图 7-17 是 NO_x 生成量与烟气中氧量关系的试验结果。

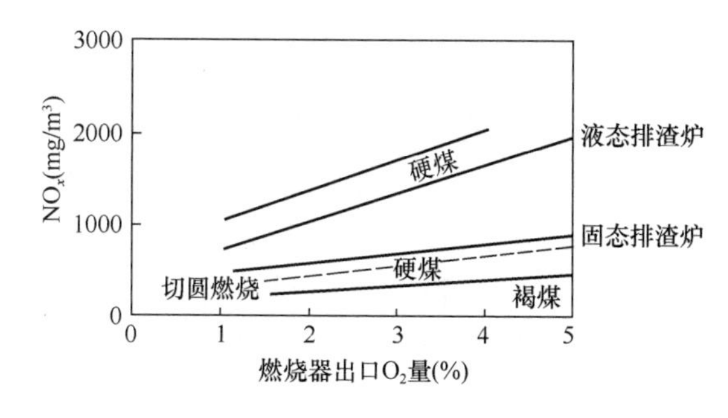

图 7-17　空气过剩系数对 NO_x 生成量的影响

由图可见，低空气过剩系数运行抑制 NO_x 生成量的幅度与燃烧种类、燃烧方式以及排渣方式有关。需要说明的是，由于采用低空气过剩系数会导致一氧化碳、碳氢化合物以及炭黑等污染物相应增多，飞灰中可燃物质也可能增加，从而使燃烧效率下降，故电站锅炉实际运行时的空气过剩系数不能做大幅度的调整。因此，在确定空气过剩系数时，必须同时满足锅炉和燃烧效率较高，而 NO 等有害物质量最少的要求。

我国燃用烟煤的电站锅炉多数设计在过剩系数 $\alpha = 1.17 \sim 1.20$（氧浓度为 3.5%～4.0%）下运行，此时一氧化碳体积分数为（30～40）$\times 10^{-6}$；若氧浓度降到 3.0%以下，则 CO 的浓度急剧增加，不仅导致不完全燃烧，而且会引起炉内的结渣和腐蚀。因此，以炉内氧浓度 3%以上，或 CO 体积分数为 2×10^{-4} 作为最小过剩空气系数的选择依据。

（2）降低助燃空气预热温度

在工业实际操作中，经常利用尾气的废热预热进入燃烧器的空气。虽然这样有助于节约能源与提高火焰温度，但也导致 NO_x 排放量增加。实验数据表明，当燃烧空气由 27℃预热至 315℃，NO 的排放量将会增加 3 倍。降低助燃空气预热温度可降低火焰区的温度峰值，

从而减少热力型 NO_x 生成量。实践表明，这一措施不宜用于燃煤、燃油锅炉，对于燃气锅炉，则有降低 NO_x 排放的明显效果（图 7-18）。

（3）烟气循环燃烧

烟气循环燃烧法是采用燃烧产生的部分烟气冷却后，再循环送回燃烧区，起到降低氧浓度和燃烧区温度的作用，以达到减少 NO 生成量的目的。烟气循环燃烧法主要减少热力型 NO 的生成量，对燃料型 NO 和瞬时型 NO 的减少作用甚微。对固态排渣锅炉而言，大约 80%的 NO 是由燃料氮生成的，这种方法的作用就非常有限。

烟气循环率在 25%～40%的范围内最为适宜。通常的做法是从省煤器出口抽出烟气，加入二次风或一次风中。加入二次风时，火焰中心不受影响，其唯一的作用是降低火焰温度。对于不分级的燃烧器，在一次风中加入循环烟气效果较好，但由于燃烧器附近的燃烧工况会有变化，要对燃烧过程进行调整。图 7-19 给出了这种方法的实验结果。

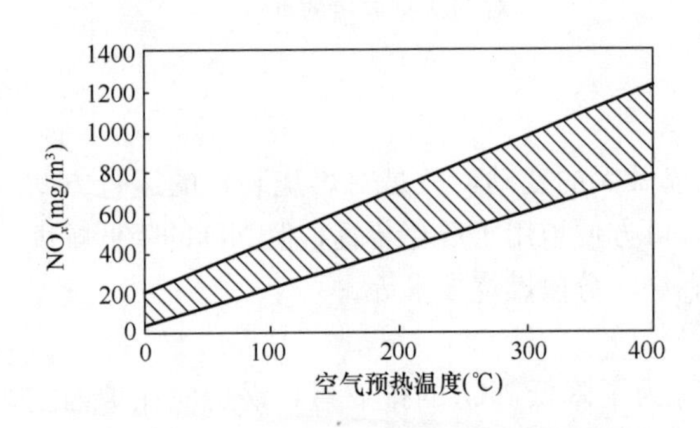

图 7-18　空气预热温度对天然气燃烧系统 NO_x 生成量的影响

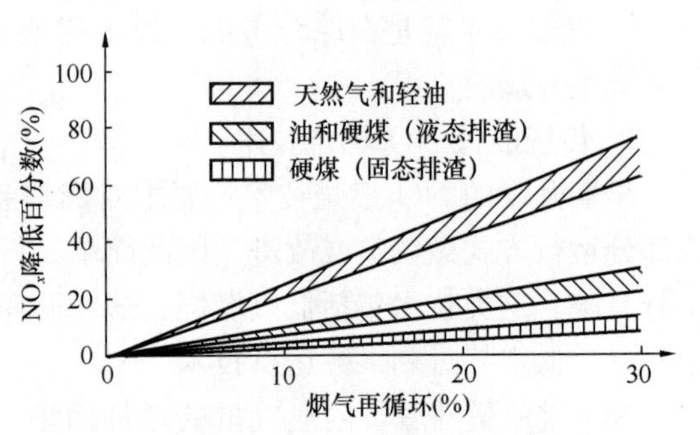

图 7-19　烟气循环燃烧对降低 NO_x 的影响

（4）两段燃烧技术

上面的讨论表明较低的空气过剩系数有利于控制 NO_x 的形成，两段燃烧法控制 NO_x 就是利用这种原理。在两段燃烧装置中，燃料在接近理论空气量下燃烧；通常空气总需要量（一般为理论空气量 1.1～1.3 倍）的 85%～95%与燃料一起供到燃烧器，因为富燃料条件下的不完全燃烧，使第一段燃烧的烟气温度较低，此时氧量不足，NO_x 生成量很小。在燃烧装置的尾端，通过第二次空气，使第一阶段剩余的不完全燃烧产物 CO 和 CH 完全燃尽。这时虽然氧过剩，但由于烟气温度仍然较低，动力学上限制了 NO_x 的形成。图7-20给出了煤两段燃烧时 NO_x 的生成量。应当指出，在低空气过剩系数下，不利的燃料-空气分布可能出现，这将导致 CO 和粉尘排放量增加，使燃烧效率降低。

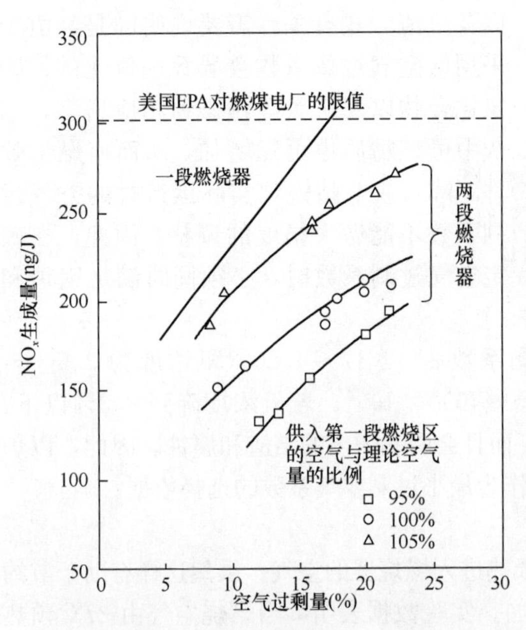

图 7-20　煤两段燃烧时 NO_x 的生成量

2. 先进的低 NO_x 燃烧器技术

众多的锅炉和燃烧器制造商发展了名目

繁多的低 NO_x燃烧器，原理上讲，它们是低空气过剩系数运行技术和燃烧器火焰段燃烧技术的结合。先进的低 NO_x燃烧技术的特征是助燃空气分级进入燃烧装置，降低初始燃烧区（也称一次区）的氧浓度，以降低火焰的峰值温度。有的还引入分级燃料，形成可使部分已生成的 NO_x还原的二次火焰区。目前，有多种类型的低 NO_x燃烧器广泛用于电站锅炉和大型工业锅炉。

（1）炉膛内整体空气分级的低 NO_x直流燃烧器

这种燃烧器与传统燃烧器的区别在于设置了一层或两层所谓的燃尽风（overfireair，OFA）喷口，一部分助燃空气通过这些喷口进入炉膛。前面讲的两段燃烧技术是这种燃烧器的最早型式。这种燃烧器的主燃区处于空气过剩系数较低的工况，抑制了 NO_x的生成，顶部引入的燃尽风用于保证燃料的完全燃烧。

这类燃烧器要求：

①合理地确定燃尽风喷口与最上层煤粉喷口的距离。距离大，分级效果好，NO 生成量的下降幅度大，但飞灰等可燃物浓度会增加。最佳距离的确定取决于炉膛结构和燃料种类。

②燃尽风量要适当。风量大，分级效果好，但燃尽风量过大会引起一次燃烧区因严重缺氧而出现结渣和高温腐蚀。对于燃煤炉合理的燃尽风量约为 20%左右，对燃油和燃气炉可以再高一些。

③燃尽风应有足够高的流速，以便能与烟气充分混合。

（2）空气分级的低 NO_x旋流燃烧器

在这种燃烧器的出口，助燃空气便逐渐混入煤粉-空气射流。该种燃烧器的技术关键是准确地控制燃烧器区域燃料与助燃空气的混合过程，以便能有效地同时控制燃料型 NO_x和热力型 NO_x的生成，同时又要具有较高的燃烧效率。通过良好的结构设计，合理地控制燃烧器喉部空气和燃料的动量以及射流的流动方向，可以满足以上两项要求。图 7-21 给出了用于壁燃锅炉的分级混合低 NO_x燃烧器的原理图。该设计在紧靠燃烧器的前沿产生了一个主燃烧区，通常为一次火焰区。一次火焰区内的燃料相对比较富裕，经常形成实际空气量低于理论空气量的状况。在一次火焰区的外围供入过剩空气，形成二次火焰区，将燃料燃尽。挥发分和含氮组分的大部分在一次火焰区析出，但因处于缺氧、高 CO 和高 CH 浓度区，限制了含氮组分向 NO_x的转化。

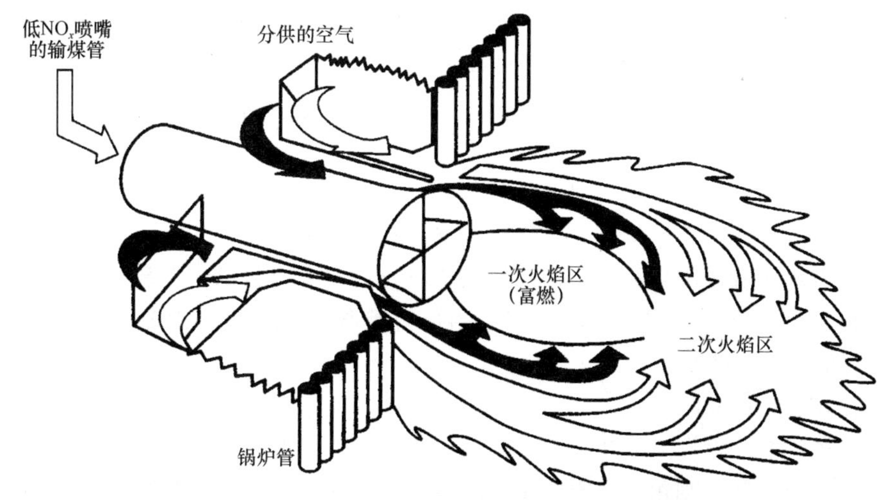

图 7-21　用于壁燃锅炉的分级低 NO_x 燃烧器的原理图

3. 空气/燃料分级低 NO_x燃烧器

这种燃烧器的主要特征是空气和燃料都是分级送入炉膛，燃料分级送入可在一次火焰区的下游形成一个富集 NH_3、CH、HCN 的低氧还原区，燃烧产物通过此区时，已经形成的 NO_x会部分的被还原为 N_2。分级送入的燃料常称为辅助燃料或还原燃料。图 7-22 为斯坦缪勒（Steimuller）公司开发的空气/燃料分级低 NO_x燃烧器的原理图。首先，与空气分级低 NO_x燃烧器一样形成一次火焰区，接近理论空气量燃烧可以保证火焰稳定性；还原燃料在一次火焰下游一定距离混入，形成二次火焰（超低氧条件），在此区域内，已经生成的 NO_x被 NH_3、HCN 和 CO 等还原基还原为 N_2；分级风在第三阶段送入完成燃尽阶段。这种燃烧器的成功与否取决于：

（1）一次火焰的扩散度；

（2）二次火焰区的空气/燃烧比例（还原燃料量）；

（3）燃烧产物在二次火焰区的停留时间；

（4）还原燃料的还原活性。

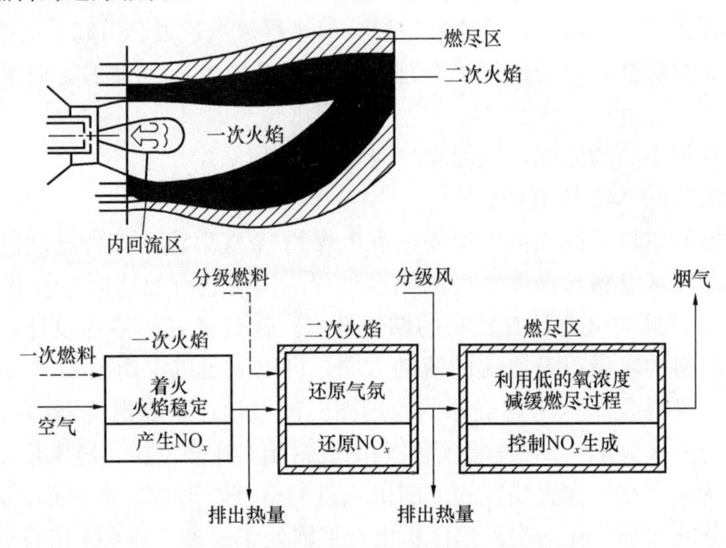

图 7-22　空气/燃料分级低 NO_x 燃烧器原理图

增加还原燃料量有利于 NO_x的还原，但还原燃料过多会使一次火焰不能维持其主导作用并产生不稳状况，最佳还原燃料比例在 20%～30%之间。还原燃料的反应活性会影响燃尽时间和燃烧产物在还原区的停留时间。用氮含量低、挥发分高的燃料作为还原燃料较佳。

与此类似，利用直流燃烧器可以在炉膛内同时实现空气和燃料分级，在炉膛内形成 3 个区域，即一次区、还原区和燃尽区，常称为三级燃烧技术。

另外，采用循环流化床锅炉也是控制氮氧化物排放的先进技术，循环流化床炉膛的燃烧温度低，只有 850～950℃，在此温度下产生的热力型 NO_x极少，加上分级燃烧，可有效地抑制燃料型氮氧化物的生成。

7.2.4　燃烧后烟气脱硝

NO_x的脱除技术可分为干法和湿法两大类，干法包括选择性催化还原法、选择性非催化还原法、吸附法等；湿法则包括水吸收法、酸吸收法、碱吸收法、氧化吸收法和络合吸收法等。对于燃煤、燃气等烟气 NO_x的净化处理，选择性催化还原法（Selective Catalytic Reduction，简称 SCR）作为一种高效、成熟的烟气脱硝方法，已在欧洲、日本、美国等国家的燃煤电厂得到广泛应用，同时，选择性非催化还原法（Selective Non-Catalytic Reduction，简称 SNCR）在大型燃煤电厂也得到较广泛的应用。因此，这两种技术我们将重点介绍。

1. SCR 脱硝

（1）脱硝原理

选择性催化还原脱硝是在一定温度和催化剂作用下，还原剂有选择地把烟气中的 NO_x 还原为 N_2 和 H_2O。目前用于燃煤烟气 SCR 脱硝的还原剂主要是氨水、液氨和尿素，无论采用何种还原剂，实际起作用的组分皆为 NH_3。广泛应用的催化剂以 TiO_2 为载体，以 V_2O_5 或 V_2O_5-WO_3、V_2O_5-MoO_3 为活性成分。其化学反应方程式如下：

$$4NH_3 + 4NO + O_2 \longrightarrow 4N_2 + 6H_2O$$

$$4NH_3 + 2NO_2 + O_2 \longrightarrow 3N_2 + 6H_2O$$

（2）工艺流程

如图 7-23 所示，典型的 SCR 脱硝系统一般由氨储存和供应系统、氨与空气混合稀释系统、稀释氨气与烟气混合系统、反应器系统、省煤器旁路以及检测和控制系统等组成。

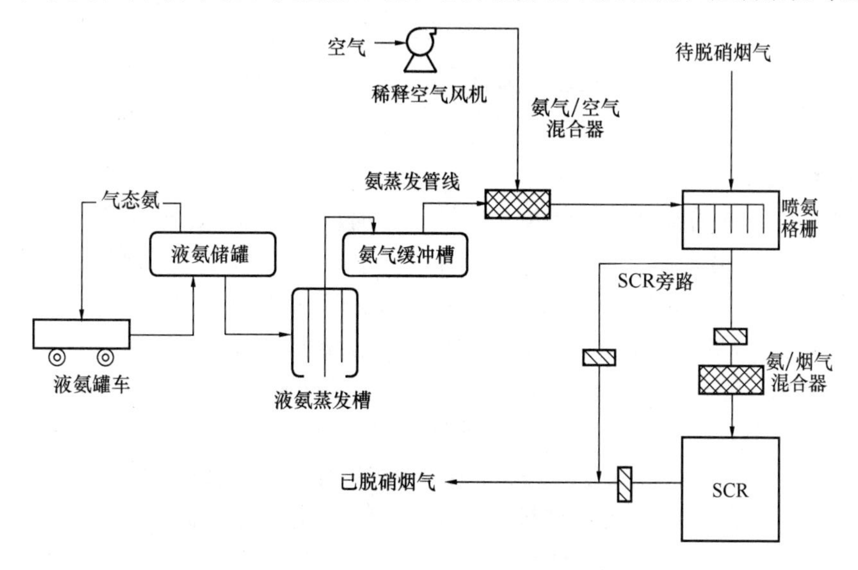

图 7-23　以液氨为还原剂的 SCR 系统图

实际运行时，液氨通过卸料软管从液氨罐车卸至液氨储罐。储罐内的液氨首先被送至液氨蒸发槽，在蒸发槽中，液氨被来自电厂的 70～90℃余热热水气化。气化产生的氨气进入缓冲槽，稳定并蓄压后，依次送至氨/空气混合器和氨/烟气混合器，确保氨与烟气充分混合。最后，混合气体进入催化剂反应床，完成 NH_3 选择性催化还原 NO 的过程。其中，氨的注入量根据 SCR 脱硝系统自控监测系统检测得到的进出口 NO_x、O_2 浓度、烟气温度、稀释风机流量、烟气流量等确定。

（3）布置方式

根据 SCR 脱硝反应器的安装位置的不同，烟气脱硝系统有三种布置方式：高温高尘布置方式、高温低尘布置方式、低温低尘布置方式，对应于 3 种不同的工艺流程，如图 7-24 所示。

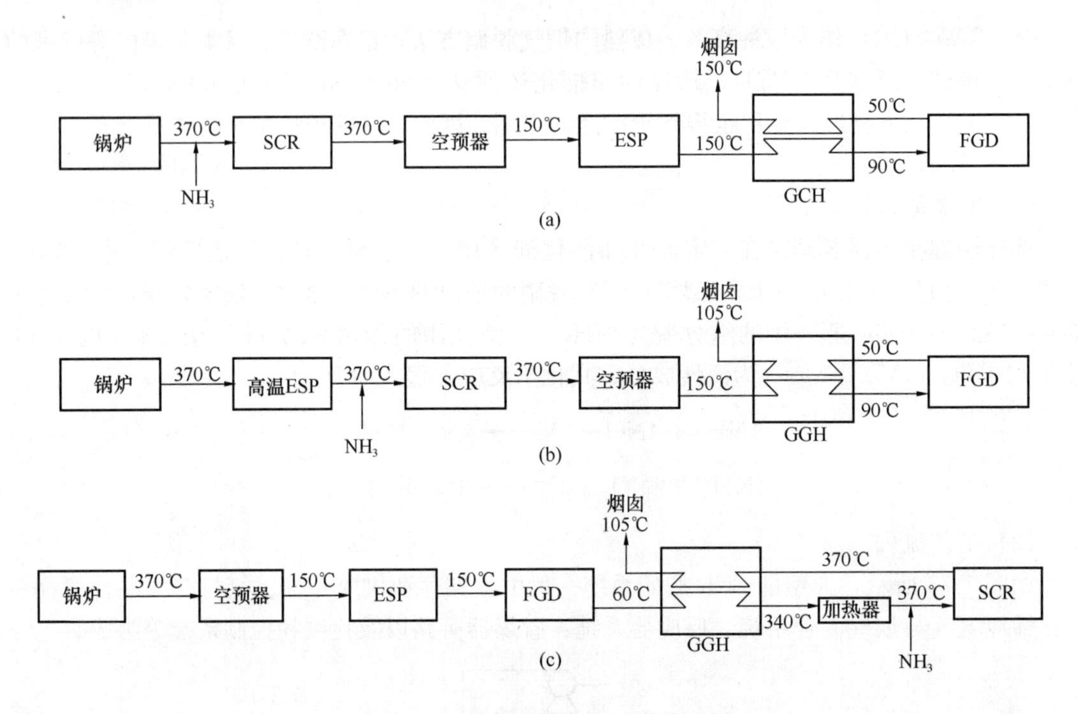

图 7-24　三种典型的 SCR 工艺流程图

(a) 高温高尘布置方式 (b) 高温低尘布置方式 (c) 低温低尘布置方式

① 高温高尘布置

高温高尘布置方式的特点是，SCR 反应器位于锅炉省煤器和空气预热器之间，是目前最常用的 SCR 脱硝方式。由于烟气会携带烟尘，为使烟尘顺利通过催化剂，减少沉积和对催化剂的腐蚀，烟气流向通常采用上进下出方式。其优点是进入反应器的烟气温度在 300～500℃范围内，是大多数金属氧化物催化剂的最佳反应温度，因此烟气不需要再加热即可获得较好的脱硝效果，因此投资较低。这种布置方式主要缺陷是：(1) 催化剂处于高尘烟气中，飞灰中的微量 K、Na、Ca、Si、As 会使催化剂污染或中毒；飞灰还会磨损催化剂，并造成催化剂孔堵塞；若烟气温度过高会使催化剂烧结，最终导致催化剂寿命缩短。正因为如此，需要选择防酸和防堵的催化剂材料，并确保烟气在催化剂床断面均匀分布。商业装置中，在正常运行范围内，微量元素的污染程度可以接受，借助气流通道垂直布置和蒸汽吹灰等措施也可以解决飞灰堵塞和催化剂腐蚀等问题。(2) 从催化剂反应器逸出的氨与烟气中的 SO_3 生成硫酸铵、硫酸氢铵，硫酸氢铵在空气预热器低温端具有较强的粘结性，容易与飞灰共同作用，增加空气预热器污染、腐蚀和堵塞隐患。为了减少此类问题的发生，一方面需采取措施降低在催化剂反应床 SO_2 转化为 SO_3 的比率；另一方面，尽可能减少从催化剂反应床逸出的 NH_3 量。(3) 与低温低尘布置方式相比，高温高尘布置方式的催化剂通道孔较大，比表面积小，催化剂用量大。

②高温低尘布置

高温低尘布置的特点是，SCR 反应器布置在省煤器后的高温电除尘器与空气预热器之间。采用这种布置方式，300～400℃的烟气先经过高温静电除尘器，再进入 SCR 脱硝反应器，可有效地防止飞灰对催化剂的污染和对反应器的磨损或堵塞，但并没有去除烟气中的 SO_3，烟气中的 NH_3 和 SO_3 反应生成硫酸铵而发生堵塞的可能性仍然存在。该布置方式的缺点是大部分电除尘器在 300～400℃的高温下无法正常运行。

③ 低温低尘布置

低温低尘布置的特点是，SCR 脱硝反应器布置在除尘器和烟气脱硫系统之后，其特点是经过脱硫后的烟气已去除掉大部分飞灰、SO_2、卤代有机化合物、重金属等物质，使得催化剂可以不受飞灰和 SO_2 等的污染。但由于烟气温度较低，仅为 50～60℃，一般需要气-气换热器（GGH）或采用加设燃油或燃天然气的燃烧器将烟气温度提高到催化剂的活性温度，这势必增加能源消耗和运行费用。

三种 SCR 布置方式的特征比较见表 7-10。

表 7-10　三种 SCR 布置方式的特征比较

SCR布置方式 / 比较项目	高温高尘布置	高温低尘布置	低温低尘布置
催化剂的堵塞趋势	较大	较小	最小
催化剂的腐蚀程度	较大	较小	最小
催化剂的活性	较低	较高	高
催化剂的类型	选用防腐、防堵型	一般	一般
催化剂的消耗量	大	较小	小
催化剂的寿命	短	较长	长
通过催化剂的烟速	4～6m/s，降低腐蚀	5～7m/s，避免堵塞	—
空气预热器的堵塞	易堵塞	不易堵塞	不堵塞
吹灰器	需要	不需要	不需要
工程造价	低	较高	高

对于一般燃煤锅炉，SCR 脱硝反应器多选择安装于锅炉省煤器与空气预热器之间，因为此区间的烟气温度刚好适合 SCR 脱硝还原反应，被空气稀释的氨被喷射至省煤器与 SCR 脱硝反应器之间烟道的合适位置，使其与烟气充分混合后在反应器内与氮氧化物反应，SCR 系统商业运行业绩的脱硝效率约为 89%～90%。

（4） SCR 脱硝性能影响因素

在 SCR 脱硝过程中，影响脱硝效率的因素主要有催化剂组成、烟气温度、停留时间（空速）和 NH_3/NO_x 摩尔比等。

① 催化剂组成

目前用于 SCR 脱硝的催化剂主要有贵金属催化剂、金属氧化物催化剂和沸石催化剂 3 种，它们各有特点，均占据着一定的市场份额。贵金属催化剂通常以涂覆活性氧化铝的整体式陶瓷作载体，以 Pt、Ph 和 Pd 等贵金属作活性组分。这种催化剂在 20 世纪 70 年代开发成功，并应用于 SCR 脱硝系统。尽管这些催化剂的脱硝效率很高，但造价昂贵，还易发生硫中毒。目前，贵金属催化剂仅应用于低温烟气，以及燃气烟气 NO_x 的净化脱除。

沸石催化剂最早主要应用于具有较高温度的燃气电厂 SCR 系统中。所采用的沸石类型包括 Y- 沸石、ZSM 系列、MFI 和发光沸石（MOR）等，采用离子交换方法引入 Cu、Mn、Ce 等金属离子。此类催化剂的优点是催化活性较高，而且活性温度范围比较宽。但是，水热稳定性较差，且存在硫中毒等问题。

金属氧化物类催化剂以 V_2O_5、WO_3、Fe_2O_3、CuO、CrO_x、MNO_x、MgO、MoO_3 和

NiO 等金属氧化物或其联合作用的混合物为活性组分，以 TiO_2、Al_2O_3、ZrO_2、SiO_2 等作为载体。目前，V_2O_5/TiO_2 类催化剂是广泛应用的商业化烟气脱硝催化剂。之所以选择 TiO_2 为载体，是因为 TiO_2 不仅具有较大的比表面，而且具有较高的抗 SO_2 性能，在 TiO_2 表面生成硫酸盐的稳定性要比在其他氧化物（如 Al_2O_3、ZrO_2 等）上差。由于 V_2O_5 对于 SO_2 也具有催化氧化作用，所以过高的 V_2O_5 含量也会导致硫酸铵、硫酸氢铵形成的可能性增加。

V_2O_5/TiO_2 类催化剂包括 $V_2O_5\text{-}WO_3/TiO_2$、$V_2O_5\text{-}MoO_3/TiO_2$，$V_2O_5\text{-}WO_3\text{-}MoO_3/TiO_2$ 等，在这些催化剂中，WO_3 含量较大，大约能够占到 10%（质量分数），其主要作用是提高催化剂的活性和热稳定性；MoO_3 含量在 6%左右，在提高催化剂活性的同时可防止烟气中 As 导致催化剂中毒。

② 温度（T）

温度对脱硝效率的影响取决于催化剂，对应每种催化剂皆有最适宜的温度范围。低于此温度范围时，脱硝效率随反应温度上升而增加；高于此温度范围时，脱硝效率随反应温度升高而降低。目前工业应用的大多数烟气脱硝催化剂适宜的温度范围为 300～400℃。

当温度较低时，一方面 NH_3 还原 NO 的活性较低；另一方面，还会发生如下不利反应：

$$4NH_3 + 3O_2 \longrightarrow 2N_2 + 6H_2O$$

$$2SO_2 + O_2 \longrightarrow 2SO_3$$

$$2NH_3 + H_2O + SO_3 \longrightarrow (NH_4)_2SO_4$$

$$NH_3 + H_2O + SO_3 \longrightarrow NH_4HSO_4$$

其中，SO_2 转化为 SO_3 后，即与过量的氨反应生成铵盐和酸式铵盐，特别是后者，对催化剂具有黏附性和腐蚀性，可能造成催化剂性能下降和下游设备堵塞。

当温度太高时，则会发生氨的氧化反应：

$$4NH_3 + 5O_2 \longrightarrow 4NO + 6H_2O$$

由此可见，为了促使 SCR 脱硝过程以主反应为主，尽量减少副反应发生，根据催化剂的温度特性，将操作温度控制在合适的范围内至关重要。

③ 停留时间（空速）

反应器空速是指单位时间、单位体积催化剂处理的气体量，单位为 m^3/（m^3 催化剂·h），可简化为时间 h^{-1}。对于给定的反应装置，空速大意味着单位时间内通过催化剂的烟气多，烟气在催化剂上的停留时间短，相反，空速小意味着停留时间长。

一般来说，烟气和氨气在反应器中停留时间越长，脱硝效率越高。但是，当停留时间过大时，不仅意味着催化剂用量增大，投资和运行费用提高，而且由于 NH_3 氧化反应开始发生，也会导致脱硝效率下降。适宜的停留时间也与操作温度有关，当操作温度与最佳反应温度接近时，所需的停留时间降低。

工业实践表明，SCR 系统对 NO_x 的转化率为 60%～90%，此时，空间速度可选为 2200～7000h^{-1}。由于催化剂的费用在 SCR 系统中占较大比例，从经济的角度出发，总希望有较大的空间速度。

④ NH_3/NO_x 摩尔比

由化学反应方程式可知，脱除 1mol NO 需要消耗 1mol 的氨，故 SCR 脱硝的理论 NH_3/NO_x 摩尔比为 1。动力学研究表明，当 NH_3/NO_x 摩尔比$<$1 时，NO_x 的脱除率与 NH_3 浓度

成线性关系；当化学计量比≥1时，增大NH_3浓度对NO_x脱除率几乎没有影响，但氨逸出量会大大增加，如图7-25所示。

另一方面，使用过程中，随着催化剂活性降低，氨的逸出量也会增加。为减少$(NH_3)_2SO_4$对空气预热器和下游管道的腐蚀和堵塞，一般需将氨的排放浓度控制在2×10^{-6}以下。实际操作的化学计量比一般不大于1。

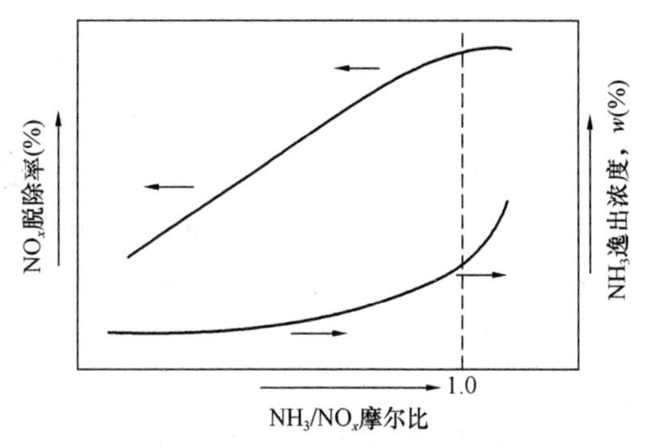

图7-25　脱硝效率和NH_3逸出量与NH_3/NO_x摩尔比的关系

除上述因素外，烟气中NO_x浓度、SCR脱硝系统运行时间、氨气与烟气的混合程度等也会影响NO_x的脱除效率。

2. SNCR脱硝

选择性非催化还原脱除NO_x技术方法以炉膛为反应器，可通过对锅炉进行改造来实现，具有诱人的工业前景。20世纪70年代中期日本最先将该法应用于燃油、燃气电厂锅炉的烟气脱硝；20世纪80年代末，欧盟国家的燃煤电厂也开始应用。到2005年为止，世界上燃煤电厂SNCR系统的总装机容量在5GW以上。实际应用中，SNCR的设计效率一般为30％～50％。

（1）工艺原理

SNCR工艺是在炉膛温度900～1100℃区域内、在无催化剂条件下，利用NH_3或尿素等还原剂，选择性地还原烟气中的NO_x。

以氨为还原剂，反应式为：

$$4NH_3+4NO+O_2\longrightarrow 4N_2+6H_2O$$

$$8NH_3+6NO_2\longrightarrow 7N_2+12H_2O$$

以尿素为还原剂，反应式为：

$$2CO(NH_2)_2+4NO+O_2\longrightarrow 4N_2+2CO_2+4H_2O$$

烟气中90％～95％的NO_x为NO，故以NO还原反应为主。为确保上述三个反应为主要反应，氨或尿素必须注入到最适宜的温度区。温度太高，容易导致氨被氧气氧化。相反，温度太低将导致氨反应不完全。

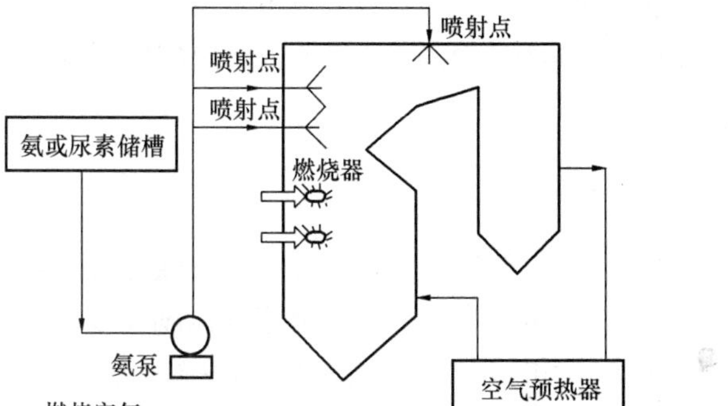

图7-26　SNCR工艺流程示意图

（2）工艺流程

一个典型的SNCR系统由还原剂贮槽、还原剂多层喷入装置和与之配套的控制仪表构成。其工艺流程如图7-26所示。

为保证脱硝反应能以最少的喷NH_3量达到最佳的还原效果，还原剂必须喷到炉膛内最有效的部位，以保证NH_3与烟气的良好混合。若喷入NH_3不充分反应，则泄漏的NH_3不仅会使烟气中的飞灰沉积在锅炉尾部的受热面上，而且遇到SO_3会生成铵盐，可能造成空气预热器堵塞和腐蚀。设计中可利用计算流体力学和燃烧学对炉膛内流动和燃烧过程进行模拟，来确定还原剂的最佳喷入点。

（3）影响SNCR脱硝效率的因素

在SNCR系统中，影响NO_x脱除效率的设计和运行参数主要包括反应温度、在最佳温度区域的停留时间、还原剂和烟气的混合程度、NH_3/NO_x的摩尔比和添加剂的种类等。

在SNCR工艺设计中，最重要的是炉膛上还原剂喷入点的选定，即温度窗口的选择。温度较低时，由于脱硝反应不充分使氨的逸出量增加；温度过高时，NO_x脱除率由于氨被氧化而降低。根据还原剂类型和SNCR工艺运行的条件，有效的温度窗口常发生在900～1100℃之间。

停留时间是指反应物在反应器中停留的总时间。在以尿素为还原剂的SNCR系统中，停留时间包括尿素与烟气的混合、水的蒸发、尿素的分解和NO_x还原等步骤所需的总时间。停留时间的大小取决于锅炉气路的尺寸和烟气流经锅炉气路的气速。这些设计参数取决于如何使锅炉在最优化的条件下操作，而不是使SNCR系统在最优化的条件下操作。因此，实际操作的停留时间并不是最优的SNCR停留时间。

大型电站锅炉由于炉膛尺寸大、锅炉负荷变化范围大，使得充分混合难度增大。国外的实际运行结果表明，大型电站锅炉SNCR系统的NO_x还原率只有25%～40%，而且随着锅炉容量增大，NO_x还原率呈下降趋势。实际上，为使氨或尿素溶液均匀分散，还原剂被特殊设计的喷嘴雾化为小液滴，喷嘴可控制液滴的粒径和粒径分布。可通过以下几种方式来改进烟气和还原剂的混合效果。①改进雾化喷嘴的设计。通过优化喷嘴结构和尺寸，可改善液滴的大小、分布、喷射角度和方向。②选择合适的雾化压力。雾化蒸汽与尿素溶液在喷枪枪头处通过雾化喷头进行混合。雾化压力的大小自然就影响到喷射液滴的粒径以及液滴的喷射速度。③增大喷入液滴的动量或增加喷嘴数量。

根据反应式得知，理论上SNCR还原1mol NO需要1mol NH_3，而实际运行中NH_3/NO_x摩尔比要比理论值大，被利用还原剂的量可通过加入到系统的还原剂的量减去脱除NO_x量来计算。NH_3/NO_x摩尔比一般控制在1.0～2.0之间，最大不要超过2.5。NH_3/NO_x摩尔比增大虽然有利于NO_x的还原，但是NH_3泄漏量会随之增加。因为氨的消耗涉及运行的费用问题，所以选用的摩尔比一般为临界值。

同时，许多研究都证明，在还原剂中掺入某些添加剂能提高SNCR的效果。这些添加剂本身亦可作为NO_x的还原剂，对还原过程起着辅助、促进和强化作用，可能使反应温度和逸出的浓度降低，还可能减少空气预热器上的沉积物和N_2O的产生，常用的添加剂包括：氢气、甲烷、一氧化碳、钠化合物等。

3. 同时脱硫脱硝技术

（1）电子束照射法（EBA）

电子束法脱硫是一种脱硫新工艺。1970年由日本荏原（Ebara）公司开始研究，经多年的研究已逐步工业化。该法为干法处理过程，且能同时脱硫和脱硝，并可达到90%以上的脱硫率和80%以上的脱硝率。对不同含硫量的烟气和烟气量的变化有较好的适应性。在电子束照射的同时，加入氨气，则副产品为硫铵和硝铵混合物，可用作化肥。四川成都热电厂已有引进装置。

①反应机理

a. 自由基的生成　含 SO_2 烟气当受到由电子束产生的高能电子照射时，高能电子的能量被烟气中 O_2、H_2O 等分子吸收，生成大量活性极强的自由基或自由原子，如下所示：

$$O_2 + e^* \longrightarrow 2O + e\ (e^*\ 为高能电子)$$

$$H_2O + e^* \longrightarrow H + OH + e$$

$$H + O_2 \longrightarrow HO_2$$

$$O_2 + O \longrightarrow O_3$$

b. SO_2 被氧化并生成 H_2SO_4：

$$SO_2 + 2OH \longrightarrow H_2SO_4$$

$$SO_2 + O \longrightarrow SO_3$$

$$SO_2 + O_3 \longrightarrow SO_3 + O_2$$

$$SO_3 + H_2O \longrightarrow H_2SO_4$$

c. NO_x 被氧化并生成 HNO_3：

$$NO + O \longrightarrow NO_2$$

$$NO + HO_2 \longrightarrow NO_2 + OH$$

$$NO + OH \longrightarrow HNO_2$$

$$NO_2 + OH \longrightarrow HNO_3$$

$$NO_2 + O \longrightarrow NO_3$$

$$NO_3 + NO_2 \longrightarrow N_2O_5$$

$$N_2O_5 + H_2O \longrightarrow 2HNO_3$$

d. 硫铵与硝铵的生成　上述氧化反应生成的 H_2SO_4 和 HNO_3，与加入的 NH_3 反应生成硫铵和硝铵气溶胶微粒，少量未氧化的 SO_2 则在微粒表面与 O_2、NH_3 和 H_2O 继续反应生成硫铵：

$$H_2SO_4 + 2NH_3 \longrightarrow (NH_4)_2SO_4$$

$$HNO_3 + NH_3 \longrightarrow NH_4NO_3$$

$$SO_2 + 0.5O_2 + H_2O + 2NH_3 \longrightarrow (NH_4)_2SO_4$$

②电子束发生装置

图 7-27 为电子束发生装置结构示意图。电子束发生装置由发生电子束的直流高压电源、电子加速器及窗箔冷却装置组成。通过电子枪阴极发射的电子在高真空的加速管里通过高电压加速形成电子束，再通过保持高真空的扫描管透射过一次窗箔及二次窗箔（均为 30～50μm 的钛金属箔）照射烟气。窗箔冷却装置是向窗箔间喷射空气进行冷却，控制因电子束透过的能量损失引起的窗箔温度上升。

③工艺流程

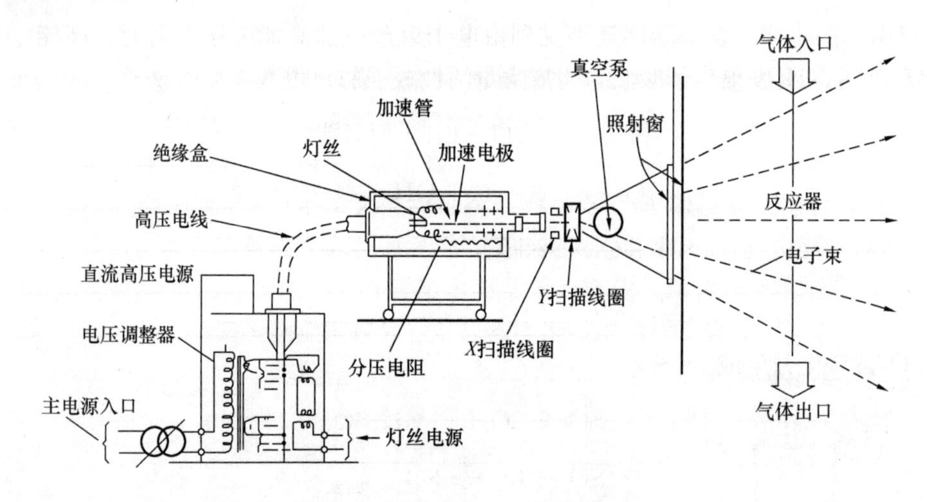

图 7-27　电子束发生装置示意图

电子束法烟气脱硫工艺流程如图 7-28 所示。

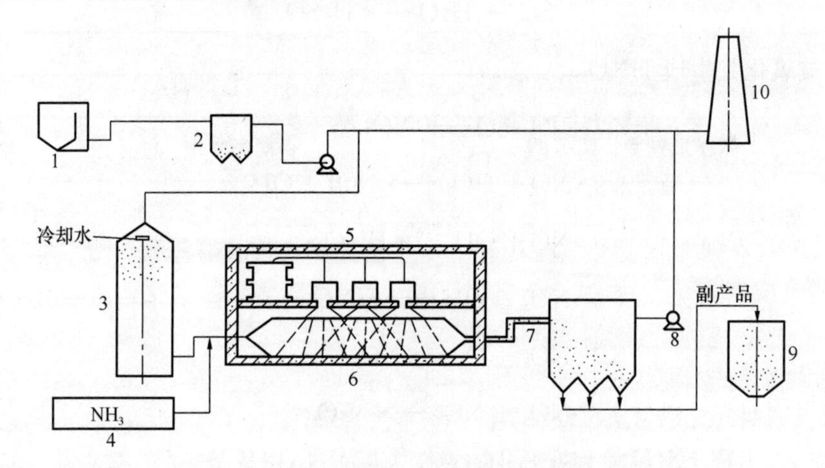

图 7-28　电子束法烟气脱硫工艺流程图

1—锅炉；2—电除尘器；3—冷却塔；4—氨储罐；5—电子加速器；
6—反应器；7—电除尘器；8—引风机；9—副产品贮罐；10—烟囱

燃煤锅炉排出的含 SO_2 烟气经除尘后，进入冷却塔，在塔中由喷雾化水冷却到 65～70℃。从冷却塔出来的烟气被加入接近化学计量的氨气后，进入反应器，经受设置在反应器内的电子加速器产生的高能电子束照射，并同时发生前面介绍的一系列化学过程，最终在烟气中生成硫铵和硝铵微粒。最后用电除尘器收集气溶胶型式的硫铵和硝铵作为副产品，净化后的烟气经烟囱排放。副产品经造粒处理后可作化肥销售。

但是，电子束照射法是靠电子加速器产生高能电子（400～800keV），需要大功率、长期连续稳定工作的电子枪。电子加速器造价昂贵，电子枪寿命短；X 射线需要防辐射屏蔽；系统运行、维护技术要求高，能耗也高。

(2) 脉冲电晕等离子体法（PPCP）

①基本原理

脉冲电晕技术是在直流高电压（20～80kV）上叠加一脉冲电压（幅值为 200～250kV，周期为 20ms，脉冲宽度为 1μs 左右，脉冲前后沿约 200ns），形成超高压脉冲放电。由于这种脉冲前后陡峭，峰值高，使电晕极附近发生激烈、高频率的脉冲电晕放电，使空间气体形成低温非平衡等离子体。这些低温等离子体中存在着高能电子（2～20eV），它能产生化学活性物质，使烟气中的 H_2O、O_2 等分子激活、电离或裂解，产生强氧化性的自由基（O、H、HO_2、O_3 等），使 SO_2 和 NO_x 氧化并形成相应的酸，在加入 NH_3 的条件下生成硫铵和硝铵，作为化肥回收利用。脉冲电晕等离子体法与电子束法的差异在于高能电子的来源不同。电子束方法是通过阴极电子发射和外电场加速而获得，而后者是由电晕放电自身产生的。

②脉冲电晕反应器

脉冲电晕反应器的结构一般为线—管式或线—板式，线管式反应器结构如图 7-29 所示。电晕线有光圆线、星形线、螺旋线和芒刺线等；供电方式有直流、交流和交流叠加直流。从等离子区宽窄的角度来看，有被处理气体通过相对较宽的等离子体区，中间没有绝缘介质的反应器，如线—管式或线—板式；还有被处理气体通过相对较窄的等离子体区，中间存在绝缘介质的反应器，如无声放电、填充床等。

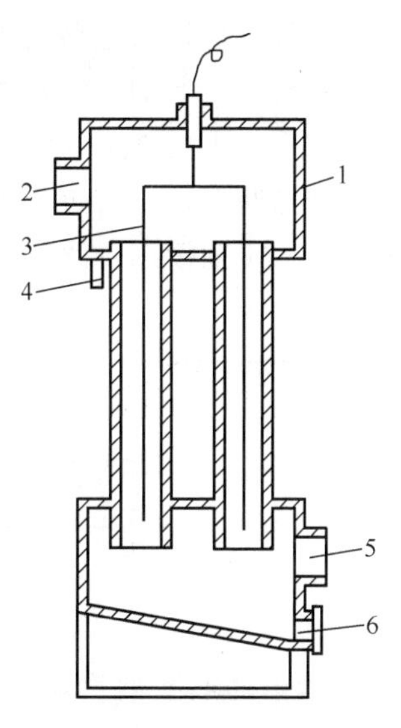

图 7-29　线管式反应器结构示意图

1—反应器壳体；2—进气口；3—放电极；4—冲洗水入口；5—气体出口；6—副产品排出口

脉冲电晕放电脱硫脱硝有着突出的优点，它能在单一的干式过程内同时脱除 SO_2 和 NO_x；高能电子由电晕放电自身产生，从而不需昂贵的电子枪，也不需辐射屏蔽；并有可能对现有的静电除尘器进行进一步的改造就可实现；且在超窄脉冲作用时间内，电子获得加速，而离子则没有被加速，因而没有提高离子温度，能耗较电子束法低。

该法设备简单，操作简便，投资只有电子束法的 60%，而且对电站锅炉的安全没有影响。因此，世界各国以及我国都在积极开展研究，建立了一些试验装置，但未见有关工业应用的报道。

7.3　挥发性有机物的控制工艺

7.3.1　概述

1. 挥发性有机物的定义

挥发性有机物（Volatile Organic Compounds，以下简称 VOCs）是指在室温下饱和蒸气压大于 70.91 Pa，常压下沸点小于 260℃的有机化合物。从环境监测的角度来讲，指以氢火焰离子检测器检出的非甲烷烃类检出物的总称，主要包括烷烃类、芳烃类、烯烃类、卤烃类、酯类、醛类、酮类和其他有机化合物。世界卫生组织（WHO，1989）对总挥发性有机物（TVOC）的定义是：熔点低于室温，沸点范围在 50～260℃之间的挥发性有机化合物的总称。

2. 挥发性有机物的来源

VOCs 的污染源分为固定源和移动源。煤、石油和天然气或以煤、石油和天然气为燃料或原料的工业或与它们有关的化学工业是挥发性有机物产生的三大重要来源。如石油开采与加工，炼焦与煤焦油加工，煤矿、木材干馏，天然气开采与利用；化工生产，包括石油化工、染料、涂料、医药、农药、炸药、有机合成、溶剂、试剂、洗涤剂、粘合剂等生产工艺；各种内燃机（包括交通运输）；燃煤、燃油、燃气锅炉与工业炉；油漆涂料的喷涂作业，使用有机粘合剂的作业；各种有机物的燃烧与加热装置、运输装置和储存装置；食品、油脂、皮革、毛的加工部门；粪便池、沼气池、发酵池及垃圾处理站。

在这些生产工艺过程中排放的 VOCs 的种类见表 7-11。其中芳烃类、醇类、脂类、醛类等作为工业溶剂广泛使用，因而排放量很大。

表 7-11　工业生产中排放的 VOCs 的种类

分　类	VOCs
烷烃类	乙烷、丙烷、丁烷、戊烷、己烷、环己烷
烯烃类	乙烯、丙烯、丁烯、丁二烯、异戊二烯、环戊烯
芳香烃及其衍生物	苯、甲苯、二甲苯、乙苯、异丙苯、苯乙烯、苯酚
醛和酮类	甲醛、乙醛、丙酮、丁酮、甲基丙酮、乙基丙酮
脂肪烃	丙烯酸甲脂、邻苯二甲酸二丁脂、醋酸乙烯
醇	甲醇、乙醇、异戊二醇、丁醇、戊醇
乙二醇衍生物	甲基溶纤剂、乙基溶纤剂、丁基溶纤剂、甲氧基丙醇
酸和酸酐	乙酸、丙酸、丁酸、乙二酸、邻苯二甲酸酐
胺和酰胺	苯胺、二甲基甲酰胺

3. 挥发性有机物的危害

VOCs 的危害主要表现在以下几个方面：

①大多数 VOCs 有毒，部分 VOCs 有致癌性；如大气中的某些苯、多环芳烃、芳香胺、树脂化合物、醛和亚硝胺等有害物质对机体有致癌作用或者产生真性瘤作用；某些芳香胺、醛、卤代烷烃及其衍生物、氯乙烯等有诱变作用。

②多数挥发性有机物易燃易爆，不安全。

③挥发性有机物在阳光照射下，与大气中的氮氧化合物、碳氢化合物与氧化剂发生光化学反应，生成光化学烟雾，危害人体健康和作物生长；光化学烟雾的主要成分是臭氧、过氧乙酰硝酸酯（PAN）、醛类及酮类等。它们刺激人们的眼睛和呼吸系统，危害人们的身体健康，且危害作物的生长。

④卤烃类 VOCs 可破坏臭氧层；如氯氟碳化物（CFCs）

7.3.2　冷凝法净化含 VOCs 废气

1. 冷凝原理

该法的基本原理是气态污染物在不同温度以及不同压力下具有不同的饱和蒸气压，当降低温度或加大压力时，某些污染物会凝结出来，从而达到净化和回收 VOCs 的目的。可以借助于不同的冷凝温度而达到分离不同污染物的目的。

由于废气中污染物含量往往很低，而空气或其他不凝性气体所占比重很大，故可认为当气体混合物中污染物的蒸气分压等于它在该温度下的饱和蒸气压时，废气中的污染物就开始凝结出来。

为了计算气液平衡体系的有关参数，在热力学中，通常选用克劳修斯-克拉佩龙（Clausius-Clapyron）方程：

$$\lg p = A - \frac{B}{T} \tag{7-10}$$

式中　p——与液相平衡的气体蒸气压，mmHg；

T——系统温度，K；

A、B——由实验确定的经验常数。一般情况下，实验数据可以用安托万（Antoine）方程表示：

$$\lg p = A - \frac{B}{(t+C)} \tag{7-11}$$

式中　t——温度，℃；

A、B、C——经验常数，由实验确定。23 种物质的经验常数值见表 7-12。

表 7-12　安托万方程参数

名　称	分子式	温度范围（℃）	A	B	C
乙醛	C_2H_4O	－40～70	6.81089	992.0	230
乙酸	$C_2H_4O_2$	0～36	7.80307	1651.1	225
		36～170	7.18807	1416.7	211
丙酮	C_3H_6O	—	7.02447	1161.0	224
氨	NH_3	－83～60	7.55466	1002.7	247.9
苯	C_6H_6	—	6.90565	1211.0	220.8
四氯化碳	CCl_4	—	6.93390	1242.4	230.0
氯苯	C_6H_5Cl	0～42	7.10690	1500.0	224.0
		42～230	6.94504	1413.1	216.0
氯仿	$CHCl_3$	－30～150	6.90328	1163.0	227.4
环已烷	C_6H_{12}	－50～200	6.84498	1203.5	222.9
醋酸乙酯	$C_4H_8O_2$	－20～150	7.09808	1238.7	217.0
乙醇	C_2H_6O	—	8.04494	1554.3	222.7
乙基苯	C_8H_{10}	—	6.95719	1424.3	213.2
正庚烷	C_7H_{16}	—	6.90240	1268.1	216.9
正已烷	C_6H_{14}	—	6.87776	1171.5	224.4
铅	Pb	525～1325	7.827	9845.4	273.1
汞	Hg	—	7.97576	3255.6	282.0
甲醇	CH_4O	－20～140	7.87863	1471.1	230.0
丁酮	C_4H_8O	—	6.97421	1209.6	216
正戊烷	C_5H_{12}	—	6.85221	1064.6	232.0
异戊烷	C_5H_{12}	—	6.78967	1020.0	233.2
苯乙烯	C_8H_8	—	6.92409	1420.0	206
甲苯	C_7H_8	—	6.95334	1343.9	219.4
水	H_2O	0～60	8.10765	1750.3	235.0
		60～150	7.96681	1668.2	228.0

2. 工艺流程

冷凝系统工艺流程如图 7-30 所示。

采用冷凝法净化 VOCs，要获得高的效率，系统就需要较高的压力和较低的温度，故常

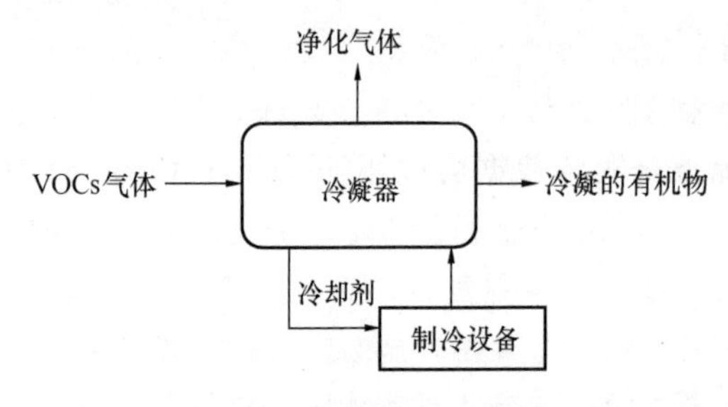

图 7-30 冷凝系统工艺流程

将冷凝系统与压缩系统结合使用。在工程实际中，经常采用多级冷凝串联。为了回收较纯的VOCs，通常第一级的冷凝温度设为0℃，以去除从气相中冷凝的水。采用该法净化VOCs，运行费用较高，适用于高浓度和高沸点VOCs的回收，回收效率一般在80%～95%以上。

7.3.3 吸收法净化含VOCs废气

吸收法是采用低挥发或不挥发溶剂对VOCs进行吸收，再利用有机分子和吸收剂物理性质的差异将两者分离的净化方法。吸收效果主要取决于吸收设备的结构特征和吸收剂性能。

1. 吸收剂的选择

吸收剂应具有如下特点：吸收剂必须对被去除的VOCs有较大的溶解性；如果需回收有用的VOCs组分，则回收组分不得和其他组分互溶；吸收剂的蒸气压必须相当低，如果净化过的气体被排放到大气，吸收剂的排放量必须降低到最低；洗涤塔在较高的温度或较低的压力下，被吸收的VOCs必须容易从吸收剂中分离出来，并且吸收剂的蒸气压必须足够低，不会污染被回收的VOCs；吸收剂在吸收塔和汽提塔的运行条件下必须具有较好的化学稳定性及无毒无害性；吸收剂分子量要尽可能低（同时需考虑低吸收剂蒸气压的要求），以使吸收能力最大化。

2. 吸收设备的选择

选择挥发性有机污染物的吸收设备应遵循以下原则：处理废气的能力大；操作费用低；汽液相之间有较大的接触面积，汽液湍动程度高，净化效率高；液气比值可在较大幅度内调节，压力损失小；结构简单、操作稳定，易于维修；投资省。

目前工业上常用的气液吸收设备有喷洒塔、填料塔、板式塔、鼓泡塔等。其中在喷洒塔、填料塔中，气相是连续相，而液相是分散相，其特点是相界面面积大，所需液气比亦较大。在板式塔、鼓泡塔中，液相是连续相，而气相是分散相。VOCs吸收净化过程，通常污染物浓度相对较低、气体量大，因而选用气相为连续相、湍流程度较高、相界面大的如填料塔、湍球塔型较为合适。填料塔的气液接触时间、液气比均可在较大范围内调节，且结构简单，因而在VOCs吸收净化中应用较广。

3. 工艺流程

吸收法控制VOCs污染的工艺流程如图7-31所示。含VOCs的气体由底部进入吸收塔，在上升的过程中与来自塔项的吸收剂逆流接触而被吸收，被净化后的气体由塔顶排出。吸收了VOCs的吸收剂通过热交换器后，进入汽提塔顶部，在温度高于吸收温度或（和）压力低于吸收压力时得以解吸，吸收剂再

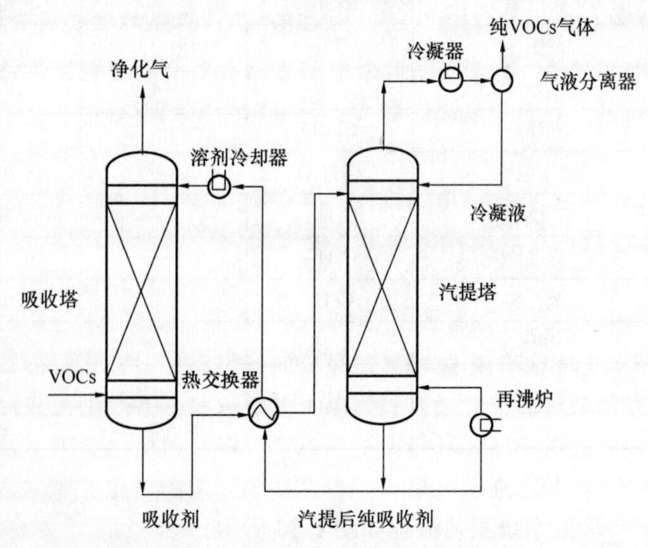

图 7-31 吸收法处理VOCs的工艺流程图

经过溶剂冷凝后进入吸收塔循环使用。解吸出的VOCs气体经过冷凝器、气液分离器后以纯VOCs气体的型式离开汽提塔，被进一步回收利用。该工艺适用于VOCs浓度较高、温度较低和压力较高的场合。

7.3.4　吸附法净化含VOCs废气

1. 吸附剂

活性炭吸附VOCs性能较好，原因在于其他吸附剂（如沸石、硅胶等）具有极性，在水蒸气存在的情况下，水分子和吸附剂极性分子结合，从而降低了吸附剂的吸附性能；而活性炭分子不易与极性分子结合，因而体现出较强的吸附能力。

但是，也有部分VOCs被活性炭吸附后难以再从活性炭中脱除，对于此类VOCs，不宜采用活性炭作为吸附剂，应当选用其他吸附材料。部分难以从活性炭中去除的VOCs包括：丙烯酸、丙烯酸丁酯、丁酸、丁二胺、二乙酸三胺、丙烯酸乙酯、2-乙基乙醇、丙烯酸二乙基酯、丙烯酸异丁酯、丙烯酸丁酯、谷朊醛、异佛尔酮、甲基乙基吡啶、甲基丙烯酸甲酯、苯酚、皮考啉、丙酸、二异氰酸甲苯酯、三亚乙基四胺、戊酸。

活性炭吸附法最适于处理VOCs浓度为300～5000mg/m^{3}的有机废气，主要用于吸附回收脂肪和芳香族碳氢化合物、大部分的含氯溶剂、常用醇类、部分酮类等，常见的有苯、甲苯、己烷、庚烷、甲基乙基酮、丙酮、四氯化碳、萘、醋酸乙脂等。

2. 多组分吸附

当废气中含有多种VOCs时，活性炭对各个组分的吸附是有差别的。一般来讲，活性炭的吸附能力与化合物的相对挥发度近似呈负相关性。有机液体的相对挥发度为乙醚的蒸发量与相同条件下该有机物蒸发量的比值。一些有机液体相对挥发度的数值见表7-13。

表7-13　一些有机液体的相对挥发度

物质名称	相对挥发度	物质名称	相对挥发度	物质名称	相对挥发度
乙醚	1.0	二氯乙烷	4.1	正丁醇	33.0
二硫化碳	1.8	甲苯	6.1	二乙醇-甲醚	34.5
丙酮	2.1	醋酸正丙酯	6.1	二乙醇-乙醚	43.0
乙酸甲酯	2.2	甲醇	6.3	戊醇	62.0
氯仿	2.5	乙醇（95%）		十氢化萘	94.0
乙酸甲酯	2.9	正丙醇	11.1	乙二醇-正丁醚	163.0
四氯化碳	3.0	醋酸异戊酯	13.0	1，2，3，4-四氢化萘	190.0
苯	3.0	乙苯	13.5	乙二醇	2625
汽油	3.5	异丙醇	21.0		
三氯乙烯	3.8	异丁醇	24.0		

含有多种VOCs的气体通过活性炭吸附层时，在开始阶段各组分平均地吸附于活性炭上，但随着沸点较高的组分在吸附层内保留量的增加，相对挥发度大的蒸气重新开始气化。因此，吸附到达穿透点后，排出的蒸气大部分由挥发性较强的物质组成。下面讨论两种VOCs混合蒸气吸附的保护作用时间计算。

含A、B两种VOCs的气体通过吸附层，设沸点较低的物质为A，沸点较高的物质为B，c_A和c_B分别表示废气中A和B的浓度，含A、B两种吸附质的气流通过吸附层。图7-32

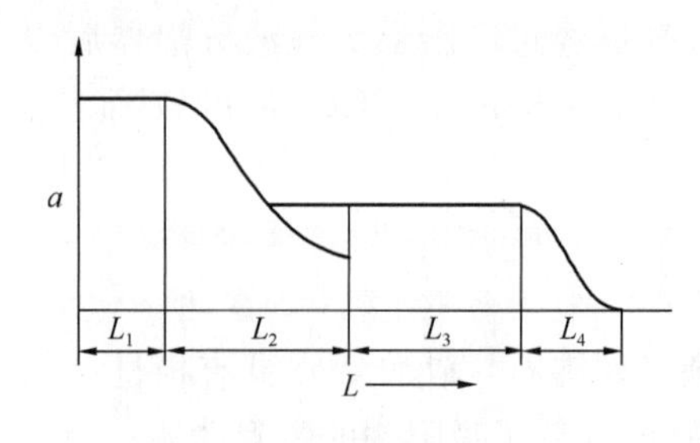

图 7-32 吸附容量沿吸附剂层长度的分布简图

表示当吸附质透过吸附层时，吸附质沿吸附层长度的分布状况。设吸附层全长 L 为各层 L_1、L_2、L_3、L_4 的总和。其中 L_1 为两种物质完全饱和的吸附层长度，活性炭对 A 的吸附容量为 a_{AB}（a_{AB} 是与 A 的浓度为 c_A、B 的浓度为 c_B 的气流呈平衡时，活性炭对 A 的吸附容量），活性炭对 B 的吸附容量为 a_{BA}；L_2 为被 A 所饱和，尚能吸附 B 的吸附层长度；L_3 为被 A 饱和的吸附层长度，其中 A 的吸附容量为 a_A；L_4 是能吸附 A 的工作层。

由于 B 的存在，A 的吸附量减少，所以 a_A 大于 a_{AB}。当吸附 B 的工作层向前推进时，那里原来吸附的 A 有一部分被取代下来。因此在 L_3 这一段中物质 A 在气流中的含量较原来的 c_A 高，以 c'_A 表示，根据经验公式：

$$c'_A = c_A + \alpha \cdot c_B \tag{7-12}$$

其中 α 为取代系数，可按下式求得

$$\alpha = \frac{a_A - a_{AB}}{a_{BA}} \tag{7-13}$$

由于缺乏 a_{AB} 和 a_{BA} 的数据，通常无法计算取代系数 α，作为近似计算可以假定 $\alpha=1$，因此：

$$c'_A = c_A + c_B \tag{7-14}$$

据此假定，在缺乏混合蒸气吸附等温线的情况下可做近似计算。从组分 A 的吸附等温线求出与气相浓度 c'_A 呈平衡的吸附容量，即对应 c'_A 的静平衡活度值。然后按吸附质 A 计算保护作用时间。

3. 吸附工艺

典型的吸附法净化 VOCs 工艺流程如图 7-33 所示。通常采用两个吸附器，一个吸附时另一个脱附再生，以保证过程的连续性。吸附后的气体，直接排出系统。通常以水蒸气作为脱附剂，蒸气将吸附的 VOCs 脱附并带出吸附器，通过冷凝和蒸馏，将 VOCs 提纯回收。

7.3.5 燃烧法净化含 VOCs 废气

将有害气体、蒸气、液体或烟尘通过燃烧转化为无害物质的过程称为燃烧法净化。该法适用于净化可燃的或在高温下可以分解的有机物。在燃烧过程中，有机物质剧烈氧化，放出大量的热，因此可以回收热量。对化工、喷漆、绝缘材料等行业的生产装置中所排出的有机废气广泛采用燃烧法净化。燃烧法还可以用来消除恶臭。

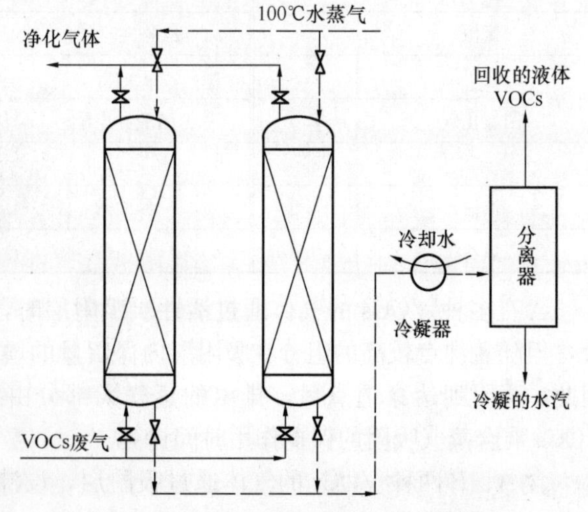

图 7-33 吸附法净化 VOCs 的工艺流程

1. 直接燃烧法

直接燃烧法是把可燃的 VOCs 废气当作燃料来燃烧的一种方法。该法适合

处理高浓度 VOCs 废气，燃烧温度控制在 1100℃以上，去除效率在 95%以上。多种可燃气体或多种溶剂蒸气混合于废气中时，只要浓度适宜，也可以直接燃烧。如果可燃组分的浓度高于燃烧上限，可以混入空气后燃烧；如果可燃组分的浓度低于燃烧下限，则可以加入一定数量的辅助燃料维持燃烧。因为该法所处理的污染物浓度较高（高于爆炸浓度下限）、热值大，所以从某种程度上讲，高浓度 VOCs 废气可作为有价值的燃料源而不作为空气污染控制问题来考虑。直接燃烧法的设备包括一般的燃烧炉、窑，或通过某种装置将废气导入锅炉作为燃料气进行燃烧，最常见的就是火炬燃烧。

2. 热力燃烧法

当废气中可燃物含量较低时，利用其作为助燃气或燃烧对象，依靠辅助燃料产生的热力将废气温度提高，从而在燃烧室中使废气中可燃有害组分氧化销毁的净化法。其工艺流程如图 7-34 所示。

在热力燃烧中，废气中有害的可燃组分经氧化生成 CO_2 和 H_2O，但不同组分燃烧氧化的条件不完全相同。对大部分物质来说，在温度为 740～820℃，停留时间为 0.1～0.3s 即可反应完全；大多数碳氢化合物在 590～820℃即可完全氧化，而 CO 和浓的炭烟粒子则需较高的温度和较长的停留时间。因此，在供氧充分的情况下，反应温度、停留时间、湍流混合构成了热力燃烧的必要条件。不同的气态污染物，在燃烧炉中完全燃烧所需的反应温度和停留时间不完全相同，某些含有机物的废气在燃烧净化时所需的反应温度和停留时间列于表 7-14。

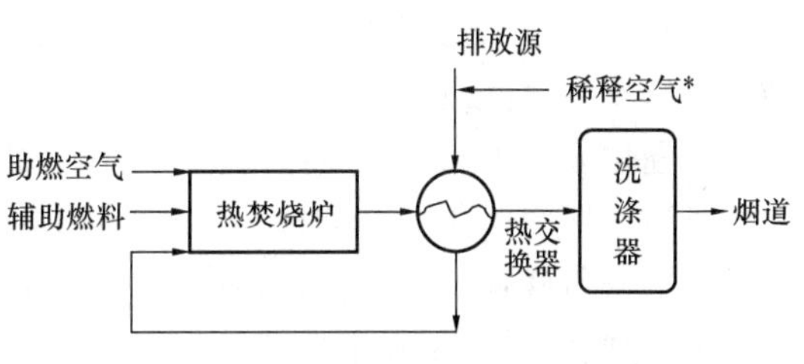

图 7-34　热力燃烧工艺示意图
（* 表示视情况加入）

表 7-14　废气燃烧净化所需的温度、时间条件

废气净化范围	燃烧炉停留时间（s）	反应温度（℃）
碳氢化合物（CH 销毁 90%以上）	0.3～0.5	680～820①
碳氢化合物+CO（CH+CO 销毁 90%以上）	0.3～0.5	680～820
臭味		
（销毁 50%～90%以上）	0.3～0.5	540～650
（销毁 90%～99%以上）	0.3～0.5	590～700
（销毁 99%以上）	0.3～0.5	650～820
烟和缕烟		
白烟（雾滴缕烟消除）	0.3～0.5	430～540②
CH+CO 销毁 90%以上	0.3～0.5	680～820
黑烟（炭粒和可燃粒子）	0.7～1.0	760～1100

① 如甲烷、溶纤剂 [$C_2H_5O(CH_3)_2OH$] 及置换的甲苯等存在，则需 760～820℃；

② 缕烟消除一般是不实用的，往往因为氧化不完全又产生臭味问题。

进行热力燃烧的专用装置称为热力燃烧炉，其结构应保证获得 760℃以上的温度和 0.5s 左右的接触时间，这样才能保证对大多数碳氢化合物及有机蒸气的燃烧净化。热力燃烧炉的主体结构包括两部分：燃烧器，其作用为使辅助燃料燃烧生成高温燃气；燃烧室，其作用为使高温燃气与旁通废气湍流混合达到反应温度，并使废气在其中的停留时间达到要求。

3. 催化燃烧法

催化燃烧法是在系统中使用催化剂，使废气中的 VOCs 在较低温度下氧化分解的方法。该法的优点是催化燃烧为无火焰燃烧，安全性好，要求的燃烧温度低（大部分烃类和 CO 在300～450℃之间即可完成反应），辅助燃料费用低，对可燃组分浓度和热值限制较少，二次污染物 NO_x 生成量少，燃烧设备的体积较小，VOCs 去除率高；缺点是催化剂价格较贵，且要求废气中不得含有导致催化剂失活的成分。

催化燃烧法适于净化金属印刷、绝缘材料、漆包线、炼焦、油漆、化工等多种废气以及恶臭气体，特别是在漆包线、绝缘材料、印刷等生产过程中排出的烘干废气，因废气温度和有机物浓度较高，对燃烧反应及热量回收有利，具有较好的经济效益，因此应用广泛。但不能用于处理含有机氯和有机硫的化合物，因为这些化合物燃烧后会造成二次污染并使催化剂中毒。而有些有机物的沸点高，相对分子质量很大，也不能用催化燃烧法来处理，因为燃烧产物会使催化剂表面发生堵塞。

用于催化燃烧的催化剂多为贵金属 Pt、Pd，这些催化剂活性好，寿命长，使用稳定。国内已研制使用的催化剂有：以 Al_2O_3 为载体的催化剂，此载体可作成蜂窝状或粒状等，然后将活性组分负载其上，现已使用的有蜂窝陶瓷钯催化剂、蜂窝陶瓷铂催化剂、蜂窝陶瓷非贵金属催化剂、γ-Al_2O_3 稀土催化剂等；以金属作为载体的催化剂，可用镍铬合金、镍铬镍铝合金、不锈钢等金属作为载体，已经应用的有镍铬丝蓬体球钯催化剂、铂钯/镍 60 铬 15 带状催化剂、不锈钢丝网钯催化剂以及金属蜂窝体的催化剂等。

用于催化燃烧的各种催化剂及其性能见表 7-15。

表 7-15　用于催化燃烧的各种催化剂及其性能

催化剂品种	活性组分含量（%）	2000 m³/h 下 90%转化温度（℃）	最高使用温度（℃）
Pt-Al_2O_3	0.1～0.5	250～300	650
Pd-Al_2O_3	0.1～0.5	250～300	650
Pd-Ni、Cr 丝或网	0.1～0.5	250～300	650
Pd-蜂窝陶瓷	0.1～0.5	250～300	650
Mn、Cu-Al_2O_3	5～10	350～400	650
Mn、Cu、Cr-Al_2O_3	5～10	350～400	650
Mn-Cu、Co-Al_2O_3	5～10	350～400	650
Mn、Fe-Al_2O_3	5～10	350～400	650
稀土催化剂	5～10	350～400	700
锰矿石颗粒	25～35	300～350	500

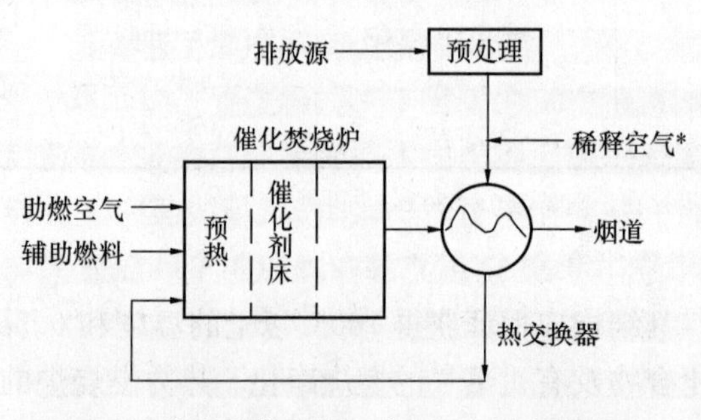

图 7-35　催化焚烧系统示意图（*视情况加入）

催化燃烧法的工艺流程如图 7-35 所示。该流程的组成具有如下特点：①进入催化燃烧装置的气体首先要经过预处理，除去粉尘、液滴及有害组分，避免催化床层的堵塞和催化剂中毒。②进入催化床层的气体温度必须达到所用催化剂的起燃温度，催化反应才能进行。因此，对于低于起燃温度的进气，必须进行预热使其达到起燃温度。气体的预热方式可以采用电加热也可以采用烟道气加热，目前应用较多的为电加热。③催化燃烧反应放出大量的反应热，燃烧尾气温度较高，对这部分热量必须回收。

4. 燃烧热

燃烧是一种放热化学反应，部分 VOCs 的燃烧热（1atm，298K）见表 7-16。

表 7-16　部分有机物的燃烧热（1atm，298K）

物质	$-\Delta H$（kJ・mol^{-1}）	物质	$-\Delta H$（kJ・mol^{-1}）
甲烷	890.31	甲醛	570.78
乙烷	1559.8	乙醛	1166.4
丙烷	2219.9	丙醛	1816.0
正戊烷	3536.1	甲酸	1790.4
正己烷	4163.1	丙酮	254.6
乙烯	1411.0	乙酸	874.5
乙炔	1299.6	丙酸	1527.3
环丙烷	2091.5	丙烯酸	1368.0
环丁烷	2720.5	正丁酸	2183.5
环戊烷	3290.9	乙酸酐	1806.2
环己烷	3919.9	甲酸甲酯	979.5
苯	3267.5	苯酚	3053.5
萘	5153.9	苯甲醛	3528.0
甲醇	726.51	苯乙酮	4184.9
乙醇	1366.8	苯甲酸	3226.9
正丙醇	2019.8	邻苯二甲酸	3223.5
正丁醇	2675.8	邻苯二甲酯	3958.0
二乙醚	2751.1		

5. 燃烧动力学

VOCs 燃烧反应速率，即单位时间内浓度的减小值，可以表示为：

$$r=-\frac{\mathrm{d}C_A}{\mathrm{d}t}=kC_{\mathrm{A}}^{n}C_{\mathrm{O_2}}^{m} \tag{7-15}$$

在大多数情况下，VOCs 的浓度很低，以至于在燃烧过程中氧气的浓度几乎不变，所以上式可简化为：

$$r=-\frac{\mathrm{d}C_{\mathrm{A}}}{\mathrm{d}t}=kC_{\mathrm{A}}^{n} \tag{7-16}$$

式中　r——燃烧速率；

k——燃烧动力学常数；

C_{A}——VOCs 浓度；

n——反应级数。

动力学常数 k 与温度 T 之间的关系通常由阿累尼乌斯方程表示：

$$k=A\exp\left(-\frac{E}{RT}\right) \tag{7-17}$$

式中 A——频率因子，实验常数，与反应分子的碰撞频率有关，s^{-1}；

E——活化能，实验常数，与分子的键能有关，J/mol；

R——气体常数，8.314J/（mol·K）；

T——反应温度，K。

部分有机物的热氧化参数见表7-17。

表7-17　部分VOCs的热氧化参数（按一级反应）

VOCs	A (s^{-1})	E (4.18kJ/mol)	k (s^{-1})			
			500℃	600℃	700℃	800℃
丙烯醛	3.30×10^{10}	35.9	2.34496	34.0728	285.635	1611.103
丙烯腈	2.13×10^{12}	52.1	0.00399	0.1938	4.240	52.203
丙醇	1.75×10^{6}	21.4	1.56166	7.6987	27.344	76.686
氯丙烷	3.89×10^{7}	29.1	0.23111	2.0228	11.336	46.073
苯	7.43×10^{21}	95.9	5.77×10^{-6}	0.0074	2.153	218.778
1-丁烯	3.74×10^{14}	58.2	0.01320	1.0113	31.759	524.645
氯苯	1.34×10^{17}	76.6	2.97	0.0090	0.839	33.632
环己胺	5.13×10^{12}	47.6	0.17961	6.2430	104.650	1037.304
1，2-二氯乙烷	4.82×10^{11}	45.6	0.06203	1.8576	27.659	248.975
乙烷	5.65×10^{14}	63.6	0.00059	0.0680	2.939	62.991
乙醇	5.37×10^{11}	48.1	0.01358	0.4899	8.459	85.888
乙基丙烯酸酯	2.19×10^{12}	46.0	0.21725	6.7021	102.189	937.753
乙烯	1.37×10^{12}	50.8	0.00598	0.2636	5.341	61.773
甲酸乙酯	4.39×10^{11}	44.7	0.10150	2.8421	40.123	345.833
乙硫醇	5.20×10^{5}	14.7	36.35291	108.7566	259.754	527.476
正己烷	6.02×10^{8}	34.2	0.12935	1.6558	12.551	65.227
甲烷	1.68×10^{11}	52.1	0.00031	0.0153	0.334	4.117
氯甲烷	7.43×10^{8}	40.9	0.00204	0.0430	0.485	3.478
丙酮	1.45×10^{14}	58.4	0.00449	0.3494	11.103	185.195
天然气	1.65×10^{15}	49.3	19.10431	753.7581	13973.491	150331.719
丙烷	5.25×10^{19}	85.2	4.32×10^{-5}	0.0248	3.848	233.526
丙烯	4.63×10^{8}	34.2	0.09949	1.2735	9.653	50.166
甲苯	2.28×10^{13}	56.5	0.00243	0.1642	4.664	70.982
三乙胺	8.10×10^{11}	43.2	0.49717	12.4486	160.802	1289.369
乙酸乙酯	2.54×10^{9}	35.9	0.18049	2.6226	21.985	124.006
氯乙烯	3.57×10^{14}	63.3	0.00046	0.5110	2.169	45.814

6. 不同燃烧工艺比较

不同燃烧工艺的性能见表7-18。

表7-18　燃烧法处理VOCs运行性能

燃烧工艺	直接燃烧法	热力燃烧法	催化燃烧法
温度范围（mg/m^3）	＞5000	＞5000	＞5000
处理效率（%）	＞95	＞95	＞95
最终产物	CO_2、H_2O	CO_2、H_2O	CO_2、H_2O
投资	较低	低	高
运行费用	低	高	较低
燃烧温度（℃）	＞1100	700～870	300～450
其他	易爆炸、热能浪费，易产生二次污染	回收热能	VOCs中如含重金属、尘粒等，会引起催化剂中毒，预处理要求较严格

由上表可以看出，燃烧法适合于处理浓度较高的VOCs废气，一般情况下去除率均在95%以上。直接燃烧法虽然运行费用较低，但由于燃烧温度高，容易在燃烧过程中发生爆炸，并且浪费热能产生二次污染，因此目前较少采用；热力燃烧法通过热交换器回收了热能，降低了燃烧温度，但当VOCs浓度较低时，需加入辅助燃料，以维持正常的燃烧温度，从而增大了运行费用；催化燃烧法由于采用热交换、预热器、催化剂等措施使燃烧温度显著降低，从而降低了燃烧费用，但由于催化剂容易中毒，因此对进气成分要求极为严格，不得含有重金属、尘粒等易引起催化剂中毒的物质，同时催化剂成本高，使得该方法处理费用较高。

7.3.6　生物法净化含VOCs废气

1. 生物法工艺分类

生物法处理挥发性有机废气的工艺主要有生物洗涤法、生物滴滤法和生物过滤法三种。

（1）生物洗涤法

生物洗涤法是利用由微生物、营养物和水组成的微生物吸收液处理废气，适合于吸收可溶性气态污染物。其生物降解工艺流程如图7-36所示。

生物洗涤法中气、液相接触方法，除采用液相喷淋外，还可以采用气相鼓泡。一般，若气相阻力较大时，可采用喷淋法；反之，液相阻力较大时则采用鼓泡法。由于生物洗涤法的循环洗涤液需采用活性污泥法来再生，所以在通常情况下，循环洗涤液主要是水，因此，该方法只适用于水溶性较好的VOCs，如乙醇、乙醚等，而对于难溶的VOCs，该方法则不适用。

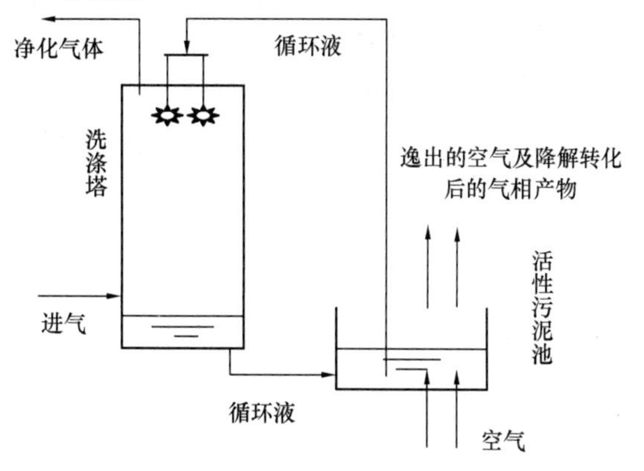

图7-36　生物洗涤塔工艺流程

（2）生物滴滤法

生物滴滤法净化VOCs废气的工艺流程如图7-37所示。VOCs气体由塔底进入，在流动过程中与生物膜接触而被净化，净化后的气体由塔顶排出。循环喷淋液从填料层上方进入滤床，流经生物膜表面后在滤塔底部沉淀，上清液加入N、P、pH调节剂等循环使用，沉淀物排出系统。

生物滴滤床填料通常采用粗碎石、塑料、陶瓷等无机材料，比表面积一般为 100～300m^2/m^3。

（3）生物过滤法

生物过滤法处理 VOCs 废气的工艺流程如图 7-38 所示。生物过滤法净化系统由增湿塔和生物过滤塔组成。挥发性有机气体在增湿塔增湿后进入过滤塔，与已经接种挂膜的生物滤料接触而被降解，最终生成 CO_2、H_2O 和微生物基质，净化气体由顶部排出。定期在塔顶喷淋营养液，为滤料上的微生物提供养分、水分和维持恒定的 pH 值。

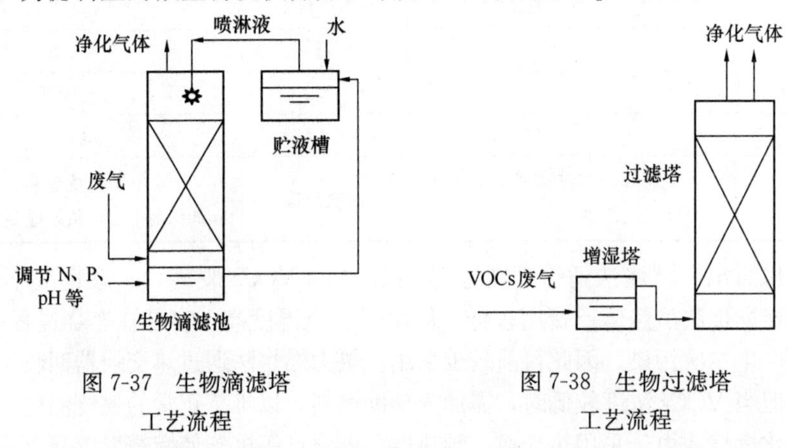

图 7-37　生物滴滤塔工艺流程

图 7-38　生物过滤塔工艺流程

此外，生物过滤工艺还有土壤法和堆肥法。土壤法中微生物生活的适宜条件是：温度 5～30℃，湿度 50%～70%，pH 值 7～8。土壤滤层材料一般的混合比例为：黏土 1.2%，有机质沃土 15.3%，细砂土约为 53.9%，粗砂 29.6%。滤层厚度为 0.5～1.0m，气流速度为 6～100$m^3/(m^2 \cdot h)$。

堆肥法以泥炭、堆肥、土壤、木屑等有机材料为滤料，经熟化后形成一种有利于气体通过的堆肥层，更适宜于微生物生长繁殖，因而堆肥生物滤床中的生物量比土壤床多，污染物的去除负荷及净化效率均比土壤床高，空床停留时间也较短，一般只需 30s（土壤法需 60s），这样可大大减小占地面积。但堆肥易被生物降解，寿命有限，运行 1～5 年后必须更换。

2. 生物法工艺比较

生物法工艺性能比较见表 7-19。

表 7-19　生物法工艺性能比较

工艺	系统类别	适用条件	运行特性	备注
生物洗涤法	悬浮生长工艺	气量小、浓度高、易溶、生物代谢速率较低的 VOCs	系统压降较大；由于采用活性污泥系统再生洗涤液，所以 VOCs 可能通过曝气由液相转移到气相	对较难溶气体可采用鼓泡塔、多孔板式塔
生物滴滤法	附着生长工艺	气量大、浓度低、有机负荷较高、降解过程中产酸的 VOCs	处理能力大，工况易调节，不易堵塞	有机负荷较高时需要进行反冲洗以防止填料堵塞
生物过滤法	附着生长工艺	气量大、浓度低的 VOCs	处理能力大，操作方便，工艺简单，能耗少，运行费用低，具有较强的缓冲能力	不适于处理降解过程中产酸，降解产物或中间产物对微生物有抑制作用的 VOCs

7.3.7 VOCs净化新技术

随着科学技术的发展，相继出现了净化VOCs废气的一些新技术，如膜分离法、低温等离子体法、光催化氧化法等，本节就这些技术作简单介绍。

1. 膜分离法

膜分离技术处理有机废气中的VOCs是一种新的高效分离方法，具有流程简单、VOCs回收率高、能耗低、无二次污染等优点。其原理是利用有机蒸气与空气透过膜的能力的不同，使两者分开。

其分离过程分两步：首先压缩和冷凝有机废气，然后进行膜蒸气分离。气体膜分离基本流程如图7-39所示。含VOCs的有机废气进入压缩机，压缩后的物流进入冷凝器中冷凝，冷凝下来的液态VOCs即可回收；物流中未冷凝的部分通过分离，分成两股物流，渗透物流含有VOCs，返回压缩机入口；未透过的去除了VOCs的物流（净化后的气体）从系统中排出。为保证渗透过程的进行，膜的进料侧压力需高于渗透物流侧的压力。

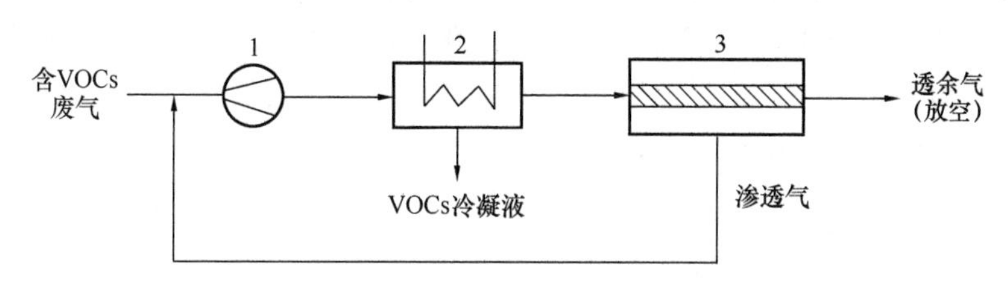

图7-39 气体膜分离流程

1—压缩机；2—冷凝器；3—膜组件

常用的处理废气中VOCs的膜分离工艺包括：蒸汽渗透（VaporPermeation，VP）、气体膜分离（Gas/VapormembraneSeparation，GMS/VMP）和膜接触器（MembraneContactor）等。

20世纪80年代末出现的VP工艺是一种气相分离工艺，其分离原理与渗透汽化工艺类似，依靠膜材料对进料组分的选择性来达到分离的目的。由于没有高温过程和相变的发生，因此VP比渗透汽化更有效、更节能，同时，VOCs不会发生化学结构的变化，便于再利用。

膜法气体分离的基本原理是，根据混合气体中各组分在压力推动下透过膜的传质速率不同而达到分离的目的。目前，气体膜分离技术已经被广泛应用于空气中富氧、浓氮以及天然气的分离等工业中。

膜基吸收是采用合适的膜（如中空纤维微孔膜）使需要发生接触的两相分别在膜的两侧流动（图7-40），两相的接触发生在膜孔内或膜表面的界面上，从而避免了乳化等现象的发生。与传统的膜分离技术相比，膜基吸收的选择性取决于吸收剂，且膜基吸收只需要用低压作为推动力，使两相流体各自流动，并保持稳定的接触界面。

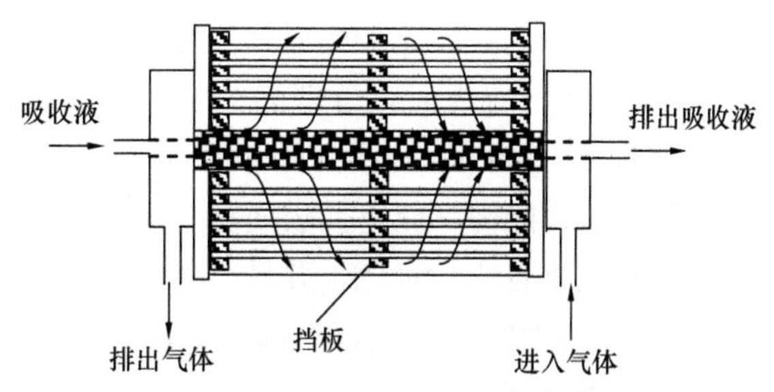

图7-40 膜装置中气液相流动图

膜分离法适合于处理较浓的物流，即VOCs浓度大于1000mg/m^3。系统的费用与进口流量呈正比，与浓度关系不大。对大多数的间歇过程，由于温度、压力、流量和 VOCs 浓度在一个范围内变化，因此要求回收设备有较大的适应性，而膜分离系统能满足这一要求。

2. 低温等离子体法

等离子体是不同于固、液、气等状态，由大量的正负带电粒子和中性粒子组成并表现出集体行为的一种准中性气体。当电子温度 $T_e \gg$ 离子温度 T_i 时，称为非平衡态等离子体（Non—thermalequilibriumplasma），其电子温度可高达 10^4K 以上，而离子和中性粒子的温度却只有 300～500K，非平衡态等离子体又可称为低温等离子体（Coldplasma）。

对于气态污染物的治理，一般要求在常压下进行。能在常压（10^5Pa）下产生低温等离子体的是电晕放电和介质阻挡放电。电晕放电是使用曲率半径很小的电极，并在电极上施加高电压，这样在靠近放电极区域的电场特别强，电子就逸出阴极，与气体分子碰撞使其离子化并产生“电子雪崩”，出现大量的自由电子，这些电子在电场力的作用下加速并获得能量。当电子具有的能量与 C—H、C=C 或 C—C 键的键能相同或相近时，就可以打破这些键，从而破坏有机物的结构。另外，电晕放电可以产生以臭氧为代表的具有强氧化能力的物质，可以氧化有机物。介质阻挡放电产生于两个极板之间，其中至少一个电极上面要覆盖一层电介质。介质阻挡放电兼有辉光放电和电晕放电的特点。表 7-20 列出了介质阻挡放电分解部分烃类污染物的性能。

表 7-20　介质阻挡放电分解烃类污染物的性能

污染物	气体中体积浓度（%）	总压（kPa）	1s 放电后的分解率（%）	分解后的主要产物
正己烷	0.26	101	88	CO_2、H_2O
	1.3	101	64.9	CO_2、CO、H_2O
苯	0.26	101	81	CO_2、H_2O
甲苯	0.26	101	70.3	CO_2、H_2O

低温等离子体技术的优势是适于各类 VOCs 的治理，处理效率高，无二次污染物产生、易操作。但该技术还处于试验阶段，尚未大规模工业应用。

3. 光催化氧化法

光催化氧化法主要是利用催化剂（如 TiO_2）的光催化性，使吸附在催化剂表面的 VOCs 氧化，产生 CO_2 和 H_2O。其反应机理如下：半导体粒子具有能带结构，由填满电子的低能价带和空的高能导带构成，价带和导带之间存在禁带，当用能量等于或大于禁带宽度（Eg）的光照射半导体时，价带上的电子被激发跃迁到导带，在价带上产生带正电的空穴（h^+），并在电场作用下分离并迁移到粒子表面。光生空穴因具有极强的得电子能力，因此具有很强的氧化能力，能将其表面吸附的 OH^- 和 H_2O 分子氧化成 OH·，而 OH·自由基几乎无选择地将有机物氧化，并最终降解为 CO_2 和 H_2O。

VOCs 光催化降解的速率与吸附效率以及催化氧化 VOCs 的速率相关，高的吸附效率只有在较高的催化氧化速率的配合下才能快速降解 VOCs。因此要选择具有更高催化性能的催化剂才能快速降解被吸附的 VOCs，常用催化剂有 TiO_2、ZnO、Fe_2O_3、WO_3、ZnS、CdS 和 PbS 等，其中由于 TiO_2 具有较高的催化活性和稳定性、无毒、价格低廉且易制备等优点而得到广泛研究和应用。表 7-21 是部分 VOCs 光催化氧化的实验数据。

表 7-21　17 种 VOCs 光催化降解效率①

化合物	初始浓度（mg/m³）	转化率②（%）	化合物	初始浓度（mg/m³）	转化率②（%）
三氯乙烯	480	99.9	甲苯	506	87.2③
异辛烷	400	98.9	异丙苯	560	79.7
丙酮	467	98.5	三氯甲烷	572	69.5
甲醇	572	97.9	四氯乙烯	607	66.6
甲基乙基酮	497	97.1	异丙基苯	613	30.3
T-丁基甲基醚	587	96.1	甲基氯仿	423	20.5
二甲氧基甲烷	595	93.6	吡啶	620	15.8
二滤甲烷	574	90.4	四氯化碳	600	0
甲基异丙基酮	410	88.5			

① 该数据获得的条件是：黑灯（30W），Q=200L/min，相对湿度 23%，氧浓度 21%，T=（50±2)℃；

② 转化率是指稳定后达到的值；

③ 该值为经过 60min 照射后的转化率。

光催化氧化法能耗低，可以在常温、常压下分解 VOCs，引起了人们极大的兴趣。虽然光催化氧化得到了广泛研究，但就其对 VOCs 的净化还存在一些争议，如 VOCs 的降解过程中光催化氧化反应会产生醛、酮、酸和酯等中间产物，造成二次污染；只能针对低浓度的 VOCs 进行处理，同时存在催化剂失活、催化剂难以固定等缺点。

7.4　恶臭物质的控制工艺

7.4.1　恶臭物质的分类与来源

恶臭污染物是指一切刺激嗅觉器官引起人们不愉快及损害生活环境的气体物质。

1. 分类

按照化学组成，恶臭气体可分成 5 类。

①含硫的化合物，如硫化氢、硫醇类、硫醚类等；

②含氮的化合物，如胺、氨、酸铵、吲哚类；

③卤素及衍生物，如氯气、卤代烃等；

④烃类，如烷烃、烯烃、炔烃及芳香烃；

⑤含氧的有机物，如醇、酚、醛、有机酸等。

除硫化氢和氨外，恶臭物质绝大多数为有机物。这些有机物具有沸点低、挥发性强的特征。

2. 来源

恶臭的来源相当广泛，主要可分为体泌污染源、生活污染源及工业污染源三类。体泌污染源主要指脚臭、腋臭、口臭等。生活污染源主要来自厕所、卫生间、垃圾桶、下水道等地方。工业污染源是恶臭污染发生的最主要来源。污水处理厂、肉产品加工厂、造纸厂及石油化工企业都会产生严重恶臭。表 7-22 列出了常见的恶臭污染源。

表 7-22　恶臭物质的主要来源

物质名称	主要来源
硫化氢	牛皮纸浆、炼油、炼焦、天然气、石油化工、炼焦化工、煤气、粪便处理、二硫化碳的生产或加工
硫醇类	牛皮纸浆、炼油、煤气、制药、农药、合成树脂、合成橡胶、合成纤维、橡胶加工
硫醚类	牛皮纸浆、炼油、农药、垃圾处理、生活污水下水道
氨	氮肥、硝酸、炼焦、粪便处理、肉类加工、禽畜饲养
胺类	水产加工、畜产加工、皮革、骨胶、石油化工、饲料
吲哚类	粪便处理、生活污水处理、炼焦、屠宰牲畜、粪便堆积发酵、肉类和其他蛋白质腐烂
硝基化合物	燃料、炸药
烃类	炼油、石油化工、炼焦、电石、化肥、内燃机排气、涂料、溶剂、油墨、印刷
醛类	炼油、石油化工、医药、内燃机排气、垃圾处理、铸造
醚类	溶剂、医药、合成纤维、合成橡胶、炸药、照相软片
醇类	石油化工、林产化工、合成材料、酿造、制药、合成洗涤剂、油脂加工、肥皂、皮革制造、合成香料
酚类	钢铁厂、焦化厂、燃料、制药、合成材料、合成香料、溶剂、涂料、油脂加工、照相软片
酯类	合成纤维、合成树脂、涂料、胶黏剂
脂肪酸类	石油化工、油脂加工、皮革制造、肥皂、合成洗涤剂、酿造、制药、香料、食物腐烂、粪便处理
有机卤素衍生物	合成树脂、合成橡胶、溶剂、灭火器材、制冷剂

7.4.2　恶臭污染的一般控制方法

通常采取以下四种方法进行控制与处理恶臭物质：

1. 密封法

用固体、无臭气体或液体隔断恶臭物质扩散来源，使恶臭物质不可能进入或只允许不可避免的极少量进入空气。

2. 稀释法

用大量无臭气体将含恶臭物质的废气稀释，降低恶臭物质的浓度，从而降低臭气的强度。

3. 掩蔽法

在一定范围内释放其他芳香物质以遮盖恶臭物质的臭味。

4. 净化法

建立脱臭装置，在恶臭物质排放前，通过物理的、化学的或生物的方法将恶臭物质捕集起来，使之不能在空气中扩散与传播；或者将恶臭物质转化成无臭物质。恶臭物质的净化方法见表 7-23。

表 7-23　恶臭物质的净化方法

净化方法		方法要点	适用对象
燃烧法	直接燃烧法	在 600～1000℃温度下使恶臭物质直接燃烧；净化效果好，但往往需耗用燃料	可燃性恶臭成分
	催化燃烧法	利用催化剂的作用，使恶臭物质在 150～400℃下进行催化燃烧；燃料费用低，但催化剂易中毒	
	界面燃烧法	恶臭气体与加热的填料等的表面接触受热而分解，可加大恶臭气体的受热面积	

续表

净化方法		方法要点	适用对象
常温氧化法	直接氧化法	常温下在恶臭气体中通入臭氧或氯气，可使恶臭物质氧化与分解；但往往还需处理未反应完全的臭氧或氯气	
	催化氧化法	常温下加臭氧对恶臭气体进行催化氧化；净化效果好，存在催化剂中毒问题	
吸收法	水吸收法	仅对水溶性恶臭物质有效，兼有冷凝恶臭物质的效果，多用作一级处理，存在废水二次污染问题	水溶性恶臭成分
	酸吸收法	用于净化碱性恶臭物质；需处理吸收后产生的废液	碱性恶臭成分
	碱吸收法	用于净化酸性恶臭物质；需处理吸收后产生的废液	酸性恶臭成分
	氧化-吸收法	用高锰酸钾、氯、双氧水、次氯酸钠、臭氧等氧化剂吸收恶臭物质，将其氧化分解。亦可将活性炭及其他催化剂加入吸收液中，将恶臭物质催化氧化而去臭	易氧化分解的恶臭成分
	活性污泥吸收法	利用含有活性污泥的水吸收恶臭物质，水中的细菌和酶可分解恶臭物质而除臭	恶臭废水
吸附法	物理吸附法	用活性炭或分子筛做吸附剂，在常温下吸附恶臭气体，将恶臭物质浓集后再脱附。适用于能利用回收恶臭物质的场合	碳氢化合物
	浸渍活性炭吸附法	用活性炭浸渍不同的物质后再用来吸附多组分恶臭物质，增强吸附效果	硫化氢等物理吸附量较小的成分
	吸附-微生物分解法	用含有微生物的土粒、干燥鸡粪、蚯蚓粪等多孔物做吸附剂吸附恶臭物质，其中的微生物可分解恶臭物质而脱臭；吸附剂吸附恶臭物质后可做肥料或土壤改良剂	恶臭废水
	脱臭树脂吸附法		碱性、酸性恶臭成分
	氧化铁系脱硫剂		硫化氢
冷凝法		将含恶臭物质的气体冷却或深冷，使其中恶臭物质冷凝成液体或固体而与气相主体分离。此法需要对冷凝物进行处理	恶臭气体
中和或掩蔽法		采用适当的中和剂或掩蔽剂	低浓度恶臭成分

习题与思考

1. 某新建电厂的设计用煤为：硫含量3%，热值26535kJ/kg。为达到目前我国火电厂的排放标准，采用的SO_2排放控制措施至少要达到的脱硫效率为多少？

2. 实验测得某循环流化床锅炉的钙硫摩尔比与脱硫效率关系为：$\eta=1-\exp(-0.78R)$，计算达到50%、70%及90%的钙硫摩尔比。

3. 查阅文献，分析目前脱硫技术的发展方向。

4. 某冶炼厂采用二级催化转化制酸工艺回收尾气中的SO_2。尾气中含SO_2为12%，O_2为13.4%，N_2为74.6%（体积）。如果第一级的SO_2回收效率为98%，第二级的回收率为95%。问：(1) 总的回收率是多少？(2) 如果第二级催化床操作温度为700K，催化转化反

应的平衡常数 $K=100$，反应平衡时SO_2的转化率为多少？

5. 某电厂采用石灰石湿法进行烟气脱硫，脱硫率为90%。电厂燃煤含硫为3.6%，含灰为7.7%。试计算：

(1) 如果按照化学计量比反应，脱除每千克SO_2需要多少千克的$CaCO_3$？

(2) 如果实际应用时$CaCO_3$过量30%，每燃烧1t煤需要消耗多少$CaCO_3$？

(3) 脱硫污泥中含有60%的水分和40%$CaSO_4 \cdot 2H_2O$，如果灰渣与脱硫污泥一起排放，每吨燃煤会排放多少污泥？

6. 燃煤锅炉每分钟燃煤1000kg，煤炭热值为26000kJ/kg，煤中氮的含量为2%，其中25%在燃烧中转化为NO_x。如果燃料型NO_x占总排放量的80%，试计算：

(1) 锅炉的NO_x排放量；

(2) 锅炉的NO_x排放系数；

(3) 安装SCR，要求脱氮率为80%，计算需要的NH_3量。

7. 比较氮氧化物和硫氧化物在形成和排放控制方面的相似点和不同点。

8. 解释选择性催化还原脱硝中“选择性”的含义，目前常用的烟气脱硝装置的工艺布置方式是什么？给出通常SCR的操作温度范围。

9. 用直径3m、炭层厚度0.7m的吸附床吸附含乙醇蒸气的空气。空气中乙醇蒸气的初始浓度$\rho_0=10g/m^3$，吸附床出口气流中残留乙醇的浓度为$0.1g/m^3$，吸附床整个截面的混气速度为$v=10m/min$，每次间歇操作的持续时间为585min。活性炭的堆积密度为$500kg/m^3$，活性炭及混合气的初温为295K。求因吸附热而导致的升温。

10. 试计算燃烧温度分别为538℃、649℃及760℃时，去除废气中99%的苯所需要的时间。

11. 某化工厂排放的废气组成为：O_2为20%，N_2为79.7%，甲苯3000×10^{-6}。废气排放量为$20m^3/s$，压力为101325Pa，温度300K。在燃烧炉内净化，停留时间为0.6s，要求燃烧炉出口烟气中的甲苯体积分数不大于20×10^{-6}，计算燃烧温度。

第 8 章　净化系统的设计

学　习　提　示

熟悉净化系统的组成，掌握集气罩的集气机理和设计原理，掌握净化系统管道系统阻力计算方法，风机和电机参数计算和选型方法，掌握净化装置的选择方法，理解管道系统布置原则和主要部件的作用。

学习重点：集气罩的集气机理、净化系统管道系统阻力计算方法和净化装置的选择方法。

学习难点：风机和电机参数计算和选型方法。

8.1　净化系统概述

8.1.1　净化系统的组成

局部排气净化系统的基本组成如图 8-1 所示，主要由集气罩、风管、净化设备、通风机和烟囱组成。

（1）集气罩

用集气罩捕集污染气流。集气罩的性能对净化系统的技术经济指标有直接影响。由于污染源设备结构和生产操作工艺的不同，集气罩的型式多种多样。

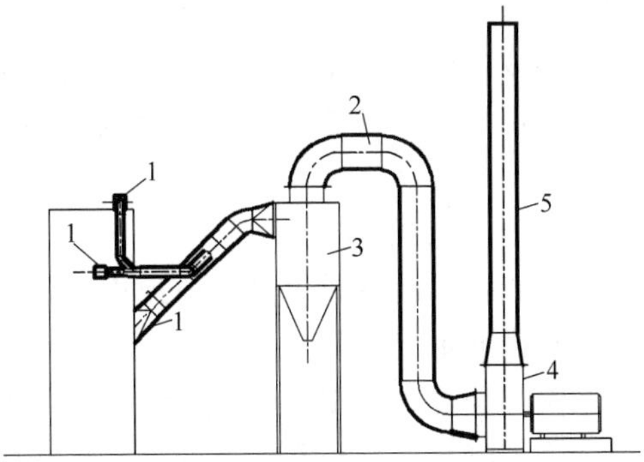

（2）风管

在净化系统中，用来输送气流的管道称为风管，通过风管使净化系统的设备和部件连成一体。

（3）净化设备

为了防止大气污染，当排气中污染物含量超过排放标准时，必须采用净化设备（除尘器、吸收塔、吸附塔、催化反应塔等）进行处理，达到排放标准后排入大气。

图 8-1　局部排气净化系统示意图

1—集气罩；2—风管；3—净化设备；4—通风机；5—烟囱

（4）通风机

通风机是系统中气体流动的动力设备。为了防止通风机的磨损和腐蚀，通常把通风机设在净化设备的后面。

（5）烟囱

烟囱是净化系统的排气装置。由于净化后烟气中仍含有一定量的污染物，这些污染物在大气中扩散、稀释、悬浮或沉降到地面。为了保证污染物的地面浓度不超过环境空气质量标准，烟囱必须具有一定高度。

为使局部排气净化系统正常运行，根据处理对象（如含尘气体、有毒有害气体、高温烟气、易燃易爆气体等）不同，在净化系统中还应增设必要的设备和部件。例如，除尘系统的清灰孔、高温烟气的冷却装置、余热利用装置以及满足钢材热胀冷缩变化的管道补偿器、输送易燃易爆气体时所设的防爆装置、调节系统风量和压力平衡的各种阀门、测量系统内各种参数的仪表、支撑固定管道和设备的支架、降低风机噪声的消音装置等。

8.1.2 净化系统设计的基本内容

局部排气净化系统设计的基本内容包括污染物的捕集装置、净化设备、管道系统、动力系统选择及排放烟囱设计五个部分。

（1）捕集装置设计

污染物的捕集装置通常称为集气罩。设计内容主要包括集气罩结构型式、安装位置以及性能参数确定等内容。

（2）管道系统设计

管道系统设计主要包括管道布置、管道内气体流速确定、管径选择、压力损失计算和各种管配件的选择设计等。

（3）净化设备选择或设计

净化设备的选择或设计一般按以下程序进行：

①工程调查，认真收集有关资料，全面考虑影响设备性能的各种因素；

②根据排放标准和生产要求，计算需要达到的净化效率；

③根据污染物性质和操作条件确定净化方法（吸收、吸附或除尘等）和净化流程（几级处理、是否预冷、调湿以及吸收剂或吸附剂选择等），在此基础上，决定净化设备的选择范围；

④对设备的技术指标和经济指标进行全面比较，选定最适宜的净化装置；

⑤确定净化设备的型号规格及运行参数，设计应满足其排放浓度达到当地排放标准的要求。

（4）动力系统选择

主要依据系统的总风量和总压损，选择通风机型号，校核电动机功率等。

（5）排放烟囱设计

烟囱的设计，主要内容包括结构尺寸及工艺参数（烟囱高度、出口直径、排气速度等）的设计。为满足系统正常运行的需要，还应针对污染物的特性，完成上述系统增设设备及部件的设计。

8.2 集气罩

8.2.1 集气罩的集气机理

1. 吸入气流

一个敞开的管口是最简单的吸气口，当吸气口吸气时，在吸气口附近形成负压，周围空气从四面八方流向吸气口，形成吸入气流或汇流。当吸气口面积很小时，可视为点汇流。假定流动没有阻力，在吸气口外气流流动的流线是以吸气口为中心的径向线，等速面是以吸气口为球心的球面，如图 8-2（a）所示。

通过每个等速面的吸气量 Q 相等，若两个等速面的半径分别为 r_1 和 r_2，相应的气流速度分别为 v_1 和 v_2，则有：

$$Q = 4\pi r_1^2 v_1 = 4\pi r_2^2 v_2 \tag{8-1}$$

或

$$v_1/v_2=(r_2/r_1)^2 \quad (8\text{-}2)$$

点汇流外某一点的流速与该点至吸气口距离的平方成反比，吸入气流的速度衰减很快，在设计集气罩时，应尽量减少罩口到污染源的距离，以提高捕集效率。

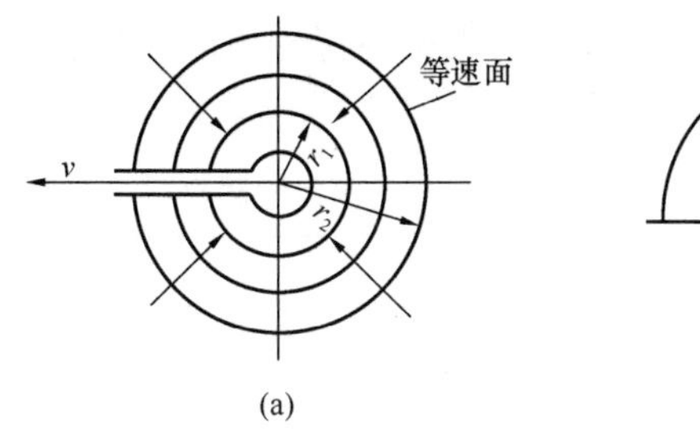

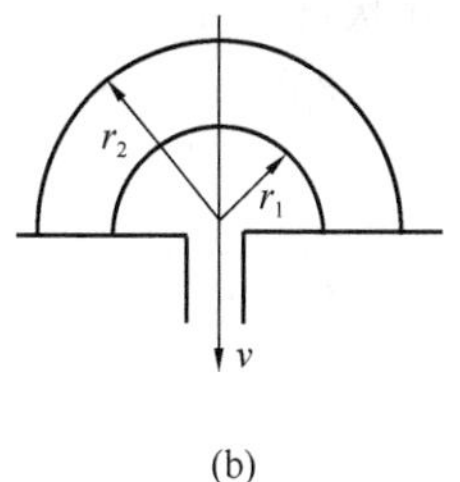

图 8-2　点汇气流流动情况

若在吸气口的四周加上挡板，如图 8-2（b）所示，吸气范围减少一半，其等速面为半球面，则吸气口的吸气量为：

$$Q=2\pi r_1^2 v_1=2\pi r_2^2 v_2 \quad (8\text{-}3)$$

比较式（8-1）和式（8-3）可以看出，在同样距离上造成同样的吸气速度，即达到同样的控制效果时，吸气口不设挡板的吸气量比加设挡板时大一倍。或者说，在吸气量相同的情况下，在相同的距离上，有挡板的吸气口的吸气速度比无挡板的大一倍。因此，在设计外部集气罩时，应尽量减少吸气范围，以增强控制效果。

2. 吹出气流

空气从孔口吹出，在空间形成的气流称为吹出气流或射流。喷吹孔可以是圆形、矩形和扁矩形（长短边之比大于 10∶1）。按孔口形状可以将射流分为圆射流、矩形射流和扁射流（条缝射流）；根据空间界壁对射流的约束条件，射流可分为自由射流（吹向无限空间）和受限射流（吹向有限空间）；按射流温度与周围空气温度是否相等，可分为等温射流和非等温射流；据射流产生的动力，还可将射流分为机械射流和热射流。圆射流可向上下左右扩散，扁射流只能向条缝吹出口两侧方向扩散，方形吹出口及长宽比接近 1 的矩形风口喷出的矩形射流，在距离大于 10 倍吹出口直径（面积的平方根）后，射流断面几乎成为圆形。非等温射流，由于热浮力的作用，射流轴线将产生弯曲。射流温度高于室内空气温度时，轴线向上弯曲，反之轴线向下弯曲。

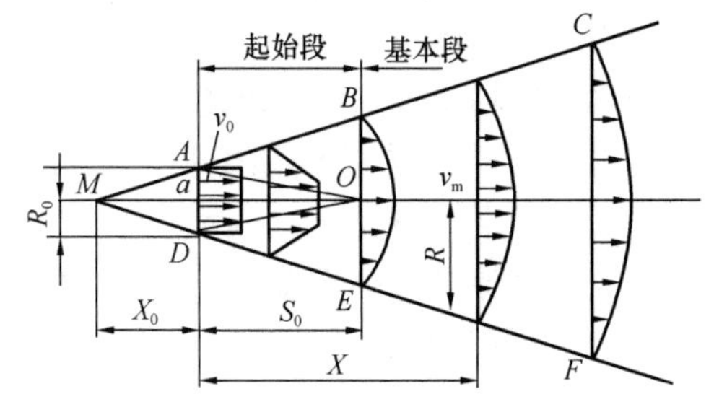

图 8-3　射流结构示意图

等温圆射流和等温扁射流是自由射流中的常见流型。等温圆射流结构示意如图 8-3 所示。图中 R_0 为圆形吹气口的半径，R 为圆射流断面的半径。假设吹气口速度是完全均匀的，从孔口吹出的射流范围不断扩大，其边界面是圆锥面。圆锥的顶点 M 称为极点，圆锥的半顶角 α 称为射流的扩散角，射流内的轴线速度 v_m 保持不变并等于吹出速度 v_0 的一段，称为射流核心段（图 8-3 的 AOD 锥体）。由吹气口至核心被冲散的这一段称为射流起始段 S_0。以起始段的端点 O 为顶点，吹气口为底边的锥体中，射流的基本性质（速度、温度、浓度等）均保持其原有特性。射流核心消失的断面 BOE 称为过渡断面，过渡断面以后称为射流主体段。图 8-3 也可用以表示扁射流的断面结构，一般采用 b_0 代替 R_0 表示扁矩形吹气口半高度，采用 b 表示射流断面的半高度。射流起始段是比较短的，在工程设计中实际意义不大，在集气罩设计中常用到的等温圆射流和扁射流主体段的参数计算公式列于表 8-1 中。表中 a 为吹气口的紊流系数，对圆柱形吹气口 $a\approx0.08$；对于

条缝吹气口 $a\approx0.11\sim0.12$。表中各符号角标 0 表示射流起始段的有关参数；角标 x 表示离吹气口距离 x 处断面上的有关参数。

表 8-1　等温圆射流和扁射流主体段参数计算公式

参数名称	符号	圆射流	扁射流
扩散角	α	$\mathrm{tg}\alpha=3.4a$	$\mathrm{tg}\alpha=2.44a$
起始段长度	S_0（m）	$S_0=0.672\dfrac{R_0}{a}$	$S_0=1.03\dfrac{b_0}{a}$
轴心速度	v_m（m/s）	$\dfrac{v_m}{v_0}=\dfrac{0.996}{\dfrac{ax}{R_0}+0.294}$	$\dfrac{v_m}{v_0}=\dfrac{1.2}{\sqrt{\dfrac{ax}{b_0}+0.41}}$
断面流量	Q_x（m³/s）	$\dfrac{Q_x}{Q_0}=2.2\left(\dfrac{ax}{R_0}+0.294\right)$	$\dfrac{Q_x}{Q_0}=1.2\sqrt{\dfrac{ax}{b_0}+0.41}$
断面平均速度	v_x（m/s）	$\dfrac{v_x}{v_0}=\dfrac{0.1915}{\dfrac{ax}{R_0}+0.294}$	$\dfrac{v_x}{v_0}=\dfrac{0.492}{\sqrt{\dfrac{ax}{b_0}+0.41}}$
射流半径或半高度	R b（m）	$\dfrac{R}{R_0}=3.4\left(\dfrac{ax}{R_0}+0.294\right)$	$\dfrac{b}{b_0}=2.44\left(\dfrac{ax}{b_0}+0.41\right)$

3. 吸入气流与吹出气流

吸入气流与吹出气流（图 8-4）的差异主要有以下两点：

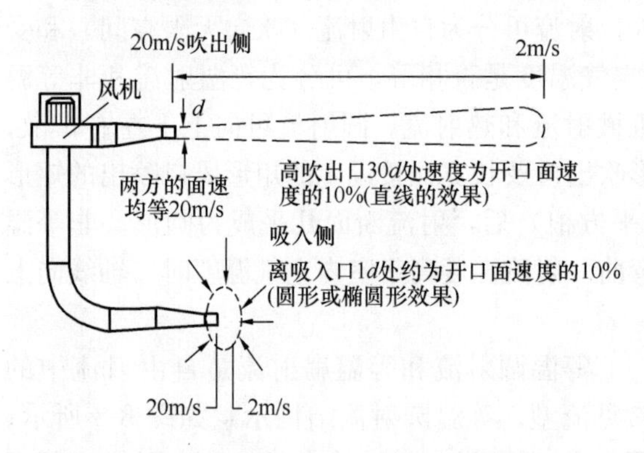

图 8-4　吹出气流与吸入气流

①吹出气流由于卷吸作用，沿射流方向流量不断增加，射流呈锥形；吸入气流的等速面为椭球面，通过各等速面的流量相等，并等于吸入口的流量。

②射流轴线上的速度基本上与射程成反比，而吸气区内气流速度与距吸气口的距离的平方成反比。所以，吸气口能量衰减很快，其作用范围较小。

吸入气流和吹出气流的流动特性是不同的。吹出气流在较远处仍能保持其能量密度，吸入气流则在离吸气口不远处其能量密度就急剧下降。这也表明，吹出气流的控制能力大，而吸入气流则有利于接受。因此，可以利用吹出气流作为动力，把污染物输送到吸气口再捕集，或者利用吹出气流阻挡、控制污染物的扩散，这种把吹气和吸气结合起来的集气方式称为吹吸气流。

4. 吹吸气流

吹吸气流是两股气流组合而成的合成气流。在集气罩设计中，利用吹出气流和吸入气流联合作用来提高所需“控制风速”的形成，称为吹吸式集气罩，吹吸气流的流动状况随吹气口和吸气口的尺寸比（H/D_1、D_3/D_1、F_3/D_1、……）以及流量比（Q_2/Q_1、Q_3/Q_1）而变化。

图 8-5 是三种基本的吹吸气流型式。图中 H 表示吹气口和吸气口的距离；D_1、D_3、F_1、F_3分别表示吹气口、吸气口的尺寸及其法兰边宽度；Q_1、Q_2、Q_3分别表示吹气口的吹气量、吸入的室内空气量和吸气口的总排风量；v_1、v_3分别为吹气口和吸气口的气流速度。

如果把图 8-5 中的（a）、（b）、（c）简单地看作三个木制品，若从横向箭头方向去推，（a）立即倒下，（b）、（c）则难以推到。吹吸气流的情况亦基本相同，吹气口宽度大，抵抗以箭头表示的侧风、侧压的能力就大。所以现在已把 $H/D_1<30$ 定为吹吸式集气罩的设计基准值。

从图 8-5 还可以看出，当吹气量 Q_1 一定时，图 8-5（a）的吹气口宽度 D_{1a} 小，吹气速度 v_{1a} 比（b）、（c）大，动力消耗大，而且噪声、振动也大。当排风量 Q_3 一定时，图 8-5（b）的吸气口宽度 D_{3b} 小，吸入速度 v_{3b} 比（a）、（c）大，动力消耗大，亦不理想。

从抵抗侧风、侧压能力大，动力消耗小等各方面要求综合评价，图 8-5（c）的流动型式较好。

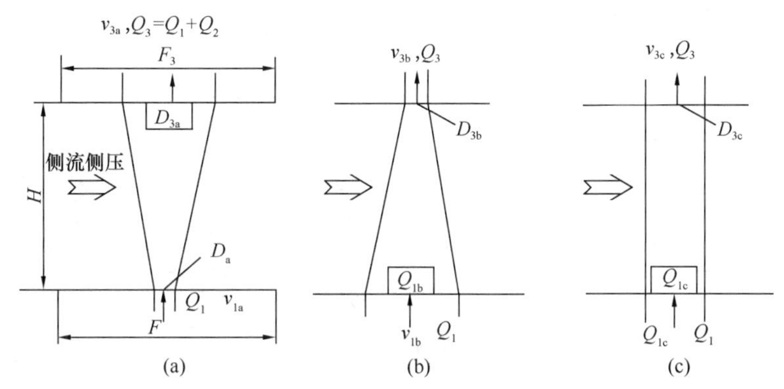

图 8-5　吹吸气流的形状

注：①$H/D_1<30$，一般 $2<H/D_1>15$；②v_1，v_3 较小为好，$v_1>0.2$m/s；③F_3 较小为好；④$F_1=D_1$ 较好；⑤采用经济设计方式，使 O_3 或（Q_1+Q_3）最小。

8.2.2　集气罩的基本类型

按罩口气流流动方式可将集气罩分为两大类：吸气式集气罩和吹吸式集气罩。利用吸气气流捕集污染空气的集气罩称为吸气式集气罩，利用吹吸气流来控制污染物扩散的装置称为吹吸式集气罩。按集气罩与污染源的相对位置及适合范围，还可将吸气式集气罩分为密闭罩、排气柜、外部集气罩、接受式集气罩和吹吸式集气罩等。

1. 密闭罩

（1）密闭罩的分类

密闭罩是将污染源的局部或整体密闭起来的一种装置。其作用原理是使污染物的扩散限制在一个很小的密闭空间内，仅在必须留出的罩上开口缝隙处吸入若干室内空气，使罩内保持一定负压，达到防止污染物外逸的目的。与其他类型集气罩相比，密闭罩所需排风量最小，控制效果最好，且不受室内横向气流的干扰，在工程设计中应优先考虑选用。

一般来说，密闭罩多用于粉尘发生源，常称为防尘密闭罩。按密闭罩的围挡范围和结构特点，可将其分为局部密闭罩（图 8-6）、整体密闭罩（图 8-7）和大容积密闭罩（图 8-8）三种。

根据工艺设备的操作特点，密闭罩有固定式和移动式两种型式。图 8-9 所示是用于小型振动落砂机的固定式密闭罩。图 8-10 所示是大型振动落砂机上的移动式密闭罩。砂箱落砂前，由电动机驱动，使移动罩右移，把大型砂箱用吊车安放在落砂机上，移动罩向左移动，使砂箱密闭在罩内，然后开动风机和落砂机进行落砂和集尘操作。

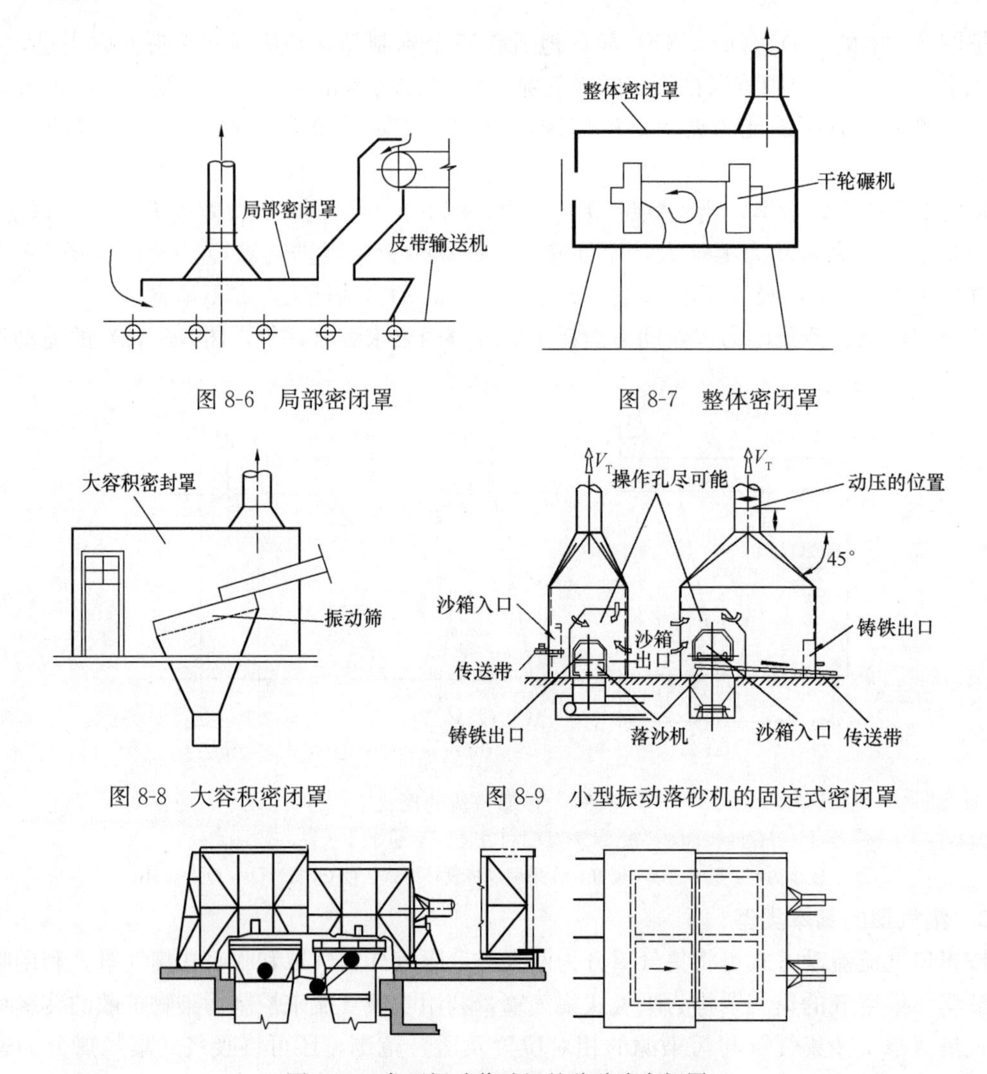

图 8-6　局部密闭罩

图 8-7　整体密闭罩

图 8-8　大容积密闭罩

图 8-9　小型振动落砂机的固定式密闭罩

图 8-10　大型振动落砂机的移动式密闭罩

局部密闭罩的容积比较小，工艺设备大部分露在罩外，方便操作和设备检修。一般适用于污染气流速度较小，且连续散发的地点。整体密闭罩的容积较大，将污染源全部或大部分密闭起来，只把设备需要经常观察和维护的部分留在罩外，罩本身基本上成为独立整体，容易做到严密，一般适用于有振动且气流速度较大的场合。大容积密闭罩的罩内容积大，将污染设备或地点全部密闭起来，可以缓冲污染气流，减少局部正压，设备检修可在罩内进行。适用于多点、阵发性、污染气流速度大的设备或地点。

(2) 密闭罩排风口位置的确定

排风口位置应根据生产设备的工作特点及含尘气流运动规律确定。影响密闭罩内粉尘等有害物外逸的主要因素是罩内正压，因此，尘源密闭后，要防止粉尘外逸，还需通过排风消除罩内正压。所以，排风口位置确定的原则是：排风口应设在罩内压力最高的部位，以利于消除正压；不应在含尘气流浓度高的部位或飞溅区内。

影响罩内正压形成的主要因素有：

① 机械设备运动

圆筒筛在工作过程中高速转动时（图 8-11），会带动周围空气一起运动，造成一次尘化气流。高速气流与罩壁发生碰撞时，把自身的动压转化为静压，使罩内压力升高。

②物料运动

皮带运输机在转运物料的过程中，落料高度的不同会影响到物料的飞扬程度，如图 8-12 所示。物料的落差较大时，高速下落的物料诱导周围空气一起从上部罩口进入下部皮带密闭罩，使罩内压力升高。物料下落时的飞溅是造成罩内正压的另一个原因。为了消除下部密闭罩内诱导空气的影响，当物料的落差大于 1m 时，应在下部进行抽风，同时设置宽大的缓冲箱以减弱飞溅的影响［图 8-12（a)］。落差小于 1m 时，物料诱导的空气量较小，可在上部设置排风口［图 8-12（b)］。

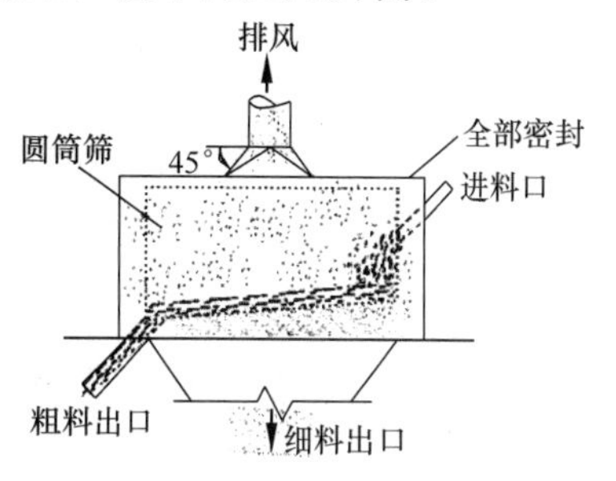

图 8-11　圆筒筛工作示意图

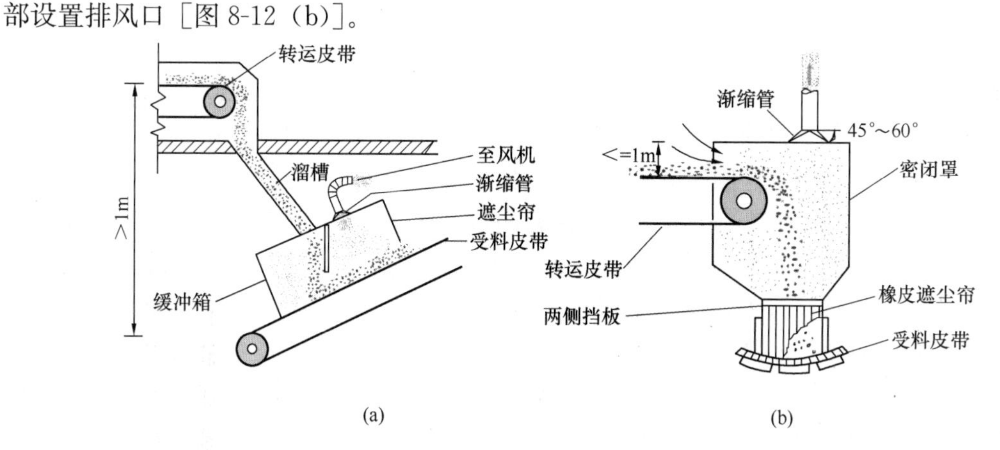

图 8-12　皮带运输机在转运物料的过程示意图

③罩内外温度差

当提升机提升高度较小、输送冷料时，主要在下部的物料受料点造成正压，可在下部设排风点，如图 8-13（a）所示。当提升机输送热的物料时，提升机机壳类似于一根垂直风管，热气流带着粉尘由下向上运动，在上部形成较高的热压。因此当物料温度为 50～150℃时，要在上、下同时排风，物料温度大于 150℃时只需在上部排风，如图 8-13（b）所示。

2. 排气柜

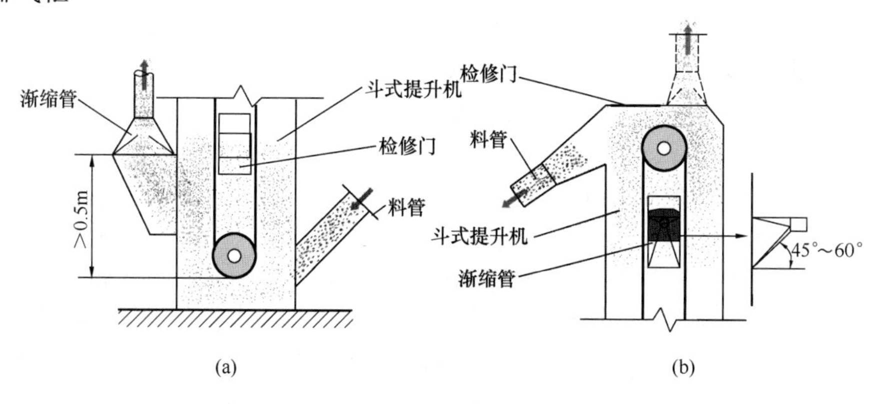

图 8-13　斗式提升机在转运物料的过程示意图

排气柜也称箱式集气罩。由于生产工艺操作的需要，在罩上开有较大的操作孔。操作

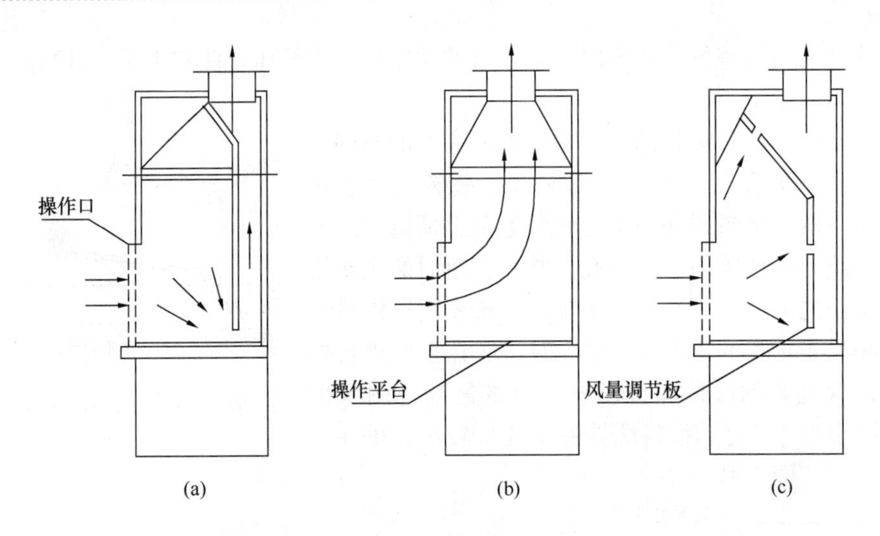

图 8-14 排气柜

(a) 排气点设于下部；(b) 排气点设于上部；(c) 上下部均设排气点

时，通过孔口的吸入气流来控制污染物外逸。其捕集机理和密闭罩相类似，将有害气体发生源围挡在柜状空间内，可视为开有较大孔口的密闭罩。化学实验室的通风柜和小零件喷漆箱就是排气柜的典型代表。其特点是控制效果好，排风量比密闭罩大，而小于其他型式集气罩。排气柜排气点位置，对于有效地排除有害气体，不使之从操作口泄出有着重要影响。用于冷污染源或产生有害气体密度较大的场合，排气点宜设在排气柜的下部［图 8-14（a）］；用于热污染源或产生有害气体密度较小的场合，排气点宜设在排气柜的上部［图 8-14（b）］；对于排气柜内产热不稳定的场合，为适应各种不同工艺和操作情况，应在柜内空间的上、下部均设置排气点，并装设调节阀，以便调节上、下部排风量的比例［图 8-14（c）］。

3. 外部集气罩

由于工艺条件的限制，有时无法对污染源进行密闭，只能在其附近设置外部集气罩，依靠罩口外吸入气流的运动而实现捕集污染物。外部集气罩型式多样，按集气罩与污染源的相对位置可将其分为上部集气罩、下部集气罩、侧吸罩和槽边集气罩四类，如图 8-15 所示。

由于外部集气罩吸气方向与污染气流运动方向往往不一致，一般需要较大风量才能控制污染气流的扩散，而且容易受室内横向气流的干扰，致使捕集效率降低。

4. 接受式集气罩

有些生产过程或设备本身会产生或诱导气流运动，并带动污染物一起运动，如由于加热或惯性作用形成的污染气流。接受式集气罩即沿污染气流流线方向设置吸气罩口，污染气流便可借助自身的流动能量进入罩口。图 8-16（a）为热源上部的伞形接受罩。图 8-16（b）为捕集砂轮磨削时抛出的磨屑及粉尘的接受式集气罩。

5. 吹吸式集气罩

当外部集气罩与污染源距离较大，单纯依靠罩口的抽吸作用往往控制不了污染物的扩散，则可以在外部集气罩的对面设置吹气口，将污染气流吹向外部集气罩的吸气口，以提高控制效果。一般把这类依靠吹吸气流的综合作用来控制污染气流扩散的集气方式称为吹吸式集气罩(图 8-17)。由于吹出气流的速度衰减得慢，利用气幕使室内空气混入量大为减少，所以达到同样的控制效果时，要比单纯采用外部集气罩节约风量，且不易受横向气流的干扰。

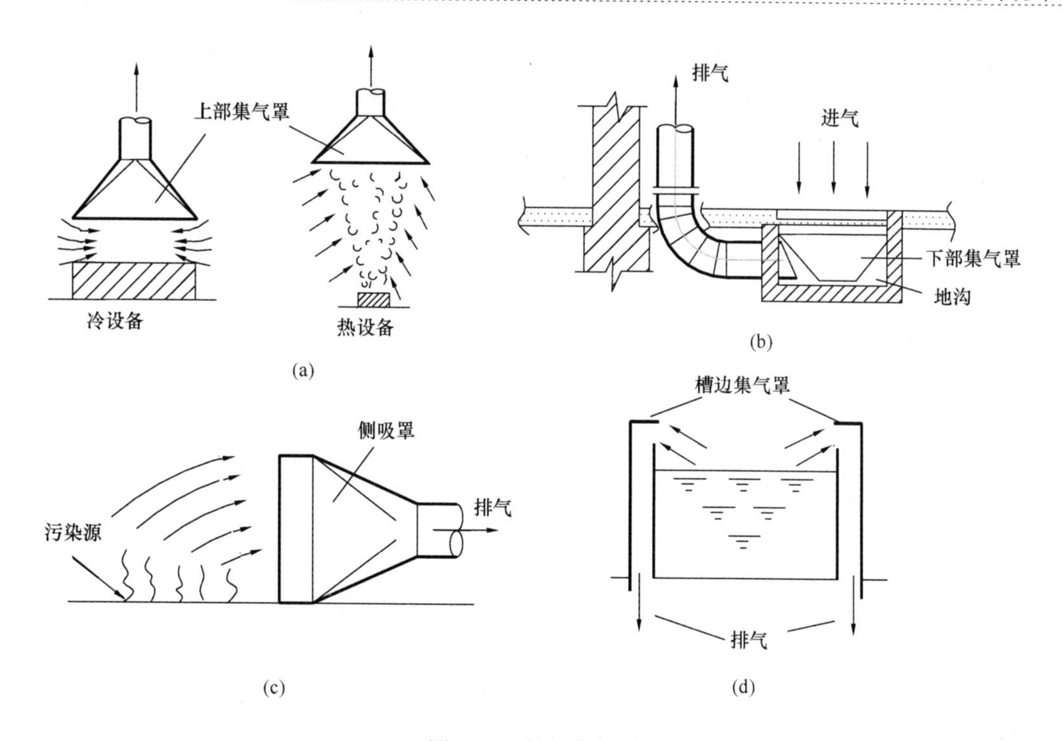

图 8-15 外部集气罩

(a) 上部集气罩；(b) 下部集气罩；(c) 侧吸罩；(d) 槽边集气罩

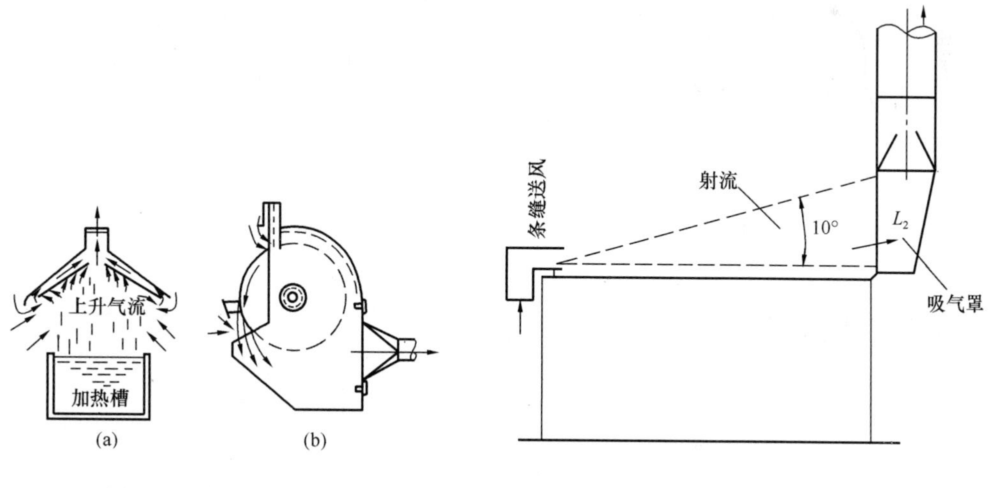

图 8-16 接受式集气罩

(a) 热源上方接受罩；(b) 砂轮机

图 8-17 吹吸式集气罩

8.2.3 集气罩的性能参数及计算

表示集气罩性能的主要技术经济指标为排风量和压力损失。

1. 排风量的确定

(1) 排风量的测定方法

集气罩排风量 Q（m^3/s），可以通过实测罩口上的平均吸气速度 v_0（m/s）和罩口面积 A_0（m^2）确定。

$$Q = A_0 v_0 \quad (m^3/s) \tag{8-4}$$

也可以通过实测连接集气罩直管中的平均速度 v（m/s），气流动压 P_d（Pa）或气体静压 P_s（Pa）及其管道断面积 A（m^2）按下式确定（图 8-18）。

$$Q = Av = A\sqrt{(2/\rho)P_d} \quad (m^3/s) \tag{8-5}$$

或

$$Q = \varphi A\sqrt{(2/\rho)|P_s|} \quad (m^3/s) \tag{8-6}$$

式中 ρ——气体密度，kg/m^3；

φ——集气罩的流量系数，计算方法见式（8-9）。

在实际中，测定平均速度 v 或平均动压 P_d 比较麻烦，则可以测定连接直管中的气流静压并按式（8-6）确定排风量，一般称之为静压法，而将式（8-5）称为动压法，这是工程中常用的两种测定方法。

针对圆形管道内部测试环及测点数的确定见表 8-2。测试环示意图如图 8-19 所示，测点距管道内壁距离见表 8-3。

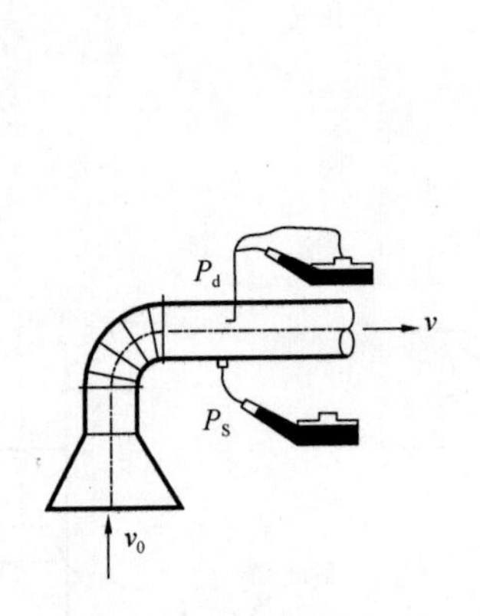

图 8-18　流量系数测定

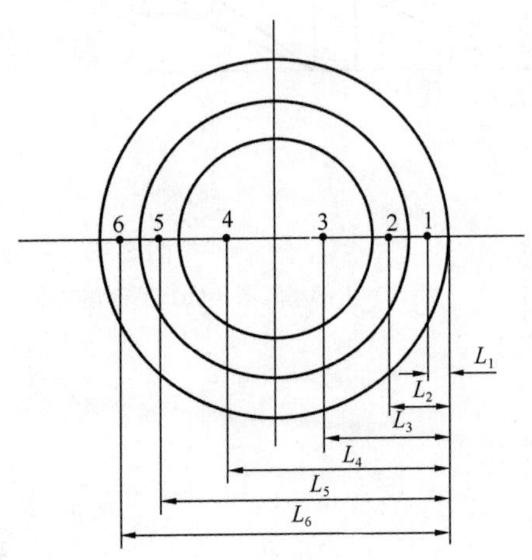

图 8-19　测试环示意图

表 8-2　圆形管道内部测试环及测点数

管道直径 D（mm）	环数	测点数
＜200	1	2
200～400	1～2	2～4
400～600	2～3	4～6
600～800	3～4	6～8
＞800	4～5	8～10

表 8-3　测点距管道内壁距离（D 为管道直径）

测点号	环　数				
	1	2	3	4	5
1	0.146D	0.067D	0.044D	0.033D	0.022D
2	0.854D	0.250D	0.146D	0.105D	0.082D
3		0.750D	0.294D	0.195D	0.146D
4		0.933D	0.706D	0.321D	0.227D

续表

测点号	环　数				
	1	2	3	4	5
5			0.854D	0.679D	0.344D
6			0.956D	0.805D	0.656D
7				0.895D	0.773D
8				0.967D	0.854D
9					0.918D
10					0.978D

(2) 排风量计算方法

在工程设计中，常用控制速度法来计算集气罩的排风量。

控制速度是指在罩口前污染物扩散方向的任意点上均能使污染物随吸入气流流入罩内并将其捕集所必须的最小吸气速度。吸气气流有效作用范围内的最远点称为控制点。控制点距罩口的距离称为控制距离，如图 8-20 所示。

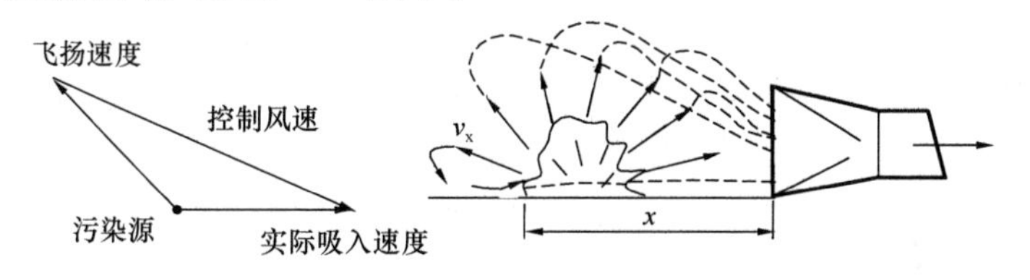

图 8-20　控制速度法示意图

计算集气罩排风量时，首先应根据工艺设备及操作要求，确定集气罩形状及尺寸，从而确定罩口面积 A_0；其次根据控制要求安排罩口与污染源相对位置，确定罩口几何中心与控制点的距离 x。

在工程设计中，当确定控制速度 v_x后即可根据不同型式集气罩罩口的气流衰减规律求得罩口上气流速度 v_0，在已知罩口面积 A_0时，即可按式 (8-4) 求得集气罩的排风量。采用控制速度法计算集气罩的排风量，关键在于确定控制速度 v_x和集气罩结构、安设位置及周围气流运动情况，一般通过现场实测确定。如果缺乏现场实测数据，设计时可参考表 8-4、表 8-5 确定 v_x。

表 8-4　污染源的控制速度 v_x

污染物的产生状况	举例	控制速度 (m/s)
以轻微的速度放散到相当平静的空气中	蒸汽的蒸发，气体或烟气敞口容器中外逸	0.25～0.5
以轻微的速度放散到尚属平静的空气中	喷漆室内喷漆；断续地倾倒有尘屑的干物料到容器中；焊接	0.5～1.0
以相当大的速度放散出来，或放散到空气运动迅速的区域	翻砂、脱模、高速（大于 lm/s）皮带运输机的转运点、混合、装袋或装箱	1.0～2.5
以高速放散出来，或是放散到空气运动迅速的区域	磨床；重破碎；在岩石表面工作	2.5～10

表 8-5　考虑周围气流情况及污染物危害性选择控制速度 v_x

周围气流运动情况	控制速度（m/s）	
	危害性小时	危害性大时
无气流或容易安装挡板的地方	0.20～0.25	0.25～0.30
中等程度气流的地方	0.25～0.30	0.30～0.35
较强气流或不安挡板的地方	0.35～0.40	0.38～0.50
强气流的地方	0.5	1.0
非常强气流的地方	1.0	2.5

2. 压力损失的确定

集气罩的压力损失 ΔP 一般表示为压力损失系数 ξ 与连接直管中动压 P_d 之乘积的型式，即：

$$\Delta P = \xi P_d = \xi \rho v^2/2 \quad (Pa) \tag{8-7}$$

由于集气罩罩口处于大气中，所以该处的全压等于零（参看图 8-18）。因而，集气罩的压力损失亦可写为：

$$\Delta P = -(P_d + P_s) = |P_s| - P_d \tag{8-8}$$

式中　P、P_d、P_s——集气罩连接直管中测试断面的气体全压、动压、静压，Pa；

v——连接直管中气流速度，m/s。

如图 8-18 所示，只要测出连接直管中测试断面的动压 P_d 和静压 P_s，便可求得集气罩的流量系数 φ 值：

$$\varphi = \sqrt{P_d/P_s} \tag{8-9}$$

由式（8-7）、式（8-8）和式（8-9）便可得流量系数 φ 和压力损失系数 ξ 的关系：

$$\varphi = 1/\sqrt{1+\xi} \tag{8-10}$$

8.2.4　集气罩的设计

1. 密闭罩的设计

（1）密闭罩的布置要求

①尽可能将污染源密闭，隔断污染气流与室内气流的联系，防止污染物随室内气流扩散。罩上的观察孔和检修孔应尽量小些，并躲开罩内正压较高的位置。

②密闭罩内应保持一定的均匀负压，避免污染物从罩上缝隙外逸，为此需合理地组织罩内气流和正确地选择吸风点的位置。

③吸风点位置不宜设在物料集中地点和飞溅区内，避免把大量物料吸入净化系统。处理热物料时，吸风点宜设在罩子顶部，同时适当加大罩子容积。

④设计密闭罩，应不妨碍工艺生产操作和方便检修。

（2）密闭罩排风量的确定

决定密闭罩排风量的原则，是要保证罩内各点都处于负压，保证从罩子开口及不严密缝隙处均匀地吸入一部分室内空气。多数情况下，密闭罩的排风量主要由运动物料带入的诱导空气量和由开口或不严密缝隙吸入的空气量两部分组成。一般来说，适当的排风量应保证密闭罩内的负压不小于 5～12Pa。在工程设计中常用以下几种方法来确定排风量。

①按开口或缝隙处空气的吸入速度 v_0 计算当已知开口或缝隙的总面积 F_0（m^2）和开口缝隙处空气吸入速度 v_0（m/s）时，即可按下式计算：

$$Q = F_0 v_0 (m^3/s) \qquad (8\text{-}11)$$

考虑到减少因排风带走过多的物料并保证控制效果。一般取 $v_0=0.5\sim1.5m/s$。

②按经验公式或数据确定排风量　某些特定的污染设备，已根据工程实践经验总结出一些经验公式。例如，砂轮机和抛光机的排风量可按下式计算：

$$Q = KD \quad (m^3/h) \qquad (8\text{-}12)$$

式中　K——每毫米轮径的排风量，对砂轮取 $K=2$；对毡轮取 $K=4$；对布轮取 $K=6$；

D——轮径，mm。

某些污染设备可根据其型号、规格、密闭罩型式直接从有关手册中查出所推荐的排风量。

2. 外部集气罩的设计

(1) 侧吸罩排风量确定

目前多用控制速度法计算外部集气罩的排风量。工程设计中，一般先通过对现场操作情况和污染物散发情况的观察和测定，确定罩型、罩口尺寸和控制点至罩口的控制距离 x 以及控制速度 v_x。若已知外部集气罩罩口气流速度衰减公式，即可计算出罩口的吸入速度 v_0，根据罩口面积 A_0 按式（8-4）求得排风量。控制速度 v_x 值与污染源情况和周围气流运动情况有关，可参考表 8-4、表 8-5 确定。

圆形或矩形侧吸罩　对于罩口为圆形或矩形（宽长比 $W/L\geqslant0.2$）的侧吸罩，沿罩口轴线的气流速度衰减公式为：

$$v_0/v_x = C(10x^2 + A_0)/A_0 \qquad (8\text{-}13)$$

式中　C——与集气罩的结构形状和设置情况有关的系数。前面无障碍，四周无边的侧吸罩取 $C=1$［图 8-21（a）］；操作台上的侧吸罩取 $C=0.75$［图 8-21（b）］；前面无障碍，有边的侧吸罩取 $C=0.75$［图 8-21（c）］；

x——控制距离，m。

式（8-13）仅适用于控制距离 $x\leqslant1.5d$（吸气口直径或矩形罩口的当量直径）的情况。当 $x>1.5d$ 时，实际的速度衰减值要比计算值大。因此，一般把 $x/d\leqslant1.5$ 作为侧吸罩的设计基准。

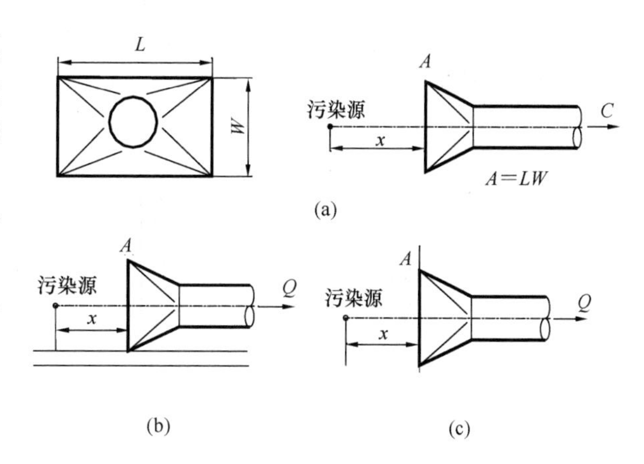

图 8-21　集气罩的结构形状和设置情况

(a) 前面无障碍、四周无边的侧吸罩；(b) 操作台上的侧吸罩；(c) 前面无障碍有边的侧吸罩

将式（8-13）代入式（8-4），便得排风量计算公式：

$$Q = C(10x^2 + A_0)v_x \quad (m^3/s) \qquad (8\text{-}14)$$

(2) 条缝罩

条缝罩是指宽长比 $W/L<0.2$ 的矩形侧吸罩，如图 8-22 所示。由于罩口形状和尺寸的特殊性，决定其罩口气流流谱与上述罩型的差别，条缝罩罩口附近等速面不是球形面，不能按点汇流公式计算，一般按实测流场所归纳的经验公式计算。

条缝罩沿罩口轴线的气流速度衰减公式见式（8-15），排风量计算公式见式（8-16）：

$$v_0/v_x = CxL/A_0 \tag{8-15}$$

$$Q = CxLv_x \quad (m^3/s) \tag{8-16}$$

式中 x——污染源到罩口中心的距离，即控制距离，m；

L——条缝罩开口长度，m；

A_0——条缝罩罩口面积，m^2；

C——与条缝罩结构型式和设置情况有关的系数。四周无边条缝罩取 $C=3.7$［图 8-22（a)］，四周有边条缝罩取 $C=2.8$［图 8-22（b)］，操作平台上的条缝罩取 $C=2$［图 8-22（c)］。

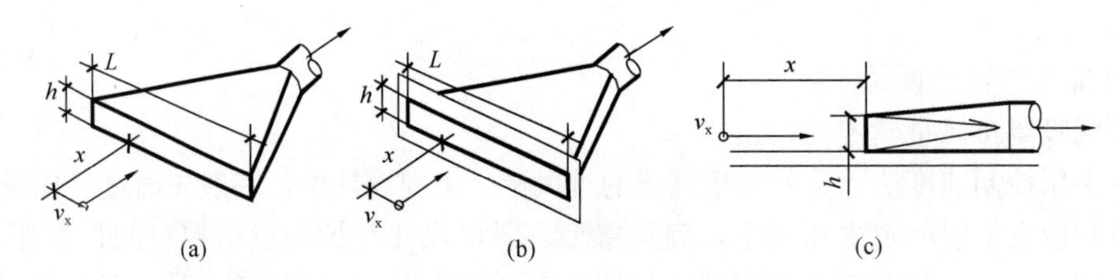

图 8-22 条缝罩

(a) 四周无边条缝罩；(b) 四周有边条缝罩；(c) 操作台上的条缝罩

3. 槽边集气罩的设计

槽边集气罩是外部集气罩的一种特殊型式，专门用于各种工业槽的污染控制。

(1) 槽边集气罩的结构型式

槽边集气罩的常用型式有平口式［图 8-23（a)］和条缝式［8-23（b)］两种。平口式一般在吸气口不设法兰边，故吸气范围大，排风量也大。但当槽靠墙布置时，如同设置了法兰边，减少了排风量。条缝式的结构特点是吸气管截面高度 E 较大，$E \geqslant 250$mm 的称为高截面，$E < 250$mm 的称为低截面。增大截面高度，如同在吸气口处设置了法兰边，减少了吸气范围。因此，其排风量比平口式小，且罩口气流速度分布易均匀。条缝口应保持较高的吸气速度，一般采用 6～9m/s。

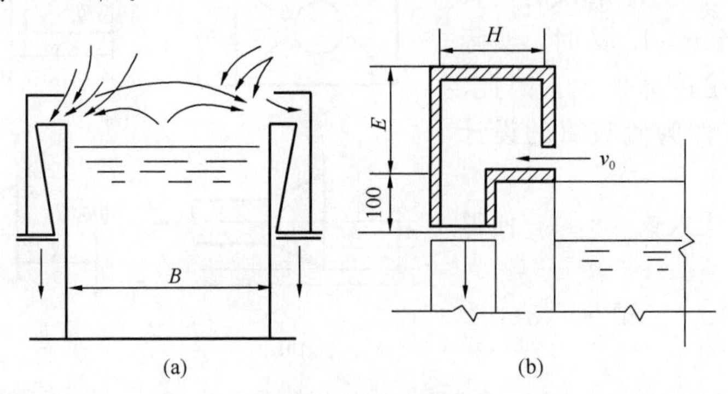

图 8-23 槽边集气罩

(a) 平口式双侧槽边集气罩；(b) 条缝式槽边集气罩

槽边集气罩的布置可分为单侧和双侧两种，单侧适用于槽宽 $B \leqslant 700$mm，$B > 700$ 时用双侧。条缝式槽边集气罩有时还可以按图 8-24 的型式布置，称为周边式槽边吸气罩。

条缝式槽边集气罩罩口型式有等高条缝［图 8-25（a)］和楔形条缝［图 8-25（b)］两种。采用等高条缝，条缝口上气流速度分布不易均匀，末端风速小，靠近风机一端风速大。

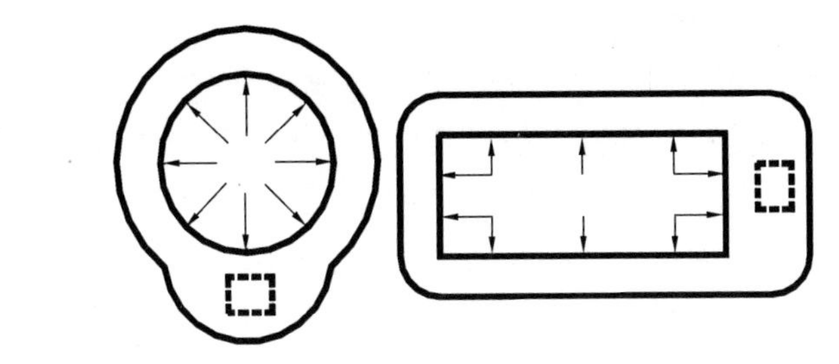

图 8-24　周边型槽边集气罩

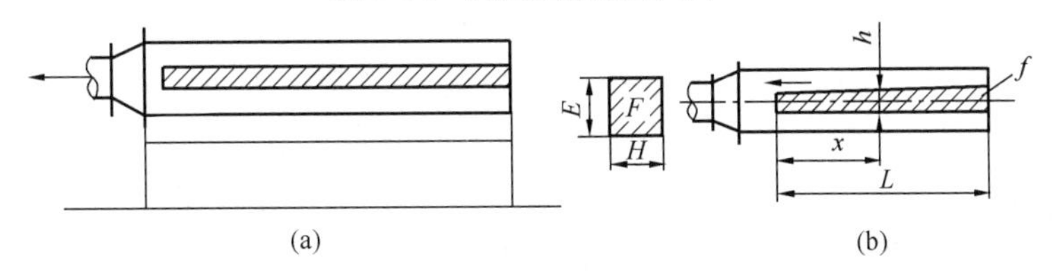

图 8-25　条缝式槽边集气罩

（a）等高条缝；（b）楔形条缝

其速度分布的均匀性和条缝口面积 f 与吸气管截面 F 之比 f/F 值有关，f/F 越小，速度分布越均匀。$f/F \leqslant 0.3$ 时，可近似认为是均匀的，$f/F > 0.3$ 时，为保证条缝口速度分布均匀，最好采用楔形条缝。

（2）条缝式槽边集气罩排风量计算

①高截面单侧排风

$$Q = 2v_x AB\ (B/A)^{0.2} \quad (\mathrm{m^3/s}) \tag{8-17}$$

②低截面单侧排风

$$Q = 3v_x AB\ (B/A)^{0.2} \quad (\mathrm{m^3/s}) \tag{8-18}$$

③高截面双侧排风（总风量）

$$Q = 2v_x AB\ (B/2A)^{0.2} \quad (\mathrm{m^3/s}) \tag{8-19}$$

④低截面双侧排风（总风量）

$$Q = 2v_x AB\ (B/2A)^{0.2} \quad (\mathrm{m^3/s}) \tag{8-20}$$

⑤高截面周边环型排风

$$Q = 1.57v_x D^2 \quad (\mathrm{m^3/s}) \tag{8-21}$$

⑥低截面周边环型排风

$$Q = 2.36v_x D^2 \quad (\mathrm{m^3/s}) \tag{8-22}$$

式中　A——槽长，m；

B——槽宽，m；

D——圆槽直径，m；

v_x——控制速度，m/s。

（3）槽边集气罩局部阻力计算

槽边集气罩局部阻力 ΔP 可按下式计算

$$\Delta P = \xi \frac{\rho v_0{}^2}{2} \quad (\mathrm{Pa}) \tag{8-23}$$

式中　ξ——集气罩局部阻力系数，一般取 $\xi = 2.34$；

ρ——污染气流的气体密度，$\mathrm{kg/m^3}$；

v_0——通过罩口的气流速度，m/s。

4. 热源上部接受式集气罩设计

接受式集气罩（简称接受罩）的特点是直接接受生产过程产生或诱导出来的污染气流，其排风量取决于接受的污染气流量。因此，在设计接受罩时，首先应确定污染气流量的大小，并考虑横向气流干扰等影响，适当加大接受罩的罩口尺寸和排风量。

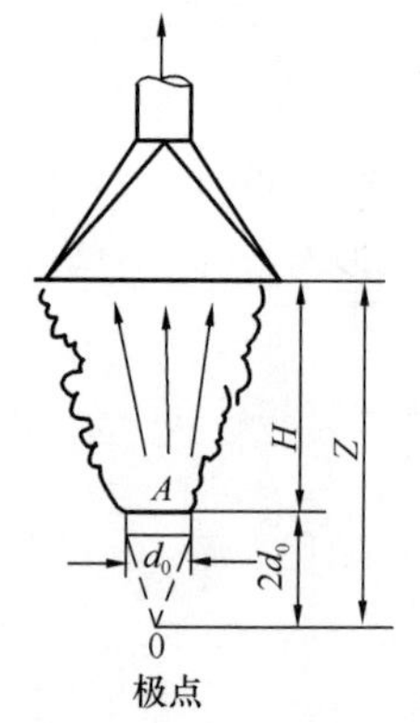

图 8-26　热源上部接收罩

生产过程产生或诱导出来的污染气流，主要是指热源上部的热射流和粉状物料在高速运动时所诱导的气流。而后者的影响因素较为复杂，通常按经验数据确定。热源上部的热射流亦有两种型式：一种是生产设备本身散发的热气流，如炼钢电弧炉炉顶的热烟气；一种是高温设备表面对流散热时形成的热射流（对流气流）。对于前者，一般通过现场实测或有关工艺计算经验公式求得热气流的起始流量。这里主要介绍热源对流散热形成热射流流量的计算方法以及热源上部接受罩的设计方法。

（1）热射流流量计算

图 8-26 表示设置在热源上部的接收罩以及罩下垫设备加热周围空气而产生的热射流的一般形态。热射流在上升过程中，由于不断混入周围空气，其流量和横断面积会不断增大。若热源的水平投影面积用 A 表示，当热射流上升高度 $H \leqslant 1.5\sqrt{A}$（或 $H \leqslant 1\text{m}$）时，因上升高度较小，混入的空气量较少，可近似认为热射流的流量和横断面积基本不变。一般将 $H \leqslant 1.5\sqrt{A}$ 的热源上部接收罩称为“低悬罩”，而将 $H > 1.5\sqrt{A}$ 的接收罩称为“高悬罩”。当 $H \leqslant 1.5\sqrt{A}$ 时，其热射流起始流量 Q_0 可按下式计算。

$$Q_0 = 0.381(qHA^2)^{1/3} \quad (\text{m}^3/\text{s}) \tag{8-24}$$

式中　q——热源水平表面对流散热量，kW；

H——罩口离热源水平面的距离，m；

A——热源水平面投影面积，m^2。

热源水平表面对流散热量可按下式计算

$$q = 0.0025 \cdot \Delta t^{1.25} A \quad (\text{kW}) \tag{8-25}$$

式中　Δt——热源水平表面与周围空气温度差，K。

当热射流的上升高度 $H > 1.5\sqrt{A}$ 时，其流量和横断面积会显著增大。则热射流不同上升高度上的流量、流速及其断面直径可按下列公式计算（参看图 8-25）。

$$Q_z = 8.07 \times 10^{-2} Z^{1.5} q^{1/3} \quad (\text{m}^3/\text{s}) \tag{8-26}$$

$$D_z = 0.45 Z^{0.88} \quad (\text{m}) \tag{8-27}$$

$$v_z = 0.51 Z^{-0.29} q^{1/3} \quad (\text{m/s}) \tag{8-28}$$

式中　Q_z——计算断面上热射流流量，m^3/s；

D_z——计算断面上热射流横面断面直径，m；

v_z——计算断面上热射流平均流速，m/s。

上述公式是以点热源为基础按热射流极点计算而得出的，当热源具有一定尺寸时，必须先用外延法求得热射流极点。热射流极点位于热射流轴线上，在热源下面 $2D_0$ 处，热射流的大致界限的确定方法，是自极点引两条经过热源两侧边缘的辐射线。极点至计算断面的有效

距离 Z 可按下式计算：

$$Z = H + 2D_0 \quad (\mathrm{m}) \tag{8-29}$$

式中　D_0——热源的当量直径，m；

H——热源至计算断面的距离，m。

(2) 热源上部接受罩的设计

在工程设计中，考虑到横向气流的影响，接受罩的断面尺寸应大于罩口断面上热射流的尺寸，接受罩的排风量应大于罩口断面上的热射流流量。

低悬罩罩口每边尺寸需比热设备尺寸增加 150～200mm。高悬罩罩口尺寸按下式确定：

$$D = D_z + 0.8H \quad (\mathrm{m}) \tag{8-30}$$

低悬罩排风量按下式计算：

$$Q = Q_0 + v'F' \quad (\mathrm{m^3/s}) \tag{8-31}$$

高悬罩排风量按下式计算：

$$Q = Q_z + v'F' \quad (\mathrm{m^3/s}) \tag{8-32}$$

式中　Q——考虑横向气流影响的接受罩排风量，$\mathrm{m^3/s}$；

F'——考虑横向气流影响，罩口扩大的面积，即罩口面积减去热射流的断面积，$\mathrm{m^2}$；

v'——罩口扩大面积上空气的吸入速度，通常取 $v' = 0.5 \sim 0.75\mathrm{m/s}$。

5. 吹吸式集气罩的设计

要使吹吸式集气罩在经济合理的前提下获得最佳的使用效果，必须依据吹吸气流的运动规律，使两股气流有效结合、协调一致。吹吸罩的计算方法大致可归纳为两类：一类是从射流理论出发而提出的控制速度法；另一类则是依据吹吸气流的联合作用而提出的各种计算方法，如临界断面法等。下面仅对临界断面法的计算作介绍。

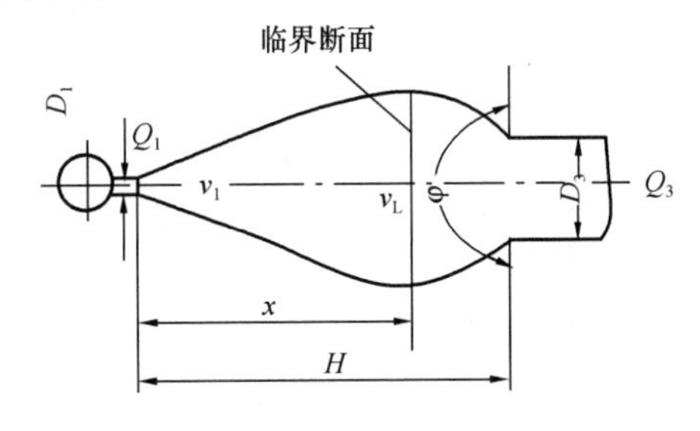

图 8-27　临界断面法

吹吸气流是由射流和汇流两股气流合成的。射流的速度随离吹气口距离增加而逐渐减小，而汇流的速度随靠近吸气口而急剧增加。吹吸气流的控制能力必然随离吹气口距离增加而逐渐减弱，随靠近吸气口又逐渐增强。所以吹吸气口之间必然存在一个射流和汇流控制能力皆最弱的断面，即临界断面（图 8-27）。吹吸气流的临界断面一般发生在 $x/H = 0.6 \sim 0.8$ 之间。一般近似认为，在临界断面前吹出气流基本是按射流规律扩展的。在临界断面后，由于吸入气流的影响，断面逐渐收缩。这就是说，吸气口的影响主要发生在临界断面之后。从控制污染物外逸的角度出发，临界断面上的气流速度（称为临界速度 v_L）应取为 1～2m/s 或更大些，并且要大于污染物的扩散速度。为防止吹气口堵塞，吹气口宽度应大于 5mm，而吸气口宽度一般应大于 50mm。设计槽边吹吸罩时，为防止液面波动，吹气口气流速度 v_1 应限制在 10m/s 以下。

根据临界断面法，可按以下公式设计吹吸罩：

临界断面位置　$x = KH \quad (\mathrm{m})$　(8-33)

吹气口吹风量　$Q_1 = K_1 H L_1 v_L^2 / v_1 \quad (\mathrm{m^3/s})$　(8-34)

吹气口宽度　$D_1 = K_1 H (v_L / v_1)^2 \quad (\mathrm{m})$　(8-35)

吸气口排风量　$Q_3 = K_2 H L_3 v_L \quad (\mathrm{m^3/s})$　(8-36)

吸气口宽度　　$D_3 = K_3 H$　　(m)　　(8-37)

式中　　H——吹气口至吸气口的距离，m；

L_1、D_1——吹气口长度、宽度，m；

L_3、D_3——吸气口长度、宽度，m；

v_L——临界速度，m/s；

v_1——吹气口上气流平均速度，m/s。一般取8～10m/s；

K、K_1、K_2、K_3——系数，由表8-6查得，表中数值是在紊流系数 $\alpha = 0.2$ 的条件下得出的。

表8-6　临界断面法有关系数

扁平射流	吸入气流夹角 φ	K	K_1	K_2	K_3
两面扩张	$3\pi/2$	0.803	1.162	0.736	0.304
	π	0.760	1.073	0.686	0.283
	$5\pi/6$	0.735	1.022	0.657	0.272
	$2\pi/3$	0.706	0.955	0.626	0.258
	$\pi/2$	0.672	0.878	0.260	0.107
一面扩张	$\pi/2$	0.760	0.537	0.345	0.142
	$3\pi/2$	0.870	0.660	0.400	0.165
	π	0.832	0.614	0.386	0.158

8.3　管道系统的设计

8.3.1　管道系统部件

为了输送气体，必须使用各种管道。管道中除直管道用钢管以外，还要用到各种管配件：管道拐弯时必须用弯头，管道变径时要用大小头，分叉时要用三通，管道接头与接头相连接时要用法兰；为达到开启输送介质的目的，还要用各种阀门；为减少热膨冷缩或频繁振动对管道系统的影响，还要用膨胀节。此外，在管路上，还有与各种仪器仪表相连接的各种接头、堵头等。我们习惯将管道系统中除直管以外的其他配件统称为管配件。

1. 风管

通风除尘管道（简称管道）是运送含尘气流的通道，它将吸尘罩、除尘器及风机等部分连接成一体。管道设计是否合理，直接影响到整个除尘系统的效果。因此，必须全面考虑管道设计中的各种问题，以获得比较合理、有效的方案。

风管的形状多为圆形或矩形，风管规格见表8-7和表8-8。材料厚度见表8-9～表8-13。

表8-7　矩形风管规格

名称	外径 D（mm）
基本系列	100、120、140、160、180、200、220、250、280、320、360、400、450、500、560、630、700、800、900、1000、1120、1250、1400、1600、1800、2000
辅助系列	80、90、110、130、150、170、190、210、240、260、300、340、380、420、480、530、600、670、750、850、950、1060、1180、1320、1500、1700、1900

表8-8　矩形风管规格

	外边长（长×宽）（mm×mm）			
规格	120×120	320×320	630×500	1250×400
	160×120	400×200	630×630	1250×500

续表

	外边长（长×宽）（mm×mm）			
规格	160×160	400×250	800×320	1250×630
	200×120	400×320	800×400	1250×800
	200×160	400×400	800×500	1250×1000
	200×200	500×200	800×630	1600×500
	250×120	500×250	800×800	1600×630
	250×160	500×320	1000×320	1600×800
	250×200	500×400	1000×400	1600×1000
	250×250	500×500	1000×500	1600×1250
	320×160	630×250	1000×630	2000×800
	320×200	630×320	1000×800	2000×1000
	320×250	630×400	1000×1000	2000×1250

表 8-9　钢板风管板材厚度（mm）

风管直径 D 或长边尺寸 b	圆形风管	矩形风管		除尘系统风管
		中、低压系统	高压系统	
D（b）≤320	0.5	0.5	0.75	1.5
320<D（b）≤450	0.6	0.6	0.75	1.5
450<D（b）≤630	0.75	0.6	0.75	2.0
630<D（b）≤1000	0.75	0.75	1.0	2.0
1000<D（b）≤1250	1.0	1.0	1.0	2.0
1250<D（b）≤2000	1.2	1.0	1.2	按设计要求
2000<D（b）≤4000	按设计	1.2	按设计	

注：螺旋风管的钢板厚度可减小 10%～15%；排烟系统风管钢板厚度可按高压系统；特殊除尘系统风管钢板厚度应符合设计要求；不适用于地下人防与防火隔板的预埋管。

表 8-10　高、中、低压系统不锈钢板风管板材厚度

风管直径或长边尺寸 b（mm）	不锈钢板厚度（mm）
b≤500	0.5
500<b≤1120	0.75
1120<b≤2000	1.0
2000<b≤4000	1.2

表 8-11　中、低压系统铝板风管板材厚度

风管直径或长边尺寸 b（mm）	铝板厚度（mm）
b≤320	1.0
320<b≤630	1.5
630<b≤2000	2.0
2000<b≤4000	按设计

表 8-12　中、低压系统聚氯乙烯风管板材厚度

圆形风管直径 D（mm）	厚度（mm）	矩形风管长边尺寸 b（mm）	厚度（mm）
$D \leqslant 320$	3	$b \leqslant 320$	3
$320 < D \leqslant 630$	4	$320 < b \leqslant 500$	4
$630 < D \leqslant 1000$	5	$500 < b \leqslant 800$	5
$1000 < D \leqslant 2000$	6	$800 < b \leqslant 1250$	6
		$1250 < b \leqslant 2000$	8

表 8-13　中、低压系统有机、无机玻璃钢风管板材厚度

风管直径 D 或长边尺寸 b（mm）	有机玻璃钢厚度（mm）	风管直径 D 或长边尺寸 b（mm）	无机玻璃钢厚度（mm）
D（b）$\leqslant 200$	2.5	D（b）$\leqslant 300$	2.5～3.5
$200 < D$（b）$\leqslant 400$	3.2	$300 < D$（b）$\leqslant 500$	3.5～4.5
$400 < D$（b）$\leqslant 630$	4	$500 < D$（b）$\leqslant 1000$	4.5～5.5
$630 < D$（b）$\leqslant 1000$	4.8	$1000 < D$（b）$\leqslant 1500$	5.5～6.5
$1000 < D$（b）$\leqslant 2000$	6.2	$1500 < D$（b）$\leqslant 2000$	6.5～7.5
		D（b）$\leqslant 2000$	7.5～8.5

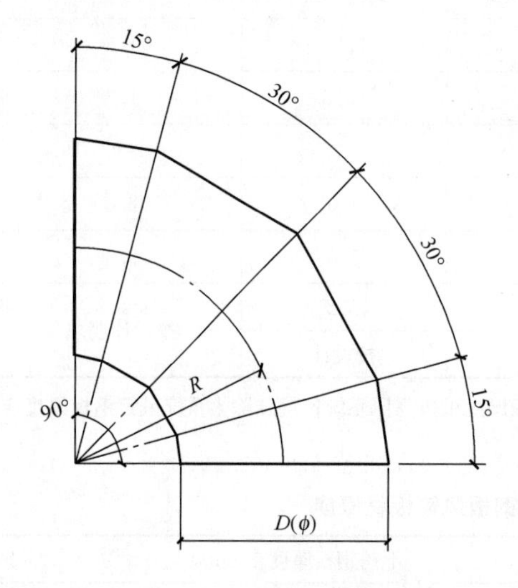

图 8-28　90°弯头示意图

2. 弯头

弯头是连接管道的常见构件，如图 8-28 所示，其阻力大小与弯管直径 D、曲率半径 R 以及弯管所分的节数等因素有关。曲率半径 R 越大，阻力越小。但当 $R/D > 2 \sim 2.5$ 时，弯管阻力不再显著降低，而占用更大的空间，使系统管道、部件及设备不易布置，所以从实用出发，在设计中 R/D 一般取 1～1.5，弯头曲率半径和节数的推荐值见表 8-14。

3. 三通

合流三通中两支管的气流速度不同时，易发生气流引射，并伴有能量交换，流速大的气流失去能量，流速小的气流得到能量，但总的能量是损失的。为了减小三通的阻力，应避免出现引射现象，设计时最好使两个支管与总管的气流速度相等，即 $v_1 = v_2 = v_3$ 。三通的阻力与气流方向有关，两支管间的夹角一般取 15°～45°，以保证气流畅通，减少阻力损失。三通一般不采用“T”形连接，此时的三通阻力比合理的连接方式大 4～5 倍；尽量避免使用四通，因为四通内的气流干扰很大，严重影响吸风效果，降低系统的效率。

4. 渐扩管

气体在管道中流动时，如管道的截面骤然由小变大，则气流也骤然扩大，引起较大的冲击压力损失。为减小阻力损失，通常采用平滑过渡的渐扩管。渐扩角 α 越大，涡流区越大，能量损失也越大。当 α 超过 45°时，压力损失相当于冲击损失。为了减小渐扩管阻力，必须尽量减小渐扩角 α ，但 α 越小，渐扩管的长度也越大。通常，渐扩角 $\alpha = 30°$、长度 $l >$(3～

5）（D_2-D_1）为宜。

表 8-14　弯头曲率半径和节数的推荐值

弯头直径 D（mm）	曲率半径 R/D	弯曲角度和最少节数							
		90°		60°		45°		30°	
		中节	端节	中节	端节	中节	端节	中节	端节
200～300	1～1.5	2	2	1	2	1	2	—	2
350～500	1～1.5	2	2	1	2	1	2	—	2
550～1000	1	2	2	1	2	1	2	—	2
1100～2500	1	3	2	2	2	2	2	—	2
2600～3600	1	3	2	2	2	2	2	—	2

5. 风管部件

（1）软连接

管道与风机的接口及出口风机运转时会产生振动，为减小振动对管道的影响，在管道与风机相接的地方最好采用一段软管（如帆布软管）连接。在风机的出口处一般采用直管，当受到安装位置的限制，需要在风机出口处安装弯头时，弯头的转向应与风机叶轮的旋转方向一致。管道的出口气流排入大气，当气流由管道口排出时，气流在排出前所具有的能量将全部损失掉。为减少出口动压损失，可把出口作成渐扩角不大的渐扩管，出口处最好不要设风帽或其他物件，同时尽量降低排风口气流速度。

（2）清灰孔

除尘管道系统中容易产生涡流死角部位以及水平安装的管道端部，应设置清灰孔或人孔，以便于及时清除管内积灰，防止管道堵塞，清灰孔的大小可视清灰方式而定，孔径一般为 100～300mm，人孔的孔径一般取 600mm。

（3）调节阀门

管道系统使用的阀门按其用途可分为调节阀门和启动阀门两类；按其控制方式可分为手动、电动、气动或远距离控制等种类。手动阀门一般用于管网系统压力平衡调节，电动阀常用于风机启动、系统风量控制等。常用手动阀有插板阀、蝶阀和暗杆平行式闸阀等，常用电动阀有电动蝶阀、电动推杆及密闭式对开多叶调节阀等。

对于多分支管道系统，为合理调节各分支管压力平衡，应在各分支管上装设插板阀、蝶阀等调节阀门；对于不同时运转的排风点连接管道，宜设置启闭切换阀，并与工艺生产设备连锁，以节约系统风量；对于排放烟囱较高、抽力较大的管道系统，宜在风机出口风管安设启闭阀，以方便设备检修；管道系统阀门应设在易于操作、维修和不易积尘的位置，必要时应设操作检修平台。

（4）测孔

除尘系统在运行前应进行启动调节，运行过程中也要进行性能测定，因此管道上要事先留出调节和测试用的测孔。

为了调整和检测净化系统的各项参数，管道系统必须设各种测孔，用于测定风量、风压、温度、污染物浓度等。为检测净化系统排放和净化效率，需在净化装置进出口设置测孔；为测试风机性能参数，需在风机进出口设置测孔；对于多分支管路，为调节管网压力平衡，需在各支管设置测孔。

测试断面选择在气流稳定的直管段，尽可能设在异形管件后大于4倍管径或异形管件前大于2倍管径的直管段上，以减少局部涡流对测定结果的影响。对于水平安装的除尘管道，不宜在其底部设测孔，以免管内积灰进入测试仪器，造成误差或引起堵塞。

（5）法兰

除尘管道一般用钢板焊接制作，当与设备相连时采用法兰盘式连接，便于拆卸清理。输运不超过70℃的正常湿度的空气的管道可以用厚纸垫，超过70℃则用石棉厚纸垫或石棉绳。

（6）检修平台

在设有阀门、测孔、清灰孔、人孔等需要点检和维修的管件处，当维护操作人员难以接近时，应设置检修操作平台。平台结构应符合安全防护要求和功能结构强度，并配以扶梯和围栏。对于测试平台，还需配置电源。

（7）管道加固筋

直径较大的管道，在制作及安装过程中，为避免发生较大变形，必须设置管道加固筋，一般采用扁钢或型钢制作。对于圆形管道，当管径＞700mm，壁厚≤5mm时，均应加设横向加固筋。

（8）管道支、吊架

管道系统应以结构合理的支架或吊架支承。选用和设计支、吊架，必须考虑其强度和刚度，保证管网的稳定性，避免产生过大的弯曲应力，满足管道热位移和热补偿的要求。此外，在安全可靠的前提下，尽量采用较简单的结构，以节省钢材，方便施工。

管道支架分为固定支架、活动支架和绞接支架三种。固定支架设置在管道系统不允许有任何位移的部位，以承受管道及部件的重量，并同时承受轴向及横向推力；活动支架主要承受管道及部件的重量，允许管道在轴线方向有位移，但横向有刚度。活动支架可分为滑动支架（对摩擦力无严格限制时采用）、滚珠支架（当要减小管道水平摩擦力时采用）以及滚柱支架（当要减小管道轴向摩擦力时采用）；绞接支架亦称为摇摆支架，仅承受垂直荷载，允许管道在平面上作任何方向的移动，一般布置在自由膨胀的拐弯点。当支架无法在地面生根时，亦可采用吊架。吊架一般固定在建筑梁上，因此在建筑结构设计中应预留负荷。对技改工程，应复核建筑梁的承受能力，作必要加固处理。管道吊架一般分刚性吊架和弹簧吊架二种。刚性吊架作用与活动支架相同；弹簧吊架则设置在管道系统具有垂直位移处，以承受管道重量并限制位移方向。

8.3.2 管道系统布置

1. 管道系统布置

管道系统布置主要包括系统划分、管网配置和管道布置等内容。

（1）系统划分

系统划分应充分考虑管道输送气体（粉尘）的性质、操作制度、相互距离、回收处理等因素，以确保管道系统的正常运转。符合以下条件者，可以合为一个管道系统：

①污染物性质相同，生产设备同时运转，便于污染物统一集中回收处理的场合；

②污染物性质不同，生产设备同时运转，但允许不同污染物混合或污染物无回收价值的场合；

③尽可能将同一生产工序中同时操作的污染设备排风点合为一个系统。

凡发生下列几种情况之一者不能合为一个系统：

①不同排风点的污染物混合后会引起燃烧或爆炸危险，或形成毒性更大的污染物的

场合；

②不同温度和湿度的污染气流，混合后会引起管道内结露和堵塞的场合；

③因粉尘或气体性质不同，共用一个系统会影响回收或净化效率者。

（2）管网配置

管网布置的一个重要问题就是要实现各支管间的压力平衡，以保证各吸气点达到设计风量，实现控制污染物扩散的效果。为保证多分支管系统管网中各支管间压力平衡，常用的管网布置有以下三种方式：

①干管配管方式。图 8-29（a）是干管配管方式。管网布置紧凑，占地小，投资省，施工方便，应用较广泛。但各支管间压力计算比较繁琐，给设计增加一定的工作量。

②个别配管方式。图 8-29（b）是个别配管方式。吸气（尘）点多的系统管网，可采用大断面的集合管连接各分支管，集合管内流速不宜超过 3～6m/s（水平集合管≤3m/s，垂直集合管≤6m/s），以利各支管间压力平衡。对于除尘系统，集合管还能起初净化作用，但管底应设清除积灰的装置。

③环状配管方式。图 8-29（c）是环状配管方式，亦称为对称性管网布置方式。对于支管多和复杂管网系统，支管间压力易于平衡，但会带来管路较长、系统阻力增加等问题。

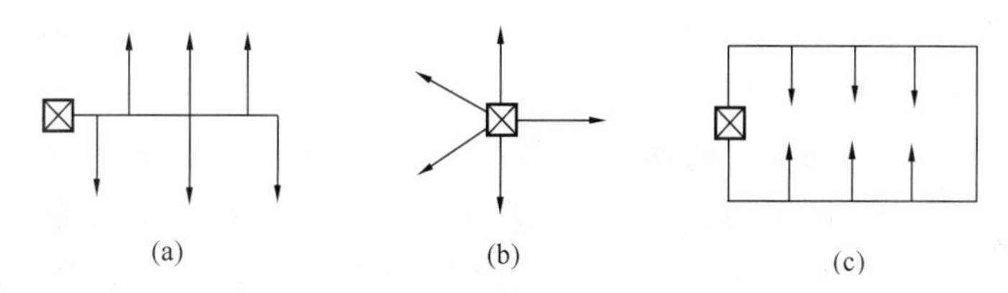

图 8-29　管网配置方式

（a）干管配管方式；（b）个别配管方式；（c）环状配管

（3）管道布置

管道布置应从系统总体布局出发，既要考虑系统的技术经济合理性，又要与总图、工艺、土建等有关专业密切配合，统一规划，力求简单、紧凑，缩短管线，减少占地和空间，节省投资，不影响工艺操作、调节和维修。

①管道布置一般原则

输送不同介质的管道，布置原则不完全相同，取其共性作为管道布置的一般原则：

管道敷设分明装和暗设，应尽量明装，以便检修；管道应尽量集中成列，平行敷设，尽量沿墙或柱敷设；管道与梁、柱、墙、设备及管道之间应留有足够距离，以满足施工、运行、检修和热胀冷缩的要求。一般间距不应小于 100～150mm，管道通过人行横道时，与地面净距不应小于 2m，横过公路时不应小于 4.5m，横过铁路时与轨面净距不得小于 6m；水平管道敷设应有一定的坡度，以便于放气、放水、疏水和防止积尘，一般坡度为不小于 0.005。坡度应考虑斜向风机方向，并应在风管的最低点和风机底部装设水封泄液管；捕集含有剧毒、易燃、易爆物质的管道系统，其正压段一般不应穿过其他房间。穿过其他房间时，该段管道上不宜设法兰或阀门。

②除尘管道布置原则

除尘管道布置除应遵守上述一般原则外，还应满足以下要求：

除尘管道力求顺直，保证气流通畅。当必须水平敷设时，要有足够的流速以防止积尘。对易产生积灰的管道，必须设置清灰孔；为减轻风机磨损，特别当气体含尘浓度较高时（大

于 $3g/m^3$ 时)，应将净化装置设在风机的吸入段；分支管与水平管或倾斜主干管连接时，应从上部或侧面接入。三通管的夹角一般不大于 30°。当有几个分支管汇合于同一主干管时，汇合点最好不设在同一断面上；输送气体中含磨琢性强的粉尘时，在局部压力较大的地方应采取防磨措施，并在设计中考虑到管件的检修方便。

2. 管道材料和连接

(1) 管道材料

制作管道的材料一般有砖、混凝土、炉渣石膏板、钢板、木板（胶合板或纤维板)、石棉板、硬聚氯乙烯板等，其中最常用的材料是钢板。连接需要移动风口的管道要用各种软管，如金属软管、塑料软管、橡胶管、帆布管等。总之，管道材料应根据使用要求和就地取材的原则选用。

(2) 管道连接

管道系统大都采用焊接或法兰连接。为保证法兰连接的密封性，法兰间应加衬垫，衬垫厚度为 3～5mm，垫片应与法兰齐平，不得凸入管内。衬垫材料随输送气体性质和温度而不同。

8.3.3 管道系统设计计算

1. 管道系统压力损失计算

(1) 管道内气体流动的压力损失

管道内气体流动的压力损失有两种，一种是由于气体本身的粘滞性及其与管壁间的摩擦而产生的压力损失，称为摩擦压力损失或沿程压力损失；另一种是气体流经管道系统中某些局部构件时，由于流速大小和方向改变形成涡流而产生的压力损失，称为局部压力损失。摩擦压力损失和局部压力损失之和即为管道系统总压力损失。

①摩擦压力损失

根据流体力学的原理，气体流经断面不变的直管时，摩擦压力损失 ΔP_L 可按下式计算：

$$\Delta P_L = l \cdot \frac{\lambda}{4R_s} \cdot \frac{\rho v^2}{2} = l \cdot R_m \quad (\mathrm{Pa}) \tag{8-38}$$

而

$$R_m = \frac{\lambda}{4R_s} \cdot \frac{\rho v^2}{2} \quad (\mathrm{Pa/m}) \tag{8-39}$$

式中 R_m——单位长度管道的摩擦压力损失，简称比压损（或比摩阻)，Pa/m；

l——直管段长度，m；

λ——摩擦压损系数；

v——管道内气体的平均流速，m/s；

ρ——管道内气体的密度，kg/m^3；

R_s——管道的水力半径，m。它是指流体流经直管段时，流体的断面积 A (m^2) 与润湿周边 x (m) 之比，即

$$R_s = A/x \quad (\mathrm{m}) \tag{8-40}$$

对于气体充满直径为 d 的圆形管道的水力半径

$$R_s = \frac{\pi d^2}{4} \times \frac{1}{\pi d} = \frac{d}{4} \tag{8-41}$$

代入式 (8-39) 得

$$R_m = \frac{\lambda}{d} \cdot \frac{\rho v^2}{2} \quad (\mathrm{Pa/m}) \tag{8-42}$$

②局部压力损失

气体流经管道系统中的异形管件（如阀门、弯头、三通等）时，由于流动情况发生骤然变化，所产生的能量损失称为局部压力损失。局部压力损失 ΔP_m 一般用动压头的倍数表示，即

$$\Delta P_m = \xi \rho v^2/2 \quad (Pa) \tag{8-43}$$

式中 ξ——局部压损系数；

v——异形管件处管道断面平均流速，m/s。

局部压损系数通常是通过实验确定的。实验时，先测出管件前后的全压差（即该管件的局部压力损失），再除以相应的动压 $\rho v^2/2$，即可求得 ξ 值。各种管件的局部压损系数在有关设计手册中可以查到。选用时要注意实验用的管件形状和实验条件，特别要注意 ξ 值对应的是何处的动压值。

管件三通的作用是使气流分流或合流。对合流三通，两股气流汇合过程中的能量损失不同，两分支管的局部阻力应分别计算。合流三通的直管和支管流速相差较大时，会发生引射现象。在引射过程中流速大的气流失去能量，流速小的气流获得能量。因而其支管的局部阻力系数会出现负值，为了减小三通局部阻力，宜使总管和支管内流速接近。

（2）管道系统压力损失计算

管道系统压力损失计算的目的是确定管道断面尺寸和系统的压力损失，并由系统的总风量和总压力损失选择适当的风机和电机。管道计算的常用方法是流速控制法，也称比摩阻法，即以管道内气流速度作为控制因素，据此计算管道断面尺寸和压力损失。

用流速控制法进行管道计算通常按以下步骤进行。

①确定各抽风点位置和风量，净化装置、风管和其他部件的型号规格，风管材料等。

②根据现场实际情况布置管道，绘制管道系统轴测图，进行管段编号，标注长度和风量。管段长度一般按两管件中心线间距离计算，不扣除管件（如三通、弯头）本身长度。

③确定管道内的气体流速。当气体流量一定时，若流速选高了，则管道断面尺寸小，材料消耗少，一次投资减少。但系统压损增大，噪声增大，动力消耗增大，运转费用增高。对于除尘管道，还会增加管道的磨损；反之，若流速选低了，噪声和运转费用降低，但一次投资增加。对于除尘管道，流速过低，还可能发生粉尘沉积而堵塞管道。因此，要使管道系统设计经济合理，必须选择适当的流速，使投资和运行费的总和最小。表 8-15 所列为除尘管道内最低气流速度，可供设计中参考。

表 8-15　除尘管道内最低气流速度（m/s）

粉尘性质	垂直管	水平管	粉尘性质	垂直管	水平管
粉状的黏土和砂	11	13	铁和钢（屑）	18	20
耐火泥	14	17	灰土、砂尘	16	18
重矿物粉尘	14	16	锯屑、刨屑	12	14
轻矿物粉尘	12	14	大块干木屑	14	15
干型砂	11	13	干微尘	8	10
煤　灰	10	12	染料粉尘	14～16	16～18
湿土（2%以下水分）	15	18	大块湿木屑	18	20
铁和钢（尘末）	13	15	谷物粉尘	10	12
水泥粉尘	8～12	18～22	麻（短纤维粉尘、杂质）	8	12

④ 根据系统各管段的风量和选择的流速确定各管段的断面尺寸。对于圆形管道，在已知流量 Q 和预先选取流速 v 的前提下，管道内径可按下式计算

$$d = 18.8\sqrt{Q/v} \text{ 或} d = 1.88\sqrt{W/\rho v} \quad (\text{mm}) \tag{8-44}$$

式中 Q——体积流量，m^3/h；

W——质量流量，kg/h。

对于除尘管道，为防止积尘堵塞，管径不得小于下列数值：输送细小颗粒粉尘（如筛分和研磨细粉），$d \geqslant 80$mm；输送较粗粉尘（如木屑），$d \geqslant 100$mm；输送粗粉尘（有小块物），$d \geqslant 130$mm。

确定管道断面尺寸时，应尽量采用“全国通用通风管道的统一规格”推荐值或表 8-7～表 8-13 中数值，以利于工业化加工制作。

⑤风管断面尺寸确定后，按管内实际流速计算压损。压损计算应从最不利环路（系统中压损最大的环路）开始。

⑥对并联管道进行压力平衡计算。两分支管段的压力差应满足以下要求；除尘系统应小于 10%，其他通风系统应小于 15%。否则，必须进行管径调整或增设调压装置（阀门、阻力圈等），使之满足上述要求。调整管径平衡压力，可按下式计算

$$d_2 = d_1(\Delta P_1/\Delta P_2)^{0.225} \quad (\text{mm}) \tag{8-45}$$

式中 d_2——调整后的管径，mm；

d_1——调整前的管径，mm；

ΔP_1——管径调整前的压力损失，Pa；

ΔP_2——压力平衡基准值（若调整支管管径，即为干管的压力损失），Pa。

⑦计算管道系统的总压力损失（即系统中最不利环路的总压力损失），以上计算内容可列表进行。

2. 管道热补偿

高温烟气管道系统，当烟气及周围环境温度发生变化时，因管道的热胀冷缩而产生一定应力。当此应力超过管道系统的承受极限，就会造成破坏。因此，对高温烟气管道系统，必须进行热补偿设计。

（1）管道热伸长计算

管道由于温度变化引起的伸缩量 Δl 可按下式计算

$$\Delta l = \alpha(t_1 - t_2)l \quad (\text{mm}) \tag{8-46}$$

式中 α——管材的线膨胀系数，对于普通碳素钢可取 0.012mm/（m·℃）；

l——二个固定支架间管道长度，m；

t_1——管壁最高温度，℃；

t_2——管壁最低温度，℃，一般取当地冬季室外采暖计算温度。

（2）管道热补偿设计

为了保证管道系统在热状态下的稳定和安全，吸收管道热胀冷缩所产生的应力，管道系统每隔一定距离应装设固定支架及补偿装置。

管道热伸长补偿方法有自然补偿和补偿器补偿两类。自然补偿是利用管道自然转弯管段（L 型或 Z 型）来吸收管道热伸长形变。这类补偿方式简单，但管道变形时会产生横向位移。因此，在直径为 1000mm 以上的管道不宜采用，以免管道支架受扭力过大。补偿器补偿是

高温烟气净化系统常用的补偿方式。常用的补偿器有柔性材料套管式补偿器和波形补偿器等。

8.3.4 烟囱设计

1. 烟囱高度的确定

确定烟囱高度，既要满足大气污染物的扩散稀释要求，又要考虑节省投资。最终目的是保证地面浓度不超过《大气环境质量标准》规定的浓度限值。烟囱高度的计算方法，目前应用最普遍的是按高斯模式的简化公式。由于对地面浓度的要求不同，烟囱高度的计算方法有几种，本节仅介绍按地面最大浓度的计算方法。

该方法是按保证污染物的地面最大浓度不超过《大气环境质量标准》规定的浓度限值来确定烟囱高度，若设 ρ_0 为国家标准规定的浓度限值，ρ_b 为环境本底浓度，按保证 $\rho_{max} \leqslant \rho_0 - \rho_b$ ，由高斯模式知，

$$\rho_{max} = \frac{2Q}{\pi \bar{u} H^2 e} \times \frac{\sigma_z}{\sigma_y} \tag{8-47}$$

即：

$$\frac{2Q}{\pi \bar{u} H^2 e} \times \frac{\sigma_z}{\sigma_y} \leqslant \rho_0 - \rho_b$$

则得到烟囱高度计算公式：

$$H_s \geqslant \sqrt{\frac{2Q}{\pi \bar{u}(\rho_0 - \rho_b)} \times \frac{\sigma_z}{\sigma_y}} \Delta H \tag{8-48}$$

从上面计算方法可见，按保证 ρ_{max} 设计的烟囱高度较矮，当风速小于平均风速时，地面浓度即超标。因此提出对公式中的 $\bar{u}$ 和稳定度取一定保证率下的值，计算结果即为某一保证率的气象条件下的烟囱高度。

烟囱设计中需注意的几个问题：

①上述烟囱高度计算公式皆是在烟流扩散范围内温度层结是相同的条件下，按锥形烟流高斯模式导出的。在上部逆温出现频率较高的地区，按上述公式计算后，还应按封闭型扩散模式校核。在辐射逆温较强的地区，应该用熏烟型扩散模式较核。

②烟流抬升高度对烟囱高度的计算结果影响很大，所以应选用抬升公式的应用条件与设计条件相近的抬升公式。否则，可能产生较大的误差。在一般情况下，应优先采用“制定地方大气污染物排放标准的技术方法”中推荐的公式。

③为防止烟流因受周围建筑物的影响而产生的烟流下洗现象，烟囱高度不得低于它所附属的建筑物高度的 1.5～2.5 倍；为防止烟囱本身对烟流产生的下洗现象，烟囱出口烟气流速不得低于该高度处平均风速的 1.5 倍。为了利于烟气抬升，烟囱出口烟气流速不宜过低，一般宜在 20～30m/s；排烟温度宜在 100℃以上；当设计的几个烟囱相距较近时，应采用集合（多管）烟囱，以便增大抬升高度。

对于新建锅炉房的烟囱设计还应符合以下要求：

（1）燃煤、燃油（轻柴油、煤油除外）锅炉房烟囱高度的规定

①每个新建锅炉房只允许设一个烟囱，烟囱高度可按表 8-16 规定执行。

②锅炉房装机总容量＞28MW（40t/h）时，其烟囱高度应按批准的环境影响报告书（表）要求确定，且不得低于 45m。新建烟囱周围半径 200m 距离内有建筑物时，其烟囱应高出最高建筑物 3m 以上。

表 8-16 燃煤、燃油（轻柴油、煤油除外）锅炉房烟囱最低允许高度（GB 13271—2001）

锅炉房装机总容量	MW	<0.7	0.7～1.4	1.4～2.8	2.8～7	7～14	14～28
	t/h	<1	1～2	2～4	4～10	10～20	20～40
烟囱最低允许高度	m	20	25	30	35	40	45

燃气、燃油（轻柴油、煤油）锅炉烟囱高度应按批准的环境影响报告书（表）要求确定，且不得低于 8m。

（2）各种锅炉烟囱高度如果达不到上述规定时，其烟尘、SO_2、NO_x 最高允许排放浓度，应按相应区域和时段排放标准值 50%执行。

（3）出力≥1t/h 或 0.7MW 的各种锅炉烟囱应按《锅炉烟尘测试方法》（GB/T 5468—1991）和《固定污染源排气中颗粒物测定与气态污染物采样方法》（GB/T 16157—1996）的规定，设置便于永久采样孔及其相关设施。

（4）锅炉房烟囱高度及烟气排放指标除应符合上述（1）～（3）款（GB 13271—2001）的规定外，尚应满足锅炉房所在地区的地方排放标准或规定的要求。

（5）烟囱出口内径应保证在锅炉房最高负荷时，烟气流速不致过高，以免阻力过大；在锅炉房最低负荷时，烟囱出口流速不低于 2.5～3m/s，以防止空气倒灌。

（6）当烟囱位于飞行航道或飞机场附近时，烟囱高度不得超过有关航空主管部门的规定。烟囱上应装信号灯，并刷标志颜色。

（7）自然通风的锅炉，烟囱高度除应符合上述规定外，还应保证烟囱产生的抽力，能克服锅炉和烟道系统的总阻力。对于负压燃烧的炉膛，还应保证在炉膛出口处有 20～40Pa 的负压。每米烟囱高度产生的烟气抽力参见表 8-17。

表 8-17 烟囱每米高度产生的抽力（Pa）

烟囱内的烟气平均温度（℃）	在相对湿度 φ=70%，大气压力为 0.1MPa 下的空气比重										
	1.420	1.375	1.327	1.300	1.276	1.252	1.228	1.206	1.182	1.160	1.137
	空气温度（℃）										
	−30	−20	−10	−5	0	+5	+10	+15	+20	+25	+30
140	5.65	5.15	4.70	4.42	4.15	3.91	3.68	3.45	3.20	3.00	2.77
160	5.97	5.50	5.02	4.75	4.51	4.27	4.03	3.81	3.57	3.35	3.12
180	6.31	5.85	5.37	5.10	4.86	4.62	4.38	4.16	3.92	3.70	3.47
200	6.65	6.20	5.72	5.45	5.21	4.97	4.73	4.51	4.27	4.05	3.82
220	6.98	6.50	6.02	5.75	5.51	5.27	5.03	4.81	4.57	4.35	4.12
240	7.28	6.78	6.30	6.03	5.79	5.55	5.31	5.09	4.85	4.63	4.40
260	7.55	7.05	6.57	6.30	6.06	5.82	5.58	5.36	5.12	4.90	4.67
280	7.80	7.28	6.80	6.53	6.29	6.05	5.81	5.59	5.35	5.13	4.90
300	8.00	7.51	7.03	6.76	6.52	6.28	6.05	5.82	5.58	5.36	5.13
320	8.20	7.72	7.4	6.97	6.73	6.49	6.25	6.03	5.79	5.57	5.34

（8）燃油、燃气锅炉烟囱底部应设置泄油装置或泄水装置。

对于在不同季节或不同时段热负荷变化大，烟囱设置可采取下列方案：

（1）每台锅炉分别设置独立烟囱；

（2）当锅炉房有多台锅炉，但只允许建一座烟囱时，可采取下列措施：①将每台锅炉独立的排烟管组成外形一体的组合烟囱；②在圆筒形或矩形烟囱内设置隔板，分成各自独立的流道，分别连通各台锅炉的排烟管，构成分流烟囱。

（3）在烟囱出口设置能防护高空气流影响的烟囱帽罩，帽罩结构宜不影响排烟的抬升高度。

2. 烟囱出口直径的确定

烟囱出口内径 d（单位为 m）可按下式计算：

$$d = 0.0188\sqrt{\frac{Q}{\omega}} \tag{8-49}$$

式中　Q——工况条件下通过烟囱的总烟气流量，m^3/h；

ω——选取的烟囱出口烟气流速，m/s。

烟囱出口烟气流速参见表 8-18，烟囱出口内径参见表 8-19 和表 8-20。

表 8-18　烟囱出口烟气流速（m/s）

运行情况	全负荷时	最小负荷时
机械通风	12～20	2.5～3
微正压燃烧	10～15	2.5～3

表 8-19　燃煤锅炉砖烟囱出口内径参考值

锅炉房总容量（t/h）	≤8	12	16	20	30	40	60	80	120	200
烟囱出口内径（m）	0.8	0.8	1.0	1.0	1.2	1.4	1.7	2.0	2.5	3.0

表 8-20　燃油、燃气锅炉钢制烟囱出口内径参考值

单台锅炉容量 t/h　（MW）	1（0.7）	1.5（1.05）	2（1.4）	3（2.1）	4（2.8）	5（3.5）	6（4.2）
烟囱出口直径（m）	0.25	0.30	0.35	0.45	0.5	0.55	0.60
单台锅炉容量 t/h　（MW）	8（5.6）	10（7.0）	12（8.4）	15（10.5）	18（12.6）	20（14）	
烟囱出口直径（m）	0.70	0.80	0.85	0.90	0.95	1.00	

烟囱底部直径：

$$d_1 = d_2 + 2iH \quad (m) \tag{8-50}$$

式中　d_2——烟囱出口直径，m；

H——烟囱高度，m；

i——烟囱锥度（通常取 0.02～0.03）。

烟筒的抽力：

$$S_y = 0.0342\left(\frac{1}{273+t_k} - \frac{1}{273+t_p}\right)BH \quad (Pa) \tag{8-51}$$

式中　H——烟囱高度，m；

t_k——外界烟气温度，℃；

t_p——烟囱内平均烟气温度，℃；

B——当地大气压力，Pa。

3. 烟囱材料及设计要求

（1）烟囱材料

①砖烟囱

砖烟囱具有取材方便、造价低和使用年限长等优点，在中小型锅炉中得到广泛的应用。砖烟囱高度一般在50m以下，筒身用砖砌筑，筒壁坡度为2%～3%，并按高度分为若干段，每段高度不宜超过15m。筒壁厚度由下至上逐段减薄，但每一段内的厚度应相同。烟囱顶部应向外侧加厚，加厚部分的上部应用水泥砂浆抹出向外的排水坡，内衬到顶的烟囱，其顶部宜设钢筋混凝土的压顶板，造于地震烈度为七度及以下的地区。

②钢筋混凝土烟囱

钢筋混凝土烟囱具有对地震的造应性强、使用年限长等优点，但需耗用较多的钢材、造价较高。钢筋混凝土烟囱筒身高度一般为60～250m，底部直径7～16m，筒壁坡度常采用2%，筒壁厚度可随分段高度自下而上呈阶梯形减薄，但同一分段内的厚度应相同，分段高度一般不大于15m，当采用滑模施工时筒壁厚度不宜小于160mm。筒壁混凝土内的纵向钢筋最小直径为10mm，间距为300～500mm，环向钢筋最小直径为8mm，最大间距为250mm，且不得大于筒壁厚。筒身顶部4～5m为筒首，为防止排出气体对钢筋混凝土的侵蚀，该段断面一般均要加厚，外表增做装饰花格。造于地震烈度在七度以上的地区。

③钢烟囱

钢板烟囱的优点是：自重轻、占地少、安装快、有较好的抗震性能。但耗用钢材较多，而且易受烟气腐蚀和氧化锈蚀。如用燃用含硫分高的燃料时，腐蚀会更严重。因此，必须经常维护保养，否则会缩短使用年限。钢板烟囱一般用于容量较小的锅炉、临时性锅炉房。以及要求迅速投产供热的快装锅炉上。要求煤的含硫量为每4187kJ/kg不大于0.3%～0.4%。钢板烟囱的高度不宜超过30m。钢板烟囱由多节钢板圆筒组成，筒身厚度一般为3～15mm。为了防止筒身钢板受烟气腐蚀，可在烟囱内壁敷设耐热砖衬、耐酸水泥或喷涂防腐材料。为了维持烟囱的稳定性，要用钢丝绳固定。钢丝绳可用三根，间隔120°对称布置；也可用四根，间隔90°对称布置。

（2）设计要求

砖烟囱和钢筋混凝土烟囱的结构应符合下列要求：

①砖烟囱的最大高度不宜超过50m；

②烟囱下部应设清灰孔，清灰孔在锅炉运行期间应严密封好（可用黄泥砖密封）；

③烟囱底部应设置比水平烟道入口低0.5～1.0m的积灰坑；

④当烟囱和水平烟道有两个接入口时，两个接口一般应相对设置，并用与水平烟道成45°角的隔板分开，隔板高出水平烟道的部分，不得小于水平烟道高度的1/2；

⑤烟囱应设置维修爬梯和避雷针。

钢烟囱的设计应符合下列要求：

①钢烟囱应有足够的强度和刚度，烟囱壁厚要考虑一定量的腐蚀裕度，当烟囱高度为20～40m，直径为0.2～1.0m时，无内衬的筒体壁厚取4～10mm，有内衬的壁厚取8～18mm；

②当烟囱高度和直径之比超过20时，必须设置可靠的牵引拉绳，拉绳沿圆周等弧度布置3～4根；

③烟囱与基础连接部分一般制作锥形，支撑板厚度一般为20～40mm；

④带内衬的钢烟囱，内衬可分段支承，每段长4～6m，内衬和筒体之间保持20～50mm

的间隙，并应在顶部装防护环板将内衬盖住。

⑤钢烟囱宜选用由专业厂加工制造的焊制不锈钢烟囱。

8.4　净化装置选择

8.4.1　净化装置的选择

净化装置的选择，大量的问题可以归结为净化效率、处理能力、设备费用和动力消耗之间的平衡。净化效率高的装置往往动力消耗较大或设备费较高。所以，应在全面衡量装置的技术指标和经济指标的基础上进行选择。

净化装置的性能还和被处理气体的性质、系统的操作条件等因素密切相关。因此，在选择时还应充分注意各种装置因其机制和结构的差别而形成的性能特点及适用范围，以及各种装置间的相互补充、竞相发展的关系，而不应简单地根据某些方面的特点，绝对肯定或否定某种装置。

1. 除尘装置的选择

（1）根据粉尘性质选择除尘装置

被捕集粉尘的性质直接影响装置的性能，尤其是粉尘的粒径分布，对装置性能影响更大。一般首先根据粉尘的粒径分布和装置的净化效率（总效率和分级效率）来选择装置种类。目前，由于对许多除尘装置尚缺乏可靠的分级效率曲线，所以在工程上常根据经验和实验数据进行粗略的选择。

斯台尔曼（Stairmand）曾采用表 8-21 所示的三种不同的标准粉尘对 18 种除尘器进行了大量试验。这三种标准粉尘的中位径 d_{50} 大约为：粗粉尘 90μm，细粉尘 25μm，极细粉尘 2μm。斯台尔曼按求得的各种除尘器净化效率的大小将其排列成图表，即图 8-30 所示的斯台尔曼线图。图中三条实线表示各种除尘器对三种标准粉尘的除尘效率。

按照斯台尔曼试验，根据粉尘的粒径分布和要求的净化效率，即可方便地用图解法来选择所需的除尘器。例如，要求对粗粉尘（$d_{50}=90\mu m$）达到 95％的除尘效率时，在图 8-30 中（虚线所示）中找出冲击水浴除尘器。为扩大选择范围，再向上下扩展，即可考虑在高效旋风、冲击水浴和冲激式除尘器三种型式中选择。同样，对于极细粉尘，当要求达到 99％的除尘效率时，则可把低能和中能的溢流圆盘洗涤器以及中能文丘里洗涤器三种型式（图中虚线所示）以及向下扩展的其他型式作为选择的范围，进而在考虑其他影响因素的基础上选定除尘器。

工业粉尘的粒径分布范围虽然很广，但大多数可大致包含在图 8-30 所示的三条曲线范围内。因此，如能知道处理粉尘的中位径 d_{50}，即使和上述三种标准粉尘的粒径分布不相吻合，仍可按上述步骤用内插法进行大致的选择。

表 8-21　三种标准粉尘的粒径分布

粒径 d_p (μm)	筛下累积频率 G（%）		
	粗粉尘	细粉尘	极细粉尘
150	—	100	—
104	—	97	—
75	46	90	100
60	40	80	99

续表

粒径 d_p (μm)	筛下累积频率 G（%）		
	粗粉尘	细粉尘	极细粉尘
40	32	65	97
30	27	55	96
20	21	45	95
15	16	38	94
10	12	30	90
7.5	9	26	85
5.0	6	20	75
2.5	3	12	56

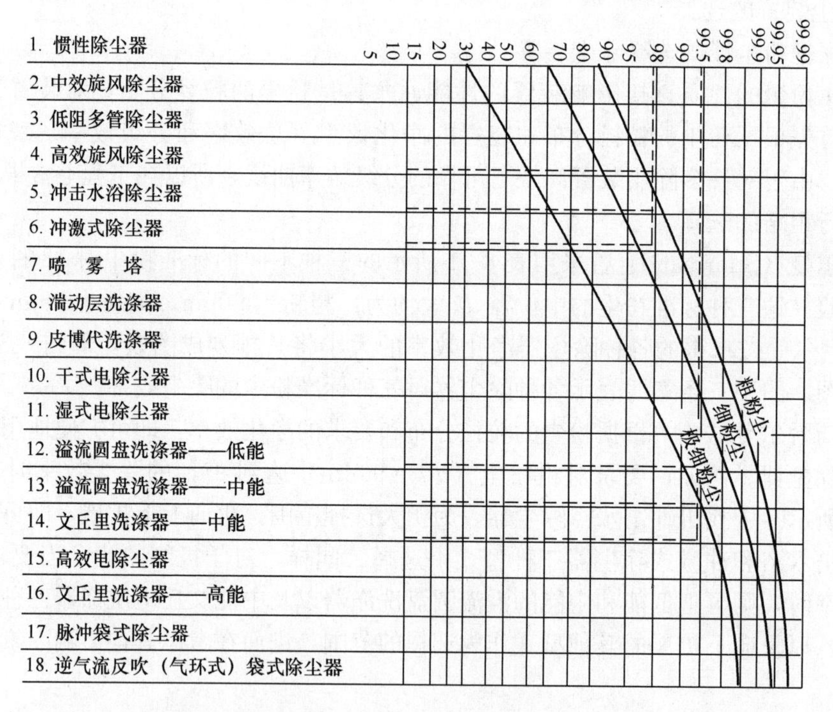

图 8-30　18 种除尘器对三种标准粉尘的除尘效率

选择除尘装置，除首先考虑粉尘的粒径分布外，还必须全面了解粉尘的其他物理性质。例如，对于湿式洗涤器，粉尘的湿润性应为首先考虑的因素；对于电除尘器，则应考虑粉尘的比电阻；对于含有易燃易爆粉尘或气体的净化，则不宜选用电除尘器，最适合的是湿式洗涤器；对于含水率高，粘附性强的粉尘，则不宜选用袋式除尘器。

（2）根据运行条件选择除尘装置

净化系统的运行条件也是影响装置性能的重要因素。所谓运行条件，在这里主要指系统的操作工况（温度、压力等）和气体的性质。如前所述，分级效率曲线是选择除尘器的重要依据。但是，分级效率曲线仅适用于某一特定温度和压力状况及特定的含尘气体，即随运行条件的改变，曲线必然发生变化。所以，选择装置时，还必须考虑装置本身对运行条件的适应性。

烟气温度对除尘器性能的影响主要有三个方面：一是对气体体积流量的影响。气体体积流量的改变会使含尘浓度改变，并且决定装置体积的大小和设备费用；二是各种除尘器因其结构材料不同，对温度有一定的适应范围。表 8-22 列出了各种除尘器的最高使用温度。也可说，除尘器结构材料的选择应符合处理烟气温度的需要。如多管旋风除尘器用于高温时采用铸铁制造旋风子，袋式除尘器用于高温时应选择耐温滤料等；三是温度还将影响气体的黏度、密度和粉尘的比电阻等技术参数。如黏度增大将使粉尘的沉降速度减小。

除尘系统通常在常压下运行。一般说来，气体压力对除尘机制的影响较小，但当系统运行压力比大气压力高或低很多时，就需要按压力容器来设计除尘器。当生产过程本身产生高压时，可以利用其克服除尘过程的压力损失，选择高能洗涤器将变得经济可靠。

表 8-22　各种除尘装置的耐温性

除尘器种类	旋风除尘器	袋式除尘器		电除尘器		湿式洗涤器
		普通滤料	玻璃丝滤料	干式	湿式	
最高使用温度	400℃	80～120℃	250℃	350℃	80℃	400℃
备注	特高温者（<1000℃）可采用内衬耐火材料以提高耐温性	温度随滤料种类而异	聚四氟乙烯滤料的耐温性和价格与之差不多	高温时易产生粉尘比电阻随温度而变化的问题	温度过高会产生使绝缘部分失效的问题	特高温时，在入口内衬的耐火材料，由于与水接触，存在因冷却而出现的问题

气体性质亦直接影响装置的选择。对于含尘气体中同时含气态污染物时，采用湿式洗涤器可同时实现除尘和脱除气态污染物的双重效果；对于湿度很大的气体，容易造成机械式除尘器的堵塞，易使袋式除尘器的滤料结块，因此选用湿式洗涤器也可能是适当的；当处理腐蚀性气体时，则必须考虑装置的防腐问题。

2. 吸收装置的选择

在完成工程调查，确定净化流程，了解污染物性状并选定吸收剂的基础上便可进行装置的选择。一般说来，同时能满足要求的塔型往往有几种，应根据气液组分的物性，结合各类吸收装置塔型结构和吸收过程的宏观动力学特点进行选择。同时，还应从装置的性能和经济比较以及对操作条件的适应性等方面综合考虑来确定塔型。

（1）与物性有关的因素

在工程中，通常将吸收装置中进行气液传质分离的两相，即被处理的气态污染物（气相）和吸收剂（液相）统称为物料系统或物系。物料的性质直接影响装置的性能和操作的稳定可靠性，因此，它是选择装置时首先应考虑的因素。

①对易起泡沫的物系，宜选用填料塔，因在板式塔中易造成严重的雾沫夹带甚至泛塔而影响分离效率和操作稳定性。

②对气体中有悬浮固体、吸收剂中含有残渣或易结垢的物系，宜选用喷洒式吸收装置或液流通道较大的板式塔，如泡罩塔及大孔径筛板塔等。而填料塔可能产生堵塞且难清理，则不宜选用。

③对于高黏度的物系，宜选用填料塔或喷洒式吸收装置。在板式塔中因鼓泡传质效果差而不宜选用。

④具有腐蚀性介质的物系，宜选用填料塔，因填料塔形状简单且易用陶、瓷、玻璃、石墨、塑料等耐腐蚀性材料制作。

⑤对于在处理过程中会产生大量溶解热或反应热的物系，为便于放热，宜选用板式塔，因板式塔可方便地在塔板上安装冷却盘或移出液体冷却后再送回。

（2）与塔型结构特点有关的因素

吸收装置塔型结构特点主要指气液分散和接触类型。为增加气液接触面积，要求气体和液体分散。分散类型有三种：气相连续液相分散（如喷淋塔、湍球塔、填料塔）、液相连续气相分散（如板式塔、鼓泡塔）、气液同时分散（如文丘里洗涤器）。就气液接触方式来看，除板式塔为阶梯接触外，其他类型均为连续接触。下面简单介绍各类吸收装置的结构特点。

①喷淋塔：该塔型结构简单、阻力小、操作简单、投资较少。但与其他塔型相比，处理能力小，空塔气速一般<1.5m/s，否则易造成雾沫夹带。喷嘴结构、喷射方向、喷射速度、喷淋密度对吸收效率影响较大。

②填料塔：属气液互成逆流的连续微分接触式塔型。该塔型结构简单、阻力小，尤其对于直径较小的塔型处理有腐蚀性物料的气体时，填料塔则表现出明显的优越性。填料塔的性能优劣，关键取决于填料，填料的表面积、空隙率、润湿性、机械强度等性能指标对吸收效率影响较大。

③板式塔：该塔型的关键部件是塔板，根据塔板结构型式可分为筛板塔、泡罩塔、浮阀塔以及旋流板塔等。泡罩塔操作弹性大，吸收效率高，但其结构复杂、压降较大，造价较高，维修较难；筛板塔结构简单、造价低，但其操作弹性较小；浮阀塔也是一种造价较低，操作弹性较大的板式塔；旋流板塔是较新的吸收装置，具有传质强度高，处理气量大、操作弹性好等优点。另外，按塔板上气液两相流动方式，还可将板式塔分为有溢流和无溢流塔板两种。一般说，无溢流的板式塔（筛板塔）操作弹性小，有溢流装置的板式塔（浮阀塔、泡罩塔）操作弹性大。

④湍球塔：该塔型的优点是气流速度高，处理能力大，设备体积小，吸收效率高。同样气速下，其压降小于填料塔。其缺点是随小球运动，产生一定程度返混，采用价格便宜的塑料小球时，耐温性能差，易磨损，增加维护费用。湍球塔常被推荐用于处理含颗粒物的废气，或者用于吸收剂液体易发生结晶的场合。

⑤鼓泡塔：该塔型属气相分散型装置。与板式塔相比，塔中气泡还产生涡流运动，并有内循环的液体喷流作用，加大了气液传质界面，提高了传质效率。近年来，为强化气液传质，提出的喷射鼓泡塔，可使表观气速达数千 $m^3/(m^2 \cdot h)$，是普通鼓泡塔的十倍。

（3）与操作条件有关的因素

吸收装置的操作条件包括吸收过程的宏观动力学特点和处理能力、吸收温度、液气比、操作弹性、设备占地、设备投资等。其中，吸收过程的宏观动力学特点是选择的基本因素。

①吸收过程宏观动力学特点是指伴有化学反应的吸收中，吸收速度由扩散控制还是动力学（化学反应）控制，或两种因素共同控制。对低浓度气态污染物的吸收，一般选择极快反应或快速反应，过程主要受扩散过程控制。因而，选择气相为连续相液相为分散相的类型较多，这种类型相界面大，气相湍动程度高，有利于吸收。喷淋塔、填料塔、湍球塔等均能满足要求。

②当系统运行中温度变化较大时，考虑到冷却需要，宜选用板式塔或喷洒式吸收装置，而不宜采用填料塔。

③当处理气量相同时，湍球塔、填料塔的压力降较板式塔小，因此要降低输送气体的动力消耗，则宜选用湍球塔或填料塔。

④当需用少量液体处理大量气体，即液气比较小时，或在吸收过程中伴有物质冷凝或结晶时，板式塔较填料塔要优越。但应注意，当液气比过小时，往往超出板式塔的适宜操作范围，则宜选用网体填料填充的填料塔。

⑤操作弹性要求较大时，宜选用板式塔中的浮阀塔、泡罩塔等有溢流装置的板式塔。填料塔和无溢流装置的板式塔的操作弹性较小。

⑥从吸收装置设备费用角度出发，处理气量大的系统宜用板式塔，气量小则以填料塔为宜。因大塔以板式塔价廉，小塔以填料塔便宜。一般说来，直径在1m以内的塔设备，采用填料塔不仅经济，而且上马较快。

⑦当设备占地成为主要问题，宜选用湍球塔或有溢装置的板式塔。因处理同样气体量，填料塔需较大的直径。

综上所述，各类吸收装置应用广泛，且互相补充，竞相发展，各有一定特点和适用范围，必须对物系性质和操作条件进行全面分析比较，才能做到正确的选择。

3. 吸附装置的选择

气态污染物净化，在很多场合下，既可采用吸附法，也可采用吸收法或其他方法，至于究竟选择哪种方法合理，也是技术和经济指标全面衡量比较的结果。影响吸附装置选择的主要因素包括吸附质物性、吸附器结构特点和吸附剂的选择。

（1）与物性有关的因素

吸附过程的进行，系基于吸附剂的选择性作用，所以只适用于被吸附气体（吸附质）的沸点与不被吸附气体的沸点有很大差别的混合气体分离，而不适宜处理各组分沸点相近的混合气体；其次，当被吸附组分的浓度很大时，采用吸附法是不恰当的，因吸附剂很快达到饱和而需要再生或更换，所以吸附操作适用于分离混合气体中低浓度的组分；另外，从经济性考虑，由于吸附剂价格昂贵，故处理气体量很大时也不宜采用吸附法。当然，对于毒性大、净化效率要求高的场合，则应优先考虑吸附法，因在同样条件下，吸附过程的速度比吸收过程快，且净化效率也高。

（2）与吸附器结构特点有关的因素

在气态污染物净化中，常采用固定床吸附器，通常是根据现场实际和经验进行设计的，吸附器的选择和设计主要包括选择吸附器类型、吸附层高度和设备的结构尺寸等。

立式固定床吸附器分上流式和下流式两种。床层直径以满足气体流量和保证气流分布均匀为原则，吸附剂装填高度以保证净化效率和合理的压力降为原则。一般适合于处理气体量较小的场合；卧式固定床吸附器的优点是处理气量大、压降小，缺点是由于床层截面积较大，容易造成气流分布不均匀。设计选择时应注意气流分布的问题；环式固定床吸附器又称为径向固定床吸附器，其结构紧凑，吸附截面积大，阻力小，处理能力较大，在气态污染物净化中具有独特优点。工程中常采用多个环式吸附芯组合结构，实现自动化操作。

近年来，移动床吸附器和流化床吸附器已开始用于气态污染物净化。移动床吸附器可实现连续操作，同样数量吸附剂的处理气体量远大于固定床，但由于吸附剂处于移动状态，磨损大，且结构较复杂，设备庞大，投资和运行费较高；流化床吸附器与移动床吸附器的根本区别在于气流速度不同而使吸附剂在床内处于流化状态，使它具有传热传质效果俱佳的独特优点。从结构上可分为单层流化床吸附器和多层流化床吸附器两类，前者结构简单，处理能力小，吸附效率较低，后者处理能力大，但结构复杂。流化床内的吸附段的结构类似吸收装置中的板式塔，只不过塔板上流动的是吸附剂颗粒而已。在流化床吸附器中，这些塔板称为气流分布板，是流化床吸附装置的重要部件，对流化质量和净化效率影响极大。

（3）与吸附剂有关的因素

吸附剂选择将直接影响吸附效率。在吸附剂选择中，一般应根据气态污染物性质、浓度和净化要求初选几种吸附剂，并进行活性实验和寿命实验，再结合吸附剂价格、运费等指标进行综合分析评价，最终确定吸附剂种类。

4. 催化转化装置的选择

气固相固定床催化转化装置的选择包括装置类型确定、催化剂选择和反应系统调控等内容。一般的选择原则如下：

（1）装置类型选择。主要根据催化反应热的大小、反应对温度的敏感程度和催化剂活性温度范围来选择确定装置类型。

（2）催化剂选择。工业催化剂通常由多种物质组成，固体催化剂一般由活性组分、助催化剂和载体三个主要部分构成。活性、选择性、稳定性是催化剂三个主要性能，直接决定催化反应效果。而催化剂的表面积与孔结构直接影响催化活性的高低而改变反应速率，也是选择的重要依据。另外，形状特性、堆积密度、可再生性及其价格等，也是催化剂的重要选择指标。

（3）系统调控方式。系统调控包括温度、操作压力、空间速度、转化率等的调控。关键是要求温度分布满足催化剂活性温度范围，反应装置压力降要小，装置结构简单，操作方便，有较高的催化反应转化率，以及装置的投资和运行费用较低。

在气态污染物控制工程中，通常污染物含量较低且处理气体量较大，催化反应热效应较小，要保证达到排放要求，必须有较高的催化反应转化率，因此选择单层绝热反应装置是可行技术。目前，在氮氧化物催化转化、有机蒸气催化燃烧和汽车尾气催化净化工程中，大多采用了单层绝热床反应技术。

8.4.2 净化装置的费用

净化装置的总费用主要包括设备费和运行费两部分。为了统一各种净化装置所需费用的比较标准，一般以每处理单位气体量所需费用来表示。

（1）设备费

设备费通常系指包括净化装置本体及其辅助设备（如通风机、电动机、卸灰输灰装置等）的价格，也包括设备所占空间，常以每处理单位气体量的设备费和耗钢量表示。

设备费与装置型式及所要求的净化效率密切相关，下面以电除尘装置为例，对净化效率与设备费的关系作一定性分析。当荷电粉尘向集尘极板的有效驱进速度为 ω_e(m/s)，处理气体量为 Q(m^3/s)，集尘极板面积为 A(m^2)时，有如下关系式成立：

$$P = 1 - \eta = \exp\left(-\frac{\omega_e A}{Q}\right) \tag{8-52}$$

则处理单位气体量所需集尘极板面积（称为比集尘面积）为：

$$\frac{A}{Q} = \frac{2.303}{\omega_e}\lg\left(\frac{1}{p}\right) = \frac{2.303}{\omega_e}\lg\left(\frac{1}{1-\eta}\right) \tag{8-53}$$

对同一种含尘气体，假定粉尘的荷电状况相同，即 ω_e =常数，故上式可写成：

$$\frac{A}{Q} \propto \lg\left(\frac{1}{1-\eta}\right) \tag{8-54}$$

由上式，即可将 η 与比集尘面积 A/Q 所成对应关系表示在表 8-23 中。

表 8-23 干式电除尘器的 η 与 $n\frac{A}{Q}$ 的关系

序号	η	$1-\eta$	$\frac{1}{1-\eta}$	$\lg\left(\frac{1}{1-\eta}\right)$	$n\frac{A}{Q}$
1	0.9	10^{-1}	10	1	$\frac{A}{Q}$
2	0.99	10^{-2}	10^2	2	$2\frac{A}{Q}$
3	0.999	10^{-3}	10^3	3	$3\frac{A}{Q}$
4	0.9999	10^{-4}	10^4	4	$4\frac{A}{Q}$

设备费还和净化流程的确定有关，即使对于电除尘器、袋式除尘器这类高效除尘器，将旋风除尘器作为预处理装置，使其入口浓度降到 $5g/m^3$ 以下，对保证净化效率和降低设备费很可能是有利的。当然，净化流程的选择，还应考虑到其他各种因素，进行综合比较后才能最后确定。

另外，净化装置所占空间即体积大小，不仅关系到材料的消耗量，并直接影响到设备费，而且也会影响到基建投资，尤其当现有企业技术改造增设净化装置时，更有重要意义。图 8-31 表示各种型式除尘器每处理 $1000m^3/h$ 气体所需要的空间体积 V（m^3）。从图中可知，在常用除尘器中，电除尘器所占空间较大。但应注意，装置所占空间的大小亦随处理气体量变化而变化，如当处理气体量增加到 $120000m^3/h$ 时，袋式除尘器和电除尘器所占空间大小就基本一样了。

对于吸收和吸附装置，当处理气体量一定时，装置所占空间，板式塔较填料塔占地要小，环形布置的吸附器比立式或卧式吸附器占地要小。

(2) 运行费

净化装置的运行费主要包括动力费（即装置及其辅助设备的耗电量）和装置的耗水量、维护保养费（如滤袋、钢材磨损）以及使用寿命。对于吸收、吸附和催化反应装置还应包括吸收剂、吸附剂和催化剂的更换和再生费用。在工程中，装置的耗电量和耗水量通常以每处理 $1000m^3$ 气体的需用量表示，使用寿命则是指连续使用年限，一般以每年设备折旧费计算。

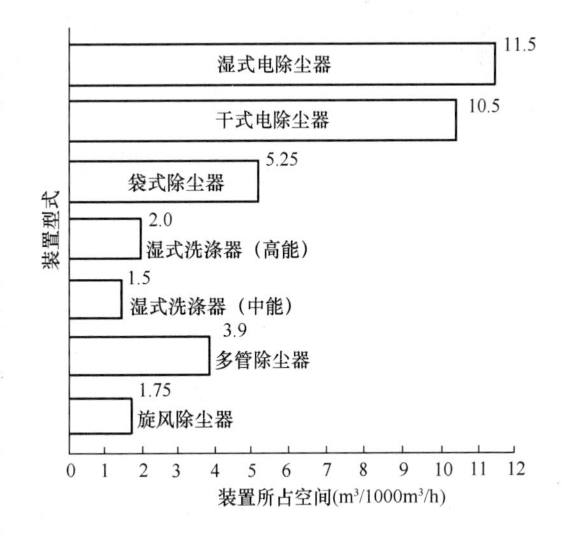

图 8-31 各种除尘器所占空间（当处理气体量为 $1000m^3/h$ 时）

动力费（电费）是运行费中的主要部分，若净化系统中通风机的全压为 P_t（kPa），处理气体量为 Q（m^3/h），风机的全压效率为 η 时，则所需消耗为

$$N_e = 2.78\times10^{-4}\frac{P_tQ}{\eta}\quad(kW)\tag{8-55}$$

如装置每年运转时间为 T_{op} 小时（h/a），1kWh（1 度）的电费为 k_e（元/kWh），则全年动力费为

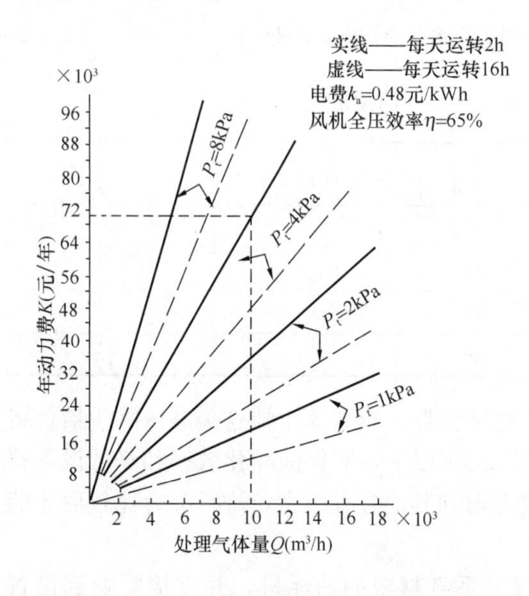

图 8-32　净化装置的年动力费用

$$K = N_e \cdot T_{op} \cdot k_e \quad (元/年) \tag{8-56}$$

图 8-32 举例说明能耗不同的净化装置每年所耗动力费。图中虚线表示每年运转时间 T_{op} 为 5800h（每天运转 16h），实线表示 T_{op} 为 8700h（每天运转 24h）。电费单价 k_e =0.48 元/kWh，风机全压效率 η = 0.65。如图 8-32 所示，当 $Q = 10^4\ m^3/h$，P_t = 4kPa，且每天运转 24h，则年动力费为 K= 7.14×10^4元/年。

一个净化系统的电耗，除了装置的压力损失外，还包括泵用电动机（湿式洗涤器与吸收装置）、电晕放电用供电设备（电除尘器）、清灰机构用电动机、卸灰和输灰装置以及电热器（电除尘器保温箱加热）用电等。作为系统的动力消耗，有时还要消耗其他能量，如水蒸气、压缩空气、冷却用水的能耗等。

（3）总费用

上述设备费和运行费的总和即为净化装置的总费用。装置的总费用首先和净化方法的选择密切相关。如在气态污染物净化中，处理某一种气体，往往有多种方法可供选择，这时除了考虑净化效果外，还有一个经济效益问题。表 8-24 为国外某火力发电厂排烟脱硫采用三种方法所需费用的比较。从表中可以看出，碱式硫酸铝法比较经济。

表 8-24　800MW 火力发电厂排烟脱硫费用比较

净化方法	设备费（美元/kW）	运行费（美元）（处理一吨煤燃烧所产生的 SO_2）
碱式硫酸铝法	10.61	1.54
活性炭吸附法	17.77	2.45
催化氧化法	21.25	1.75

图 8-33 说明了二种常用高效除尘器的经济比较。一般说来，袋式除尘器的总费用低于电除尘器，但其费用随处理气体量的增大而急剧上升。如图 8-33 所示，当超过交点 A 所对应的气体量 Q_A 时，其费用反而高于电除尘器。所以一般按此交点 A 所对应的气体流量 Q_A 来确定袋式除尘器的规格大小，而这个 Q_A 的数值，则视各国能源及工业情况而异，一般认为 Q_A = (6～12) $\times 10^4\ m^3/h$。因此，电除尘器虽然设备费高，一次投资大，但由于其运行费用较低，故随处理气体量的增大而显示其优越性，且对长期运行的场合更为经济适宜。

装置的总费用还和操作条件有关。一般说来，净化装置越趋于大型化，其处理单位气体量的设备费及耗钢量随之减少。因此实现污染源集中控制不仅有利于实施规模化、专业化运行管理，而且会降低治理总费用。当处理气体量一定时，随着通过的气流速度提高，装置体积变小，设备费降低，但压力损失却变大，风机动力消耗增大，运行费增加。如图 8-34 所示，设备费和运行费之和的总费用有一极小值，称为最佳经济点，其所对应的气流速度即为最佳经济速度 V_0。当然，净化装置还有一对应其最高效率点的最适宜气流速度，因此，在实际选择中，应针对上述两个气流速度进行综合选择。

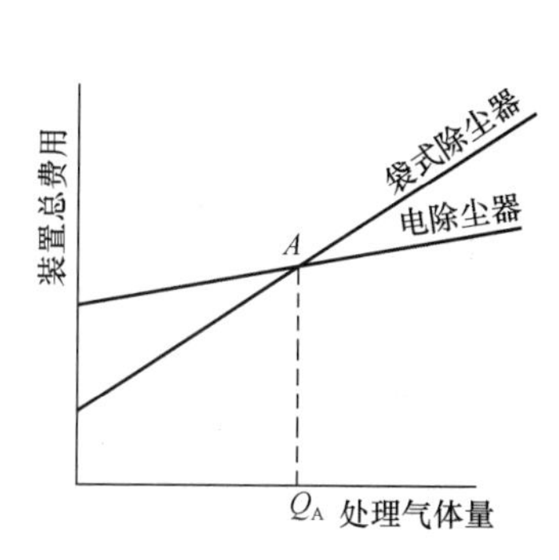

图 8-33　袋式除尘器与电除尘器的经济比较

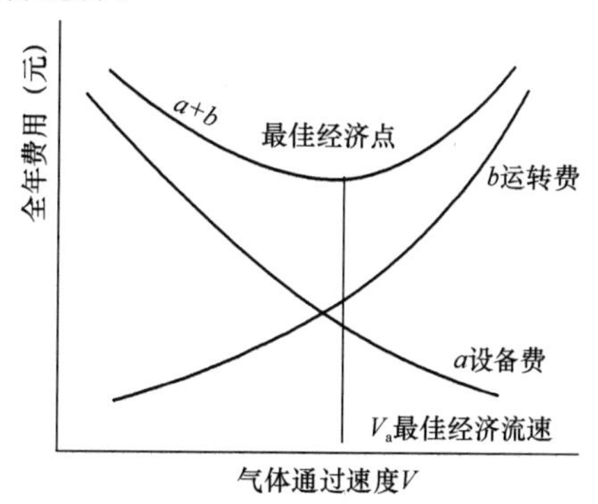

图 8-34　最佳经济流速 V_0

8.5　净化系统的动力选择

根据系统的总风量、总压损选择风机和电动机。

选择通风机的风量按下式计算：

$$Q_0 = (1+K_1)Q \qquad (\mathrm{m^3/h}) \tag{8-57}$$

式中　Q——管道计算的总风量，$\mathrm{m^3/h}$；

K_1——考虑系统漏风所附加的安全系数。一般管道取 $K=0.1$；除尘管道取 $K=0.1\sim0.15$。

选择通风机的风压按下式计算：

$$\Delta P_0 = (1+K_2)\Delta P\frac{\rho_0}{\rho} = (1+K_2)\Delta P\frac{TP_0}{T_0P} \qquad (\mathrm{Pa}) \tag{8-58}$$

式中　ΔP——管道计算的总压力损失，Pa；

K_2——考虑管道计算误差及系统漏风等因素所采用的安全系数。一般管道取 $K=0.1\sim0.15$，除尘管道取 $K=0.15\sim0.2$；

ρ_0、P_0、T_0——通风机性能表中给出的标定状态的空气密度、压力、温度。一般来说，$P_0=101.3\mathrm{kPa}$，对于通风机 $t_0=20℃$，$\rho_0=1.2\mathrm{kg/m^3}$，对于引风机 $t_0=200℃$，$\rho_0=0.745\mathrm{kg/m^3}$；

ρ、P、T——运行工况下进入风机时的气体密度、压力和温度。

计算出 Q_0 和 ΔP_0 后，即可按通风机产品样本给出的性能曲线或表格选择所需通风机的型号规格。

所需电动机的功率 N_e 可按下式计算

$$N_e = \frac{Q_0\Delta P_0 K}{3.6\times10^6\eta_1\eta_2} \qquad (\mathrm{kW}) \tag{8-59}$$

式中　K——电动机备用系数。对于通风机，电机功率为 2～5kW 时取 1.2，大于 5kW 时取 1.15；对于引风机取 1.3；

η_1——通风机全压效率，可以由通风机样本中查得，一般为 0.5～0.7；

η_2——机械传动效率，对于直联传动为 1，联轴器传动为 0.98，皮带传动为 0.95。

例 8-1　有一通风除尘系统的风管采用 Q235 钢材（粗糙度 $K=0.15\mathrm{mm}$）制件，管道内输送含有轻矿物粉尘的气体，平均温度为 20℃，各排风点排风量和管段长度如图 8-35 所示，采用袋式除尘器净化，除尘器阻力为1200Pa，除尘器反吹风量为1740m^3/h，试进行管路系统的设计计算。

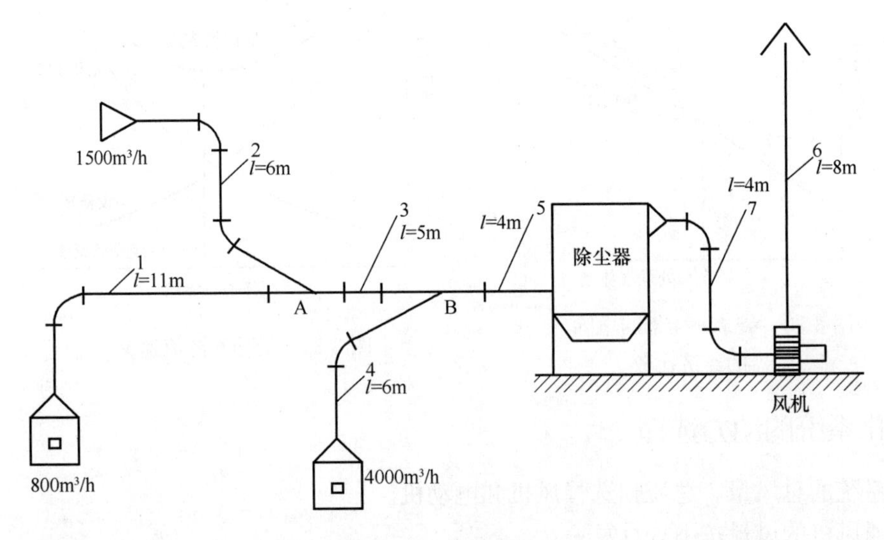

图8-35　除尘系统示意图

解：①首先对各管段进行编号，管段6和7的风量为：$Q_6=Q_7=800+1500+4000+1740=8040m^3/h$

对于轻矿物粉尘，水平管的最低风速可取$u=14m/s$，垂直管的最低风速可取$u=12m/s$。

②计算各管段的局部阻力系数：

管段1：设备密闭罩　$\xi=1.0$

90°弯头（$R/D=1.5$）1个，$\xi=0.2$

直流三通　$\xi=0.2$

$\sum\xi=1.0+0.2+0.2=1.4$

管段2：外部吸气罩　$\xi=0.18$

90°弯头（$R/D=1.5$）1个，$\xi=0.20$

60°弯头（$R/D=1.5$）1个，$\xi=0.16$

支流三通（30°）$\xi=0.18$

$\sum\xi=0.18+0.20+0.16+0.18=0.72$

管段3：直流三通　$\xi=0.20$

管段4：设备密闭罩　$\xi=1.00$

90°弯头（$R/D=1.5$）1个，$\xi=0.20$

支流三通（30°）$\xi=0.18$

$\sum\xi=1.00+0.20+0.18=1.38$

管段5：除尘器入口变径管的局部阻力忽略不计　$\xi=0$

管段6：除尘器出口渐缩管　$\xi=0.1$

90°弯头（$R/D=1.5$）2个，$\xi=0.20$

风机入口处变径管的局部阻力忽略不计　$\xi=0$

$\sum\xi=0.1+0.20+0.20+0=0.50$

管段 7：风机出口阻力系数估算 $\xi=0.10$

伞形风帽 $\xi=0.70$

$\sum\xi=0.10+0.70=0.80$

全部计算见表 8-25，表格中的比摩阻 R_m 按图 8-36（注：适用条件为气体压力 $B=101.3\text{kPa}$、温度 $t=20℃$、管壁粗糙度 $K=0.15\text{mm}$）查取。

③ 对于节点 A 进行阻力平衡验算：

$$\left|\frac{\Delta P_1-\Delta P_2}{\Delta P_1}\right|=\left|\frac{373.23-235.94}{373.23}\right|=36.9\%>10\%$$

此节点不平衡，可改变管段 2 的管径，增加流速后可增大阻力：

$$d_2'=d_2\left(\frac{\Delta P_2}{\Delta P_1}\right)^{0.225}=180\times\left(\frac{235.94}{373.23}\right)^{0.225}=162.35\ \text{mm}$$

经计算圆整 $d_2'=170\text{mm}$ 后的阻力变为 355.72Pa

再次校核：$\left|\frac{\Delta P_1-\Delta P_2}{\Delta P_1}\right|=\left|\frac{373.23-355.72}{373.23}\right|=4.7\%<10\%$，此节点平衡。

表 8-25 管道计算表

管道编号	流量 Q (m^3/h)	长度 L (m)	管径 d (m)	实际流速 u (m/s)	动压 $\rho u^2/2$ (Pa)	局部阻力系数 $\sum\xi=$	局部阻力 ΔP_m (Pa)	比摩阻 R_m (Pa/m)	摩擦阻力 ΔP_L (Pa)	管段阻力 (Pa)	备注
1	800	11	140	14.44	125.16	1.4	175.23	18	198	373.23	
3	2300	5	240	14.13	119.79	0.2	23.96	12	60	83.96	
5	6300	5	380	15.44	143.01			5.5	27.5	27.50	
6	8040	4	500	11.38	77.70	0.5	38.85	3	12	50.85	
7	8040	8	500	11.38	77.70	0.8	62.16	3	24	86.16	
2	1500	6	180	16.38	161.03	0.72	115.94	20	120	235.94	阻力不平衡
4	4000	6	280	18.05	195.57	1.38	269.88	14	84	353.88	阻力不平衡
2′	1500	6	170	18.37	202.39	0.72	145.72	35	210	355.72	
4′	4000	6	260	20.94	263.05	1.38	363.01	16	95	458.01	

④对节点 B 进行阻力平衡校核：

管段 1 和管段 3 的阻力和为 457.19Pa，管段 4 的阻力为 353.88Pa

$$\left|\frac{457.19-353.88}{457.19}\right|=22.6\%>10\%$$

此节点不平衡，可改变管段 4 的管径，增加流速后可增大阻力：

$$d_4'=280\times\left(\frac{353.88}{457.19}\right)^{0.225}=264.3\ \text{mm}$$

经计算圆整 $d_4'=260\text{mm}$ 后的阻力变为 458.01Pa

再次校核：$\left|\frac{457.19-458.01}{457.19}\right|\approx0.2\%<10\%$，此节点平衡。

⑤选择通风机

风量计算：$Q_0=(1+K_1)=1.1\times8040=8844\ \text{m}^3/\text{h}$

⑥计算风机风压：

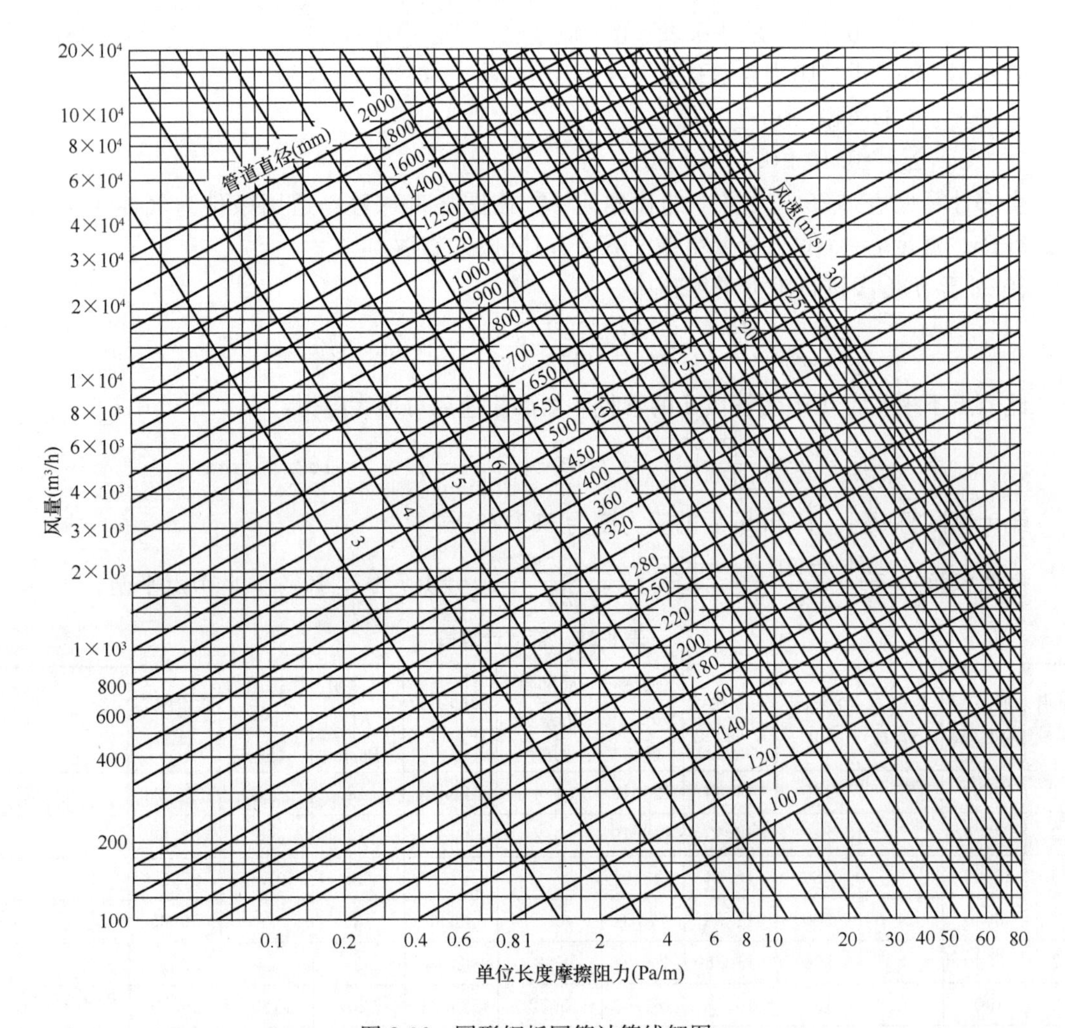

图 8-36　圆形钢板网管计算线解图

$$\Delta P_0 = (1+K_2)\Delta P\,\frac{\rho_0}{\rho} = (1+K_2)\Delta P\,\frac{TP_0}{T_0P}$$

$$= (1+0.2)\times(373.23+83.96+27.5+50.85+86.16+1200)\times 1.2/1.2$$

$$= 2186.04\text{Pa}$$

⑦根据风量和风压，在通风机样本上选择 5-48-11№5D 风机

当转速 $n=2900$r/min，$Q=9230\text{m}^3/\text{h}$，$\Delta P=2382$Pa。配套电机型号为 Y160M1-2，功率为 11kW。

⑧复核电动机功率

$$N_e = \frac{Q_0\Delta P_0 K}{3.6\times10^6\eta_1\eta_2} = \frac{8844\times2186.04\times1.15}{3.6\times10^6\times0.6\times0.98} = 10.5\text{kW} < 11\text{ kW}$$

所选风机与电动机能满足除尘系统的要求。

习题与思考

1. 简述净化系统的组成。

2. 简述吸入气流与吹出气流的区别。

3. 密闭罩排风口位置如何确定?

4. 简述控制速度法确定集气罩风量的原理。

5. 简述管道系统设计的主要内容。

6. 烟囱的高度是如何选择设计的?

7. 除尘器如何选择?

8. 风机和电动机如何选择?

9. 某产尘设备设有防尘密闭罩，已知罩上缝隙及工作孔面积 $F=0.08\text{m}^2$，密闭罩流量系数 $\varphi=0.4$，物料带入罩内的诱导空气量为 $0.2\text{m}^3/\text{s}$。要求在罩内形成 25Pa 的负压，试计算该集气罩的排风量。如果运行一段时间后，罩上又出现面积为 0.08m^2 的孔洞而没有及时修补，会出现什么现象?

10. 某侧吸罩罩口尺寸为 350mm×400mm，已知该罩排风量为 $1.12\text{m}^3/\text{s}$，试按下列情况计算距罩口 0.3m 处的控制速度。(1) 前面无障碍，无法兰边；(2) 前面无障碍，有法兰边；(3) 设在工作台上，无法兰边。

11. 多分支管道系统设计中，为什么必须进行并联分支管节点压力平衡计算?简述常用节点压力平衡调整的技术措施。

12. 简述管道系统布置的基本要求。

第9章　城市空气污染

学　习　提　示

掌握城市扬尘的定义、危害及其防治；掌握机动车尾气中不同污染物的种类及其危害，掌握POPs的含义及种类，了解POPs的来源分析；掌握光化学烟雾的危害及其防治；掌握温室气体的种类、酸雨的概念、危害及防治；掌握“雾”与“霾”的定义、危害及防治措施，理解“雾”与“霾”的成因及其区别。

城市空气污染，是指城市在生产和生活中，向自然界排放的各种空气污染物，超过了自然环境的自净能力，给城市居民的身体健康、生产和生活带来各种危害。由于城市特殊的下垫面条件和边界层结构，再加上污染源相对集中，一旦发生空气污染，其污染持续时间长，影响范围广，很难在短时期内进行控制和消除，从而对市民的健康及其生存环境造成十分严重的影响和危害。

我国城市的空气污染以煤烟型为主，主要污染物是二氧化硫、二氧化碳和烟尘。世界上空气污染最严重的10个城市有7个在中国（表9-1）。我国500个城市中，空气质量达到世卫组织推荐标准的不足5个。

表9-1　世界上空气污染最严重的10个城市（2013年）

污染程度排名	1	2	3	4	5	6	7	8	9	10
城　市	太原	米兰	北京	乌鲁木齐	墨西哥城	兰州	重庆	济南	石家庄	德黑兰
所在国家	中国	意大利	中国	中国	墨西哥合众国	中国	中国	中国	中国	伊朗

2014年1月1日起，中国环境保护部（以下简称环保部）已经开始在全国161个城市进行空气质量新标准监测和排名，实现直辖市、省会城市、计划单列市、“三区”所有地级城市、环保重点城市和环保模范城市全覆盖。2月24日，环保部通过卫星遥感监测发现，我国中东部地区空气污染面积约为108万平方公里，其中空气污染较重地区所占面积约为90万平方公里，主要集中在北京、河北、山东、辽宁、吉林等地。而在开展空气质量新标准监测的161个城市中，有46个城市发生了重度及以上污染，其中16个城市为严重污染。

此外，我国的城市空气污染种类繁多、污染物成分复杂，对社会发展和人体健康影响巨大，对空气污染的治理已到了刻不容缓的地步。

9.1　城市扬尘

9.1.1　什么是扬尘

扬尘泛指地面上被风吹起的灰尘，但它其实是一种非常复杂的混合源灰尘。环保部发布实施的《防治城市扬尘污染技术规范》中将扬尘定义为：地表松散颗粒物质在自然力或人力作用下进入到环境空气中形成的一定粒径范围的空气颗粒物。

城市扬尘主要是指来自城市建设活动、城市垃圾及清运过程、城市机动车行驶过程、道路清扫过程扬尘和城市裸露地面扬尘等产生的颗粒物，呈液态或固态粒子存在于空气介质中，其粒径在0.0002～500μm之间。城市扬尘根据颗粒物的空气动力学直径大小可分为TSP、PM_{10}、$PM_{2.5}$、$PM_{1.5}$和灰霾等。一般情况下，小于0.1μm的颗粒，可借助布朗运动碰聚成大于0.1μm的颗粒；而小于约1.5μm的颗粒一般是由于燃烧后排放凝结而成；大于10μm的颗粒则大多由于研磨、侵蚀等机械作用产生。城市扬尘中颗粒物粒度、性质和成因如图9-1所示。

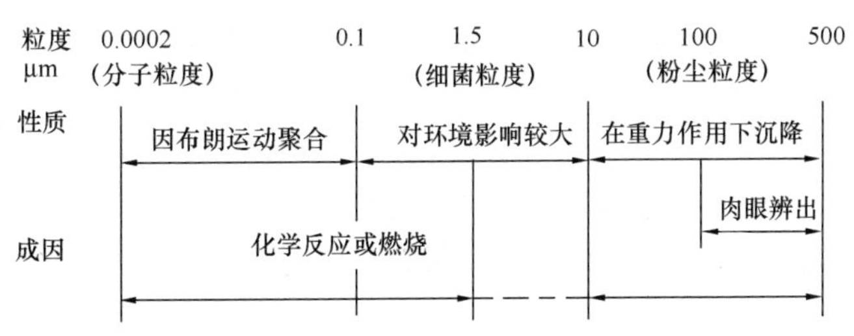

图9-1　城市扬尘中颗粒物粒度、性质和成因

扬尘一般可分为一次扬尘和二次扬尘。一次扬尘是指道路或地面的颗粒物在自然力作用或人力干扰下，首次扬散到空气中，污染局部地带；而经排放源排出的颗粒物沉降后又在风力或其他自然力、机械力、人类活动扰动下，再次进入空气随气流传播，被称为二次扬尘，其作用时间更长、影响范围更广，故对空气污染的影响比一次扬尘更严重。

9.1.2　城市扬尘的来源

造成城市扬尘污染的来源是多方面的，主要有以下几方面：

（1）工业生产扬尘

各种工业生产过程产生的工业烟尘及工业粉尘，因工艺、流程、原材料、燃料、操作管理条件和水平的不同，其数量、组成成分、特性差别很大。排放量虽然仅占污染物总量的1/5左右，但由于排放点较集中，浓度较高，所以对局部地区的空气污染较为严重。

（2）建筑扬尘

随着日益加快的城市化进程，我国各城市近年来加强了城市基础设施的改造和建设力度，而城市中各类工业与民用建筑就成为了城市扬尘污染的重灾区。

由于建筑施工是综合性过程，因而施工现场粉尘污染来自于早期拆迁、运输堆料及建设施工等各个环节。特别在施工过程中，若不采取完善合理的管理措施，一些工地进行完全开放式施工、料堆遮挡不够完整、严密，施工结束后不能及时清理和覆盖建筑垃圾、渣土等，均易产生建筑扬尘，这是城市空气中扬尘污染的重要来源。

（3）道路二次扬尘

道路二次扬尘主要指机动车行驶和道路清扫过程中造成的扬尘。特别是在道路等级不高、路旁绿化不好的路面上，机动车行驶时将造成尘土飞扬的现象，再加之双向车道导致的紊流空气影响，使得初次扬起的颗粒物不易沉降，而城市特有的峡谷效应和热岛效应更是大大加重了城市扬尘污染。另外，我国大部分城市的街道清扫主要还是依靠人力清扫，从而必然激起大量的扬尘，即清扫二次扬尘。这部分颗粒物往往是反复扬起，反复沉降，造成重复污染。

由于道路面积一般占城市总面积10%以上，且贯穿城市各个功能区，所以道路二次扬尘对空气中颗粒物的贡献不容忽视。

（4）垃圾清运扬尘

城市里的生活垃圾堆放场以及各类钢渣、粉煤灰等工业垃圾堆放场，在进行垃圾清理、运输过程中，成为城市扬尘的又一重要来源。在我国每一个城市，各种垃圾堆放场随处可见，并且绝大多数都未采取有效的防尘措施。如果把城市里所有垃圾堆放场加在一起，甚至可以达到几平方公里的面积。这么大的开放源，若不采取有效合理的防尘手段和措施，在不利的气象条件下，对大气中扬尘污染的贡献很大。

以西安市为例，共有人口 857 万，每日产生的生活垃圾约为 8600t，全市目前有 129 个生活垃圾压缩站，16 处垃圾填埋场，总容量为 2530 万立方米。环卫部门每日大概清理运输 60%左右的垃圾量，即 5200t 左右。但垃圾在清运、装车以及运输过程中，往往会产生次生颗粒物，即污染物质因某种原因释放出的二氧化硫、氮氧化物、氨等气体在空气中发生物理化学反应生成的硫酸盐、硝酸盐和铵盐等，从而造成更加严重的大气污染。

（5）裸露地表扬尘

城市扬尘的另一重要天然来源是裸露地表，在不利气候条件下，各种颗粒物就会从地表进入空气中，形成扬尘污染扩散。在我国，特别是北方城市的绿化水平较低，生态环境脆弱，气候干燥少雨，冬春季多风，在道路两旁、老居民区、城乡结合部等地方存在着大量的裸露地面。仅以城市中裸露树坑为例，每一棵树的根部周围基本上都有一块裸地，若每一块树坑按 $1m^2$ 计算，如北京市有 2000 多万棵树，仅此一项就有裸地 $20km^2$，其产生的裸露地面扬尘不容忽视。

（6）自然矿物粉尘传输

城市周边地区中远距离传输的粉尘污染也十分严重，且污染源大多是分散式、开放型产（扬）尘点源、线源、面源。如近年来频繁发生的沙尘暴，不仅对北京、西安、呼和浩特等北方城市的空气质量造成了严重影响，甚至还会波及南京、上海、台湾等东部城市或地区，由此可见，自然矿物粉尘由于其传播距离远，故对城市空气质量影响很大。

（7）灰霾

近年来，伴随人类活动范围的不断扩大，灰霾粒子浓度在整个世界范围内不断增加，这些粒子不仅使气候变暖、降低大气能见度，还会因降低冰雪的反射率而产生加速冰雪溶化等不良后果。

日本大阪府立大学从 1993 年 4 月到 1995 年 2 月在界市郊外进行空气中微小粒子监测，其粒径分布呈现明显的双峰形状特征（图 9-2），通过成分分析表明：灰霾是燃烧过程中排放的一次性粒子以及由烟状物经二次反应生成的小粒子，以固体或液体状态悬浮于空气中，属微细粉尘。灰霾粒子发生源主要分自然发生源和人为发生源。

火山爆发、森林大火等属于自然源排放，具有区域性和偶然性；而人为源主要包括工业生产、人类社会活动，如煤炭、生物质燃烧等，它的排放却是长期和持续的。工业革命以来，人类出于社会发展的需要，大量使用煤、石油等化石燃料，这些都成为大气中灰霾气溶胶的主要来源。

9.1.3 城市扬尘的影响因子

各种污染源和污染物，由于本身的性质、浓度、接触时间、污染途径等会受到各种外界条件的影响，故其排入城市环境后引起的危害程度，也会因时因地产生差异。

表 9-2 列出了影响城市扬尘污染的各个因子，主要有气象因子、地理因子和其他因子，

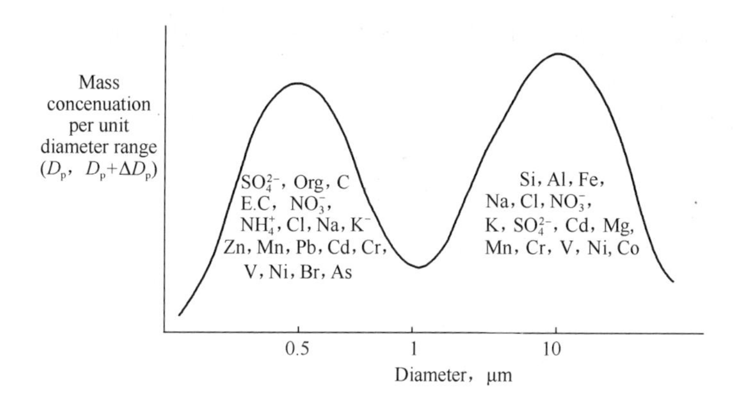

图 9-2　空气中微小粒子粒径分布图

它们可使污染物的浓度和危害程度差异相差几倍甚至几十倍。

表 9-2　影响城市扬尘污染的各个因子

影响因子		说　　明
气象因子	风、湍流、气温、逆温、降水、湿度和天气形势等	城市扬尘主要依靠大气的流动，被输送到下游（下风向），同时又与周围空气混合稀释，使有害物质在大气中的浓度逐步降低。这些因子都不是单一起作用的，要受到整个大气运动的制约，可以影响地表辐射的效果，导致温度的垂直变化和风的强弱，影响大气扩散稀释能力
地理因子	地形、地物、海陆位置、城镇分布和局部气流等	城市中污染源众多，类型各异，分布杂乱，且城市地表粗糙及存在高大的建筑物、街道、广场等特殊的下垫面，影响了城市小气候，也影响了扬尘扩散，使得城市的扬尘污染问题更加复杂化。在小范围引起空气温度、气压、风向、风速、湍流的变化，从而对城市扬尘的扩散产生间接的影响
其他因子	城市扬尘粒径分布、污染源类型和排放方式、源强、源高等	污染物质进入大气的初始状态不同，其后的分布状况和计算污染浓度的公式也不一样。这些因子的变化将导致造成大气中颗粒物重力沉降速度和清除过程的差异，对浓度分布的影响也不同

9.1.4　城市扬尘的危害

城市扬尘由于其来源广泛，易随风传输，不易控制，对城市环境和人类健康的危害程度较深，主要体现在以下几方面：

（1）严重威胁人体健康和生命安全

扬尘中粒径较大的颗粒物可以被阻挡在上呼吸系统，小于 10μm 可进入下呼吸道，小于 2.5μm 则能沉积在肺泡中。医学研究表明：医院哮喘病发病率、进医院的人数以及死亡人数都会随大气中 PM_{10} 及 $PM_{2.5}$ 浓度的增加而增加，尤其是对儿童、老年人以及那些有呼吸系统疾病的人而言，更易造成不可逆转的严重危害。而我国最常见的职业病之一为尘肺病，包括煤工尘肺、滑石尘肺、陶土尘肺、水泥尘肺、石墨尘肺等，都是大量吸入有毒有害的细微颗粒物造成的，早期表现为咳嗽、咳痰、哮喘、呼吸困难，进一步导致肺气肿、肺心病，最终会因心、肺等内脏器官衰竭至死。

与此同时，扬尘中含有大量的细菌病毒，成为各种微生物的传播媒介，加速传染病的发生。另外，扬尘若沉积在供热管道、电缆等处，会造成火灾、爆炸，危害人们的生命财产安全。而路面扬尘有时候会造成能见度下降，影响司机安全驾驶，从而引发交通事故。

（2）阻碍植物生长，破坏生态环境

工业源产生的扬尘含有硫、氯、氟、砷等各类重金属，沉降到植物的叶面上时，会覆盖叶面，堵塞气孔，影响植物正常的光合作用和呼吸作用，同时当颗粒物被植物进一步吸收之后，最终会导致植物停滞生长，甚至枯萎死亡。所以，城市扬尘会对自然生态环境造成一定程度的破坏。

（3）影响机械设备的使用，缩短其服务寿命

扬尘进入到设备车间，会加速电动机和齿轮等零件设备的磨损，不仅会影响其正常使用，还会缩短其寿命，造成机械提前报废，服务期明显缩短。扬尘进入到汽车发动机之后，也会加速发动机磨损，大幅度增加机车保养维修费用和耗油量。

（4）破坏城市形象，制约社会发展

长期的扬尘污染导致大气质量下降，破坏城市形象，对以典型旅游业为主的地区影响尤为严重。日益严重的空气污染势必导致游客人数下降，制约旅游业发展，进一步影响地区经济运作，不利地区招商引资、吸引人才，最终成为制约城市社会经济发展的重要因素。例如2008年，北京市为能顺利举办奥运会，大力塑造城市形象，首先就是实现蓝天达标的承诺，先后投入了上千亿人民币，重点治理大气污染。

9.1.5 城市扬尘的防治

随着我国城市建设规模的进一步扩大，扬尘在空气颗粒物中所占的比重将越来越大，已严重影响空气质量，加大力度控制扬尘污染应成为城市环境空气管理的一项重要内容。防治扬尘污染需要采取综合防治措施，应从以下几方面入手：

1. 完善法律法规，加强综合监管

控制扬尘污染重在管理，扬尘污染涉及的部门很多，其中包括环保、城建、园林、交通、环卫、公用等，政府应高度重视扬尘污染的治理工作，组织协调各职能部门，发挥环保部门的统一监管作用，有效地遏止扬尘污染。同时应制定控制扬尘污染的地方性环保法规，加大监督管理力度。依据《中华人民共和国大气污染防治法》和原国家环保总局和建设部《关于有效控制城市扬尘污染的通知》要求，结合各地实际情况，制定防治扬尘污染管理办法，明确各部门责任，实行依法监督。

2. 全面治理扬尘污染的主要措施

（1）建筑扬尘防治对策。建筑施工场地扬尘的防治问题早已引起国内外的重视。在众多的防尘措施中，洒水降尘是我国目前最常用的路面防尘方式。这种方法虽然简单，但由于水分蒸发太快，有效抑尘时间过短，尤其是在炎热的夏秋季节，路面温度较高，洒水几乎起不到防尘作用。不仅如此，频繁的洒水还会增加水费和劳务费支出，浪费水资源，甚至还会导致施工场地路面状况更加恶劣，因此其使用受到一定限制。目前，主要对各建筑工地实行围挡封闭施工，硬化工地内道路和建筑材料堆放场所，而对于工地内土堆、料堆必须遮盖并定时洒水或喷洒专用覆盖剂等方式严格控制施工场地的扬尘产生，另外还应对露天锯材、打磨、抛光、粉碎等易产生扬尘污染的生产经营活动进行有效监管，从来源切断扬尘的产生。

（2）裸露地表扬尘防治对策。加强对城市裸露地表的综合治理，特别是近郊大面积待开发的无植被区域，我们可以借鉴加拿大、北欧、新加坡等城市在治理扬尘方面所做的工作，如用树枝渣覆盖树坑裸土和绿地裸土，用碎石覆盖地面和路边的裸土，在容易积尘的屋顶平台铺上碎石层以吸收降尘并减少热岛效应，让路边的植被长得高高的以吸收马路扬尘等。在条件允许的情况下，也可以喷洒抑尘制剂来进行有效控制。

（3）垃圾清运扬尘防治对策。目前国内解决垃圾堆放场扬尘，特别是粉煤灰堆放场扬尘

污染的方法主要有覆土法、喷淋法、表面固化、灰场种植等，而在垃圾清运过程中，通过垃圾自动装卸车实现全封闭的垃圾运输是控制扬尘污染的有效途径。与此同时，我们可以通过建设无公害垃圾回收站，加强垃圾的回收利用，从源头上控制垃圾场的扬尘排放。

（4）道路扬尘防治对策。加强城市道路扬尘治理的主要措施有：改进道路清扫方式，变干式清扫为湿式清扫，对主要道路要实行机械吸尘式清扫，充分利用洒水车降尘，扩大道路喷洒范围，提高喷洒频率，增加市区主干道洒水次数，密闭清运生活垃圾，加强对道路遗撒物的查处，同时全面硬化或铺装市区和近郊区道路，不断提高道路绿化覆盖率，广植乔、灌木，形成绿色屏障，喷洒化学尘抑制剂或有机尘抑制剂等有效减少道路扬尘。

（5）充分利用公众力量为城市减尘。目前城市社区中仍普遍存在大面积无植被地带问题，露土区随出可见。这些区域是社区的扬尘源并增加着社区的热岛效应。在社区中实行居民自助绿化是减少社区裸露土地、增加绿地的好办法。北京市部分社区曾试行“自助绿化”，得到了居民的积极参与，居民自建的绿地对社区环境的降尘、降温效果明显，可以在其他城市的各个社区进行推广。当千百个城市社区都变成绿色满园的时候，城市的空气质量一定会有明显提高。

（6）其他防治对策。对一些重点城市和重点地区来说，通过调整能源结构，以气代煤，以电代煤，使用煤气、电等清洁燃料，改善大气质量、减少颗粒物排放也是行之有效的防治对策。加强城市生态建设是控制扬尘污染的最有效途径之一，提高城市绿化覆盖率和人均占有绿地面积，最大限度减少裸露地面。

综上所述，扬尘污染已成为影响城市环境空气质量的一大公害，控制扬尘污染是一项长期、紧迫而艰巨的任务，必须从城市可持续发展的高度来认识治理扬尘污染的重要性，坚持标本兼治、依法管理，采取综合治理措施，并鼓励公众积极参与，最终实现城市空气环境质量的根本好转。

9.2　机动车污染

进入 21 世纪以来，汽车尾气污染已从区域性问题变为全球性问题，随着汽车数量的增多与使用范围的扩大，机动车尾气对城市环境的危害日益突出。相关资料显示，21 世纪初，汽车排放的尾气占大气污染的 30%～60%。截至 2011 年，包括重型卡车等车型在内，估计全球共有 9.79 亿辆汽车在路上行驶，比 2010 年增加 3000 万辆。而到 2012 年底，全球汽车总量已突破 10 亿辆，这意味着在这个星球上大约平均每七人就拥有一辆车。而我国的机动车数量在近十年里也得到了迅猛增长，截至 2014 年 1 月底，中国机动车保有量已超过 2.5 亿辆，驾驶人达到 2.9 亿人。由于我国机动车存在单车污染排放量大、汽车燃油品质普遍较低等主要问题，再加上政府缺少统一监管，汽车尾气俨然已成为我国城市大气污染的主要污染源。

9.2.1　机动车尾气污染物种类及危害

机动车在行驶过程中汽油、柴油等化石燃料经完全或不完全燃烧，会排放出各种成分复杂的污染物，主要有一氧化碳（CO）、氮氧化物（NO_x）、碳氢化合物（HC）、醛类化合物、含铅化合物（Pb）以及各种粒径的颗粒物。其中，NO_x 和 HC 在静风、逆温等特定条件下，经强烈阳光照射，还会转化为光化学氧化物等二次污染物，进而形成危害更大的光化学烟雾。以下是汽车尾气中最主要的几种污染物。

1. 一氧化碳（CO）

CO是烃类燃料燃烧的中间产物，主要在局部缺氧或低温条件下，经不完全燃烧而产生。特别是当汽车负重过大、慢速行驶时或空挡运转时，燃料不能充分燃烧，尾气中CO含量会明显增加。CO由呼吸道进入人体的血液后，和血液里的红血蛋白Hb结合形成碳氧血红蛋白，导致携氧能力下降，造成人体极度缺氧，使中枢神经系统受到危害，然后会失去感觉，反应迟钝，理解、记忆力变差，严重的还会威胁生命，对人体造成不可逆转的危害。

2. 氮氧化物（NO_x）

汽车尾气中的NO_x含量较少，但毒性很大，大约是含硫氧化物毒性的3倍。NO在空气中经氧化反应形成二次污染物二氧化氮（NO_2），它是一种红棕色气体，在日光照射下与氧发生光化学反应进一步形成一种有毒的烟雾，对呼吸系统危害甚大。当人体在NO_2浓度达9.4mg/m^3（5ppm）的空气中暴露10min，即会导致呼吸系统失调。

3. 碳氢化合物（HC）

汽车尾气中的HC通常来自三种排放源：约60%的HC来自内燃机废气排放，20%～25%来自曲轴箱的泄漏，其余的15%～20%来自燃料系统的蒸发。尾气中HC的种类多达200多种，包含饱和烃、不饱和烃及大部分含氢化合物，以及3,4-苯并芘等致癌物质。当苯并芘在空气中的浓度达到0.012μg/m^{3}时，居民中得肺癌的人数会明显增加。在光照条件下，较高浓度的HC与NO_x反应会产生O_3，并且在O_3浓度较高情况下，O_3会进一步与NO_x进行光化学反应，形成二次污染物，导致光化学烟雾污染。

4. 醛类化合物

醛是烃类燃烧不完全产生的，主要来自内燃机废气排放。虽然尾气中醛类含量较低，但随着机动车数量的增多，醛类污染物对人体健康的危害也不容忽视。汽车尾气排放的醛类化合物中60%～70%都是甲醛，这是一种刺激性气体，对眼睛和呼吸道有着强烈的刺激作用，人体嗅觉阈值为0.06～1.2mg，浓度过高时会引起咳嗽、胸痛、恶心和呕吐。

5. 含铅化合物（Pb）

人们为了增加汽油的抗爆值，提高行车安全性，需要在汽油中添加四乙基铅［$Pb(C_2H_5)_4$］，一般汽油的含铅量约在0.08%～0.13%之间，每燃烧1kg汽油会排放2.1g铅化合物，其中25%遗留在发动机内，75%以颗粒物型式随尾气排出。尾气中的铅粒经由呼吸系统进入人体，颗粒较大者能吸附于呼吸道的黏液上，混于痰中而吐出；颗粒较小者，便沉积在肺的深部组织。当铅的浓度在体内各器官中累积到一定程度，会对人的心脏、肺等造成不可逆损害，较轻的会使人贫血、智力下降、注意力不集中等，严重者还将导致高血压甚至不孕不育症。除了对人体健康造成危害，铅氧化物还会不断吸附在汽车尾气净化装置的催化剂表面，使催化剂“中毒”，明显缩短催化净化装置的寿命，是汽车尾气净化技术亟待解决的难题之一。

6. 颗粒物

机动车尾气中的颗粒污染主要是燃料不完全燃烧生成的碳烟和油微粒等。碳烟粒径通常在0.1～10μm之间，由于其多孔隙性和吸附活性，能携带大量微生物和重金属等有害物质进入人体，苯并芘等强致癌物也在常常存在于碳烟中。柴油机的微粒成分比汽油机更复杂，数量也比汽油机多30～60倍。

由于机动车的排气管和地面距离很近，其污染扩散面距离地面1.5m左右，所以很容易被吸入人体内从而对其造成极其严重的危害。汽车尾气还会造成地表空气臭氧含量过高，加重城市热岛效应，使城市环境转向恶化，城市市民成为汽车尾气污染的直接受害者。

9.2.2 机动车尾气污染的防治

严格控制机动车数量和规模是防治机动车尾气污染的有效措施和途径，但是随着社会经济的发展和人类生活水平的提高，我国各城市的机动车保有量持续猛增，其导致的尾气污染十分严重，短时期之内很难找到一条标本兼治的有效途径。对此，我们可以借鉴一些发达国家在机动车监管和尾气治理方面的措施，总体而言，各国大多采取实施通行税、财政补贴等经济刺激的手段及政策来减少城市机动车行驶的数量或控制机动车行驶的时空范围。

例如，从1975年开始，新加坡就采取了类似限制商业中心车流量的政策，实行“城市通行税”制度，到了1998年，又将通行税制度进一步调整为按时段计算的电子收税系统，这项政策使每天上午8点至9点这一通行高峰时段的车流量大大减少。而从1997年开始，罗马规定机动车驾驶人要想获得在历史遗迹附近通行的资格，须每年交纳200～332欧元不等的行驶税，这项措施使罗马各景区每天的汽车通行量从1997年的9万辆减少到了2006年7万辆。德国同样是采取税收政策以控制车流量来有效防治尾气污染，自2001年1月以来，德国境内的车辆每年根据汽车功率及尾气排放的污染气体体积来计算纳税额，此外还对那些尾气排放量小且污染气体少的汽车实行财政补贴。这两项规定，大大减轻了那些小排量或低污染汽车驾车者的经济负担，更重要的是促进了电动汽车、太阳能汽车等环保汽车的研发和使用。

虽然部分发达国家对于机动车尾气污染所采取的经济刺激手段效果明显，但我国的机动车尾气污染治理与控制，必需要结合目前的国情和社会经济、科技发展水平，制定出合理有效的机动车控制与尾气减排方案，具体而言，主要有以下几方面：

1. 大力推广使用清洁无污染燃料

（1）利用无铅汽油替代有铅汽油

这是目前各城市正在大力推进、重点落实的一条防治措施，用甲醛树丁醚作渗合剂来代替传统的含铅汽油，它不但不含铅，而且还可以减少机动车尾气中一氧化碳、碳氢化合物和氮氧化合物的排放，并有效降低汽油中有毒物质的排放量。

（2）高辛烷值汽油替代低辛烷值汽油

机动车发动机的压缩比与所使用汽油的辛烷值水平与有紧密联系，汽油辛烷值将影响发动机热功率与油耗。辛烷值较高的汽油除了能降低机械磨损，延长发动机使用寿命，还可大大降低油耗，提升发动机功率，使汽油尽量完全燃烧，从而减少了尾气中污染物质的排放。

（3）车用乙醇来替代汽油

将乙醇与汽油以一定比例混合作为燃料，与使用纯汽油相比，尾气中一氧化碳排放量可减少33％左右，碳氢化合物约减少13.5％，这对改善城市大气环境，保障人们身体健康有重要作用。所以，大力推广车用乙醇替代汽油，既可以节约能源，又能消化陈粮，使机动车排出的有害物减少，是一个利于保护环境与资源的新方向。

2. 加强机动车设备控制，减少尾气排放

（1）通过改进发动机以提高燃烧效率

例如，可以减少喷油提前角，这样做能降低发动机工作的最高温度，使氮氧化物生成量减少；或者通过改善喷嘴质量来控制燃烧条件。我们对发动机的改进都是为了使汽油等燃料进行充分的燃烧，从而减少一氧化碳、碳氢化合物以及煤烟的排放。

（2）加强源头控制，改善尾气净化装置

对所有的机动车强制安装高效的尾气净化装置，使发动机排出的有毒气体进行净化，使其变为无毒气体，再排到大气中，可以从源头上减少尾气对大气环境的污染。但目前比较成熟的尾气净化装置不多，主要有：利用催化剂将 CO、HC 氧化为 CO_2、H_2O 等无害气体，而 NO_x 可以被还原成 N_2，这是一种大气中存在的本底物质，没有危害；另外，我们可以使用碳等各种吸附剂对有毒有害的颗粒物进行吸附，然后利用水箱对尾气中的碳烟粒子进行水洗、过滤和蒸气淋浴，使碳粒子胀大，以达到去除有毒物质的目的。

(3) 大力研究新科技，推进环保机动车

在新车生产技术上，要进一步研制与改进机动车进气系统、燃烧室结构、与发动机工作相关的系统等，利用低污染的新点火装置和进气恒温装置等技术达到节能减排的目标。

3. 加强行政管理，改善公共交通系统

首先要从行政上加强监管，例如淘汰旧车，实行报废迎新；严格贯彻国家技术标准，控制燃油质量；实行车辆分流行驶，一方面可解决交通堵塞问题，另一方面可使局部区域的大气环境污染程度降低；环保和公安部门等在加强机动车尾气年检的同时，还要加大路检工作检查力度，对不达标车辆严格处理。其次市政、交通部门要花大力气整治、改善交通设施，特别是要注重开辟地铁、公交、城际轻轨等公共交通来减少私家车的使用，从而控制机动车尾气排放。

9.3 持久性有机污染物（POPs）污染

最近一百年，国际上环境保护经历了从常规大气和水污染（如 SO_2、粉尘、COD、BOD）治理、重金属污染控制到 POPs 的削减与控制的历程。持久性有机污染物，即 POPs（Persistent Organic Pollutants）是一类在环境中长期滞留并可长距离迁移的污染物，其危害具有隐蔽性、突发性和持久性的特点，故一旦发生重大污染事件，其产生的灾难性后果甚至会持续危害几代人，所以 POPs 日益引起世界各国政府和公众的高度关注，已被公认为与温室效应、臭氧层破坏、酸雨并列的影响 21 世纪人类健康与生存的重要环境问题之一。

9.3.1 POPs 的定义

POPs 是指通过各种环境介质（大气、水、生物体等）能够长距离迁移并长期存在于环境，进而对人类健康和环境具有严重危害的天然或人工合成的有机污染物质。

9.3.2 POPs 的种类与危害

国际社会各个国家都意识到持久性有机污染物对人类造成的巨大危害，2001 年在瑞士的斯德哥尔摩共同签署了《关于就某些持久性有机污染物采取国际行动的斯德哥尔摩公约》（以下简称《斯德哥尔摩公约》），该公约于 2004 年生效。《斯德哥尔摩公约》在签署初期公布的首批需要严控的 POPs 共 12 种，被称为“肮脏的一打”，我们根据其不同的生产用途和公约管制要求可将其分为三大类：①农药类：氯丹、狄氏剂、异狄氏剂、六氯苯、灭蚁灵、毒杀酚、艾氏剂、七氯、滴滴涕；②工业化学品类：主要是多氯联苯（PCBs）；③非故意排放副产物类：多氯代二苯并呋喃和多氯代二苯并二噁英（合成二噁英类）。2009 年 5 月，《斯德哥尔摩公约》第四次缔约方大会审议并通过了需要采取国际行动的第二批 9 类 POPs，分别为林丹、α-六氯环己烷、β-六氯环己烷、十氯酮、商用五溴二苯醚和八溴二苯醚、五氯苯、六溴联苯、全氟辛基磺酰氟、全氟辛基磺酸及其盐类。至此，列入《斯德哥尔摩公约》控制的 POPs 已达 21 种。

受制于自身的化学结构，POPs 性质较为稳定，对光解、生物降解和化学降解有很好的抗性，故在自然环境中能够长时间存在。POPs 在水体中的半衰期一般要大于 180 天，而在底泥和土壤中的半衰期则超过360天。针对POPs毒性的众多研究表明，其对不同层面的生物都具有很强的毒害作用，甚至能够诱发细胞癌变，特别是对人类的生殖系统、神经系统及内分泌系统具有较强毒性。同时，由于POPs具有很好的生物富集性，食物链顶端生物接触高数量级浓度POPs的概率极高，这为人类的健康带来了很大的威胁。而POPs自身具有半挥发性，因此在全球气候作用下产生的“全球蒸馏效应”和“蚱蜢效应”下，它能够出现在从未生产过POPs的地区，加大了整个生态系统暴露于POPs的可能性。尤其是生态系统极为脆弱的南北两极，很有可能成为全球POPs的“汇”，为全球生态系统带来巨大威胁。

9.3.3　POPs的来源

对于农业生产来说，POPs的主要来源是大量使用各种化肥和杀虫剂，比如DDT、六六六（HCH）、氯丹等。目前，几个农业生产大国，例如坦桑尼亚、哥伦比亚、印度尼西亚、马来西亚、中国、泰国等国家的河流中均检出有多种有机氯农药。研究结果表明，DDT和HCH在发达国家人民人体组织中的含量水平呈现下降趋势，但其在发展中国家仍保持相对稳定。而对于一些高浓度的有机氯农药，不仅存在于一些发展中国家的地域中，而且在那些已禁止使用有机氯农药若干年的工业水平发达国家中也有很高的检出值，这说明POPs具有比较大的迁移性。

对于工业生产来说，POPs主要来自于人们大量生产和使用含PCBs、HCB等的各种工业化学品，以及在这个过程中产生的相关副产物，如PCDD/Fs、多环芳烃（PAHs）。以PCBs为例，第一次被合成是在20世纪20年代，随后便开始大量地使用。虽然到了20世纪七八十年代，大部分国家已经禁止使用PCBs，但据初步统计，到1996年，PCBs在全球范围内的总量已达到120万吨，而这其中有近1/3正在自然环境和生态系统中循环。

9.3.4　POPs的降解消除

对于POPs去除方法的研究，目前尚处于起步阶段。由于其难以生物降解，因此处理工艺主要集中于运用物理化学方法和高级氧化技术，如光解法、高效电子反应器法、液体喷射焚烧法等。对于有机氯农药和多氯联苯，世界各国基本都已采用了禁产禁用的措施；而对于二噁英类，主要是开发新型的垃圾焚烧装置，并开发配套的废气治理设施，也就是说，只有从源头减少并控制POPs的产生，才是行之有效的解决途径。

9.4　光化学烟雾

1943年，美国洛杉矶市发生了世界上最早的光化学烟雾事件，此后，随着全球工业和汽车业的迅猛发展，光化学烟雾污染在世界各地不断出现。科学研究表明，各种污染物从工厂和机动车尾气等污染源直接排入都市上空，一旦受到静风和逆温层的影响，就不易扩散，逐渐蓄积，最终形成光化学烟雾，这是一类具有刺激性的浅蓝色烟雾，包含有臭氧、醛类、PAN（过氧乙酰硝酸脂）等强氧化剂，危害十分大。20世纪70年代末我国在兰州西固石油化学工业区首次发现光化学烟雾，1986年在北京也发现了光化学烟雾的迹象，随着经济的高速发展，我国交通发达的上海、广州、深圳等大城市也观测到光化学烟雾污染的现象。

9.4.1　什么是光化学烟雾

光化学烟雾是指大气中的碳氢化合物（HC）和氮氧化物（NO_x）等一次污染物，在阳光照射下，发生一系列光化学反应，生成臭氧（O_3）、醛、酮、酸、过氧乙酰硝酸酯（PAN）等强氧化物的烟雾污染现象。光化学烟雾一般呈浅蓝色（有时带紫色或黄褐色），具有很强的氧化性，可使橡胶开裂，对眼睛和呼吸道有很强的刺激性，损害人体肺功能和伤害农作物，并使大气能见度降低。

9.4.2 光化学烟雾是怎么形成的

1. 形成条件

光化学烟雾的形成及其浓度，除直接决定于工业废气或汽车尾气中污染物的数量和浓度以外，还受太阳辐射强度、气象以及地理等条件的影响，具体来看，主要有以下三方面。

（1）污染物条件：光化学烟雾的形成必须要有 NO_x、CH 化合物等污染物的存在，这是前提条件。

（2）气象条件：光化学烟雾发生的有利条件是太阳辐射强度大、风速低、大气扩散条件差且存在逆温现象，而烟雾浓度除受太阳辐射强度的日变化影响外，还受该地的纬度、海拔高度、季节、天气和大气污染状况等条件的影响。

（3）地理条件：光化学烟雾的多发地大多数是处在比较封闭的地理环境中，这样就造成了 NO_x、CH 化合物等污染物不能很快地扩散稀释，容易产生光化学烟雾。

2. 反应机理

由于光化学烟雾一般发生在十分复杂的体系中，气象条件、污染物的排放量、种类等多变因素，均影响光化学烟雾的形成。为了排除大气条件、污染物种类复杂等因素，研究人员发明了烟雾箱试验，即在一大容器内，通入含碳氢和氮氧化物的反应气体，在人工紫外线照射下，模拟大气光化学反应。

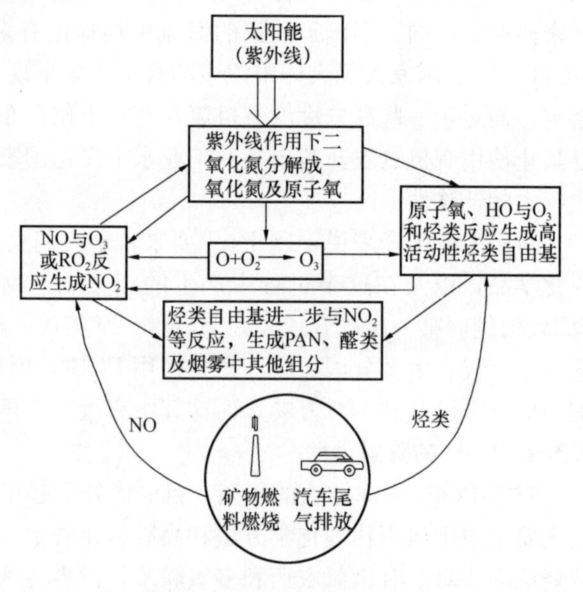

图 9-3 光化学烟雾形成机理示意图

从模拟试验发现空气中的一氧化碳、碳氢化合物、氮氧化物以及铅尘、炭黑等物质，在阳光的照射下随着温度增高，受阳光中紫外线的作用，污染物发生化学反应，从而生成了过氧酰基硝酸酯系统物质，即光化学烟雾（图 9-3）。主要反应机理如下：

（1）NO_2 光解出原子 O，再生成 O_3：

$$NO_2 + \text{紫外线} \longrightarrow NO + O$$

$$O + O_2 \longrightarrow O_3$$

（2）碳氢化合物氧化成活性自由基：

$$O + RH \longrightarrow RO + H\cdot$$

$$O_3 + RH \longrightarrow RO_2 \quad (R-CHO、R-CO-R)$$

（3）醛、酮进一步氧化生成过氧酰基硝酸酯系列：

$$RO_2 + NO \longrightarrow NO_2 + RO \longrightarrow RONO_2$$

$$RCHO + NO_2 \longrightarrow PAN$$

过氧酰基硝酸酯系列是光化学烟雾产生危害的主要成分，它通常包括 PAN（过氧乙酰硝酸酯）、PPN（过氧丙酰硝酸酯）、PBN（过氧丁酰硝酸酯）、PB_2N（过氧苯甲酰硝酸酯）等，其中 PAN 发现得最早，是其代表物。

有资料表明，当CO以10×10^7 kg/m^{3}或更大浓度存在时，能加速NO氧化为NO_2的过程，促使光化学烟雾的生成，反应进行方式如下：

$$\cdot OH+CO\longrightarrow CO_2+H\cdot$$

$$H\cdot+O_2+M\cdot\longrightarrow HO_2\cdot+M$$

$$HO_2\cdot+NO\longrightarrow NO_2+\cdot OH$$

即CO与大气中的羟基自由基反应，增加了产生光化学烟雾的初始污染物的浓度水平，从而间接地促进了光化学烟雾的形成。但大气环境中CO的浓度一般仅为$5\times10^{-6}\sim3\times10^{-5}$ kg/m^3，所以CO对光化学烟雾生成的影响不是很大。

9.4.3 光化学烟雾的危害

光化学烟雾成分复杂，其成分中危害较为显著的主要是O_3、PAN、醛、酮等二次污染物。这些污染物对人、动物和植物等都会造成一定程度的危害，同时也会促使橡胶制品加速老化，使建筑物和机械设备受到腐蚀。重要的是，光化学烟雾可随气流飘移数百公里，使远离城市的乡村也深受其害。

1. 严重威胁人体、动物的健康

人和动物受到光化学烟雾的伤害后，眼睛和呼吸道粘膜就会受到强烈的刺激，引起眼睛红肿、视觉敏感度、视力降低，同时会诱使哮喘病患者哮喘发作，并引起慢性呼吸系统疾病恶化、呼吸障碍、损害肺部功能等症状，长期吸入氧化剂能降低人体细胞的新陈代谢，加速人的衰老。

2. 对植物造成毒害

植物受到光化学烟雾损害后，开始表皮褪色，呈蜡质状，经一段时间后，色素发生变化，叶片上出现红褐色斑点。PAN使叶子背面呈银灰色或古铜色，影响植物的生命，降低植物对病虫害的抵抗力。

3. 其他危害

光化学烟雾还能促进酸雨的形成，并使染料、绘画褪色，橡胶制品老化，织物、纸张变脆等。

光化学烟雾除了会直接造成上述危害外，由于其特征是呈雾状，能见度低，导致车祸增多，间接危害造成的损失无法估量。

9.4.4 光化学烟雾的防治

1. 控制减少机动车尾气的排放

机动车尾气的排放是NO_x和碳氢化合物的一个重要来源。当燃料在发动机汽缸里进行燃烧时，由于内燃机所用的燃料中含有碳、氢、氧之外的杂质，使得内燃机的燃烧不完全，排放的尾气中含有一定量的CO、碳氢化合物、NO、微粒物质和臭气（甲醛、丙烯醛）等。碳氢化合物成分复杂，含有强致癌物质，因此控制机动车尾气排放对于预防光化学烟雾有很大的积极作用。我们一方面可以通过安装尾气净化装置和对发动机进行局部改进来控制尾气排放；另一方面要大力发展清洁能源汽车，即采用液化天然气、氢气、电力、太阳能等清洁能源来代替现有的以含铅汽油为主的汽车燃料，从根本上解决汽车尾气污染排放

2. 加强能源结构调整，大力发展循环经济

NO_x的主要来源是燃煤，近70%来自于煤炭的直接燃烧，可见固定源是NO_x排放的重要来源，因此我们要严格控制工业固定污染源，减少氮氧化物和碳氢化合物的排放。一方面我们要加快能源结构的调整和改革，大力推广使用天然气和二次能源，如煤气、液化石油

气、电力等，同时要加强对太阳能、风能、地热等清洁能源的利用；另一方面要构建跨产业生态链，推进行业间废物循环，同时要强化技术创新，推进企业清洁生产，从源头上减少废物的产生，实现由末端治理向污染预防和生产全过程控制转变。

3. 利用化学抑制剂，降低光化学烟雾浓度

使用化学抑制剂的目的是消除自由基，以抑制链式反应的进行，从而控制光化学烟雾的形成。二乙基羟胺、苯胺、二苯胺、酚等对氢氧自由基有不同的抑制作用，尤其是二乙基羟胺（DEHA）对光化学烟雾有较好的抑制作用。在大气中喷洒 0.05ppm 的二乙基羟胺，能有效抑制光化学烟雾，利于环保。但在使用的过程中，要注意抑制剂对人体和动植物的毒害作用，并注意防止抑制剂产生二次污染。

4. 提高全民环保意识

如注意随手关灯，使用高效节能灯泡等。美国的能源部门估计，单单使用高效节能灯泡代替传统电灯泡，就能减少 4 亿吨 CO_2 的释放。采用低碳烹调法，尽量节约厨房里的能源。购买洗衣机、电视机或其他电器时，选择可靠的低耗节能产品，节省取暖和制冷的能源等。

在我国经济快速发展的同时，也带来了严重的大气污染问题。在广州、北京、兰州等一些城市相继发生过光化学烟雾事件，危胁着人类的生存和发展。近年来，我国相应采取了一些措施，把节能减排上升到基本国策的层面上，在一定程度上改善了城市大气环境，减少了光化学烟雾的发生次数。总体而言，对于光化学烟雾污染，强化技术创新，提高全民、企业的环保意识，加强节能减排是可行的防治措施。

9.5 温室效应

9.5.1 温室效应的定义

在地球大气层中有一些微量气体，这些气体对短波辐射的吸收能力很弱，而对长波辐射的吸收能力很强，所以太阳短波辐射可以透过大气层使地球表面升温，而地球向宇宙空间发射的长波辐射则被大气层吸收，使大气升温后又向地面辐射能量，从而使地球表面一直保持较高温度，这就是温室气体产生温室效应的基本原理。温室效应又称花房效应，它们的作用相当于给整个地球建造了一个巨大的温室，这些对长短波具有选择吸收特性的气体被称为温室气体。据估计，如果没有大气层和温室气体，地球表面的平均温度就会从目前正常情况下的 15℃下降到－23℃，这就是说温室效应使地表温度提高了 38℃。

9.5.2 温室气体的种类

形成温室效应的气体，除二氧化碳外，还有其他气体。其中二氧化碳约占 75%、氯氟代烷约占 15%～20%，此外还有甲烷、一氧化氮等 30 多种。

1. 二氧化碳（CO_2）

目前 CO_2 在大气中的浓度约为 368ppm，虽然其含量并不高，但 CO_2 是一种重要的红外吸收气体，对地球温室效应有着重要贡献。CO_2 来源非常广泛，海洋和地幔是大气中 CO_2 最重要的自然源，而人为源主要指人类生产生活过程中的化石燃料燃烧、水泥生产等。每年自然界向大气中排放的碳总量约为 7.5pgc（pgc＝petagramsofcarbon，表示一个碳循环单位，petagram：十亿吨），其中约有一半被海洋和陆地生态系统这两个主要碳库所吸收，而另一半则留在大气层中，大大增加了大气中 CO_2 浓度。

2. 氟氯烷烃（CFCs）

大气中本来几乎不含 CFCs，CFCs 是一种人造化学物质，从 20 世纪以来，被广泛运用

于制冷剂、喷雾剂和生产塑料的发泡剂，使用过程中便大量排入到大气环境，使其在大气中的浓度迅速上升。CFCs 中最主要的成分是 CFC-11 和 CFC-12，由于其化学性质不活泼，被释放到大气中之后，会滞留一二百年之久。研究发现，20 世纪 80 年代 CFCs 对全球温室效应的贡献率约为 24%，即将成为 21 世纪仅次于 CO_2的温室气体。

3. 甲烷（CH_4）

大气中 CH_4的来源主要有两种，一种是自然源，由沼泽和湿地中的动植物尸体或其他腐殖质经厌氧腐烂产生，但其排放量不到甲烷总排放量的 25%；另一种是人为源，如家畜饲养、水稻种植、生物质或化石燃料的燃烧使用以及污水处理过程等，其对大气中 CH_4的贡献量要大的多。另据数据显示，长期以来大气中 CH_4的含量与世界人口数量密切相关，例如 1990 年全球大气中 CH_4的平均含量是 1.72×10^{-3} mg/kg，比 1978 年的 1.52×10^{-3} mg/kg 增长了 12%，比工业革命前期的 8×10^{-4} mg/kg 翻了一番，这与世界人口的增长变化趋势保持一致。由此可见，人类活动排放对 CH_4的贡献还是非常大的。

4. 氧化亚氮（N_2O）

N_2O 的来源包括天然源和人为源，天然源如海洋、土壤、森林等，海洋是 N_2O 的一个主要源，大量的调查显示在低价氧化物水面下的海洋地区可能代表了大气 N_2O 的一个重要源；人为源主要包括化石燃料和生物质的燃烧以及农业活动中氮肥的使用等。大气中 N_2O 的含量极少，其对温室效应的贡献远小于 CO_2，但是 N_2O 吸收红外线的能力是 CO_2的 250 倍，且其性质非常稳定，不易与其他物质发生反应，因而 N_2O 浓度的轻微变化就可对温室效应产生很大的影响。

9.5.3　温室效应的影响

1. 全球气候变暖，海平面上升

研究表明，大气中 CO_2的含量每增加 1 倍，全球平均气温将上升 1.5～4.5℃，而两极地区的气温升幅要比平均值高 3 倍左右。因此，气温升高必将导致两极地区的冰层溶解，从而引起海平面上升。据估算，海平面每上升 1m，至少会有 500 多万平方公里的土地被海水淹没，其中受影响的耕地约占世界耕地总量的 1/3，受灾人口将超过 10 亿。如果考虑到特大风暴潮和盐水入侵，将导致沿海平原发生盐渍化或沼泽化，不适于粮食生产，海拔 5m 以下的沿海地区都将受到影响，部分沿海城市可能要迁入内地，而这些地区的人口和粮食产量约占世界的 1/2。

2. 影响生物多样性，破坏生态系统

温室效应引起的全球范围内的升温及气候剧变必然迫使大量物种进行迁徙，但从物种进化及自然扩散的速率来计算，有许多物种的迁徙和进化速度肯定无法适应现今气候的迅速变化。所以，只有分布范围广泛，容易扩散的种类才能在新的生境中建立自己的群落；而那些分布较局限或扩散能力差的物种无疑会在迁移过程中走向灭绝，使生物多样性和生态系统受到破坏和干扰，危害巨大。

3. 新型病毒肆虐地球，严重威胁人类

美国的科学家研究发现，近期有一种植物病毒 TOMV（TomatoMasaicVirus，番茄花叶病毒纽）在大气中广泛扩散，推断其在北极冰层也有其踪迹。于是研究员从格陵兰抽取 4 块年龄由 500～14 万年的冰块，结果在冰层中发现 TOMV 病毒，研究员指该病毒表层被坚固的蛋白质包围，因此可在逆境生存。

这项新发现令研究员相信，一系列的流行性感冒、小儿麻痹症和天花等疫症病毒可能藏在冰块深处，人类对这些原始病毒尚无抵抗能力，当全球气温上升令冰层溶化时，这些埋藏在冰层千年或更长的病毒便可能会复活，形成疫症。所以，温室效应导致的全球气温上升令北极冰层溶化，被冰封十几万年的史前致命病毒可能会重见天日，使人类生命受到严重威胁。

9.5.4 温室效应的防治对策

对温室效应贡献最大的温室气体是 CO_2，所以要想控制温室效应，首当其冲应该削减 CO_2 的排放。但同时我们必须意识到温室效应具有区域性、特殊性和全球性的特点，虽然世界各国都想了很多办法来控制自己区域内的温室效应，但是仅仅依靠少部分国家和地区的努力是远远不够的，必须加强全世界各国之间的通力合作才能实现温室气体的减排，并有效缓解或真正消除温室效应带来的影响，主要可以从以下三方面着手：

1. 防止森林破坏，大力植树造林

森林被称做大气中 CO_2 的净化器，能有效消减大气中温室气体含量，而植树造林正是抑制气候危机、缓解并最终扭转地球变暖趋势最直接有效的措施。但不可否认，这一重要吸收源目前正遭到人类肆力破坏。自步入农耕时代以来，森林砍伐一直在进行，而到了工业时代，破坏速度明显加快。公元 900 年，地球上大约有 40％的陆地面积被森林覆盖，但到了 1900 年，森林覆盖率降到了 30％，而今天，在刚刚过去不到 100 年时间里，又有大量森林被砍伐破坏，目前全球森林覆盖率只剩下不到 20％。所以，我们现在要做的就是全面开展植树造林，特别是对于那些沙漠化较为严重的地区，更应重视植树造林，提高绿色植被的覆盖率。

2. 减少化石燃料使用，采用替代能源

世界能源消费结构的组成中，石油占 40％，煤占 30％，天然气占 20％，核能占 6.5％，风能和太阳能等其他能源占 3.5％，这其中有 90％以上的能源结构都是温室气体的产生源，所以要想减少 CO_2、CH_4、水汽等温室气体的排放，必须要进行能源结构调整并提高能源利用效率。同时从长远发展来看，我们也可以多开发利用生物能、风能、太阳能、水利水电、核能等清洁能源来替代现有的化石类能源，从而可以显著减少温室气体排放量。数据显示，全人类所需要的石化能源仅占地球每年从太阳获得能量的 1/20000，全球已开发的水电仅占可开发总量的 5％，所以采用替代能源来实现温室气体的减排是完全可行的。

3. 控制人口增长，实行可持续发展战略

大气中的温室气体含量，在过去数万年的时间里几乎没有变化，但是随着社会的发展和人们生活水平的提高，这使得人类生产生活载荷及人均碳排放量不断增加。更重要的是，近一百年来，全球人口的急剧增长导致地球环境和生物圈受到了巨大的压力，同时也大大增加了全球的总碳排放量，目前每年排入大气的二氧化碳就达 70 亿吨，所以说气候危机实质上是一种人口危机。人口被认为是影响全球气候环境的主导因素，只有严格控制人口的盲目增长，才能有效控制温室气体的排放。截至 2010 年，城市集中了地球上一半以上的人口，消耗了世界约 75％的能源，排放了全人类生产生活过程中 80％的温室气体。伴随着城市化进程的加剧和人口持续增长，城市俨然成为决定人类活动排放温室气体的关键区域。

中国是世界上人口最多、城市化进程正在迅速推进的国家。截至 2009 年，中国的城市化水平达到 46.6％，每年将新增城市人口 600～1000 万左右，所以在应对全球气候变化和温室气体减排方面，中国的温室气体减排措施及效果无疑在控制全球变暖的过程中起着至关重要的作用。

9.6　酸雨

大气污染是不分国界的，具有不断迁移和扩散的特性，所以酸雨是全球性的灾害。目前，世界上已形成了三大酸雨区，其一是以德、法、英等国家为中心，涉及大半个欧洲的北欧酸雨区；其二是20世纪50年代后期形成的包括美国和加拿大在内的北美酸雨区。这两个酸雨区的总面积已达1000多万平方千米，降水的pH值小于5.0，有的甚至小于4.0。我国在20世纪70年代中期开始形成的覆盖四川、贵州、广东、广西、湖南、湖北、江西、浙江、江苏和青岛等省市部分地区，面积为300万平方千米的酸雨区是世界第三大酸雨区。

酸雨已成为我国现阶段面临的重要环境问题，每年酸雨会导致森林木材储蓄量减少和农作物大量减产，其造成的直接经济损失分别高达44亿和51亿人民币，使我国的经济建设遭受了很大损失，人民生活也受到了较大影响。

9.6.1　酸雨的定义

酸雨通常是指pH值低于5.6的雨、雪或其他型式的大气降水（如雾、露、霜），是一种大气污染现象。由于人类活动向大气排放大量酸性物质，酸性物质以湿沉降或干沉降的型式从大气转移到地面上。湿沉降是指酸性物质以雨、雪型式降落地面的迁移过程；干沉降是指酸性颗粒物以重力沉降、微粒碰撞和气体吸附等型式由大气转移到地面，被地表土壤、水体和植物吸收或吸附的迁移过程。人们已把酸雨和酸沉降的概念等同，通称为酸性降水。

9.6.2　酸雨的成因分析

酸雨形成的机制相当复杂，是一种复杂的大气化学和物理过程。酸雨中绝大部分酸性物质是硫酸和硝酸，而盐酸的成分很少。以SO_2为例，大量SO_2进入大气后，在干燥条件下，SO_2被氧化成SO_3，但反应十分缓慢；在潮湿大气中，SO_2转化成硫酸的过程常与云雾的形成同时进行，并在铁、锰等金属盐杂质催化下，H_2SO_3被迅速氧化为H_2SO_4。当空气中含有NH_3，与H_2SO_4结合成$(NH_4)_2SO_4$，从而使SO_2转化成H_2SO_4的进程得以持续。在成云和降水冲刷过程中，H_2SO_4和HCl都可以增加水中所含的H^+，从而降低了雨水的pH值。

降雨中的化学离子一般包括H^+、Ca^{2+}、$NH_4{}^+$、Na^+、K^+、Mg^{2+}等阳离子以及SO_4^{2-}、NO^{3-}、Cl^-、F^-、$HCO_3{}^-$等阴离子。我国降水中总离子浓度很高，相当于欧洲、北美和日本的3～5倍，这表明我国大气污染现象非常严重。另外，我国降水中的主要致酸物质是SO_4^{2-}和NO^{3-}，其中SO_4^{2-}浓度是NO^{3-}离子浓度的5～10倍，远高于欧洲、北美和日本的比值。因此，我国酸雨是典型的硫酸性酸雨，这主要是因为我国的矿物燃料以燃煤为主，而煤中的含硫量较高，成为大气中硫的主要来源。

在我国，酸雨污染比较严重的地区主要集中在重庆、成都、广东、广西、湖南、江西、贵州等南方的省市地区。根据各区域本底降水中SO_4^{2-}和NO_3^-浓度不断上升的事实来看，酸雨污染主要是工业生产中大量SO_2和NO_x等酸性物质的排放造成的。另外，随着近些年许多大中城市机动车保有量的急剧增加，汽车尾气排放的NO_x也导致了酸雨中$NO_3{}^-$浓度的持续快速增长。

SO_2和NO_x是酸雨发生的主要前体物质，两者在大气中经过均相或非均相氧化转变为H_2SO_4和HNO_3，进入降水中导致其pH值降低而形成酸雨。酸雨的形成虽然与酸性物质的排放有直接关系，但不仅仅取决于这一因素，还与以下各因素有着重要联系。

1. 大气中氨（NH_3）的含量

NH_3为大气中常见的气态碱，易溶于水，能与大气或雨水中酸性物质起中和作用，从而降低了雨水的酸度。如 NH_3 与 SO_2 可以在湿润条件下反应生成硫酸氨和亚硫酸氨，从而对酸性物质起到中和作用。一般酸雨区 NH_3 的含量比非酸雨区普遍低一个数量级，说明 NH_3在酸雨形成中发挥着重要调解作用。大气中的 NH_3主要来自有机物分解及农业生产中氮肥的挥发。土壤中氨的挥发量随土壤 pH 的上升而增加，我国北方土质偏碱性，南方偏酸性，氨含量北高南低，这是中国酸雨主要分布在南方的一个重要原因。

2. 大气颗粒物及其缓冲能力

降水中的碱金属和碱土金属主要来自大气中的颗粒物，与国外相比，我国的大气颗粒物浓度大，特别是粗颗粒物多，且南北地区存在着显著差异。我国南方地区由于湿润多雨、植被良好、大气颗粒物浓度低，大气 TSP 平均含量为 $218\mu g/m^3$；而北方地区干燥少雨、土壤裸露、大气颗粒物浓度大，大气 TSP 平均含量为 $426\mu g/m^3$。可以看出，北方的大气 TSP 平均含量约为南方的 2 倍。与此同时，不仅北方大气颗粒物浓度高于南方，其颗粒物中的碱性和酸性物质的浓度之比也高于南方。所以对于同样的降水，北方大气环境中的颗粒物对降水酸性物质的缓冲能力比南方要大的多。

3. 土壤中金属离子含量及 pH 值

土壤中碱金属离子含量及其 pH 值也是影响酸雨形成的重要因素之一。我国降水中的主要碱性离子 Ca^{2+}、Mg^{2+}、NH^{4+}等，主要来自土壤。我国北方地区的土壤偏碱性，pH 值为 7～8；南方地区的土壤偏酸性，pH 值为 5～6。土壤中碱金属 Na、Ca 的含量由南至北逐渐递增，尤其是过淮河、秦岭以后其含量迅速增加。大气环境中的颗粒物有一半左右最终都来自土壤，而且碱性土壤的氨挥发量大于酸性土壤，因此北方地区大气中的碱性物质远高于南方，从而导致我国酸雨主要发生在土壤碱性物质含量低、土壤 pH 值低的南方地区。

4. 气象条件差异

气象条件对酸雨形成的影响主要体现在两个方面：在化学方面影响前体物的反应和转化速率；在物理方面影响相关物质的扩散、输送和沉降。太阳的光强度和水汽浓度与 SO_2 转化速率有直接的关系。光强度增加使大气中 OH^- 等自由基浓度升高，加速 SO_2 的氧化，同时丰富的水汽也有利于 SO_2 转化为硫酸，大大降低了降水的 pH 值。太阳光强度随纬度的升高而降低，我国的大气湿度也是由南向北递减，因此，其他同等条件下，我国南方大气中的 SO_2 较北方大气可以较快的转化为硫酸，酸化当地大气环境，通过降水冲刷形成酸雨。另外，气象条件对污染物的扩散、输送和沉降的作用也直接影响到酸雨的形成。例如，如果气象条件有利于污染物扩散，则大气污染物浓度较低，不利于酸雨形成，反之则促进了酸雨的形成。

9.6.3 酸雨的危害

1. 对水生生态系统的破坏

酸雨可造成江、河、湖泊等水体的酸化，致使生态系统的结构与功能发生紊乱。当水体的 pH 值降到 5.0 以下时，鱼的繁殖和发育会受到严重影响。水体酸化还会导致水生物的组成结构发生变化，耐酸的藻类、真菌增多，有根植物、细菌和浮游动物减少，有机物的分解率则会降低。另外，当水体被酸化后，流域土壤和水体底泥中的金属（例如铝）会被溶解进入水体中而毒害鱼类。

2. 对陆生生态系统的破坏

（1）对土壤的影响

酸雨可使土壤的物理化学性质发生变化，加速土壤矿物如 Si、Mg 的风化、释放，使植物营养元素特别是 K、Na、Ca、Mg 等产生淋失，降低土壤的阳离子交换量和盐基饱和度，导致植物营养不良。另外，酸雨还可以在一定程度上活化土壤中的有毒有害元素，特别是对于一些富铝化土壤，在酸雨作用下会释放出大量的活性铝，造成植物铝中毒。同时，酸性淋洗可降低土壤的有机质含量，从而导致土壤中微生物总量明显减少，其中细菌数量减少最显著。当固氮菌、芽孢杆菌等参与土壤氮素转化和循环的微生物减少后，土壤硝化作用和固氮作用强度下降，其中固氮作用强度降低 80%，氨化作用强度减弱 30%～50%，从而使土壤中氮元素的转化与平衡遭到一定的破坏。

（2）对植物的影响

酸雨沉降到植物上，会造成直接危害，例如破坏植物形态结构、损伤植物细胞膜、阻碍植物叶绿体的光合作用、抑制植物代谢功能，还会影响种子的发芽率；酸雨沉降到地表，进入土壤后会改变土壤理化性质，从而间接影响植物的生长。酸雨对森林产生的危害最大，其对树木的伤害首先反映在叶片上，树木不同器官的受害程度为根＞叶＞茎。

（3）对建筑物和文物古迹的影响

酸雨能与金属、石料、混凝土等材料发生化学反应或电化学反应，从而加速桥梁、铁轨、历史古迹、房屋、雕像等建筑物的腐蚀。特别是我国故宫的汉白玉雕刻、敦煌壁画、埃及的斯芬克斯狮身人面雕像、罗马的图拉真凯旋柱等一大批珍贵的文物古迹正遭受酸雨的侵蚀，有的已损坏严重。

（4）对人体健康的影响

人体直接接触到酸雨之后，会刺激皮肤，引起哮喘等多种呼吸道疾病，这是酸雨对人类的直接危害。另外，酸雨使土壤中的有毒有害的重金属离子被冲刷带入河流、湖泊，一方面污染饮用水水源；另一方面，这些重金属会在粮食和鱼类机体中蓄积，人类食用后便会间接受到危害。数据显示，不少国家和地区的地下水由于酸雨影响，铝、铜、锌、镉等重金属浓度已上升到正常值的 10～100 倍，超出了饮用标准。

9.6.4　酸雨的防治对策

控制酸雨的根本措施是减少二氧化硫和氮氧化物的排放，具体措施有：

1. 优化能源结构，大力推进脱硫脱氮新技术

我国 SO_2 排放量约 90%来自煤炭消费。控制 SO_2 的排放首先要从源头抓起，一方面要限制高硫煤的生产和使用，改用低硫煤。另一方面要大力研发脱硫脱氮新技术，加强对工业废气的处理，例如烟气脱硫是减排 SO_2 的一条重要技术途径，它是一种燃烧后脱硫过程。在烟气排出烟囱前，喷以石灰，与 SO_2 反应生成 $CaSO_4$，回收 $CaSO_4$，可用作建筑材料。这种烟气脱硫技术的脱硫效率很高，可达 95%以上。另外，可以通过改进燃烧方式来提高煤的燃烧效率，从而减少燃煤过程中二氧化硫和氮氧化物的排放量。例如，流化床燃烧就是一种很好的燃烧方式，新型的流化床锅炉有极高的燃烧效率，几乎达到 99%，而且还能去除 80%～95%的 SO_2 和 NO_x。

2. 加强对汽车尾气的治理

由于机动车尾气中含有大量氮氧化物，对形成酸雨也有较大贡献。特别是近十几年来，随着社会经济发展和人民生活水平的提高，我国各城市机动车保有量迅速增加，由此造成的大气污染形势异常严峻，所以有效控制机动车尾气排放对改善大气质量，减少 NO_x 排放相

当重要。我们可以从以下途径对机动车进行减排：（1）制定机动车尾气排放标准，严格控制氮氧化物的排放量；（2）限制汽车行驶速度。汽车在低速行驶时，尾气中的 NO_x 浓度一般在 10～50ppm，满载低速行驶时，NO_x 约为 1000ppm，而满载高速行驶时，NO_x 浓度可达 4000ppm，所以限制汽车行驶速度，对控制 NO_x 排放量的作用很大；（3）改进发动机结构和安装防污装置。汽车发动机结构先进与否对节约油品和减少排污都非常重要。应逐步淘汰耗油高、污染严重的老式汽车，大力发展结构先进、耗油低的新型汽车，并安装汽车净化装置，以减轻汽车尾气的污染。

3. 加强政府监管，实行排放总量控制

政府必须要重视对于二氧化硫和氮氧化物排放造成的酸雨污染问题，新修订的《中华人民共和国大气污染防治法》中规定了在全国划分 SO_2 污染控制区和酸雨污染控制区，以强化 SO_2 污染控制。我们应当在各酸雨污染区抓紧编制 SO_2 综合防治规划，在污染排放登记的基础上，摸清 SO_2 排放现状，提出总量控制指标，明确减排实施进度。同时加强环保执法，对排污大户限时整改，关停淘汰一些污染严重的生产设施或工厂。

9.7 雾霾

2013 年年初，中国中东部地区持续出现雾霾天气。大雾中，一条深褐色的巨大污染带斜穿 1/3 的国土。从北京、天津到石家庄，从郑州、南通到贵阳，空气污染指数纷纷“爆表”，74 个重点监测城市近半数严重污染，北京城区 $PM_{2.5}$ 值数度逼近 1000。这次高强度、大范围、长时间的雾霾天气集中爆发事件，引起国内外公众、媒体和政府的持续关注和讨论，中国也被世界舆论称为“雾霾中国”。

9.7.1 雾霾的定义

雾与霾是两种不同的天气现象。空气中悬浮着大量极细微的粉尘颗粒，造成水平能见度小于 10km 的空气普遍混浊现象时，称为霾。这些细微颗粒也就是气溶胶粒子，遇到空气中水汽较多时，某些吸水性强的粒子会吸水、长大，并最终活化成云雾的凝结核，产生更多、更小的云雾滴，使能见度进一步降低，能见度低于 1km 时被定义为雾。

目前将雾霾天气划分为 3 个等级：即轻度、中度和重度。其中空气相对湿度≤80%，能见度>5km 为轻度；空气相对湿度≤80%，能见度>2km 且<5km 为中度霾；空气相对湿度≤80%，能见度<2km 时为重度霾。

9.7.2 “雾”和“霾”的区别

雾与霾是两种不同的天气现象，两者的区别见表 9-3。

表 9-3 雾和霾的区别

雾	霾（灰霾）
水平能见度低于 1km	水平能见度小于 10km
雾滴尺度范围比较大，从几微米到 100μm，平均直径 10～20μm 左右	霾的颗粒物尺度范围相对较小，一般处于 0.1μm 到 10μm 之间
雾滴对可见光中各种波长的光具有几乎相同强度的散射效率，因此，雾呈现乳白色或者清白色	当霾为大量极细微的干尘粒（0.2μm 左右）时，迎着太阳望去呈现黄或者红色，当相对湿度较高时候，霾的粒径较大（达到微米级），霾呈现白色，通俗称“灰霾”

续表

雾	霾（灰霾）
主要成分是水滴，其大气湿度饱和或接近饱和	主要成分除水外，还有矿物质、硫酸铵、硝酸铵、有机物和碳黑等
常见的辐射雾的厚度从几十米到一二百米左右	霾通常发生在人为源污染比较严重的区域，厚度可达大气边界层高度，大约在 1～3km 左右

9.7.3　雾霾的成因分析

雾是悬浮于空气中的大量微小水滴或冰晶经水汽凝结形成，形成条件是要具备较高的水汽饱和因素，出现雾时空气相对湿度常达 100%或接近 100%。而霾则是空气中悬浮的大量微粒和气象条件共同作用的结果。过去人类活动较弱时，空气中的气溶胶粒子主要源于自然过程。但是，随着城市人口的增长和工业发展、机动车辆猛增，污染物排放和悬浮物大量增加，当城市上空出现逆温层时，低空的空气垂直运动受到限制，空气中悬浮微粒难以向高空飘散而被阻滞在低空和近地面，特别是当早晚空气中相对湿度较高时，便为雾霾的形成提供了充分条件。

当下中国部分地区间或遭遇的能见度低于 10km 的空气普遍浑浊现象，既有霾的“贡献”，也有雾的“功劳”，被称为“雾霾”天气。雾与霾可在一天之中互相变换角色，而气溶胶粒子正是两者间变换的桥梁。

9.7.4　雾霾天气的危害

1. 对人体健康的危害

2013 年 1 月份，全国各大城市相继爆发的雾霾天气使不少市民的健康，特别是呼吸系统方面，受到了严重损害。数据显示，北京、上海、兰州等各大医院呼吸科门诊量增幅达两至三成，其中慢阻肺、哮喘病人占大多数。世界卫生组织的研究报告显示，大气污染不仅从宏观上会对人们的身体健康造成影响，并且也是身患癌症致死的重要外部原因，雾霾很可能成为继肺癌之后的又一大杀手。

研究表明，二氧化硫、氮氧化物和可吸入颗粒物这三项是雾霾的主要组成，可吸入颗粒物是加重雾霾天气污染的罪魁祸首。这种颗粒本身既是一种污染物，又是重金属、多环芳烃等有毒物质的载体。这些有毒的小颗粒可以被人体吸收，而不同的粒径颗粒物对人体造成伤害不同，粒径$\geqslant 10\mu m$ 的颗粒物，会被鼻腔阻隔，其对人体的危害基本可以忽略；$2.5\mu m\leqslant$粒径$\leqslant 10\mu m$ 的颗粒物，能进入到上呼吸道，但大部分会被鼻腔内绒毛阻挡，通过痰液排出，对人体健康危害较小；但粒径$\leqslant 2.5\mu m$ 的颗粒物，绝大部分能通过人体支气管，直达肺部，被溶解后经淋巴或血液循环到人体的各个组织，引起多种病理作用；其余未被溶解的部分又容易被肺细胞本身吸收，进而破坏细胞造成尘肺，极大地威胁着人们的身体健康，甚至诱发多种疾病或致癌。此外，雾霾天气还会减弱近地层紫外线强度，使空气中传染性病菌的活性增强。因此如果长期吸入这种有毒的污染空气，不仅会严重损害人体呼吸系统和其他器官系统及组织结构，还大大增加了心脑血管和呼吸系统疾病的死亡率。

2. 对社会的不利影响

一旦发生雾霾天气，将导致严重的视程障碍，所以会严重威胁道路交通安全。

9.7.5　雾霾天气的防治措施

要想防治空气污染，从根本上治理并消除雾霾天气，就要从源头上控制气溶胶的排放。

我们可以从优化能源结构、实施联防联控着手，严格行业准入制度，加大对开放源与移动源污染的控制力度，加强组织领导，努力提高公众的环保意识，开展全面的空气污染整治工作。

1. 严格控制源头污染，加强监管

控制源头污染是进行雾霾天气防治的根本途径，具体可以从以下几方面进行落实：

（1）加大对大气污染严重的企业的整治力度，淘汰或改进落后的工艺和设备，彻底控制好颗粒物的肆意排放。（2）推进城市公共交通建设，减少私家车的使用，呼吁公众使用节能家电、多搭乘公共交通或骑车出行。（3）大力提倡使用天然气、水电、风能、核能和太阳能等清洁能源，减少在居民日常生活中对煤炭的燃烧使用。（4）提高机动车环保标准，加强监管，严格控制机动车尾气污染。（5）加大对农村大气污染的监管，严禁露天焚烧秸秆和垃圾，减少农药和化肥的使用，推进植树造林。（6）在生活中也要严格控制颗粒物的污染排放，例如餐饮油烟机要定时清洗，对干洗机封闭操作，通过洒水等作业方式防治建筑和道路扬尘。

2. 大力推进“节能减排”，优化能源结构

能源的使用对生态环境有着重大的影响。从能源结构上看，我国清洁能源发电占总装机的不到三成，煤炭在我国一次能源生产和消费总量中比例在70%左右。冬季北方供暖期间随着燃煤用量的激增，污染物排放量也随之加大，是导致冬春季节雾霾大量出现的重要原因之一。因此，要减少污染物特别是污染气体的排放，就必须改变以煤为主的能源结构，应结合区域实际，严格控制区域煤炭消费总量，建立煤炭消费总量预测预警机制。同时，还应按照统一规划、控制规模的原则，发展热电联产和集中供热，并逐步淘汰小型燃烧锅炉，推进供热计量改革，推进供热节能减排工作；应限制高硫分高灰分煤炭的开采与使用，提高煤炭洗选比例，推进低硫、低灰分配煤中心建设，研究推广煤炭清洁化利用技术。必须大力发展清洁能源和可再生能源，积极发展风能，推动生物质成型燃料、生物质液体燃料等多种形式的综合利用，推广使用地热能，进一步开发利用水资源等。

3. 建立大气联防联控反应机制

面对能够大范围迁移的雾霾天气，各省各地区已成为休戚与共的“命运共同体”，所以要想有效防控大气污染，当前迫切需要各个地区和相关政府部门加强通力合作，建立大气联防联控反应机制。2010年5月，国务院办公厅转发了环境保护部等九部委《关于推进大气污染联防联控工作改善区域空气质量的指导意见》，明确提出了解决区域大气污染问题，必须尽早采取区域联防联控措施。开展大气污染联防联控工作的重点区域是京津冀、长三角和珠三角地区，重点污染物是二氧化硫、氮氧化物、颗粒物、挥发性有机物等，重点行业是火电、钢铁、有色、石化、水泥、化工等，重点企业是对区域空气质量影响较大的企业。同时，应该由环境保护部授权区域督查中心牵头，各有关省级环保部门负责人作为成员，协同处理区域内大气污染防治诸项工作。探索实施区域大气污染防治联席会议制度，由环境保护部授权区域督查中心牵头实施，定期召开联席会议，探讨区域大气污染防治工作的深入开展。通过联防联控机制的探索，搭建畅通的沟通平台，为区域内各省提供沟通、诉求的渠道，消除分歧，达成共识，形成合力。

4. 加大宣传和监督，提升公民的环保意识

加强环境保护、改善环境质量不仅仅是政府的重要责任，更是每一位公民的责任和义务。环境是由大家维护的，只有当每一个个体都自发的保护环境，雾霾的治理才能从根本上

取得突破。所以在雾霾天气防控工作中，政府首先要加强舆论监督，宣传大气污染的危害，倡导公共交通，节省能源，减少污染排放。同时要积极发挥政府的主导作用，努力提升公众环境意识，不断增强公众参与环境保护的能力，为改善大气环境质量营造良好氛围，切实减轻污染对人民群众健康的不利影响。另一方面，政府还应制定重污染天气条件下的应急预案，并根据污染级别建立响应机制。当空气质量出现重度污染以上级别时，要及时启动应急预案，采取限制或停止重点污染源排放、严格控制建筑施工扬尘、限制机动车行驶等措施。

习题与思考

1. 解释 PM_{10} 与 $PM_{2.5}$ 的区别，它们各自对人体健康有什么危害？

2. 城市扬尘颗粒物的种类和性质是什么？对于城市扬尘的防治，我们主要可以采取哪些措施？

3. 机动车尾气污染物有哪些种类？并举例说明其中一个污染物的危害。

4. 通过查阅相关文献资料，了解 POPs 的结构并分析其对生物降解有较强抗性的原因。

5. 对于 POPs 的降解消除有哪些措施，对比其优劣性。

6. 光化学烟雾的主要成分有哪些？防治光化学烟雾的有效措施有哪些？

7. 简述光化学烟雾的形成机理。

8. 温室效应是怎么产生的，为何被当做全球性的气候危机？

9. 目前全球都在倡导“低碳生活”，请谈谈我们在平时生活中应该如何做到？

10. 为何我国南方的酸雨污染要比北方严重？

11. “雾”与“霾”的主要区别是什么？简述空气相对湿度对雾霾天气形成的影响。

12. 查阅相关文献资料，了解国外是如何防治雾霾天气的。

参 考 文 献

[1] 中国环境科学研究院，中国环境监测总站. 环境空气质量标准(GB 3095—2012)[S]. 北京：中国标准出版社.

[2] 中华人民共和国国家质量监督检验检疫总局，中华人民共和国卫生部. 室内空气质量标准(GB/T 18883—2002)[S]. 北京：中国标准出版社，2003.

[3] 中华人民共和国卫生部. 工业企业设计卫生标准(GBZ 1—2010)[S]. 北京：人民卫生出版社，2010.

[4] 国家环境保护局. 大气污染物综合排放标准(GB 16297—1996)[S]. 北京：中国标准出版社，1997.

[5] 中华人民共和国环境保护部，国家质量监督检验检疫总局. 锅炉大气污染物排放标准(GB 13271—2014)[S]. 北京：中国环境科学出版社，2014.

[6] 中华人民共和国住房和城乡建设部，中华人民共和国国家质量监督检验检疫总局. 民用建筑工程室内环境污染控制规范(2013 版)(GB 50325—2010)[S]. 北京：中国计划出版社，2011.

[7] 林肇信，刘天齐，刘逸农. 环境保护概论(修订版)[M]. 北京：高等教育出版社，1999.

[8] 郝吉明，马广大，王书肖. 大气污染控制工程(第三版)[M]. 北京：高等教育出版社，2010.

[9] Mackenzie L. Daris David A. Cornwell 著. 王建龙译. 环境工程导论(第 3 版)[M].. 北京：清华大学出版社，2002.

[10] 孙一坚. 工业通风[M]. 北京：中国建筑工业出版社，1985.

[11] 赵毅，李守信. 有害气体控制工程[M]. 北京：化学工业出版社，2001.

[12] 林太郎著. 张本华，孙一坚译. 工厂通风[M]. 北京：中国建筑工业出版社，1988.

[13] 杨丽芬，李友琥. 环保工作者实用手册(第二版)[M]. 北京：冶金工业出版社，2001.

[14] 国家技术监督局，国家环境保护局. 制定地方大气污染物排放标准的技术方法(GB/T 3840—1991)[S]. 北京：中国标准出版社，2004.

[15] 刘景良. 大气污染控制工程(第二版)[M]. 北京：中国轻工业出版社，2012.

[16] 奚旦立，孙裕生，刘秀英. 环境监测[M]. 北京：高等教育出版社，1995.

[17] 刘天齐. 三废处理工程技术手册——废气卷[M]. 北京：化学工业出版社，1999.

[18] 张秀宝，高伟生，应龙根. 大气环境污染概论[M]. 北京：中国环境科学出版社，1989.

[19] 蒋文举. 大气污染控制工程[M]. 北京：高等教育出版社，2006.

[20] 薛文博，王金南，杨金田等. 国内外空气质量模型研究进展[J]. 环境与可持续发展，2013，03.

[21] 宋文彪等. 空气污染控制工程[M]. 北京：冶金工业出版社，1988.

[22] 马广大. 大气污染控制工程[M]. 北京：中国环境科学出版社，2004.

[23] 沈伯雄，鞠美庭. 大气污染控制工程[M]. 北京：化学工业出版社，2007.
[24] 童志权. 大气污染控制工程[M]. 北京：机械工业出版社，2006.
[25] A. C. Stern. Engineering Control of Air Pollution[J]. Air Pollution，Vol. IV，1977.
[26] H. E. Hesketh. Air Pollution Control[J]. Ann Arbor Science Publishers，Inc.，1979.
[27] W. Licht. Air Pollution Control Engineering—Basic Calculations for Particulate Collection，second Edition[J]. MARCEL DEKKER，INC.，1988.
[28] 黄学敏，张承中. 大气污染控制工程实践教程[M]. 北京：化学工业出版社，2003.
[29] 王晓昌，张承中. 环境工程学[M]. 北京：高等教育出版社，2011.
[30] Davis M L & Masten，S J. Principles of Environmental Engineering and Science [M]. McGraw-Hill，2004.
[31] 周集体，曲媛媛. 环境工程原理[M]. 大连：大连理工大学出版社，2008.
[32] 陈家庆. 环保设备原理与设计[M]. 北京：中国石化出版社，2005.
[33] 胡鉴仲，隋鹏程等. 袋式收尘器手册[M]. 北京：中国建筑工业出版社，1984.
[34] 马广大，黄学敏，朱天乐等. 大气污染控制技术手册[M]. 北京：化学工业出版社，2013.
[35] 陈杰瑢. 环境工程技术手册[M]. 北京：科学出版社，2008.
[36] 张强. 燃煤电站 SCR 烟气脱硝工程技术及工程应用 [M]. 北京：化学工业出版社，2007.
[37] 孙克勤. 火电厂烟气脱硝技术及工程应用[M]. 北京：化学工业出版社，2009.
[38] 李守信，宋剑飞，李立清. 挥发性有机化合物处理技术的研究进展[J]. 化工环保，2008，28(1)：1-7.
[39] 徐晓军，宫磊，杨虹. 恶臭气体生物净化理论与技术[M]. 北京：化学工业出版社，2005.
[40] 童志权. 工业废气净化与利用[M]. 北京：化学工业出版社，2001.
[41] 宋名秀，孙洪志，阿布都拉·江纳斯尔等. 二氧化碳减排技术路线讨论[J]. 现代化工，2013，33(8)：5-8.
[42] 赵毅，沈艳梅，倪世清等. 燃煤电厂 CO_2 捕集分离技术研究现状及其展望[J]. 热力发电，2011，40(6)：9-12.
[43] 王秋华，张卫风，方梦祥等. 我国膜吸收法分离烟气中 CO_2 的研究进展[J]. 环境科学与技术，2009，32(7)：68-73.
[44] 朱世勇. 环境与工业气体净化技术[M]. 北京：化学工业出版社，2001.
[45] 雷仲存. 工业脱硫技术[M]. 北京：化学工业出版社，2001.
[46] 赵敏. 目前我国火电厂烟气脱硫工程概况及其建设特点[J]. 电力建设，2002，1.
[47] 郭静，阮宜纶. 大气污染控制工程(二版)[M]. 北京：化学工业出版社，2008.
[48] 熊国锋. 浅谈城市扬尘污染的控制措施[J]. 生态与环境工程，2012(15).
[49] 张继娟，魏世强. 我国城市大气污染现状与特点[J]. 四川环境，2006(3).
[50] 李增高，丘飞程. 控制扬尘污染措施探讨[J]. 山东环境，2002(1).
[51] 华爱红. 浅谈汽车尾气污染的危害及防治措施[J]. 科技资讯，2007(4).
[52] 聂国欣. 城市机动车排放污染分析及控制对策[J]. 能源研究与利用，2004(5).
[53] 程烨环. 汽车尾气的污染危害与防治对策[J]. 黑龙江环境通报，2005(2).

[54] 国家环保局大气处. 汽车对大气的污染及其控制[M]. 北京：气象出版社，1988.
[55] 余刚，黄俊，张彭义. 持久性有机污染物：倍受关注的全球性环境问题[J]. 环境保护，2001(4).
[56] 谢武明，胡勇有等. 持久性有机污染物的环境问题与研究进展[J]. 中国环境监，2004(2).
[57] 刘征涛. 持久性有机污染物的主要特征和研究进展[J]. 环境科学研究，2005(3).
[58] 张远航，邵可声. 中国城市光化学烟雾污染研究[J]. 北京大学学报：自然科学，1998(34).
[59] 戴树桂. 环境化学[M]. 北京：高等教育出版社，1995.
[60] 唐孝炎等. 大气环境化学[M]. 北京：高等教育出版社，1990.
[61] 刘天齐，黄小林，邢连壁. 环境保护[M]. 北京：化学工业出版社，2000.
[62] 宋心琦. 光化学原理与应用[M]. 北京：高等教育出版，2001.
[63] 张超. 温室效应对气候的影响[J]. 上海环境科学，1990(9).
[64] 韩慕康. 假如海平面上升1米[J]. 地理知识，1993(8).
[65] 张峥，张涛等. 温室效应及其生态影响综述[J]. 环境保护科学，2000(26).
[66] 郭永林. 我国的酸雨问题和防治[J]. 山西财经大学学报(研究专刊)，2002(24).
[67] 王美秀. 酸雨问题概述[J]. 内蒙古教育学院学报(自然科学版)，1999(12).
[68] 冯砚青. 中国酸雨状况和自然成因综述及防治对策探究[J]. 云南地理环境研究，2004(16).
[69] 王文兴. 中国酸雨成因研究[J]. 中国环境科学，1994(14).
[70] 霍寿喜. 酸雨危害人体健康[J]. 医药与保健，2004(7).
[71] 白志鹏，王宝庆，杜世勇. PM2.5如何防控[J]. 中国环境报，2012(2).
[72] 吴兑. 近十年中国灰霾天气研究综述[J]. 环境科学学报，2012(32).
[73] 魏嘉，吕阳，付柏淋. 我国雾霾成因及防控策略研究[J]. 环境保护科学，2014(5).
[74] 郝吉明等. 城市机动车排放污染控制[M]. 北京：中国环境科学出版社，2001.
[75] 李兴虎. 汽车排气污染与控制[M]. 北京：机械工业出版社，1999.